高等职业教育系列教材

机械设计基础

主　编　高英敏　刘彩琴
副主编　尹向高　黄继明　陈荣强
参　编　马　璇　张莉萍　马　英　高运芳
　　　　张庆武　解海滨　姚建辉　张　岚
主　审　魏文军

机械工业出版社

本书是根据教育部2009年批准的高等工业学校“机械设计基础”课程教学基本要求，同时也为贯彻落实教育部《关于以就业为导向　深化高等职业教育改革的若干意见》精神，结合多所职业院校多年教学改革经验的基础上编写的。

本书除机械设计总论外共包含五篇17章内容：第一篇平面机构设计（第1~4章）；第二篇机械传动设计（第5~9章）；第三篇机件的连接设计（第10~11章）；第四篇轴系零部件设计（第12~15章）；第五篇其他零部件设计（第16~17章）。本书以能力培养为主线，在主要章节以专用精压机设计为主线设计了课堂任务，以培养学生分析问题和解决问题的能力。

本书可作为高职、高专工科院校机械类、近机械类各专业机械设计基础课程教材，也可作为高等工科院校相关专业师生使用，还可供有关工程技术人员参考。

本书配有电子课件，凡使用本书作为教材的教师可登录机械工业出版社教材服务网 www.cmpedu.com 下载。咨询邮箱：cmpgaozhi@sina.com。咨询电话：010-88379375。

图书在版编目（CIP）数据

机械设计基础/高英敏，刘彩琴主编．—北京：机械工业出版社，2012.8（2026.2重印）
高等职业教育系列教材
ISBN 978-7-111-40239-8

Ⅰ.①机…　Ⅱ.①高…②刘…　Ⅲ.①机械设计-高等职业教育-教材　Ⅳ.①TH122

中国版本图书馆CIP数据核字（2012）第257235号

机械工业出版社（北京市百万庄大街22号　邮政编码100037）
策划编辑：王海峰　责任编辑：王海峰　王英杰
版式设计：闫玥红　责任校对：刘秀丽
封面设计：鞠　杨　责任印制：单爱军
北京盛通数码印刷有限公司印刷
2026年2月第1版·第9次印刷
184mm×260mm·20印张·495千字
标准书号：ISBN 978-7-111-40239-8
定价：48.00元

电话服务	网络服务
客服电话：010-88361066	机　工　官　网：www.cmpbook.com
010-88379833	机　工　官　博：weibo.com/cmp1952
010-68326294	金　　书　　网：www.golden-book.com
封底无防伪标均为盗版	机工教育服务网：www.cmpedu.com

前　言

本书是根据教育部2009年批准的高等工业学校“机械设计基础”（原机械原理和机械设计）课程教学基本要求，同时也为贯彻落实教育部《关于以就业为导向　深化高等职业教育改革的若干意见》精神，满足学科发展和人才培养的需求，实现课程教学以学生为主体、以工学结合为手段、以能力培养为目标而编写的。目的是加强学生综合素质的教育和工程意识的培养，培养技术应用型专门人才，使其能在当今社会发挥作用。

本书从培养学生的综合职业能力出发，使学生在学习本课程的过程中逐步了解和掌握机械产品设计的基本知识、基本理论和基本方法。在内容选取上，以职业能力培养为主线，以学生能够接受终生学习并促进职业生涯的可持续发展为目标，以满足教学基本要求为出发点，使学生在掌握必备的机械设计基础理论知识与基本的设计技能的基础上，更加注重创新设计能力的培养。本书还设置了以专用精压机设计为主线的具有创新性、设计性、综合性的课堂任务环节，以任务贯穿整个教学过程，以培养学生的创新设计能力、解决实际问题的能力、查阅标准的能力以及与人沟通交流的能力。

鉴于各院校机械类专业本课程的教学时数不尽相同，为使本教材有较大的适应性，各章节内容都是按多学时要求编写的。选用本书作为教材时，可根据具体情况对各章节内容做适当的取舍。

全书各章节均采用最新国家标准。

参加本书编写的有：高英敏（机械设计总论、第2章），刘彩琴（第3章），陈荣强（第5章），马璇（第8章），马英（第10章），张莉萍（第1章、第7章），尹向高（第11章、第12章），黄继明（第13章），高运芳（第9章），张庆武（第14章），解海滨（第6章、第15章），姚建辉（第4章、第16章），张岚（第17章）。由高英敏、刘彩琴任主编，由尹向高、黄继明、陈荣强任副主编。

本书由中国农业大学博士生导师魏文军教授担任主审，并提出了许多宝贵的意见和建议，对提高本书质量帮助很大，在此表示衷心的感谢。

由于编者水平有限，书中错漏之处在所难免，恳请广大读者批评指正。

编者

2012年1月

目　录

机械设计总论

学习目标

1. 了解机械的组成和机械零件的工作能力计算。
2. 掌握机械设计的基本原则、设计程序和一般设计步骤。
3. 了解标准化设计和现代设计方法。

0.1　机械的组成

本课程研究的对象是机械，机械是机器和机构的总称。人类在长期的生产实践中，为了减轻劳动强度、改善劳动条件、提高劳动生产率，创造和发明了机械，例如，电动机、内燃机、洗衣机和汽车等。随着科学技术的发展，生产的机械化和自动化已经成为衡量一个国家社会生产力发展水平的重要标志之一。

0.1.1　机器与机构

在日常生活和工作中，人们能见到或接触过许多机器：从家庭用的缝纫机、洗衣机到工业部门使用的各种机床；从汽车、火车、轮船、飞机到宇宙飞船；从推土机、挖掘机、压路机、起重机到机器人等。机器的种类繁多，构造、用途和性能也各不相同。

图 0-1 所示为单缸内燃机，它是由气缸体 1、活塞 2、连杆 3、曲轴 4、进气阀顶杆 5、

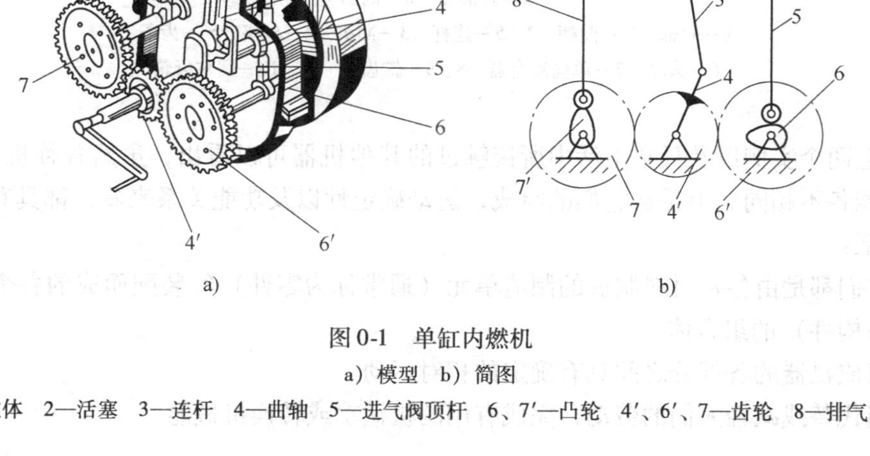

图 0-1　单缸内燃机

a）模型　b）简图

1—气缸体　2—活塞　3—连杆　4—曲轴　5—进气阀顶杆　6、7′—凸轮　4′、6′、7—齿轮　8—排气阀顶杆

凸轮6、齿轮6′、齿轮4′、齿轮7、凸轮7′和排气阀顶杆8等组成。燃气推动活塞作往复移动，经连杆转变为曲轴的连续转动。凸轮和顶杆是用来启、闭进气阀和排气阀的。当燃气推动活塞运动时，各构件协调地动作，进、排气阀有规律地启、闭，加上汽化、点火等装置的配合，就把热能转换为曲轴回转的机械能。

图0-2所示为自动送料冲压机，它是由冲压机和送料传动装置两大部分组成。其工作原理为：机座4是整个装置的支撑，电动机通过带传动和齿轮传动（图中未标出）减速后，把运动和动力传递给冲压机的曲轴1，曲轴带动连杆2，由连杆2带动冲头3（即滑块），使冲头作上下往复运动。送料传动装置的曲柄1′与冲压机的曲轴1固连在同一轴上，由曲柄1′经连杆5、齿条5′、齿轮6、单向离合器7、锥齿轮8与9、圆柱齿轮9′与10，以及与两圆柱齿轮分别固连的滚筒的转动，将带状料或棒状料送入冲压模具中进行冲压。送料长度的调节是靠调整曲柄1′的长度来实现的。送料与冲压过程靠机械来实现，从而代替人完成有用的机械功。

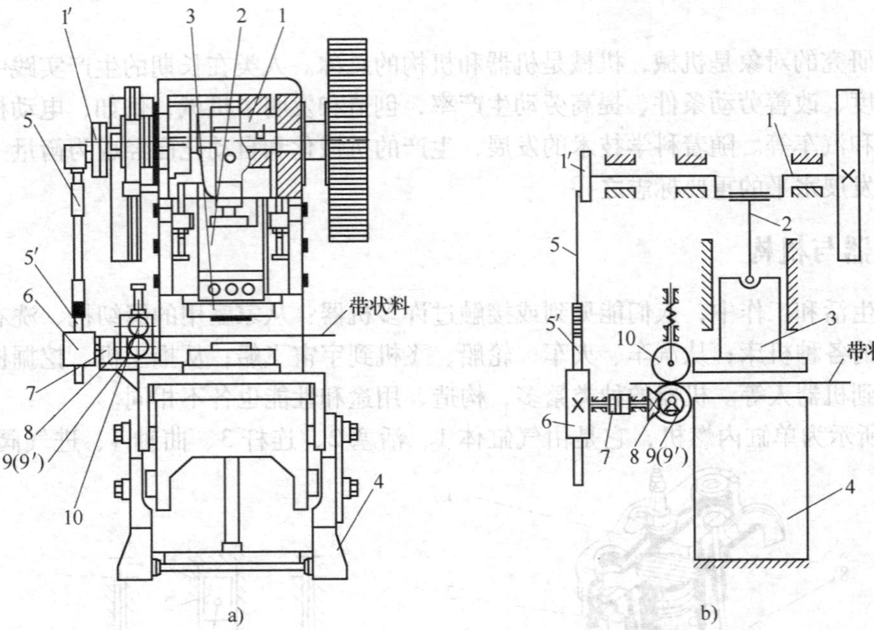

图0-2　自动送料冲压机

a）外形图　b）简图

1—曲轴　1′—曲柄　2、5—连杆　3—冲头　4—机座　5′—齿条

6—齿轮　7—单向离合器　8、9—锥齿轮　9′、10—圆柱齿轮

从以上两个实例以及日常生活中所接触过的其他机器可以看出，虽然各种机器的构造、用途和性能各不相同，但是从它们的组成、运动确定性以及功能关系来看，都具有以下几个共同的特征：

1）它们都是由各种材料制成的制造单元（通常称为零件）经装配而成的各个运动单元（通常称为构件）的组合体。

2）组成机器的各部分之间具有确定的相对运动。

3）能代替或减轻人们的劳动，完成有用的机械功或转换机械能。

因此，机器是执行机械运动的装置，用来完成有用的机械功或转换机械能。

但是，随着现代科学技术的迅猛发展，机器的概念也在发生相应的变化。尤其是计算机的出现和不断完善，在减轻人类的脑力劳动方面有显著成效。这类机器除具有使其内部各机构正常动作的先进控制系统外，还包含信息采集、处理和传递系统等。

因此，机器的概念可扩充为：一种用来转换或传递能量、物料和信息，能执行机械运动的装置。

机器的概念已如上述，但分析上述实例发现，一般机器还不是能实现预期运动的最基本的组合体。如图 0-1 所示的单缸内燃机中，活塞、连杆、曲轴和气缸体组合起来，可将活塞的往复移动变成曲轴的连续转动；凸轮、顶杆和气缸体的另一组合，可将凸轮的连续转动变成顶杆按某种预期运动规律的往复移动；而三个齿轮与气缸体组合在一起后，又可将转动变快或变慢，甚至改变转向。这些具有各自运动特点且均含有一个机架（这里是气缸体）的组合体才是基本的。人们将能实现预期的机械运动的各构件（包括机架）的基本组合体称为机构。在工程实际中，人们常根据实现各种运动形式的构件及主要零件外形特点定义机构的名称，例如，图 0-1 中的齿轮 4′和 7，图 0-2 中的锥齿轮 8 和 9，其构件形状的特点是具有轮齿，其主要运动特点是把高速转动变为低速转动或反之，因此称其为齿轮机构；图 0-1 中的凸轮 6 和顶杆 5，其主要构件是具有特定轮廓曲线的凸轮，利用其轮廓曲线使顶杆按指定规律作周期性的往复移动，因此称其为凸轮机构；图 0-1 中的活塞 2、连杆 3 和曲轴 4，图 0-2 中的件 1、2、3、1′和 5，其构件的基本形状是杆状或块状，其运动特点是能实现转动、摆动、移动等运动形式的相互转换，因此称其为连杆机构。

机器是由各种机构组成的，它可以完成能量的转换或做有用的机械功；而机构则仅仅起着运动及动力传递和运动形式转换的作用。从结构和运动的观点来看，两者之间并无区别。因此，人们常用“机械”一词作为机器与机构的总称。

0.1.2 构件、零件、部件

机构是由构件组成的，构件是组成机器最小的运动单元；零件是组成机器最小的制造单元。构件可以是单一的零件，也可以由刚性组合在一起的几个零件组成。例如，图 0-1 中的连杆则是由连杆体 1、螺栓 2、螺母 3 及连杆盖 4 几个零件组成，这些零件形成一个整体而进行运动，称为一个构件，如图 0-3 所示。

在机械中还把为完成同一使命、彼此协同工作的一系列零件或构件所组成的组合体称为部件，如滚动轴承、联轴器、减速器等。

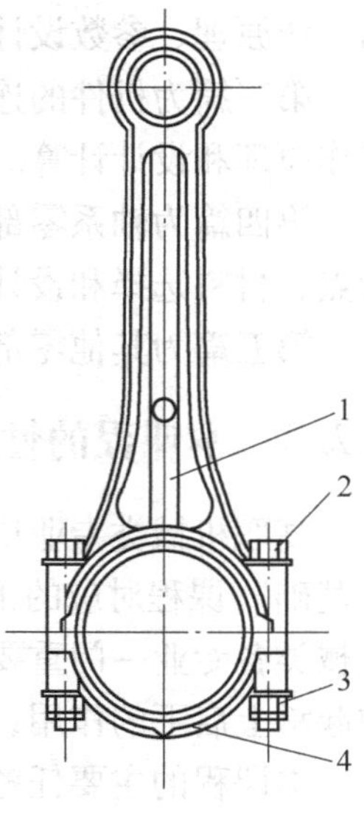

图 0-3 连杆
1—连杆体 2—螺栓
3—螺母 4—连杆盖

0.1.3 机器的组成

一部完整的机器就其基本组成来讲，一般都有下列四个主要部分：动力系统、执行系统、传动系统、操纵和控制系统，如图 0-4 所示。

动力系统是驱动整个机器完成预定功能的动力源，常用的有电动机（交流和直流）、内燃机等；执行系统是机器中具体完成工作任务的部分，其运动形式及运动和动力参数依据机器的用途不同而不同，执行构件有的作直线运动，有的作回转运动或间歇运动等；传动系统是机器中介于原动机和工作机之间，用来实现减速、增速、调速、改变运动形式或方位，从而使原动机传递过来的运动和动力满足工作机的各种要求；操纵和控制系统用来控制机械的其他部分，使操作者能随时实现或停止各项功能，如机器的开停、运动速度和方向的改变等，这一部分通常包括机械和电子控制系统。

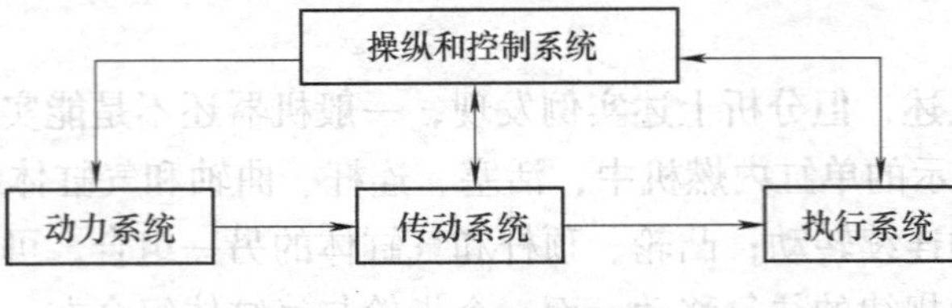

图 0-4 机器的组成

0.2 本门课程的内容、性质和任务

0.2.1 本课程的学习内容

本课程的内容在编排时强调机械设计的共性规律和基本方法，突出工程应用，淡化理论的演绎推导；强化机械零部件的参数选取、结构设计及机械系统总体设计。总体上，本教材的内容共包括：

机械设计总论，主要介绍机械设计的一般流程，机械系统总体方案设计、技术设计的主要内容，机器设计的一般原则，标准化等。

第一篇为平面机构设计，主要介绍各种常用平面机构（平面连杆机构、凸轮机构、步进机构）的结构组成、工作原理、运动特点及设计。

第二篇为机械传动设计，主要介绍各种传动零件（齿轮传动、挠性传动、蜗杆传动）的工作原理、参数设计和使用等基本知识。

第三篇为机件的连接设计，主要介绍各种连接件（螺纹连接、键连接等）的结构特点、工作原理和设计计算。

第四篇为轴系零部件设计，主要介绍各种轴系零部件（轴、轴承）的承载能力、结构特点、材料选择和设计计算。

第五篇为其他零部件设计，主要介绍弹簧等零件的设计计算。

0.2.2 本课程的性质和任务

高职机械类专业毕业生大多从事机械设备的设计、制造、使用、维护等工作，“机械设计基础”课程对应的工作任务主要是机械设备的分析、设计、应用、制造和维护等，它是机械类各专业一门重要的技术基础课程，本课程理论性、实践性比较强，应用面广，在教学中起承上启下的作用，是工程技术人员的必修课程。

本课程的主要任务是通过课程教学、实验实践和课堂任务环节，培养学生机械工程科学知识的应用能力；设计机械系统、零部件的能力；对于机械工程问题进行系统表达、建立模型、分析求解和论证的能力；初步掌握并使用各种技术、技能和现代工程工具的能力。具体能力如下：

1）掌握常用机构的工作原理、运动特性，具有初步的常用机构的设计能力，并对机械运动方案的确定有所了解。

2）掌握通用机械零部件的类型、工作原理、设计方法和机械设计的一般规律，突出创新意识和创新思维的培养，具备基本的机械系统设计能力。

3）了解国家当前的有关技术经济政策，树立正确的设计思想。

4）具有应用计算机进行辅助机械设计的能力。

5）具备运用标准、规范、手册、图册等有关技术资料进行工程设计的能力。

6）掌握典型机械零件的试验方法，具有针对具体零件进行实验验证和分析的能力。

7）了解机械设计发展的趋势及现代设计方法。

0.3 机械设计的基本要求和设计内容

0.3.1 机械设计的基本要求

设计是机械产品研制的第一步，设计的好坏直接关系到产品的质量、性能和经济效益。而机械的制造过程实质上就是要实现设计所规定的性能和质量。不同的机械有着不同的设计要求，但其设计的基本要求相同，主要有以下几方面：

1. 使用功能要求

所谓功能是指用户提出的需要满足使用上的特性和能力。它是机械设计最基本的出发点。在设计过程中，设计者一定要使所设计的机械满足功能要求。为此，必须正确选择机械的工作原理、机构的类型和拟订机械传动方案，并使之能满足运动和动力性能的要求。

2. 市场需要和经济性要求

在产品设计中，自始至终都应把产品设计、销售及制造三方面作为一个整体考虑。所以应当合理选用原材料，确定适当的精度要求，减少设计和制造周期。

设计的经济性体现在设计、制造和使用的全过程，如设计周期短、设计费用低；制造、运输、安装成本低；使用效率高、耗能少、易管理维护等。

提高设计和制造经济性指标的主要途径有：

1）采用先进的设计制造方法，如优化设计、计算机辅助设计等。

2）最大限度采用标准化、系列化、通用化、模块化的零部件，零部件尽量采用简单、工艺性好及标准化的结构。

3）尽可能采用新技术、新工艺、新结构、新材料等。

4）充分发挥机、电的各自优势，合理进行机、电、液、气的综合使用，提高自动化水平，提高机械设备的使用效率。

5）适当采用防护、润滑、减摩等措施，降低能耗，延长机械使用寿命。

6）合理地组织设计和制造过程。

3. 可靠性和安全性要求

机械的可靠性是指机械在规定的使用条件下，在规定的时间内，完成规定的工作能力。安全可靠是机械的必备条件，为了满足这一要求，必须从机械系统的整体设计、零部件结构设计、材料及热处理的选择、加工工艺制订等方面加以保证。

4. 劳动保护和环境保护等方面的要求

当机械用于生产和生活时，确保使用者的安全舒适和避免对环境的污染是设计者必须要考虑的基本问题。因此，要保证机器的安全、环保和美观，设计时要按照人机工程学的观点合理设计，尽量采用可回收循环利用的绿色设计技术，合理采用各种防护、报警、显示等附件装置。

0.3.2 机械设计过程与设计内容

机器的设计阶段是决定机器好坏的关键。机器的设计过程一般包括产品计划设计阶段、方案设计阶段、技术设计阶段、技术文件编制及归档阶段等，各阶段的主要工作内容大体如下：

1. 产品计划设计阶段

在根据生产或生活的需要提出所要设计的新机器后，计划阶段只是一个预备阶段。在此阶段中应当对所设计的机器的需求情况做充分的调查研究和分析，明确机器应具备的功能和基本的设计要求，最后形成设计任务书，作为本阶段工作的总结和下阶段设计工作的依据。设计任务书大体应包括：机器的功能、市场应用前景分析；实现预定功能的原理框图；技术经济可行性分析；主要设计任务和内容；完成设计任务的计划安排等。

2. 方案设计阶段

机器的功能分析，就是对机器的各种功能进行优化组合，确定功能参数；拟订实现所需功能的各种工作原理和技术方案；对各种可行方案进行评价、分析和择优；对选定方案画出技术原理图和机构运动简图；进行计算机模拟和仿真分析。

3. 技术设计阶段

技术设计阶段的目标是产生总装配草图和部件装配草图。通过草图设计确定出各部件及其零件的外形及基本尺寸，绘制零件工作图、部件装配图及总装图。

结构技术设计就是在方案设计的基础上，将抽象的运动简图转换成具体的技术结构图，并能按照各种设计理论，保证机器在一定的工况条件下和运转时间内，具有正常的工作能力。具体设计工作包括：

1）机器的运动学设计。根据确定的结构方案，确定原动机和主要构件的运动参数。

2）机器的动力学设计。根据机器结构和运动参数，计算各主要零件的载荷。

3）零件的工作能力设计。根据主要零件的具体工作情况，选择零件的材料，按照适当的工作能力准则对零件进行设计、校核，决定零部件的基本尺寸，零件常用的工作能力准则主要有强度、刚度、振动稳定性、寿命等。

4）部件装配草图及总装草图设计。根据已经定出的主要零部件的基本尺寸，设计出部件装配草图及总装草图，在此步骤中，需要很好地协调各零件的结构及尺寸，全面地考虑所设计的零部件的结构工艺性，使全部零件有最合理的构形，从而确定所有零件的结构形状和尺寸。

5）应用虚拟样机仿真对设计进行验证，从而实现在设计阶段充分地评估设计的可行性。

传统的机械产品设计过程需要有实体样机和物理实验，研制周期长，费用高，且实验范围有限。现代机械产品设计应用计算机技术进行三维结构设计，通过虚拟样机进行计算机辅助设计、分析，设计结果形象直观，可以灵活设置实验环境进行全面分析，方便进行各方面的优化设计，其设计流程如图0-5所示。

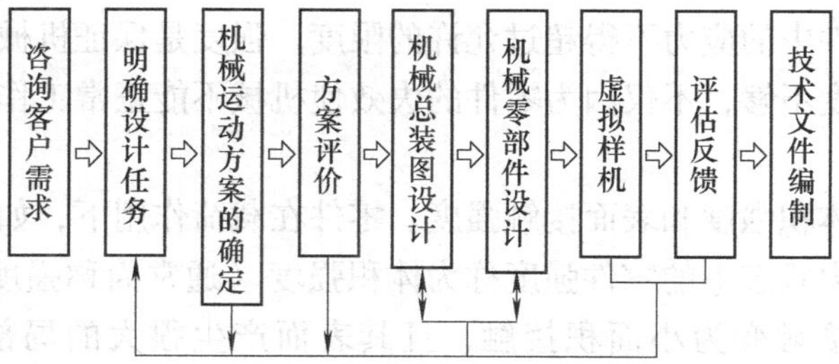

图0-5　现代机械设计流程

4. 技术文件编制及归档阶段

机械设计的技术文件较多，主要的文件是设计计算说明书、使用说明书、标准件明细表等。说明书的编写应包括方案选择及技术设计的全部结论性的内容。

0.4　机械零件设计的一般步骤

机械设计大体要经过以下几个步骤：

1）根据零件的使用要求，选择零件的类型和结构。

2）根据机器的工作要求，计算作用在零件上的载荷。

3）根据零件的类型、结构和所受的载荷，分析零件的失效形式，从而确定零件的设计准则。

4）根据零件的工作条件及对零件的特殊要求，选择适当的材料。

5）根据设计准则进行有关的计算，确定出零件的基本尺寸。

6）根据工艺性及标准化等原则进行零件的结构设计。必要时进行详细的校核计算，以判定结构的合理性。

7）画出零件的工作图，并写出计算说明书。

在进行设计时，对于数值的计算除少数与几何尺寸精度要求有关者外，一般以两位或三位有效数字的计算精度为宜。必须再度强调指出，结构设计是机械零件的重要设计内容之一，在有些情况下，它占了设计工作量中一个较大的比例，一定要给予足够的重视。

绘制的零件工作图应完全符合国家制图标准，并满足加工的要求。

写出的设计说明书要条理清晰、语言简明、数字正确、格式统一，并附有必要的结构草图和计算草图。重要的引用数据，一般应注明来源出处。

0.5　机械零件设计准则

零件的工作能力是指在一定的运动、载荷和环境情况下，在预定的使用期限内，不发生失效的安全工作限度。衡量零件的工作能力的指标称为零件的工作能力准则。主要准则有：强度、刚度、耐磨性、振动稳定性和耐热性。它们是计算并确定零件基本尺寸的主要依据，故称为计算准则。对于具体的零件，应根据它们的主要失效形式，采用相应的计算准则。

1. 强度准则

强度准则是指零件中的应力不得超过允许的限度。强度是保证机械零件工作能力的最基本要求。若零件的强度不够，不仅因为零件的失效使机械不能正常工作，还可能导致安全事故。

零件的强度分为体积强度和表面接触强度。零件在载荷作用下，如果产生的应力在较大的体积内，则这种应力状态下的零件强度称为体积强度（通常简称强度）。若两零件在受载前、后由点接触或线接触变为小面积接触，且其表面产生很大的局部应力（称为接触应力），这时零件的强度称为表面接触强度（简称接触强度）。

若零件的强度不够，就会出现整体断裂、表面接触疲劳或塑性变形等失效而丧失工作能力。所以，设计零件时，必须满足强度要求，而强度的计算准则为

$$\sigma \leqslant [\sigma] \text{或} \tau \leqslant [\tau] \tag{0-1}$$

$$[\sigma]=\frac{\sigma_{\min}}{S};[\tau]=\frac{\tau_{\min}}{S_\tau} \tag{0-2}$$

式中，σ 和 τ 为零件的工作正应力和切应力（MPa）；$[\sigma]$ 和 $[\tau]$ 为材料的许用正应力和切应力（MPa）；S 和 S_τ 为正应力和切应力的安全系数；$\sigma_{\min}$ 和 $\tau_{\min}$ 为材料的极限正应力和极限切应力（MPa）。

2. 刚度准则

刚度准则是指零件在载荷作用下产生的弹性变形量 y，应小于或等于机器工作性能所允许的极限值 $[y]$（许用变形量）。其表达式为

$$y \leqslant [y] \tag{0-3}$$

提高刚度的有效措施主要有：适当增大或改变剖面形状尺寸以增大其惯性矩；减小支承跨距；合理增添加强肋等。若仅将材料由普通钢改换为合金钢，由于弹性模量 E（或切变模量 G）并未提高，故对提高刚度并无效果。

3. 耐磨性准则

耐磨性是指作相对运动的零件的工作表面抵抗磨损的能力。当零件的磨损量超过允许值后，将改变其尺寸和形状，削弱其强度，降低机械的精度和效率。因此，机械设计中，总是力求提高零件的耐磨性，减少磨损。

关于磨损的计算，目前尚无可靠、定量的计算方法，常采用条件性计算：一是验算强度 p 不超过许用值，以保证工作表面不致由于油膜破坏而产生过度磨损；二是对于滑动速度 v 比较大的磨损表面，为防止胶合破坏，要考虑 p、v 及摩擦因数 μ 的影响，即限制单位接触表面上单位时间产生的摩擦功不能过大。当 μ 为常数时，可验算 pv 值不超过许用值，其验算公式为

$$p \leqslant [p] \tag{0-4}$$

$$pv \leqslant [pv] \tag{0-5}$$

式中，p 为工作表面压强（MPa）；$[p]$ 为材料的许用压强（MPa）；$[pv]$ 为 pv 的许用值

(MPa · m/s)。

4. 振动和噪声准则

随着机械向高速发展和人们对环境舒适性要求的提高，对机械的振动和噪声的要求也越来越高。当机械或零件的固有频率f等于或趋近于受激振源作用引起的强迫振动频率f_p时，将产生共振。这不仅影响机械的正常工作，甚至造成破坏性事故。因此，对于高速机械或对噪声有严格限制的机械，应进行振动分析和计算，即分析系统和零件的固有振动频率、强迫振动频率，研究系统的动力特性，分析其噪声源，并采取措施降低振动和噪声。

振动和噪声准则为

$$f_p \leqslant 0.85f \text{ 或 } 1.15f \leqslant f_p \tag{0-6}$$

具体到每一类型的零件，并不是都需要进行上述计算，而是应从实际受载和工作条件出发，分析其主要失效形式，再确定其计算准则，必要时再按其他要求进行校核计算。

0.6 机械零件设计中常用材料的选用原则

机械设计中常用的材料有钢、铸铁、非铁合金（如铝合金、铜合金等）和非金属材料（如尼龙、工程塑料、橡胶等)。常用材料性能的基本知识，可查阅机械设计手册。下面仅介绍常用材料的选用原则。

1. 满足使用要求

满足使用要求是选用材料的最基本原则和出发点。所谓使用要求，是指用所选材料制成的零件，在给定的工况条件下和预定的寿命期限内能正常工作。而不同的机械，其侧重点又有差别。例如，当零件受载荷大并要求重量轻、尺寸小时，可选强度较高的材料；滑动摩擦下工作的零件，应选用耐磨性好的材料；高温下工作的零件，应选用耐热材料；当零件承受静应力时，可选用塑性或脆性材料；而零件承受冲击荷载时，必须选用冲击韧性较好的材料等。

2. 符合工艺要求

所谓工艺要求，是指所选材料的冷、热加工性能好，热处理工艺性好。例如，结构复杂而大批量生产的零件宜用铸件，单件生产宜用锻件或焊接件。简单盘状零件（齿轮或带轮)，其毛坯是采用铸件、锻件还是焊接件，主要取决于它们的尺寸大小、结构复杂程度及批量的大小：单件小批量生产，宜采用焊接件；尺寸小、批量大、结构简单，宜采用模锻；结构复杂、大批量生产，则宜采用铸件。

3. 综合经济效益要求

综合经济效益好是一切产品追求的最终目标，故在选择零件材料时，应尽可能选择能满足上述两项要求而价格低廉的材料。不能只考虑材料的价格，还应考虑加工成本及维修费用，即考虑综合经济效益。

0.7 机械零件设计中的标准化

对于机械零件的设计工作来说，标准化的作用是很重要的。所谓零件的标准化，就是通过对零件的尺寸、结构要素、材料性能、检验方法、设计方法、制图要求等，制定出各式各样的大家共同遵守的标准。标准化带来的优越性表现为：

1）能以最先进的方法在专门化工厂中对那些用途最广的零件进行大量的、集中的制造，以提高产品质量，降低生产成本。

2）统一了材料和零件的性能指标，使其能够进行比较，并提高了零件性能的可靠性。

3）采用了标准结构及零、部件，可以简化设计工作，缩短设计周期，提高设计质量，另外，也同时简化了机器的维修工作。

机械制图的标准化保证了工程语言的统一。因此，对设计图样的标准化检验是设计工作中的一个重要环节。

现已发布的与机械设计有关的标准，从运用范围上讲，可以分为国家标准、行业标准和企业标准三个等级，从使用的强制性来说，可分为必须执行的标准（有关度、量、衡及涉及人身安全等标准）和推荐使用的标准（如标准直径等）。

对于同一产品，为了符合不同的使用条件，在同一基本结构或基本尺寸条件下，规定出若干个辅助尺寸不同的产品，称为不同的系列，这就是系列化的定义。例如，对于同一结构、同一内径的滚动轴承，制出不同外径及宽度的产品，称为滚动轴承系列。系列大小的规定，一般是以优先数系为基础的。优先数系就是按几何级数关系变化的数字系列，而级数项的公比一般取为10的某次方根。例如，取公比 $q=\sqrt[n]{10}$，通常取根式指数 $n=5$，10，20，40。按它们求出的数字系列（要作适当的圆整）分别称为5、10、20、40系列（详见GB/T 321—2005）。

0.8 机械现代设计方法简介

现代化设计是过去长期的传统设计活动的延伸和发展，是随着设计实践经验的积累，由个别到一般，由具体到抽象，由感性到理性，逐步归纳、演绎、综合而发展起来的。由于科技进步的速度日益增快，特别是计算机的高速发展，人们在掌握事物的客观规律和人的思维规律的同时，运用相关的科学技术原理，进行过去长期以来难以想象的综合集成设计计算，使设计工作，包括机械产品的设计工作产生了质的飞跃。

21世纪60年代末开始，设计领域中相继出现一系列新兴理论与方法。为区别于过去常用的传统设计理论与方法，把这些新兴理论与方法统称为现代设计。目前现代设计所指的主要新兴理论与方法见表0-1。

表0-1　现代设计所指的主要新兴理论与方法

设计方法学	优化设计	可靠性设计	有限元法	动态设计	计算机辅助设计	人工神经元计算方法	工程遗传算法	智能工程	价值工程	工业艺术造型设计	人机工程	并行工程	模块化设计	相似性设计	摩擦学设计	三次设计	反求工程设计

现代设计的主要特点如下：

（1）系统性　现代设计方法是逻辑的系统的设计方法，目前有两种体系：一种是德国倡导的设计方法学，用从抽象到具体的发散思维方法，以“功能—原理—结构”框架为模型的横向变异和纵向综合，用计算机构造多种方案，评价选出最佳方案；另一种是美国倡导的创造性设计学，在知识、手段和方法不充分的条件下，运用创造技法，充分发挥想象，进行辩证思维，形成新的构思和设计。传统设计方法是经验、类比的设计方法。用收敛性的思维方法，过早地进入具体方案，功能原理分析既不充分又不系统，不强调创新，也很难得到最优方案。

（2）社会性　现代设计开发新产品的整个过程，从产品的概念形成到报废处理的全寿命周期中的所有问题，都要以面向社会、面向市场为指导思想全面考虑解决。设计过程中的功能分析、原理方案确定、结构方案确定、造型方案确定，都要随时按市场经济规律进行尽可能定量的市场分析、经济分析、价值分析，以并行工程方法指导企业生产管理体制的改革和新产品设计工作。传统设计是由专业技术主管指导设计，设计过程中注意技术性，设计试制后进行经济分析、成本核算，很少考虑社会性问题。

（3）创造性　现代设计强调激励创造冲动，突出创新意识，力主抽象的设计构思、扩展发散的设计构思、多种可行的创新方案、广泛深入的评价决策，集体运用创造技法，探索创新工艺试验，不断寻求最优方案。传统设计一般是封闭收敛的设计思维，过早进入定型实体结构，强调经验类比，直接主观地决策。

（4）最优化　现代设计重视综合集成，在性能、技术、经济、制造工艺、使用、环境等各种约束条件下和广泛的学科领域之间，通过计算机以高效率综合集成最新科技成果，寻求最优方案和参数。传统设计属于自然优化，在设计—评定—再设计……的循环中，凭借有限设计人员的知识、经验和判断力选取较好方案。受人和效率的限制，难以对多变量系统在广泛的影响因素下进行定量优化。

（5）动态化　现代设计在静态分析的基础上，考虑载荷谱、负载率等随机变量，进行动态多变量最优化；根据概率论与统计学方法，针对载荷、应力等因素的离散性，用各种设计方法进行可靠性设计。传统设计以静态分析和少变量为主，将载荷、应力等因素进行集中处理，由此考虑安全系数，与实际工况相差较远。

（6）宜人性　现代设计强调产品内在质量的实用性，外观质量的美观性、艺术性、时代性，在保证产品物质功能的前提下，要求对用户产生新颖舒畅等精神功能；从人的生理和心理特征出发，通过功能分析、界面安排和系统综合，考虑满足人—机—环境等之间的协调关系，发挥系统潜力，提高效率。传统设计往往强调产品的物质功能，忽视或不能全面考虑精神功能；凭经验或自发的考虑人—机—环境等之间的关系，强调训练用户来适应机器的要求。

（7）智能化　现代设计认为，各种生物在自己的某些领域里具有极高的水平，其中人的智能最高，通过知识和信息的获取、推理和运用，能解决极复杂的问题；在已认识的人的思维规律基础上，以计算机为主模仿人的智能活动，能够设计出高度智能化的产品。传统设计在局部上自发地运用了某些仿生规律，但这很难达到高度智能化的要求。

（8）CA化　现代设计广泛运用计算机使设计、计算、绘图、制造和改进一体化，日新月异的功能强大的软件使设计工作面貌不断更新，能够包容的影响设计的因素日益增多，大大提高了设计的精度、稳定性和效率，修改设计极为方便。传统设计是人工计算、绘图，使用简单的工具，设计的精度、稳定性和效率都受限制，修改设计也不方便。

总之，设计工作本质上是一种创造性的活动，是对知识与信息等进行创造性地运作与处理。发展机械现代设计方法，实质上就是不断追求最机智、最恰当而且最迅速地满足用户要求、社会效益、经济效益、机械内在要求等对机械构成的全部约束条件。

目前常见或较易见到的有：计算机辅助设计 CAD（computer aided design）、优化设计（optimization design）、可靠性设计（reliability design）、并行设计（concurrent designs）、虚拟产品设计（virtual product design）、参数化设计（parameterization design）、智能设计（intelligent design）、分形设计（fractal design）、网上设计（online design）等。

第一篇 平面机构设计

在机械设计的一般程序中，当明确设计要求后，首先需要做的工作就是确定机械的工作原理、绘制机构运动简图并进行运动分析和力学分析。本篇研究的是各种平面机构的组成原理及其组成构件的运动分析等方面的基本理论、基本分析与设计计算。

第1章　机械系统运动简图设计

学习目标

1. 熟练掌握机构运动简图的绘制方法。能够将实际机构或机构的结构图绘制成机构运动简图，能看懂各种复杂机构的机构运动简图，能用机构运动简图表达自己的设计思想。

2. 熟练掌握平面机构自由度的计算方法，能利用所学知识计算各种机构自由度。

3. 了解用瞬心法分析机构速度的方法。

机构是具有确定相对运动的构件组合，在着手设计新机构时，首先应判断所设计的机构能否运动；如果能够运动，还需判断在什么条件下才具有确定的相对运动。研究机构结构的目的之一就在于探讨机构运动的可能性及其具有确定运动的条件。

对机构进行运动分析和动力分析是机械设计基础的一项基本任务。然而现今应用的机构，其类型极多，对它们逐个分析研究是十分繁琐的，因此，研究机构结构的另一目的，就在于将成千上万的机构按结构加以分类，并按这种分类来建立运动分析和动力分析的一般方法。

实际机构往往是由外形和结构都很复杂的构件组成的。为了便于研究机构的运动，有必要撇开那些与运动无关的构件外形和具体构造，仅仅根据构件的连接特征和与运动有关的尺寸，用简单线条和符号绘制出机构运动简图。掌握正确绘制机构运动简图的方法也是研究机构结构的目的之一。

组成机构的所有构件都在同一平面或相互平行的平面内运动的机构称为平面机构。工程中常见的机构大多数属于平面机构。

1.1　平面机构的组成

1.1.1　运动副及其分类

机构是由许多构件组合而成的，平面机构中每个构件都不是自由构件。在机构中，每个构件都以一定的方式与其他构件相互连接。相互连接的两构件既保持直接接触又能产生一定的相对运动，人们把两构件直接接触形成的可动连接称为运动副。例如，轴颈与轴承之间的连接、轮齿与轮齿之间的连接和滑块与导槽之间的连接都构成运动副。构件之间的接触不外乎点、线、面三种。例如，滚珠轴承的滚动体与内、外座圈之间为点接触；相互啮合的轮齿之间为点或线接触；而轴颈与轴承或滑块与导槽之间则为面接触。这些参与接触而构成运动副的点、线、面称为运动副元素。

按照接触的特性，通常把运动副分为低副和高副。

1. 低副

两构件通过面接触构成的运动副称为低副。根据构件之间的相对运动是转动还是移动，低副又可分为转动副和移动副。

（1）转动副　如图 1-1a 所示的运动副，构件 1 相对构件 2 只能作相对转动。这种具有一个独立相对转动的运动副称为转动副，通常转动副的具体形式是用铰链连接，如轴颈和轴承间的连接构成转动副。

（2）移动副　如图 1-1b 所示的运动副，构件 1 相对构件 2 只能沿 x 轴相对移动。这种具有沿一个方向独立相对移动的运动副称为移动副。例如，活塞与气缸体所组成的运动副、推拉门和导轨等都为移动副。

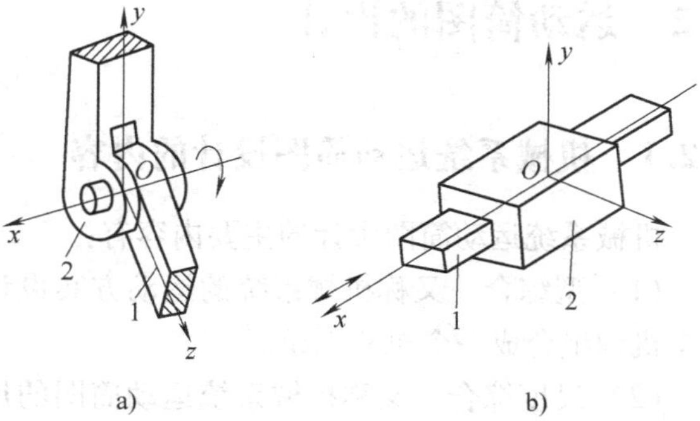

图 1-1　平面低副

2. 高副

两构件通过点接触或线接触构成的运动副称为高副。如图 1-2a 所示的火车轮子 1 与钢轨 2，图 1-2b 所示的凸轮机构的凸轮 1 与从动件 2，图 1-2c 所示的两相互啮合的轮齿等分别组成了高副。

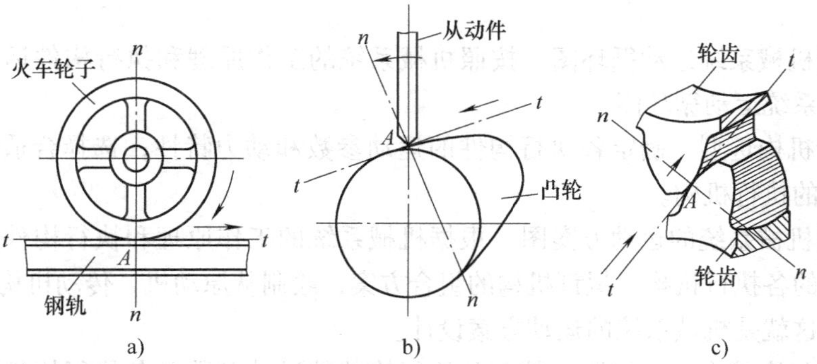

图 1-2　平面高副

1.1.2　运动链

若干个构件通过运动副连接构成的系统称为运动链。各构件构成封闭形式的运动链称为闭式运动链，简称闭链，如图 1-3a 所示；各构件不能构成封闭形式的运动链称为开式运动链，简称开链，如图 1-3b 所示。

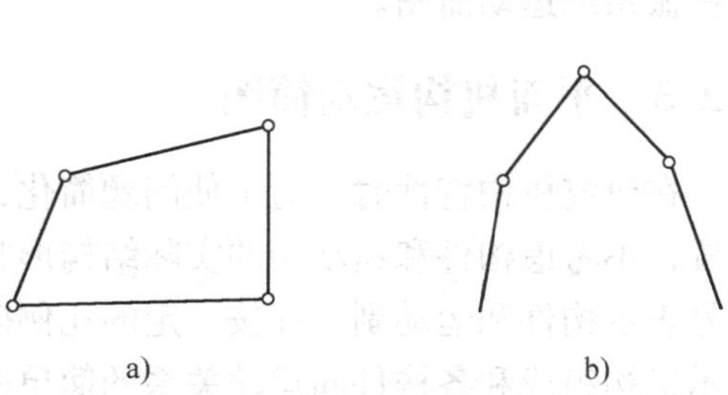

图 1-3　闭链和开链

a）闭链　b）开链

1.1.3　机构

如果将运动链中的一个构件固定，并使一个或几个构件按给定的规律运动，而且其余构件都能随之作确定的相对运动，则这种运动链就成为机构。通常将被固定的构件称为机架，将按给定规律运动的构件称为原动件，其余构件称为从动件。

1.2　运动简图的设计

1.2.1　机械系统运动简图设计的内容

机械系统运动简图设计的主要内容有：

（1）型综合　又称机械系统的运动方案设计。它是按工艺动作要求选择机构形式或把几个机构组合成一个机构系统。

（2）尺度综合　又称机械系统运动简图的尺度设计。它是按初步确定的机械系统运动方案，根据各执行构件运动规律和动作的协调配合要求，确定各构件的运动（几何）尺寸或几何形状（如凸轮轮廓线）。

1.2.2　机械系统运动简图设计的步骤

（1）功能分析　确定机械系统的总功能和进行功能分析分解。根据机械系统总功能要求和工作性质来构思和选定机械系统的工作原理、工艺动作过程及功能原理。为了实现总功能，按照不同的工作原理和不同的功能原理，可以求得多种方案，通过综合评价选择最优方案。

（2）绘制机械系统运动循环图　按照机械系统的工作原理和执行构件运动协调配合要求，绘制机械系统运动循环图。

（3）执行机构选型　确定各执行构件的运动参数和动力特性，选择合适的原动机，选择和设计合适的执行机构。

（4）绘制机械系统的运动方案图　根据机械系统的工作原理和执行构件运动协调配合要求及所选定的各执行机构，拟订机构的组合方案，绘制从原动机、传动机构到执行机构的运动示意图，这就是机械系统的运动方案设计。

（5）机构尺度综合　根据原动件和各执行构件的运动参数及各执行构件运动协调配合要求，同时考虑动力性能的要求，确定各机构中各构件的运动尺寸或几何形状。

（6）绘制机械系统运动简图　通过机构的选型和机构的尺度综合，设计出完全符合运动要求的传动机构和执行机构，按真实尺寸绘制机构运动简图。这些机构的组合系统简图就是机械系统运动简图。

1.2.3　平面机构运动简图

在研究机构特性时，为了使问题简化，只考虑与运动有关的运动副的数目、类型及相对位置，不考虑构件和运动副的实际结构形状和材料等与运动无关的因素，用简单线条和规定符号表示构件和运动副，并按一定的比例确定运动副的相对位置及与运动有关的尺寸，这种表示机构组成和各构件间运动关系的简单图形，称为机构运动简图。

机构运动简图与真实机构具有完全相同的运动特性，可以简明地表达一部复杂机器的传动原理，用于设计初期的方案对比；对机构上有关点的位移、速度和加速度分析求解；对构件进行受力分析；对机构进行分类，用同一种方法来研究它们的运动。因此，机构运动简图还可以使我们在研究各种不同机械的运动时收到举一反三的效果。

如果只要求定性地表达各构件间的相互关系而不需借助简图作图求解机构的运动参数，则在绘制简图时可以不按比例绘制，这种不按比例绘制的机构图称为机构示意图。

国家标准对运动副、构件、构件的运动及各种机构的表示符号作了详细规定，见表 1-1。

表 1-1　机构运动简图符号

名称		简图符号
构件	轴、杆	
	一个构件和其他构件形成三个运动副	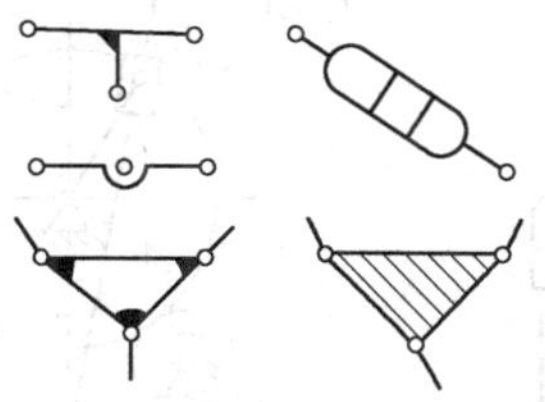
	构件的永久连接	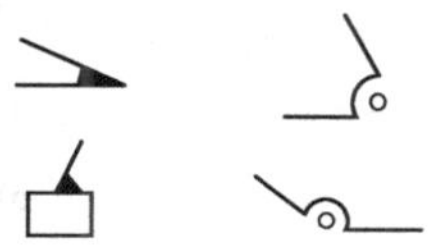
平面低副	两构件组成转动副	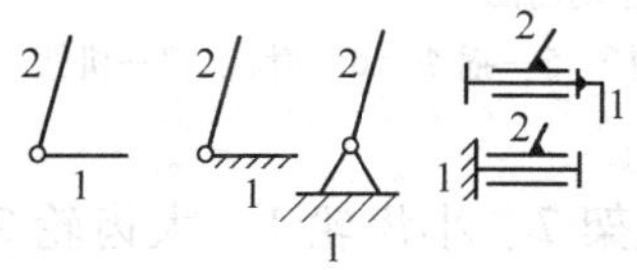
	两构件组成移动副	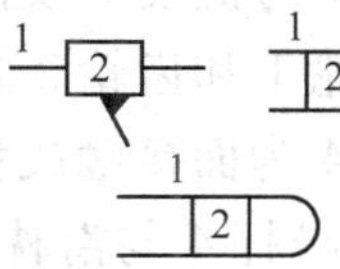
机架	基本符号	
	一个构件与机架形成转动副	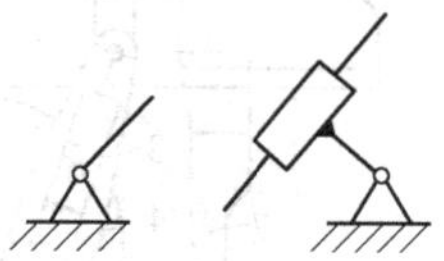
	一个构件与机架形成移动副	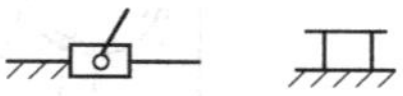
平面高副	外啮合的齿轮高副	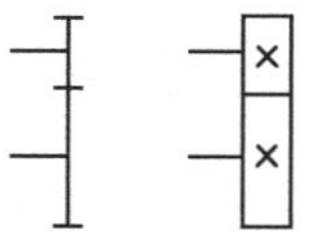
	内啮合的齿轮高副	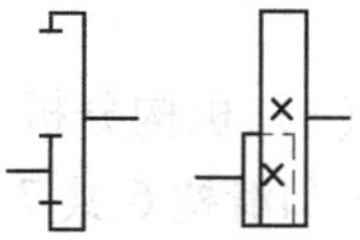
	凸轮高副	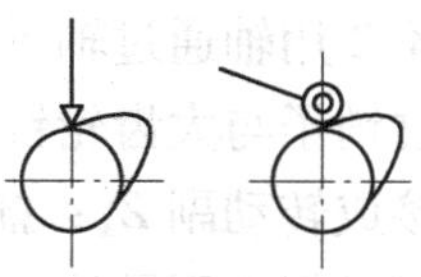

绘制平面机构运动简图的步骤：

1）观察机构的运动情况，分析机构的具体组成，确定机架、原动件和从动件。机架即固定构件，任何一个机构中必定只有一个构件为机架；原动件也称主动件，即运动规律为已知的构件，通常是驱动力所作用的构件；从动件中还有工作构件和其他构件之分，工作构件是指直接执行生产任务或最后输出运动的构件。

2）由原动件开始，按照运动的传递顺序，根据相连两构件间的相对运动性质和运动副元素情况，确定运动副的类型和数目。

3）根据机构实际尺寸和图纸大小确定适当的长度比例尺 μ_l，按照各运动副间的距离和相对位置，以与机构运动平面平行的平面为投影面，用规定的线条和符号绘制运动简图。

$$u_1 = \frac{\text{实际尺寸（mm）}}{\text{图样尺寸（mm）}} \tag{1-1}$$

下面举例说明平面机构运动简图的绘制方法。

例 1-1　图 1-4a 所示为牛头刨床执行机构的结构图，已知滑枕 6 的导轨高 $l_h = 1000\text{mm}$，大齿轮 2 的中心高 $l_{h1} = 540\text{mm}$，滑块 3 上的销的回转半径 $l_r = 240\text{mm}$。试绘制机构运动简图。

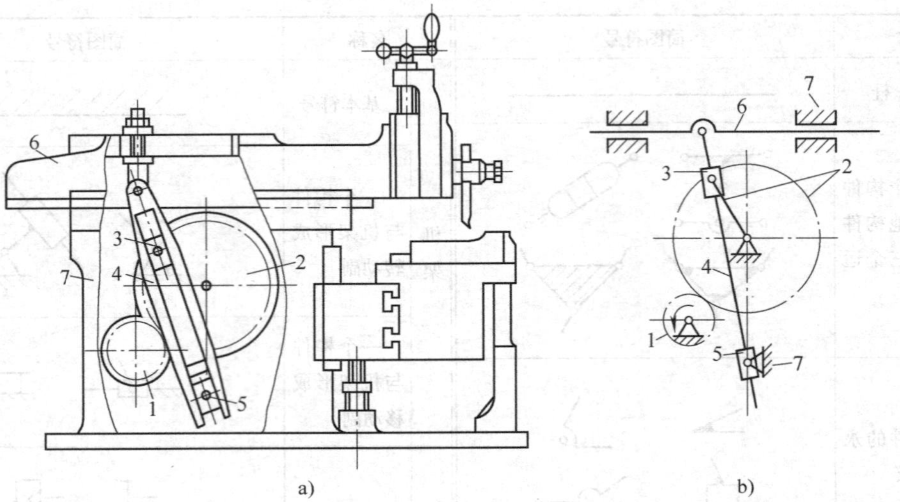

图 1-4　牛头刨床主体运动机构

a）结构图　b）运动简图

1—小齿轮　2—大齿轮　3—滑块　4—导杆　5—摇块　6—滑枕　7—机架

解　（1）机构分析　牛头刨床执行机构由机架 7、小齿轮 1、大齿轮 2、滑块 3、导杆 4、摇块 5 和滑枕 6 共 7 个构件组成，转动的小齿轮为原动件，移动的滑枕 6 为执行构件。

（2）确定运动副类型　原动件小齿轮 1 用轴通过轴承与机架 7 铰接成转动副 Z_1，从动件大齿轮 2 用轴通过轴承与机架 7 铰接成转动副 Z_2；齿轮 1 和齿轮 2 之间形成高副 G_1；滑块 3 通过销子与大齿轮铰接成转动副 Z_3；滑块 3 与导杆 4 为面接触成移动副 Y_1；摇块 5 与机架铰接成转动副 Z_4；摇块 5 与导杆 4 形成移动副 Y_2；导杆 4 与滑枕 6 铰接成转动副 Z_5；滑枕 6 与机架 7 用导轨连接以面接触成移动副 Y_3。这里有 1 个高副、5 个转动副和 3 个移动副共 9 个运动副。

（3）确定视图平面　以平行于齿轮运动平面作为视图平面。

（4）计算长度比例和图示长度　设图样最大尺寸为 50mm，则长度比例尺

$$\mu_1 = l_h/50 = 1000\text{mm}/50\text{mm} = 20$$

图示长度：

$h = l_h/\mu_1 = 1000/20\text{mm} = 50\text{mm}$

$h_1 = l_{h1}/\mu_1 = 540/20\text{mm} = 27\text{mm}$

$r = l_r/\mu_1 = 240/20\text{mm} = 12\text{mm}$

（5）绘制机构运动简图　①先绘制机架上的运动副铰链 z_4、z_1、z_2，根据 h 值绘制滑枕

的导路；②选择适当的瞬时位置，按各运动副间的图示长度和相对位置，用规定的符号表示各运动副；③用直线将同一构件上的运动副连接起来，并标上件号、铰点名和原动件的运动方向，表示出机架，即得所求的机构运动简图，如图 1-4b 所示。

例 1-2　图 1-5a 所示为反铲液压挖掘机工作装置的结构简图，已知 $AC=1.8\text{m}$、$AF=3.3\text{m}$、$CF=1.7\text{m}$、$FI=1.7\text{m}$。试画出它的运动示意图。

解　(1) 机构分析　机构由转台 1、动臂 2、动臂缸筒 3 及活塞杆 4、斗杆缸筒 5 及活塞杆 6、斗杆 7、转斗缸筒 8 及活塞杆 9、铲斗 10 共 10 个构件组成。三个液压缸为原动件，分别驱动动臂 2 绕 A 点转动、斗杆 7 绕 F 点转动、铲斗 10 绕 I 点转动；铲斗 10 为工作构件。

(2) 确定运动副类型　有 A、B、C、D、E、F、G、H、I 共 9 个转动副，三个液压缸构成 3 个移动副。

(3) 确定视图平面　以平行于动臂 2 运动平面作为视图平面。

(4) 绘制机构运动简图　①选择适当的瞬时位置，按各运动副间相对位置，用规定的符号表示各运动副；②用直线将同一构件上的运动副连接起来，并标上件号、铰点名和原动件的运动方向，即得所求的机构运动示意图，如图 1-5b 所示。

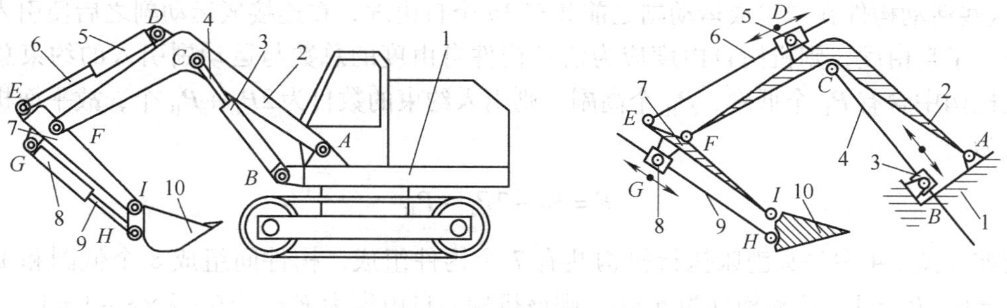

图 1-5　反铲液压挖掘机工作装置
a) 结构简图　b) 运动示意图
1—转台　2—动臂　3—动臂缸筒　4、6、9—活塞杆　5—斗杆缸筒
7—斗杆　8—转斗缸筒　10—铲斗

1.3　机械系统具有确定运动的条件

1.3.1　构件自由度及约束

构件是机构中运动的单元体，它是组成机构的基本运动要素。构件的自由度是构件可能出现的独立运动数目。一个构件当它尚未与其他构件连接之前，称为自由构件。自由构件在空间自由运动时称为空间构件，有 6 个自由度，分别为在空间直角坐标系内沿着三个坐标轴的移动和绕三个坐标轴的转动。而对于一个作平面运动的自由构件则称为平面构件，如图 1-6 所示，一个作平面运动的构件 2 可以作沿 x 轴、y 轴的移动和绕垂直于 xOy 平面的轴 A 的转动，共有 3 个自由度。

显然，作平面运动的自由构件具有三个自由度，但是当它与另一构件组成运动副之后，构件间的直接接触使某些独立运动受到限制，自由度便随之减少。运动副对独立运动所加的限制称为约束，每加上一个约束，构件便失去一个自由度，加上两个约束构件便失去两个自由度。两构件间约束的多少和约束的特点完全取决于运动副的形式。

如图 1-1a 所示的运动副，构件 1 沿 y 轴和 z 轴的两个相对移动受到约束，构件 1 相对构件 2 只能绕 x 轴作相对转动。如图 1-1b 所示的运动副，构件 1 相对构件 2 沿 y 轴的相对移动和绕垂直于 xOy 平面的轴的相对转动受到约束，构件 1 相对构件 2 只能沿 x 轴相对移动。如图 1-2 所示高副，构件 1、2 间沿公法线 $n—n$ 方向的移动受到约束，构件 2 相对于构件 1 可以沿接触点切线 $t—t$ 的方向独立移动，同时还可以绕点 A 独立转动。由上可知，平面机构中的平面低副引入两个约束限制 2 个自由度，平面高副引入一个约束限制 1 个自由度。

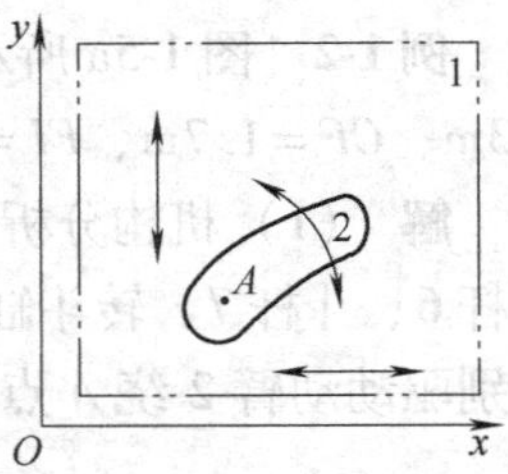

图 1-6　自由构件

1.3.2　平面机构自由度的计算

计算机构自由度的目的在于判断机构运动的可能性和确定性。

设一个平面机构由 N 个构件组成，其中必定有 1 个构件为机架，其活动构件数为 $n=N-1$。这些活动构件在未组成运动副之前共有 $3n$ 个自由度，在连接成运动副之后便引入了约束，减少了自由度，则机构自由度应为活动构件自由度的总数与运动副引入的约束总数之差。设机构中含有 P_L 个低副、P_H 个高副，则引入约束的数目为 $2P_L+P_H$ 个，故平面机构的自由度为

$$F=3n-2P_L-P_H \tag{1-2}$$

例如，图 1-4 中牛头刨床执行机构共有 7 个构件组成，构件间组成 8 个低副和 1 个高副，$P_L=8$，$P_H=1$，活动构件为 $n=6$，则该机构的自由度为 $F=3\times6-2\times8-1=1$。

又如，图 1-5 所示的反铲液压挖掘机工作装置，共有 10 个构件，活动构件为 $n=9$，连接成 9 个转动副、3 个移动副，低副 $P_L=12$，$P_H=0$，则该机构的自由度为 $F=3\times9-2\times12-0=3$。

1.3.3　机构具有确定运动的条件

如前所述，机械是机构和机器的总称，机构是组成机器的基本组合体，是研究机器的基础。所谓机构具有确定的运动，是指该机构中所有构件，在任一瞬时的运动都是完全确定的。那么，用运动副连接起来的机构具备什么条件，其运动才是确定的呢？为了解答这个问题，下面用几个实例来进行讨论。

图 1-7a 所示为五杆铰链系统，具有 5 个构件构成 5 个转动副，其自由度为 $F=3\times4-2\times5=2$，如果只给定构件 1 确定的运动规律，原动件数小于自由度数 F，则构件 2、3、4 的运动规律并不确定。当给定了构件 1 和 4 确定的运动规律，各构件的运动就得到确定。

图 1-7b 所示为四杆铰链系统，具有四个构件形成 4 个转动副，其自由度为 $F=3\times3-2\times4=1$，当给定构件 1 确定的运动规律时，各构件的运动就得到确定。如果同时给定构件 1 和 2 都具有独立确定的运动规律，原动件数大于自由度数 F，则系统将被破坏而无法运动。

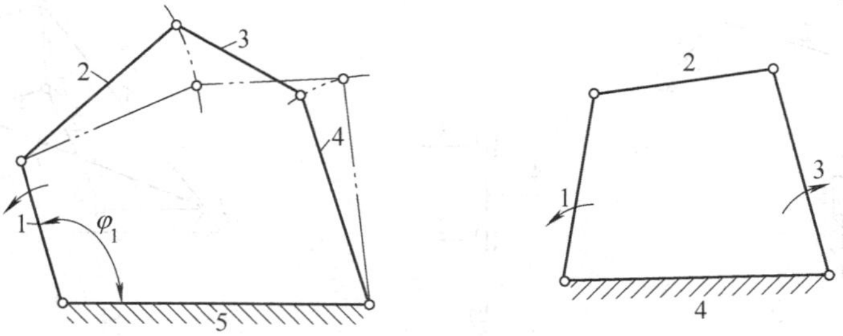

a)　　　　　　b)

图 1-7　机构具有确定运动的条件

a）五杆铰链系统　b）四杆铰链系统

图 1-8a 所示自由度 $F=3\times4-2\times6=0$，该构件组合的自由度等于零，说明它是不能产生相对运动的刚性桁架。图 1-8b 所示自由度 $F=3\times2-2\times3=0$，也是一个刚性桁架。图 1-8c 所示自由度 $F=3\times3-2\times5=-1$，$F<0$ 说明它所受的约束过多，已成为超静定桁架。

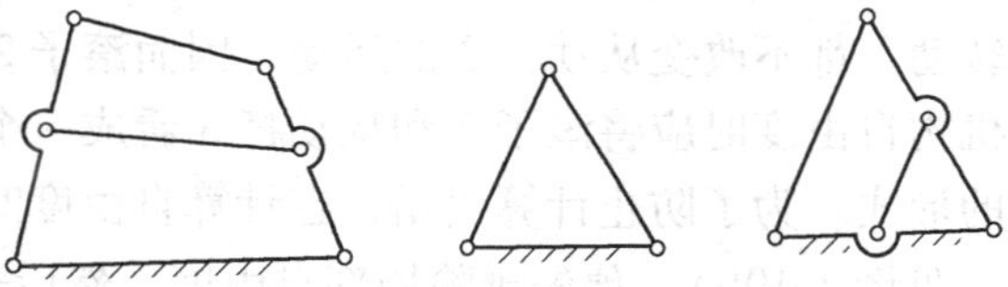

a)　　　　b)　　　　c)

图 1-8　桁架

综上所述可知，机构自由度 F、原动件的数目与机构运动特性之间有着密切的关系：

1）$F\leqslant0$ 时，机构蜕变为刚性桁架，构件之间没有相对运动。

2）$F>0$ 时，若原动件数小于机构的自由度，则各构件没有确定的相对运动；若原动件数大于机构的自由度，则在机构的薄弱处遭到破坏。

由此可见，机构具有确定运动的条件为：机构的原动件数目 W 等于机构的自由度数目 F，且机构自由度 F 大于零，即

$$W=F>0$$

1.3.4　计算平面机构自由度时应注意的事项

1. 复合铰链

两个以上的构件同时在一轴线上用转动副连接，就构成了复合铰链。图 1-9a 所示为一个六构件机构，其中构件 6 为机架，构件 1 为原动件。请注意 B 点处是由 2、3、4 三构件构成的两个同轴转动副，如图 1-9b 所示。其中，构件 4 与构件 2 铰接构成一个转动副 z_{42}，构件 4 与构件 3 铰接构成转动副 z_{43}，两转动副均绕轴线 B 转动。这个复合铰链在计算自由度时应按 2 个转动副计算。如果有 m 个构件以复合铰链相连接，则构成的转动副数目应为（$m-1$）个。在计算机构自由度时，应注意分析是否存在复合铰链。

图 1-9a 中，共有 6 个构件，有 5 个活动构件，6 个转动副，1 个移动副，低副数目 $P_L=7$，高副数目 $P_H=0$。机构的自由度为 $F=3\times5-2\times7-0=1$，机构的主动件也是 1 个。

例 1-3　试计算图 1-9c 所示直线机构的自由度。

解　此机构 B、C、D、F 四处都是由三个构件组成的复合铰链，各具有两个转动副。因此其 $n=7$，$P_L=10$，$P_H=0$，故得 $F=3n-2P_L-P_H=3\times7-2\times10-0=1$。

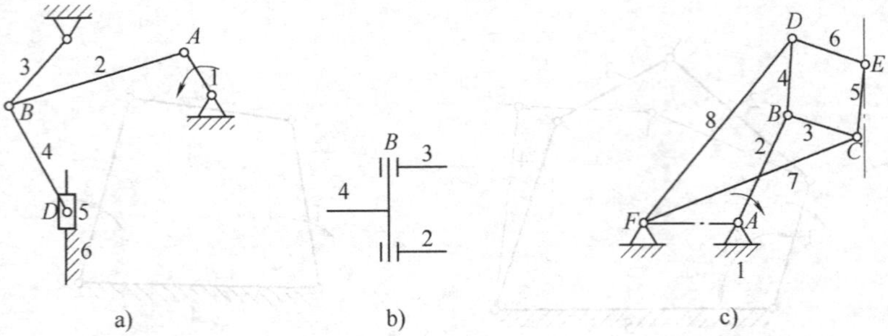

图 1-9　复合铰链

2. 局部自由度

在有些机构中，某些构件所产生的局部运动对整个机构的运动毫无影响，这种独立运动称为局部自由度。在计算机构自由度时，局部自由度应略去不计。

如图 1-10a 所示凸轮机构，随着主动件凸轮 1 的逆时针转动，从动件 3 作上下往复运动，为了减少摩擦和磨损，在凸轮 1 和从动杆 3 之间加入滚子 2，应该注意到无论滚子 2 是否转动，都不改变从动杆 3 的运动，因而滚子 2 与从动杆 3 之间的转动属于局部自由度，计算机构自由度时应将滚子 2 和从动杆 3 看成一个构件。滚子是平面机构中局部自由度中最常见的形式。为了防止计算出错，在计算自由度时，可以设想将滚子与安装滚子的构件焊成一体（见图 1-10b），预先排除局部自由度，然后进行计算。

3. 虚约束

在特殊的几何条件下，有些约束所起的限制作用是重复的，这种不起独立限制作用的约束称为虚约束。计算机构自由度时应将虚约束除去不计。

虚约束经常出现的场合如下：

1）如果两构件同时在多处接触构成多个转动副，且其轴线又是重合的，则只有一个转动副起约束作用，其余转动副所带入的约束均为虚约束，如图 1-11a 所示。

2）如果两构件在多处接触构成移动副，且各导路又是互相平行或重合的，则只有一个移动副起约束作用，其他移动副均为虚约束，如图 1-11b 所示。

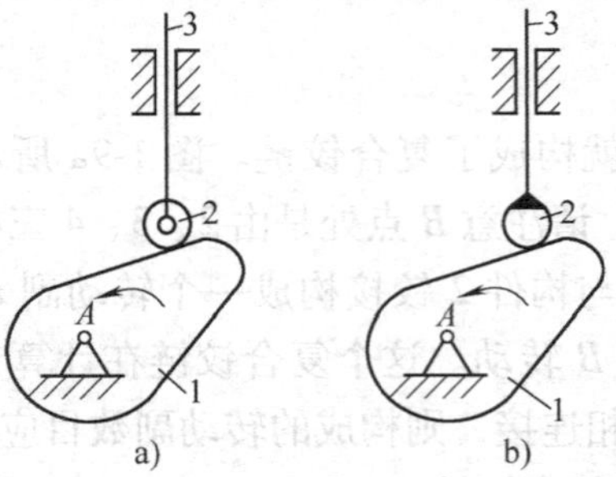

图 1-10　局部自由度

1—凸轮　2—滚子　3—从动杆

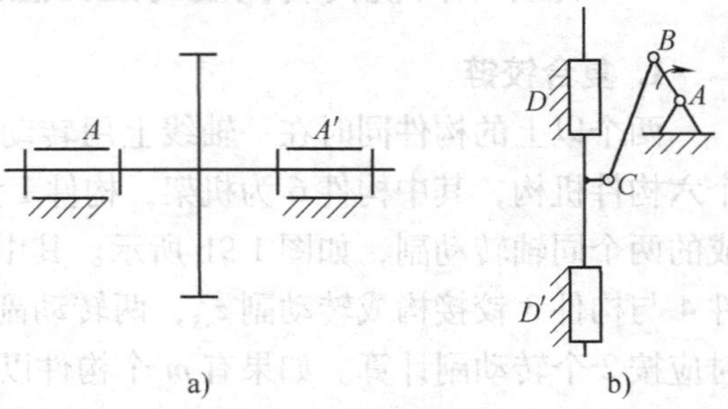

图 1-11　两构件间形成多处运动副的虚约束

3）在机构的运动过程中，如果两构件两点间的距离始终保持不变，则在此两点间以构件相联所产生的约束，必定是虚约束。图 1-12a 所示为蒸汽机车驱动轮联动装置示意图，*AB*

= $CD = EF$，$BC = AD$，它形成一个平行四边形机构，其中构件 EF 的存在并不影响平行四边形 $ABCD$ 的运动。在计算自由度时应去掉 EF 构件以及 EF 与 BC、AD 组成的两个转动副，如图 1-12b 所示，否则，自由度计算就会出现错误的结果。应该指出，AB、CD、EF 三构件必须是互相平行的，否则就形成不了虚约束，机构就出现过约束而不能运动。

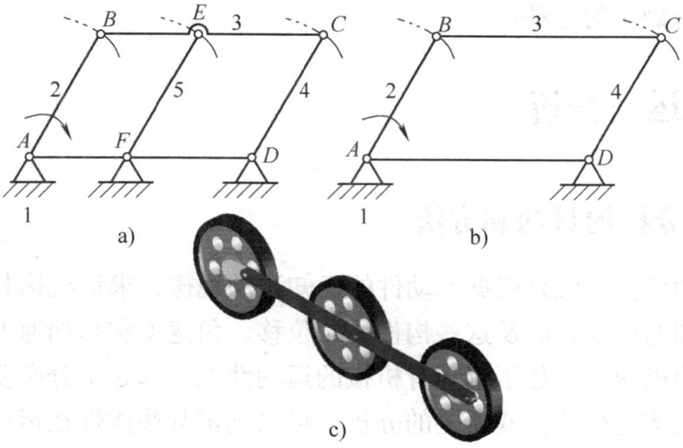

图 1-12　两构件上两点间距离保持不变

4）在机构中，某些不影响机构运动的对称部分所带入的约束为虚约束。如图 1-13 所示的齿轮传动，齿轮 1 经过齿轮 2、2′和 2″驱动内齿轮 3。从运动传递角度来看齿轮 2、2′和 2″，只有其中一个齿轮就可以了，而其余两个齿轮主要是从机构受力平衡和结构工艺性上考虑的。计算机构自由度时，只考虑对称或重复部分中的一处即可。

例 1-4　计算图 1-14 所示筛料机构的自由度，并判断机构是否有确定的运动。

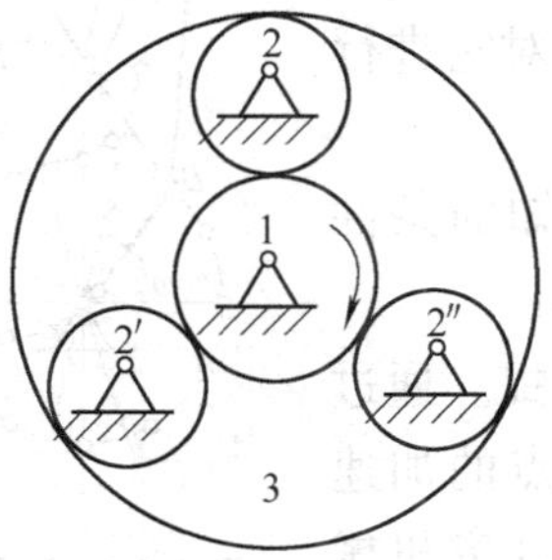

图 1-13　对称结构引入的虚约束

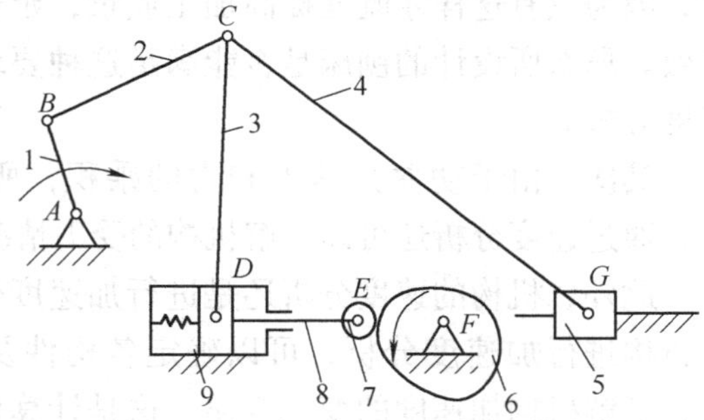

图 1-14　筛料机构

1、2、3、4—连杆　5—工作构件　6—凸轮
7—滚子　8—活塞杆　9—缸筒

解　（1）工作原理分析　机构中标有箭头的凸轮 6 和连杆 1 作为原动件分别绕 F 点和 A 点转动，迫使工作构件 5 带动筛子抖动筛料。

（2）处理特殊情况　①2、3、4 三构件在 C 点组成复合铰链，此处有两个转动副；②滚子 7 绕 E 点的转动为局部自由度，处理成滚子 7 与活塞杆 8 焊接一起；③8 和 9 两构件形成两处移动副，其中有一处是虚约束，去掉。

（3）计算机构自由度　机构中的活动构件有 1、2、3、4、5、6、8 共 7 个，A、B、C、

D、F、G 共 7 个转动副，D、G 点 2 个移动副，E 点 1 个高副，即 $n=7$、$P_L=9$、$P_H=1$，按式（1-2）计算得

$$F=3n-2P_L-P_H=3\times7-2\times9-1=2$$

经对机构进行分析和计算可知，机构的原动件数目 $W=2$，自由度数目 $F=2$，因为有 $W=F=2$，故本机构有确定的运动。

1.4　平面机构运动分析

1.4.1　机构运动分析的目的和方法

所谓机构的运动分析，就是根据原动件的已知运动规律，求该机构其他构件上某些点的位移、轨迹、速度和加速度，以及这些构件的角位移、角速度和角加速度。机构的运动分析无论是对于设计新的机械，还是了解现有机械的运动性能，都是十分必要的。

例如，通过对机构进行位移或轨迹的分析，可以确定某些构件在运动时所需的空间；判断当机构运动时各构件之间是否会互相干涉；确定机构中从动件的行程；考察构件上某一点能否实现预定的位置或轨迹要求等。例如，在图 1-15 所示的 V 形发动机中，为了确定活塞的行程，就必须确定活塞运动的上下极限位置；为了确定机壳的外廓尺寸，就必须知道连杆上一些外端点的运动轨迹和所需的空间范围等。

通过对机构进行速度分析，可以了解从动件的速度变化规律能否满足工作要求。例如，就牛头刨床来说，要求刨刀在工作行程中应接近于等速运动，而空回行程的速度则应高于工作行程时的速度，因为只有这样才既能提高加工质量，延长刀具寿命，又能提高工效。那么所设计的刨床是否能满足这种要求呢，这就要对它进行速度分析。

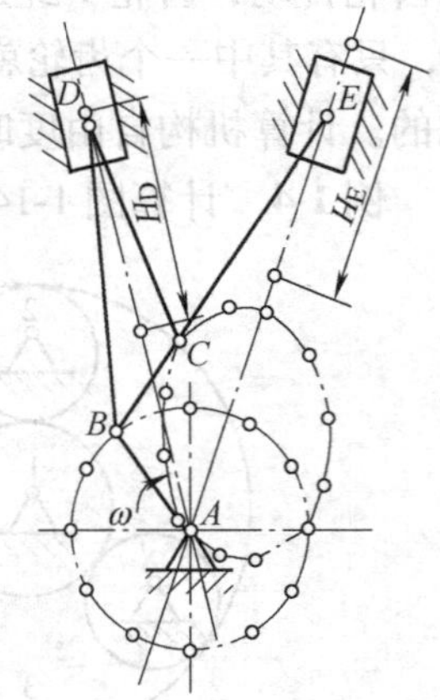

图 1-15　V 形发动机

其次，由于功率是速度和力的乘积，所以在功率已知的条件下，通过速度分析还可以了解机构的受力情况。

此外，机构的速度分析还是进行加速度分析的必要前提。通过对机构进行加速度分析，可以确定各构件及构件上某些点的加速度，了解机构加速度的变化规律。这是计算构件惯性力和研究机械动力性能的必要前提。

机构运动分析的方法很多，主要有图解法和解析法。图解法的特点是形象直观，对于平面机构来说，一般也较简单，但精度不高，而且就机构的一系列位置进行分析时，需要反复作图，也相当繁琐。而解析法的特点是把机构中已知的尺寸参数和运动变量与未知的运动变量之间的关系用数学式表达出来，然后求解；因此，解析式一旦列出，则机构在各位置时的运动变量的计算就很便捷了，而且可获得很高的计算精度；同时还可把机构分析问题和机构综合问题联系起来，便于进行更深入的研究；其缺点是不像图解法那样形象直观，而且计算式有时比较复杂，计算工作量可能很大。但随着电子计算机的发展和普及，解析法的应用已逐渐广泛。

如前所述，由于平面机构的应用最为广泛，所以本单元仅限于研究平面机构的运动分

析。另外，当用图解法进行分析时，由于机构的位置或轨迹的图解是简单的几何问题，故不再专门进行讨论。

1.4.2　速度瞬心及其在机构速度分析上的应用

机构速度分析方法有速度瞬心法和矢量方程图解法等。对某些平面机构来说，应用速度瞬心法进行速度分析十分简便。所以，这里只介绍速度瞬心及其在平面机构速度分析中的应用。

1.4.2.1　速度瞬心及其求法

1. 速度瞬心的概念

如图 1-16 所示，两个作平面运动的构件 1、2 上速度相同的一对重合点 P_{12}，在某一瞬时两构件相对于该点作相对转动，该点称为瞬时速度中心，简称瞬心。实际上瞬心是两个刚体瞬时相对速度为零的重合点，即绝对速度相等的重合点。如果两构件都是运动的，其瞬心称为相对速度瞬心。如果两构件中有一个是静止的，其瞬心称为绝对速度瞬心。相对瞬心的重合点绝对速度不为零，$v_{p2}=v_{p1}\neq 0$。绝对瞬心的重合点绝对速度为零，$v_{p2}=v_{p1}=0$。构件 i 和构件 j 的瞬心一般用符号 P_{ij} 或 P_{ji} 来表示。瞬心的三要素：①该点涉及两个构件；②绝对速度相同，相对速度为零；③相对回转中心。

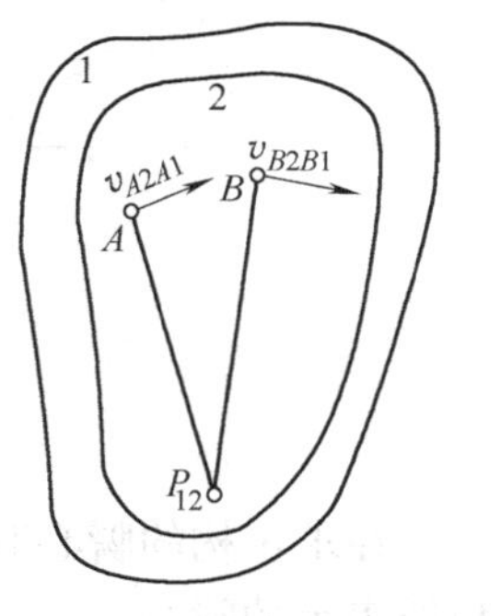

图 1-16　平面运动构件

2. 机构瞬心的数目

由于作相对运动的任意两个构件都有一个瞬心，根据排列组合的原理，如果一个机构中含有 K 个构件，则其瞬心数目 N 为

$$N=\frac{K(K-1)}{2} \tag{1-3}$$

3. 速度瞬心的求法

当两构件的相对运动已知时，瞬心的位置便可确定，如图 1-16 中，已知两构件重合点 A_1 和 A_2 及 B_1 和 B_2 的相对速度 v_{A2A1} 和 v_{B2B1} 的方向，则两速度矢量的垂线的交点便是瞬心 P_{12}。在机构中通常用如下方法求得瞬心。

（1）根据瞬心定义直接求两构件的瞬心　当两构件用转动副连接时，其转动副中心就是它们的瞬心 P_{12}，如图 1-17a 所示；当两构件组成移动副时，由于它们的所有的重合点的相对速度方向都平行于导路方向，所以其瞬心 P_{12} 位于导路的垂直方向的无穷远处，如图 1-17b 所示；当两构件组成纯滚动的高副时，接触点的相对速度为零，其接触点就是他们的瞬心 P_{12}，如图 1-17c 所示；当两构件组成滚动兼滑动的高副时，接触点的相对速度不为零且

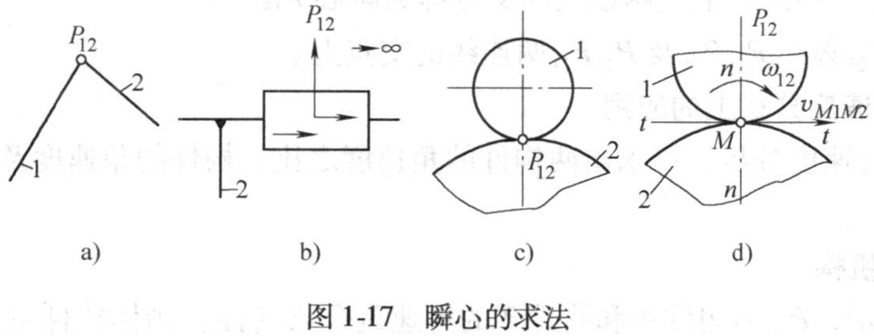

图 1-17　瞬心的求法

其方向沿切线方向，其瞬心 P_{12} 位于过接触点的公法线 n—n 上，如图 1-17d 所示，由于滚动和滑动的速度未知，故还不能确定 P_{12} 在法线的哪一点上，还需要其他辅助条件确定。

（2）根据三心定理求两构件的瞬心　当不能直接根据瞬心定义求各构件的瞬心时，可用三心定理来求。该定理为：作平面相对运动的三个构件共有三个瞬心，它们位于同一直线上（证明略）。三心定理用于求机构中两个构件之间不以运动副相连或组成滚动兼滑动的高副时的瞬心。在实际使用时，经常利用瞬心多边形来配合求解。在瞬心多边形中，多边形的顶点数目与机构中的构件数相同，用多边形的顶点表示构件编号，并顺次以各个构件的编号 1，2，3，…来表示；多边形的各个棱边表示两个构件用运动副直接连接的瞬心，而多边形的对角线则表示不以运动副相连的两个构件的瞬心。图 1-18 所示为两杆机构、三杆机构和四杆机构的瞬心多边形。

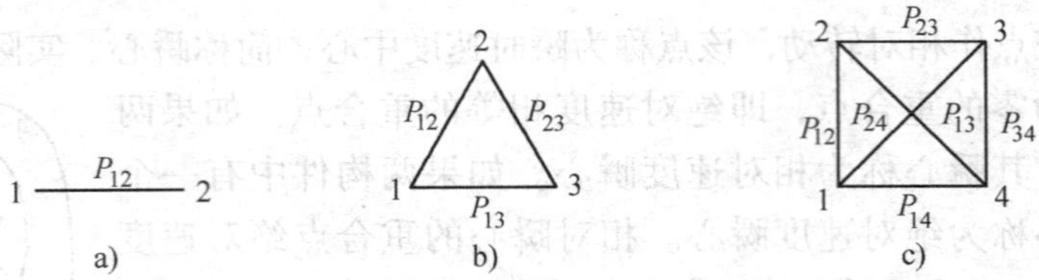

图 1-18　瞬心多边形
a）两杆机构　b）三杆机构　c）四杆机构

在求机构的瞬心时，首先确定瞬心多边形中各个边表示的瞬心，然后用三心定理确定对角线表示的瞬心。

例 1-5　图 1-19 所示为一平面四杆机构，试确定该机构在图 1-19 所示位置时其全部瞬心的位置。

解　根据式（1-3）可知，该机构有 4 个构件组成，$N=\dfrac{4\times(4-1)}{2}=6$，所以该机构瞬心的数目为 6 个。即 P_{12}、P_{13}、P_{14}、P_{23}、P_{24}、P_{34}。其中 P_{12}、P_{23}、P_{34}、P_{14} 分别在四个转动副的中心，可直接定出；而其余两个瞬心 P_{13} 及 P_{24} 则可应用三心定理来确定。

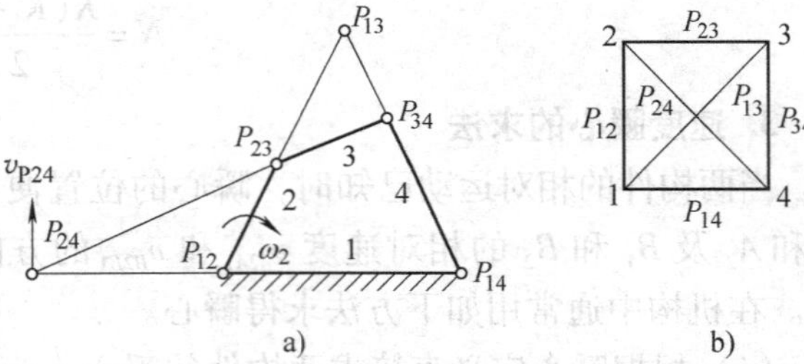

图 1-19　瞬心法的应用
a）四杆机构　b）瞬心多边形

如图 1-19 所示，根据三心定理，对于构件 1、2、3 来说，P_{13} 必在 P_{12} 及 P_{23} 的连线上；而对于构件 1、4、3 来说瞬心 P_{13} 必在 P_{14} 及 P_{34} 的连线上。因此，上述两连线的交点即为瞬心 P_{13}。

同理可知，P_{24} 必在 $P_{23}P_{34}$ 及 $P_{12}P_{14}$ 两连线的交点上。

1.4.2.2　瞬心在速度分析上的应用

利用瞬心进行速度分析，可求出两构件的角速度之比、构件的角速度及构件上某点的线速度。

1. 铰链四杆机构

如图 1-19 所示，P_{24} 为构件 4 和构件 2 的等速重合点（注：刚体构件可以看成无限大），

而构件 4 和构件 2 分别绕绝对瞬心 P_{14}和 P_{12}转动，因此有

$$\omega_2 l_{P_{24}P_{12}} = \omega_4 l_{P_{24}P_{14}};\ \omega_2 P_{24}P_{12} = \omega_4 P_{24}P_{14}$$

$$\frac{\omega_2}{\omega_4} = \frac{l_{P_{24}P_{14}}}{l_{P_{24}P_{12}}} = \frac{P_{24}P_{14}}{P_{24}P_{12}} \tag{1-4}$$

上式表明：作平面相对运动的两构件，在已知两构件绝对瞬心的情况下，只要定出相对瞬心位置，就可求出二者的角速度比。即角速度比等于两构件的相对瞬心至其绝对瞬心之距离的反比。如果 P_{24}在 P_{14}和 P_{12}的同一侧，则 ω_2 和 ω_4 方向相同。如果 P_{24}在 P_{14}和 P_{12}之间，则 ω_2 和 ω_4 方向相反。如知其一构件的角速度，便可求出另一构件的角速度大小和方向。

2. 齿轮机构

图 1-20 所示为相啮合的两齿轮机构，共有 3 个构件组成。齿轮 2、3 组成高副，可以利用瞬心法求两轮的角速度之比。齿轮 2 和 3 与机架 1 的绝对瞬心为 P_{12}和 P_{13}，两齿轮的瞬心 P_{23}在过接触点 K 的公法线 n—n 上，又因位于 P_{12}和 P_{13}的连线上，故二线的交点即为 P_{23}。这就是齿轮的齿廓啮合基本定律。

$$i_{23} = \frac{\omega_2}{\omega_3} = \frac{P_{23}P_{13}}{P_{23}P_{12}} \tag{1-5}$$

3. 直动从动件凸轮机构

如图 1-21 所示凸轮机构，为求顶杆 2 的速度，用瞬心法求解。根据三心定理，求得凸轮 1 和顶杆 2 的相对瞬心为 P_{12}（注：刚体构件可以看成无限大），根据瞬心的概念，顶杆 2 的速度 v_2 为

$$v_2 = \omega_1 l_{P_{13}P_{12}} \tag{1-6}$$

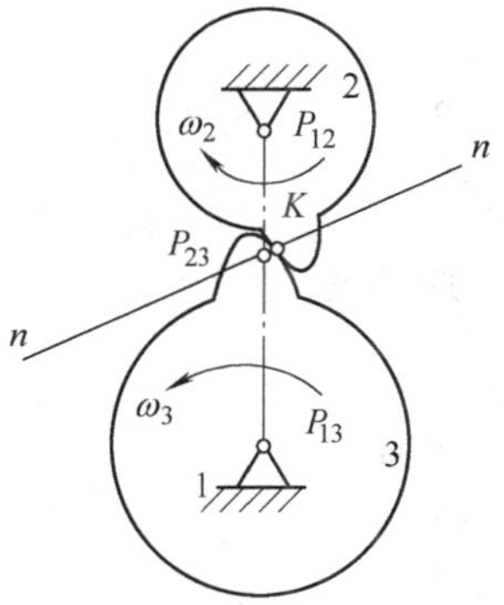

图 1-20　齿轮机构

1—机架　2、3—齿轮

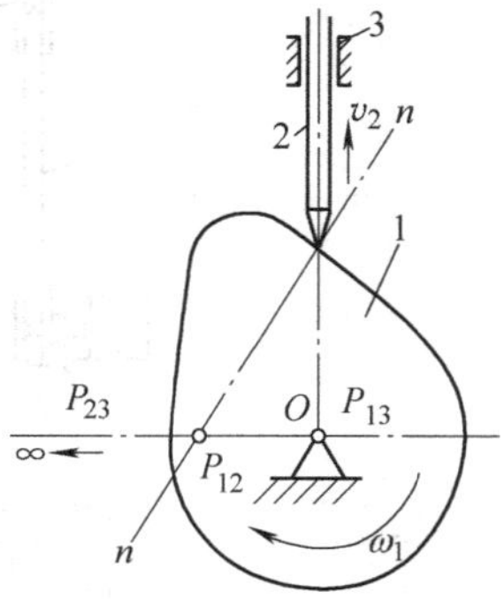

图 1-21　凸轮机构

1—凸轮　2—顶杆

例 1-6　图 1-22 所示曲柄滑块机构中，已知各构件的尺寸和主动件的角速度 ω_1。求：1）机构的全部瞬心位置；2）从动件 3 的速度。

解　1）取合适的比例尺 u_1，按比例作图 $AB = L_{AB}/u_1$；$BC = L_{BC}/u_1$。

2）此机构中共有 4 个构件，有 6 个瞬心图中 6 个瞬心分别为 P_{12}、P_{23}、P_{34}、P_{14}、P_{24}、P_{13}。用三心定理求得 P_{24}、P_{13}。

3）根据瞬心定义 $v_3 = v_{P13} = \omega_1\mu_1\overline{P_{14}P_{13}}$由图上量出$\overline{P_{14}P_{13}}$并经比例折算即可得 v_3。

4）根据 ω_1 的方向，可知 v_3 的方向向右。

通过上述示例可见，利用瞬心对简单的平面机构、特别是平面高副机构进行进度分析是比较简便的。

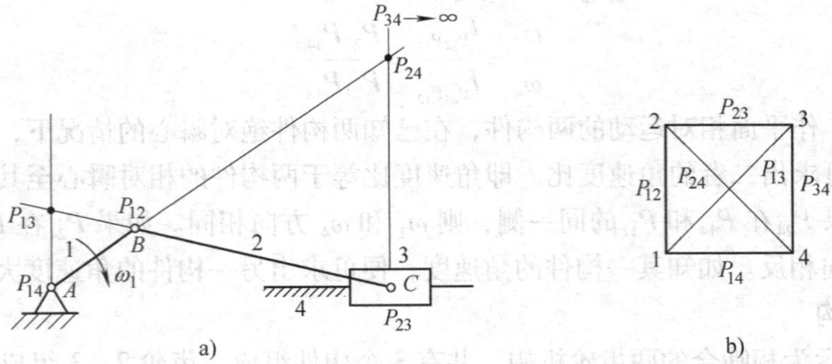

图 1-22　曲柄滑块机构

a）运动简图　b）瞬心多边形

课 堂 任 务

【任务描述】

图 1-23 所示为专用精压机运动方案图。专用精压机机组用于薄壁铝合金制件的静压深冲生产，它的功能是将薄壁铝板冲压成为深筒形。薄壁铝板是坯料，深筒形铝筒是成品。薄壁铝板捆扎成一定高度，由其他车间运至精压机机组一侧，等待冲压。精压机机组由三个机械单元组成：上料机器人、精压机机组单元、链式输送机。

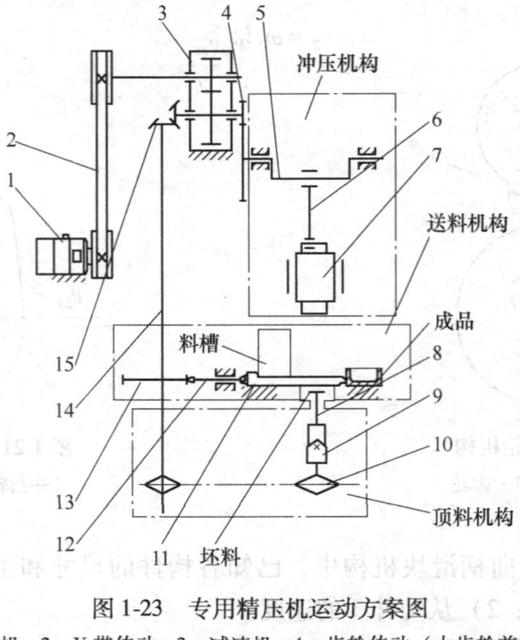

图 1-23　专用精压机运动方案图

1—电动机　2—V 带传动　3—减速机　4—齿轮传动（大齿轮兼做飞轮）

5—曲轴　6—连杆　7—冲头　8—顶料杆　9—顶料凸轮　10—传动链

11—推料板　12—凸轮直动推杆　13—盘形凸轮　14—立轴　15—锥齿轮传动

【任务要求】

1）根据给出的专用精压机运动方案图分析精压机机组的工艺动作。

2）绘制精压机主单元运动传递路线。

3）绘制精压机各个运动单元机构示意图。

4）分析计算精压机各个运动单元机构自由度，确定原动件的数目。

5）对整个机构进行运动分析，并对冲压滑块进行速度分析。

思考题和习题

1-1　什么是运动副？运动副的作用是什么？什么是高副？什么是低副？

1-2　平面机构中的低副和高副各引入几个约束？

1-3　如果机构具有确定的运动，则机构自由度数和原动件数之间具有什么关系？

1-4　用机构运动简图表示你家中缝纫机的踏板机构。

1-5　机构运动简图有何用处？它能表示出原机构哪些方面的特征？如何绘制机构运动简图？

1-6　机构具有确定运动的条件是什么？当机构的原动件数少于或多于机构的自由度时，机构的运动将发生什么情况？

1-7　在计算机构的自由度时，应注意哪些事项？通常在哪些情况下存在虚约束？

1-8　图 1-24 所示油泵机构中，1 为曲柄，2 为活塞杆，3 为转块，4 为泵体。试绘制该机构的机构运动简图，并计算其自由度。

1-9　图 1-25 所示为冲床刀架机构，当偏心轮 1 绕固定中心 *A* 转动时，构件 2 绕活动中心 *C* 摆动，同时带动刀架 3 上下移动。*B* 点为偏心轮的几何中心，构件 4 为机架。试绘制该机构的机构运动简图，并计算其自由度。

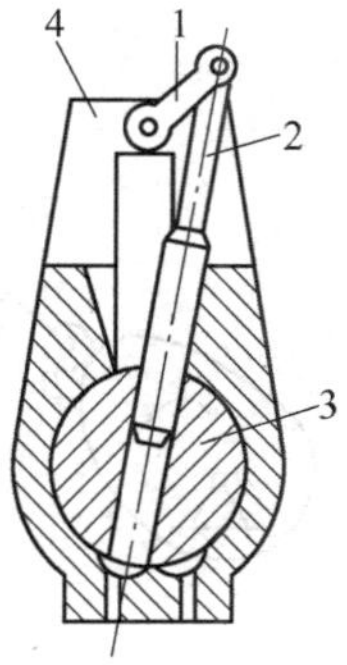

图 1-24　题 1-8 图

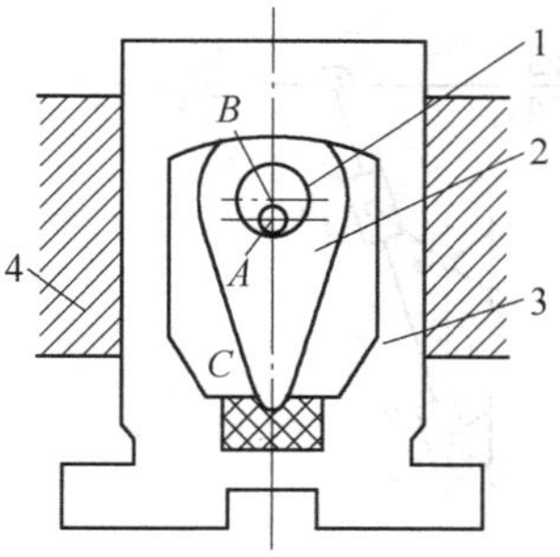

图 1-25　题 1-9 图

1-10　图 1-26a、b 同是剪板机，试分别画出二者的机构示意图，并求机构的自由度。

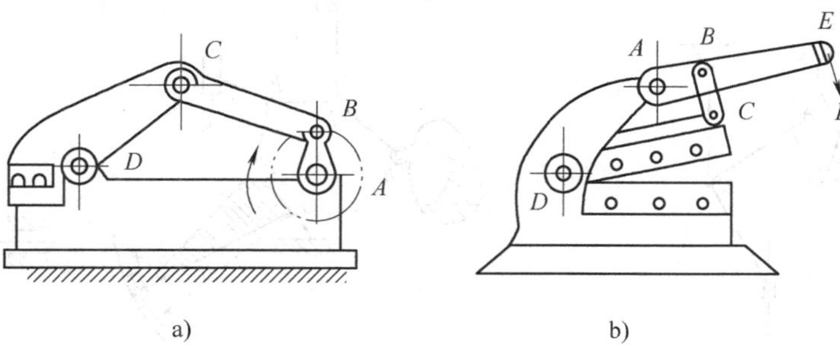

a)　b)

图 1-26　题 1-10 图

1-11　计算图 1-27 所示机构自由度，若运动确定，则需要多少原动件？

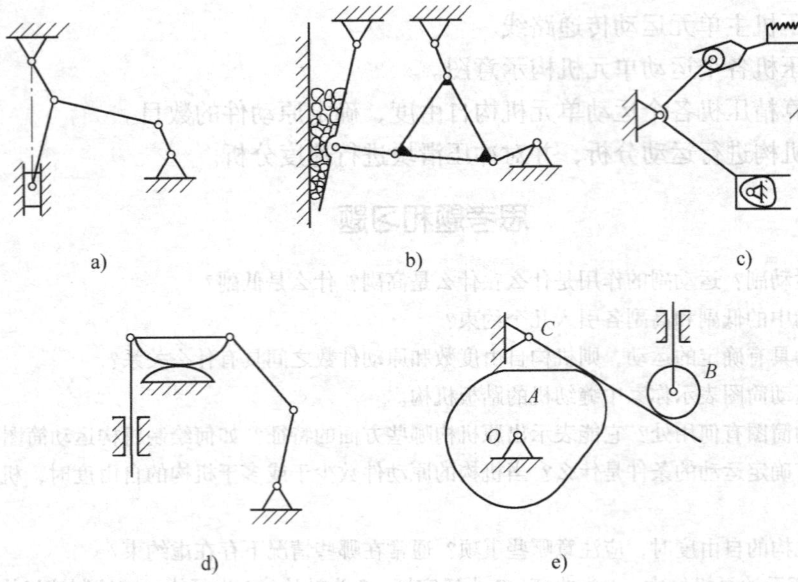

图 1-27 题 1-11 图

1-12 计算图 1-28 所示机构的自由度，若有复合铰链、局部自由度或虚约束，应予以指出。并判断机构是否具有确定的运动。

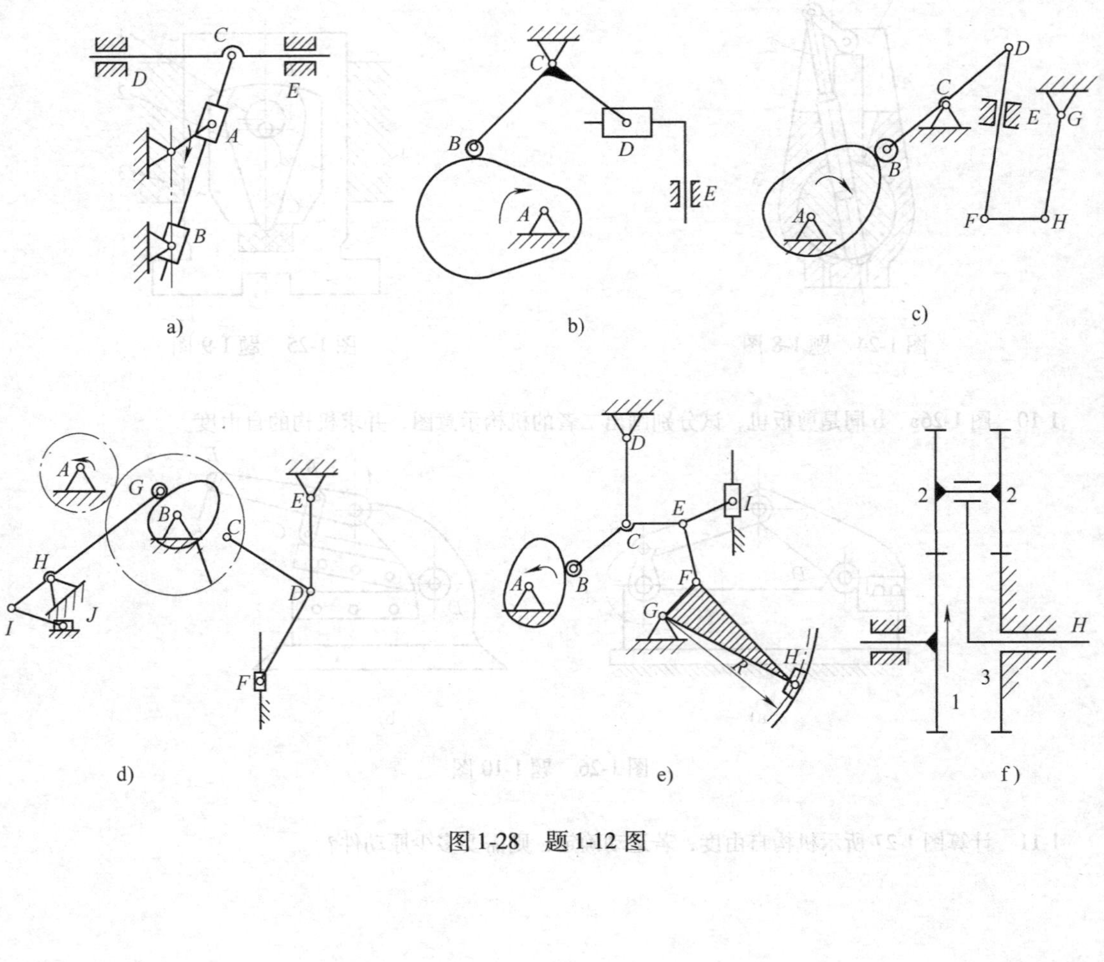

图 1-28 题 1-12 图

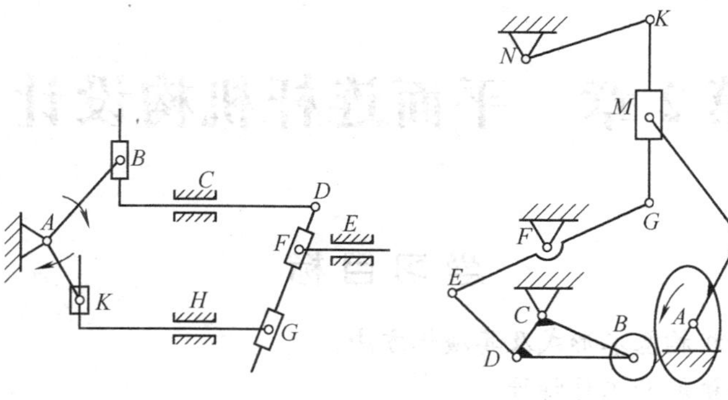

g)　　h)

图 1-28　题 1-12 图（续）

1-13　求图 1-29 所示机构在图示位置的全部瞬心的位置。

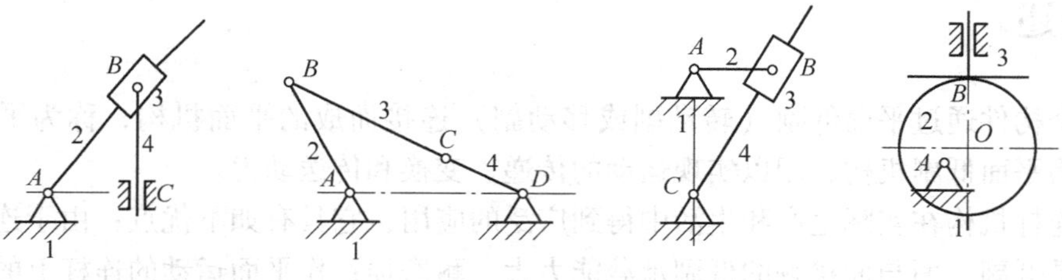

a)　　b)　　c)　　d)

图 1-29　题 1-13 图

1-14　在图 1-30 所示的机构中，已知各个构件的长度：$L_{AB}=60\text{mm}$，$L_{CD}=90\text{mm}$，$L_{AD}=L_{BC}=120\text{mm}$。$\omega_1=10\text{rad/s}$。试用瞬心法求：1）$\varphi=150°$时，点 C 的速度 v_C；2）当 $\varphi=150°$时，构件 3 上的 BC 直线上速度最小的一点 E 的位置及大小；3）$v_C=0$ 时，φ 的值。

1-15　在图 1-31 所示凸轮机构中，已知 $r=50\text{mm}$，$L_{OA}=22\text{mm}$，$L_{AC}=80\text{mm}$，$\varphi_1=90°$，凸轮 1 的等角速度 $\omega_1=10\text{rad/s}$，逆时针方向转动。试用瞬心法求从动件 2 的角速度 ω_2。

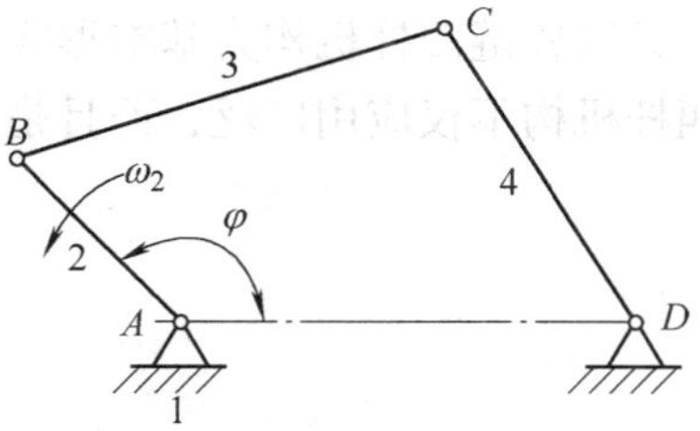

图 1-30　题 1-14 图

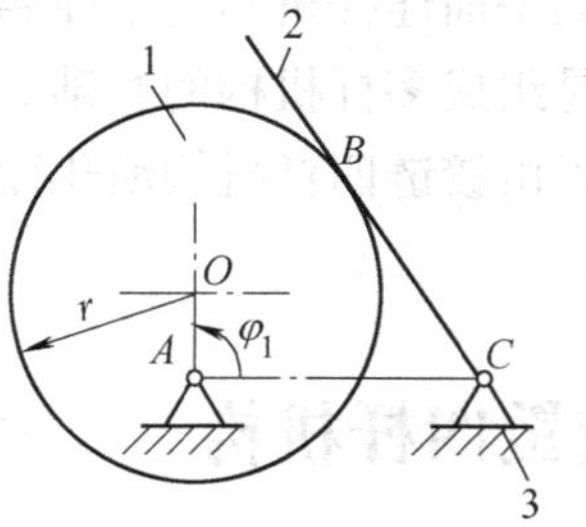

图 1-31　题 1-15 图

1-16　图 1-32 所示的曲柄摇块机构中，已知 $L_{AB}=40\text{mm}$，$L_{AC}=80\text{mm}$，$\varphi_1=30°$，求速度瞬心 P_{13} 和 P_{24}。

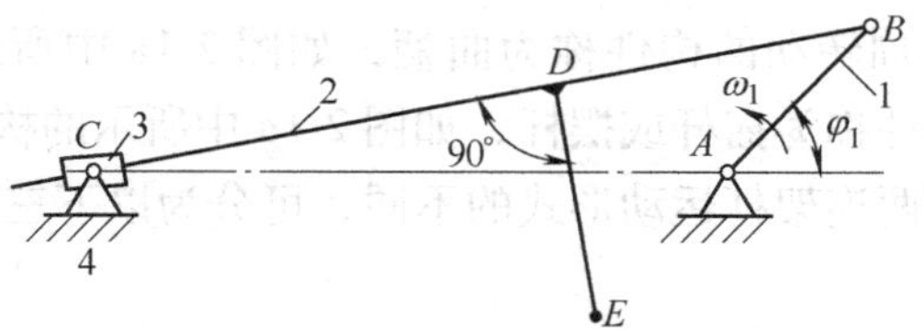

图 1-32　题 1-16 图

第2章　平面连杆机构设计

学习目标

1. 掌握平面四杆机构基本形式及其演化方法。

2. 掌握平面四杆机构的工作特性。

3. 了解平面连杆机构设计的基本问题，熟练掌握根据具体设计条件及实际需要，选择合适的机构形式和合理的设计方法，解决实际设计问题。

2.1　概述

若干个构件通过平面低副（转动副或移动副）连接而成的平面机构，称为平面连杆机构，又称为平面低副机构，用以实现运动的传递、变换和传送动力。

平面连杆机构在实际生产和生活中得到广泛的应用，它具有如下优点：由于连杆机构的运动副均是低副，面与面接触的低副承载能力大、耐磨损；作平面运动的连杆上的各点有各种各样的轨迹，这些轨迹可满足各种工作要求；在原动件匀速运动的条件下，当各构件的相对长度不同时，从动件可实现多种形式的运动，满足多种运动规律的要求；构件的形状简单，加工方便，工作可靠。因此，平面连杆机构广泛应用于各种机械及仪器中。

但是连杆机构也有一些缺点：连杆机构的设计难度大，且难于实现准确的运动规律；连杆机构运动时产生的惯性力难以平衡，高速时产生很大的附加动载荷。因此不适用于高速的场合。

简单的平面连杆机构是平面四杆机构，即只有四个构件的平面连杆机构，它不仅应用广泛，而且是组成多杆机构的基础。在平面四杆机构中，又以铰链四杆机构为基本形式。其他形式均可以由铰链四杆机构演化而得到，所以，平面四杆机构不仅应用广泛，而且是多杆机构的基础。

2.2　铰链四杆机构

构件之间都是用转动副连接的平面四杆机构，称为铰链四杆机构，如图2-1所示，图中构件4为机架，构件1和3与机架相连，称为连架杆，作平面运动的构件2称为连杆。两连架杆中，其中能作360°整周转动的构件称为曲柄，如图2-1a中所示的构件1；只能在一定角度范围内往复摆动的构件称为摇杆或摆杆，如图2-1a中所示的构件3。

铰链四杆机构根据其两连架杆运动形式的不同，可分为以下三种基本形式。

1. 曲柄摇杆机构

两连架杆中一为曲柄，另一个为摇杆的铰链四杆机构，称为曲柄摇杆机构。如图2-1a所示，1是曲柄，3是摇杆，称为曲柄摇杆机构。图2-2所示的搅拌器机构是以曲柄1为主动件的曲柄摇杆机构，它是利用连杆上 E 形成的轨迹将容器中的溶液搅拌均匀。图 2-3 所示缝纫机脚踏驱动机构是以摇杆为主动件的曲柄摇杆机构，它是将脚踏板 3 即摇杆的往复摆动转化为大带轮 1（与曲柄固接在一起）的连续转动。

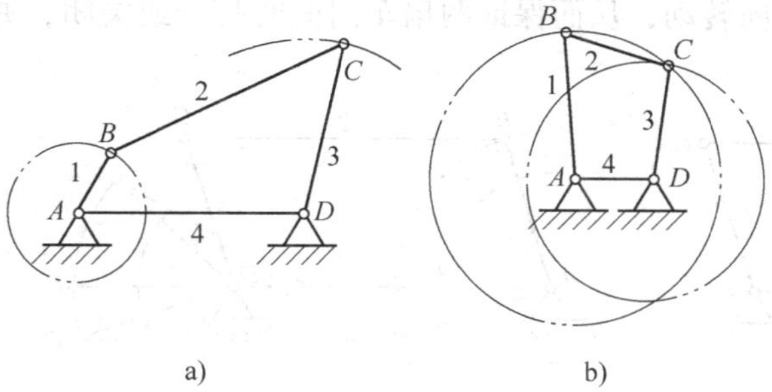

图 2-1　四杆机构的基本形式

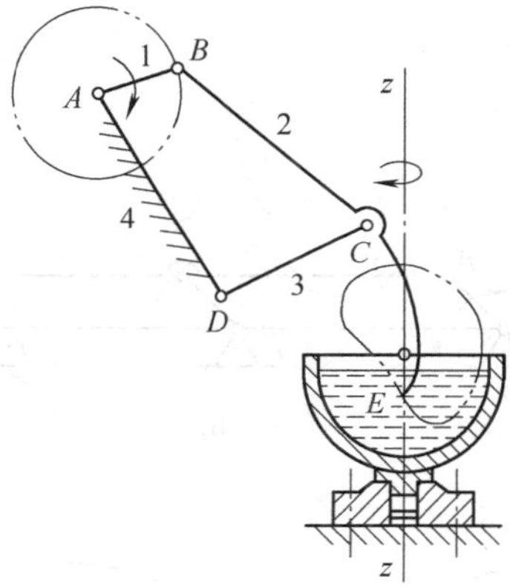

图 2-2　搅拌器机构

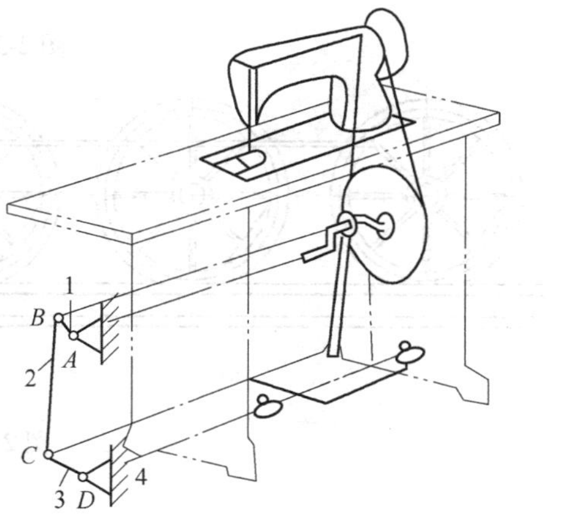

图 2-3　缝纫机脚踏驱动机构

2. 双曲柄机构

两连架杆均为曲柄的铰链四杆机构，称为双曲柄机构。如图 2-1b 所示，连架杆 1 和 3 均为曲柄，为双曲柄机构。如图 2-4 所示的惯性筛机构，该机构是由构件 1、2、3 和 4 组成的双曲柄机构及构件 3、4、5 和 6 组成的偏置曲柄滑块机构（将在四杆机构的演化部分中介绍）两类基本机构组合而成，当主动曲柄 1 等速回转时，从动曲柄 3 作变速回转运动，从而筛子（滑块）6 获得加速度，将物料进行分离。

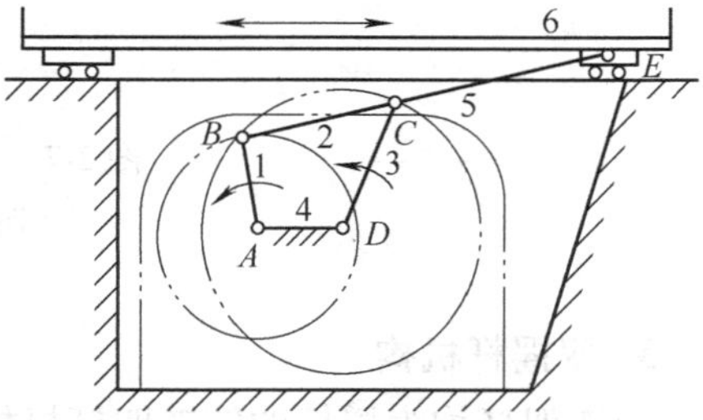

图 2-4　惯性筛机构

在双曲柄机构中，如果组成四边形的对边构件的长度各相等，则此机构称为平行四边形机构，如图 2-5 所示。在平行四边形机构中，两曲柄的运动始终一致，且连杆作平动。图 2-5b 中，当 AB 和 CD 转到与 AD 共线位置继续转动时，CD 的转向有两种可能：一种是 CD 与 AB 转向一致、转速相等；另一种是 CD 与 AB 转向相反、转速不等，此时机构处于运动不稳定状态。为防止出现这种运动的不确定性，常采用在机构中加虚约束或利用构件的惯性来加以防止。如图 2-6 所示机车车轮机构为平行四边形机构，为防止从动车轮反转，机构中加有虚约束。在双曲柄机构中，若其对边长度相等但不平行时，则称为逆平行（反平行）四边形机构，如图 2-7 所示。这种机构运动中，主、从动曲柄转向相反，连杆作平动。图 2-7b 所示的汽车车门开闭机构就是它的应用实例，主动曲柄 *AB* 转动时，通过连杆使从动曲柄 *CD* 作反向转动，从而保证两扇车门同时打开或关闭，并分别位于预定的两个工作位置上。

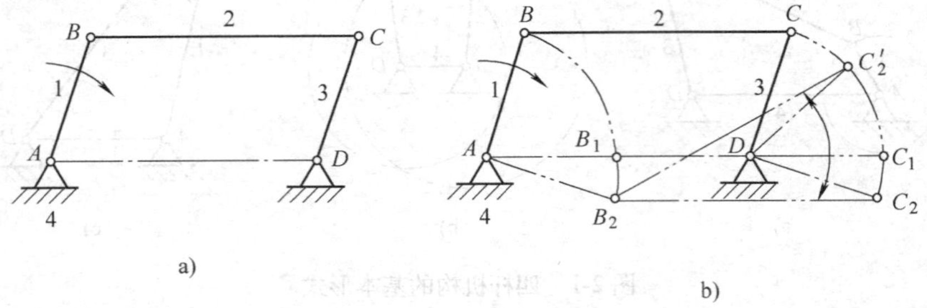

图 2-5　平行四边形机构

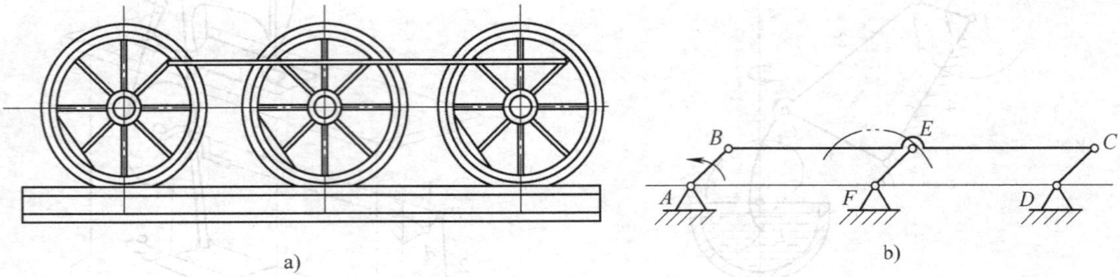

图 2-6　机车车轮机构

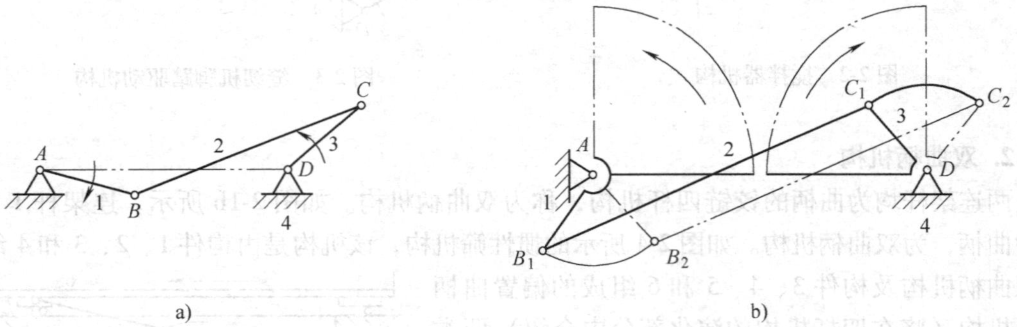

图 2-7　逆平行四边形机构及其应用

a）逆平行四边形机构　b）汽车车门开闭机构

3. 双摇杆机构

两连架杆均为摇杆的铰链四杆机构，称为双摇杆机构。如图 2-1c 所示，连架杆 1、3 均为摇杆，为双摇杆机构。如图 2-8 所示起重机移动重物机构为双摇杆机构，当摇杆 *AB* 摆动时，另一摇杆 *CD* 将随之摆动，此时连杆 *BC* 上 *M* 点的轨迹使重物沿水平方向作近似直线移动。图 2-9 所示的摇头风扇的摇头机构为双摇杆机构，电动机在摇杆 *AB* 上，铰链 *B* 处装有一个与连杆 *BC* 固结成一体的蜗轮，蜗轮与电动机轴上的蜗杆啮合。当电动机转动时，通过蜗杆蜗轮啮合使连杆 *BC* 转动，从而使摇杆 *CD*、*AB* 往复摆动，达到风扇摇头的目的。

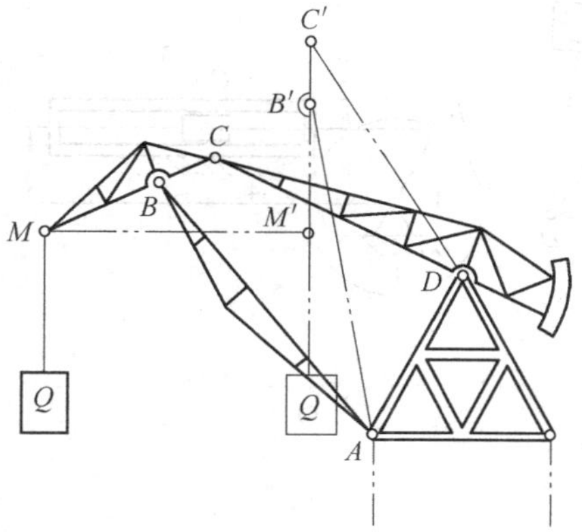

图 2-8　起重机移动重物机构

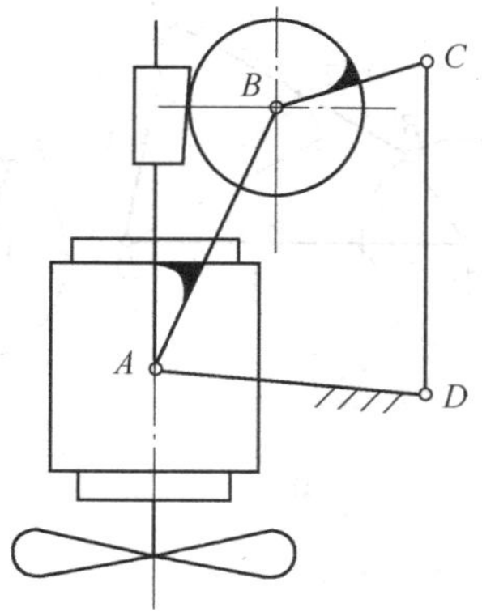

图 2-9　摇头风扇的摇头机构

在双摇杆机构中，如果两摇杆长度相等，则称为等腰梯形机构。图 2-10 所示的汽车前轮转向机构 *ABCD* 即为等腰梯形机构。当车轮转弯时，两个与车轮固连在一起的摇杆 *AB* 和 *CD* 的摆角不等。通过适当的设计，可近似实现两前轮轴线与后轮轴线交于一点，即汽车转弯时的瞬时转动中心 *P*，从而可避免轮胎滑动引起的磨损。

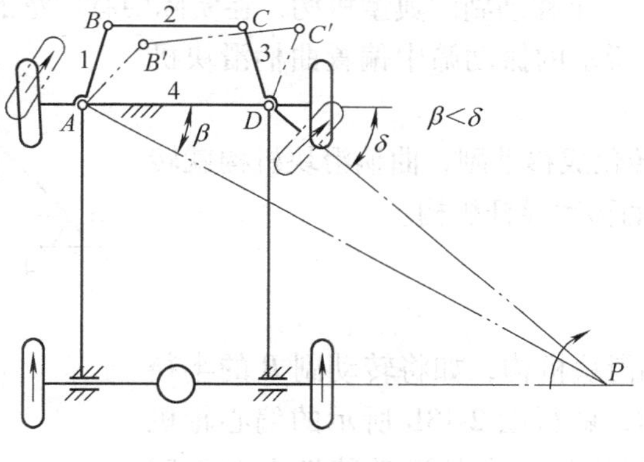

图 2-10　汽车前轮转向机构

2.3　铰链四杆机构的演变

除了铰链四杆机构外，在实际中，还广泛应用着其他各种形式的四杆机构。其他四杆机构可以看作是由铰链四杆机构演化得到的。分析各种类型四杆机构的内在联系，有助于对它们进行分析、设计和选用。

2.3.1　将转动副演变成移动副

图 2-11a 所示曲柄摇杆机构，当曲柄 1 回转时，摇杆 3 上 *C* 点沿圆弧往复运动。现将摇杆 3 做成滑块形式，并使其沿圆弧导轨移动，如图 2-11b 所示，则机构的相对运动并未发生改变。现将摇杆 l_{CD} 长度增至无穷大，即转动副 *D* 移至无穷远处，转动副 *C* 的轨迹将由圆弧变为直线，此时机构称为偏置曲柄滑块机构，如图 2-11c 所示，*e* 称为偏距。如果偏距 $e=0$，则称为对心曲柄滑块机构，简称曲柄滑块机构，如图 2-11d 所示。上述演化过程，实际就是将转动副 *D* 转化成了移动副。

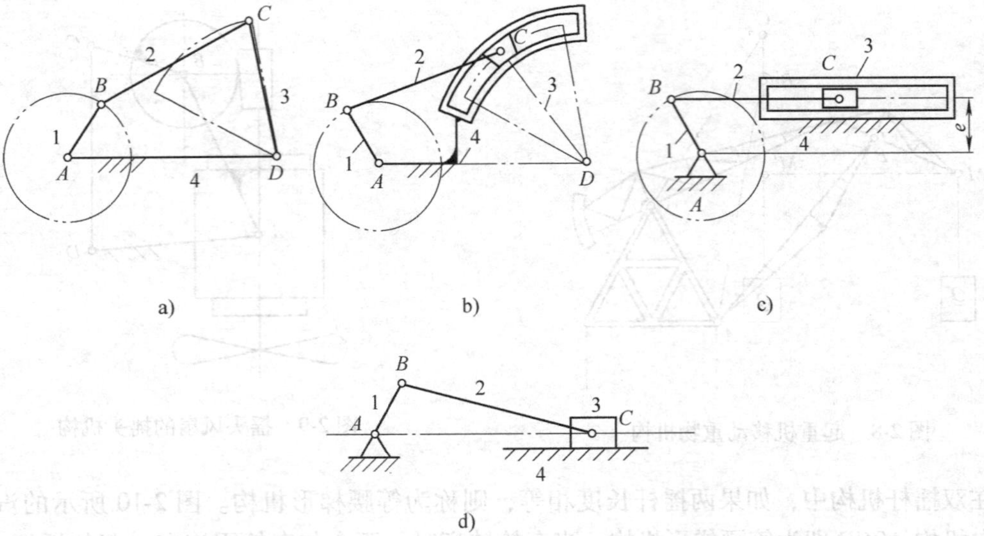

图 2-11 曲柄摇杆机构演化为曲柄滑块机构

曲柄滑块机构是含有一个移动副的典型机构，在实际中有广泛的应用。如前面内燃机中的曲柄滑块机构，图 2-4 所示的振动筛中偏置曲柄滑块机构。

同样，将转动副 C 转化成移动副，曲柄滑块机构就转化成如图 2-12 所示的曲柄移动导杆机构。

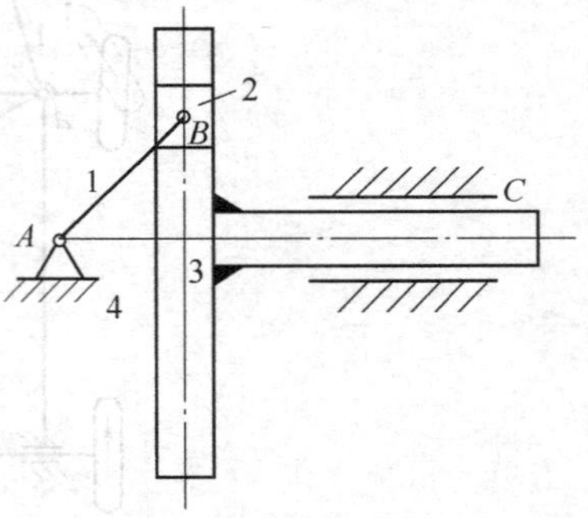

图 2-12 曲柄滑块机构演化为移动导杆机构

2.3.2 扩大转动副

图 2-13a 所示的曲柄滑块机构，如将转动副 B 的半径扩大到超过曲柄长度 AB，就得到图 2-13b 所示的偏心轮机构，偏心轮机构与曲柄滑块机构在其运动特性上并无区别。实际机器中，当曲柄 AB 的长度较短时，常做成偏心轮机构。偏心轮机构广泛应用于传力较大的剪床、冲床、破碎机等机械中。

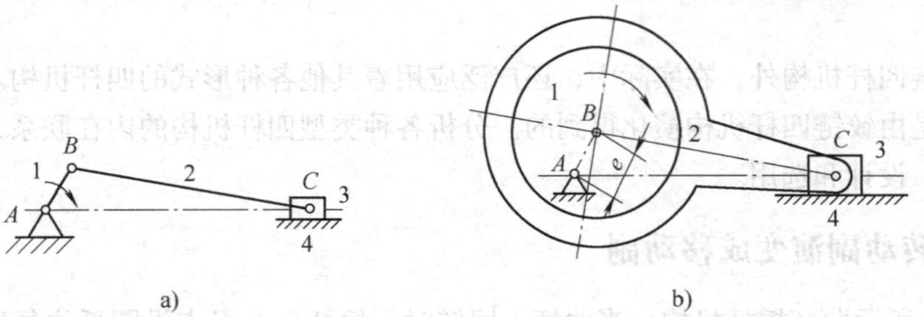

图 2-13 曲柄滑块机构演化为偏心轮机构

2.3.3 取不同构件为机架

前述三种基本形式的铰链四杆机构，可看成将曲柄摇杆机构取其不同构件为机架即变换机架得到的。图 2-14a 所示为曲柄摇杆机构，由于构件 1 为曲柄，故角 φ 和 β 可达 360°，即构件 1 相对于构件 2 和 4 可作 360°整周回转，A、B 运动副称为整转副；由于构件 3 为摇杆，故角 θ 和 γ 只能在小于 360°范围内变化，即构件 3 相对于构件 2 和 4 只能在一定角度范围内摆动，C、D 运动副称为摆动副。由于低副运动的可逆性，即组成低副的两构件间的相对运动关系，并不因哪一构件为机架而改变。如图 2-14a 所示的曲柄摇杆机构，当取构件 2 为机架时，由于 B 为整转副，C 为摆动副，得曲柄摇杆机构（见图 2-14b）；当取构件 1 为机架时，由于 A、B 均为整转副，得双曲柄机构（见图 2-14c）；取构件 3 为机架时，由于 C、D 均为摆动副，得双摇杆机构（见图 2-14d）。

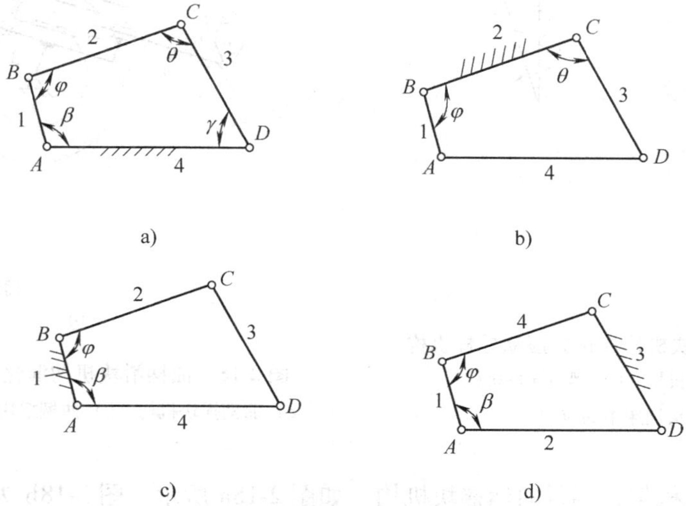

图 2-14　曲柄摇杆机构取不同的构件为机架

同理，对于图 2-15 所示的曲柄滑块机构，取其不同构件为机架也可得到不同的机构。若取构件 1 为机架，构件 4 为导杆，因构件 4 能作整周转动，故称此机构为转动导杆机构，如图 2-16a 所示。图 2-16b 为转动导杆机构在小型刨床中的应用，其中构件 1、2、3、4 组成的机构为转动导杆机构。如果导杆仅能在某一角度范围内摆动，则称为摆动导杆机构，如图 2-17a 所示。图 2-17b 所示为摆动导杆机构在牛头刨床中应用，由构件 1、2、3、4 组成的机构为摆动导杆机构。

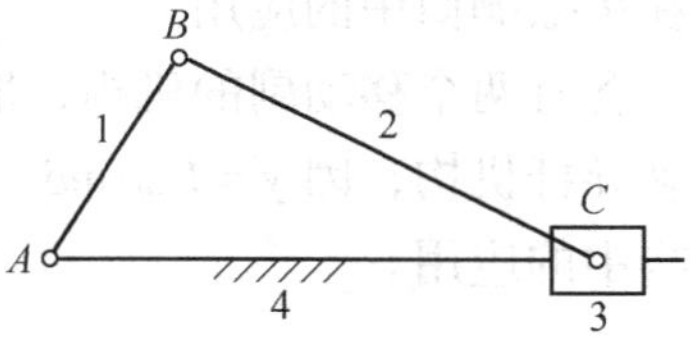

图 2-15　曲柄滑块机构

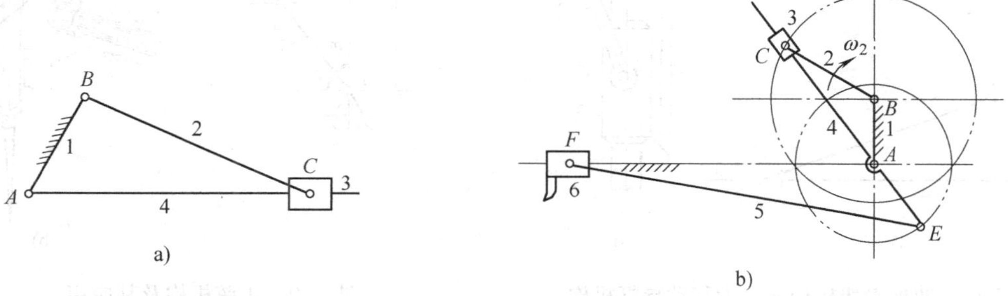

图 2-16　曲柄滑块机构演化为转动导杆机构

a）转动导杆机构　b）转动导杆机构在小型刨床中的应用

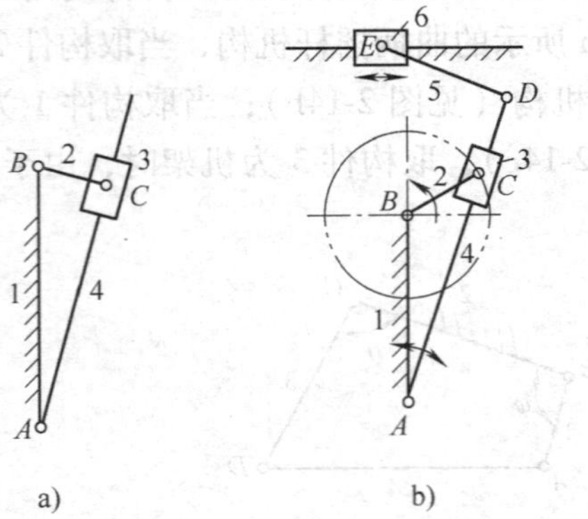

图 2-17　曲柄滑块机构演化为摆动导杆机构
a）摆动导杆机构　b）摆动导杆机构在牛头刨床中的应用

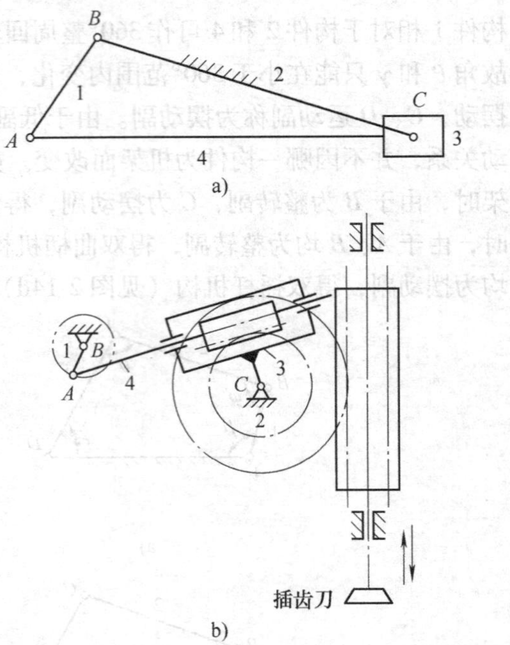

图 2-18　曲柄滑块机构演化为曲柄摇块机构
a）曲柄摇块机构　b）曲柄摇块机构在插床中应用

若取构件 2 为机架，则得曲柄摇块机构，如图 2-18a 所示。图 2-18b 为曲柄摇块机构在插齿刀驱动机构中的应用，其中构件 1、2、3、4 组成的机构为曲柄摇块机构。

若取构件 3 为机架，则得移动导杆机构，如图 2-19a 所示。图 2-19b 所示为移动导杆机构在手摇唧筒中的应用。

含有两个移动副的机构，取不同构件为机架也可得到不同的机构。图 2-20a 所示的曲柄移动导杆机构，因 $y = L_{AB}\sin\delta$，故又称为正弦机构。图 2-20b 所示为正弦机构在缝纫机针杆机构中的应用。

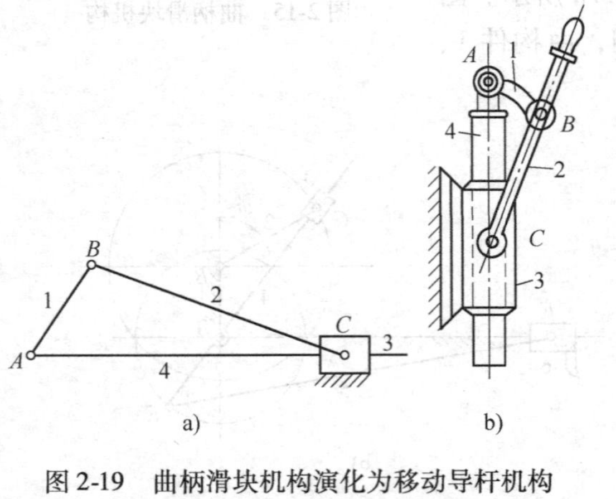

图 2-19　曲柄滑块机构演化为移动导杆机构
a）定块机构（移动导杆机构）　b）移动导杆机构在手摇唧筒中的应用

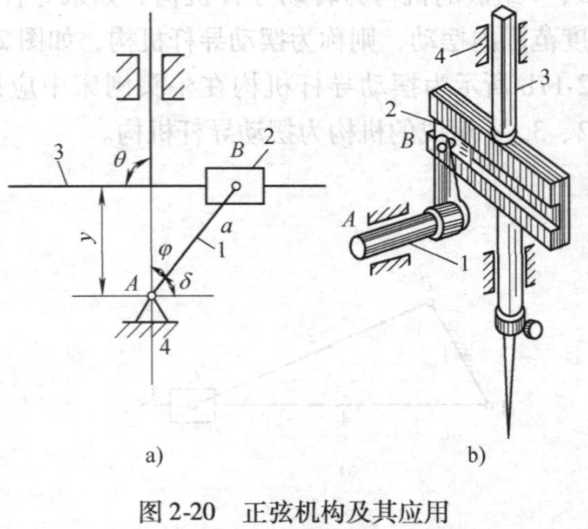

图 2-20　正弦机构及其应用
a）正弦机构　b）正弦机构在缝纫机针杆机构中的应用

如果将图2-20a所示的正弦机构变换机架，以构件1为机架，则得图2-21a所示的双转块机构。图2-21b所示十字滑块联轴器是其应用实例，它是应用这种机构来实现两轴线*A*与*B*相距很近的平行轴之间传动的。

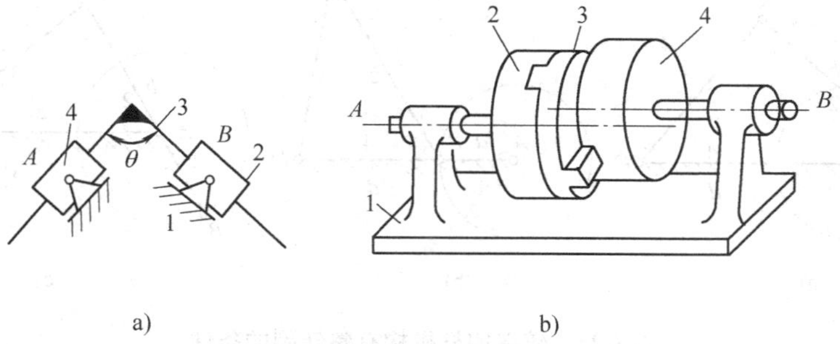

图2-21　双转块机构及其应用

a）双转块机构　b）双转块机构在十字滑块联轴器中的应用

如果将图2-20a所示的正弦机构变换机架，以构件3为机架，则得图2-22a所示的为双滑块机构，图2-22b所示的椭圆仪为其应用实例。

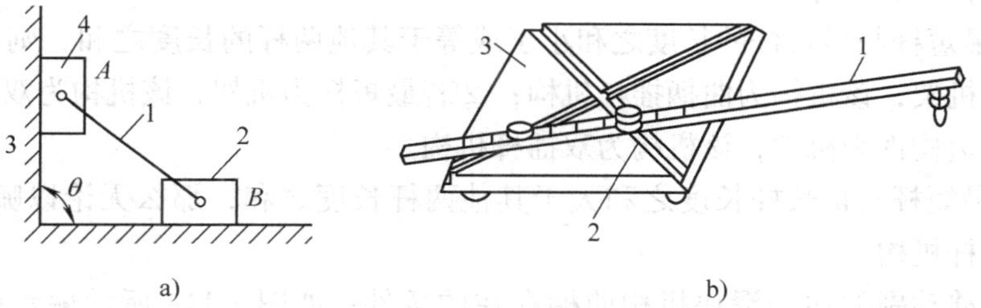

图2-22　双滑块机构及其应用

a）双滑块机构　b）双滑块机构在椭圆仪中的应用

2.4　平面四杆机构的运动特性

2.4.1　铰链四杆机构曲柄存在的条件

铰链四杆机构的基本形式有：曲柄摇杆机构、双曲柄机构和双摇杆机构。三种类型之间的区别在于连架杆是否为曲柄以及曲柄数目。下面讨论连架杆成为曲柄的条件。

图2-23所示为曲柄摇杆机构*ABCD*，设各构件长度分别为*a*、*b*、*c*、*d*，设构件1为曲柄，构件3为摇杆。当曲柄1绕*A*点作整周转动时，曲柄1必须占据图2-23所示的3个位置：

在△*BCD*（见图2-23a）中

$$a+d\leqslant c+b \tag{2-1}$$

在△*BCD*（见图2-23b）中

$$b\leqslant c+(d-a)\text{即}\ a+b\leqslant c+d \tag{2-2}$$

在△*ACD*（见图2-23c）中

$$c\leqslant d+(b-a)\text{即}\ a+c\leqslant d+b \tag{2-3}$$

将上述三式分别两两相加得

$$a \leqslant b \quad a \leqslant c \quad a \leqslant d \tag{2-4}$$

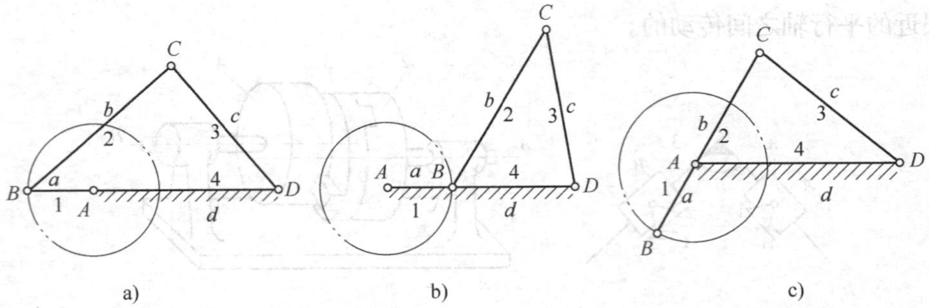

图 2-23　铰链四杆机构有整转副的条件

由式（2-4）可知，图 2-23 所示的铰链四杆机构有曲柄的条件为：①曲柄长度最短；②最短杆与最长杆长度之和小于或等于其他两杆长度之和。

根据低副运动的可逆性，上述曲柄摇杆机构取不同构件为机架时，可得不同形式的铰链四杆机构曲柄存在的条件：

1）如果最短杆与最长杆的长度之和小于或等于其他两杆的长度之和，则：①若最短杆的相邻构件为机架，该机构为曲柄摇杆机构；②若最短杆为机架，该机构为双曲柄机构；③若最短杆的对边构件为机架，该机构为双摇杆机构。

2）如果最短杆与最长杆长度之和大于其他两杆长度之和，那么无论以哪个杆为机架，机构均为双摇杆机构。

含有一个移动副的曲柄滑块机构曲柄存在的条件：如图 2-11c 所示偏置曲柄滑块机构中，设构件 1 的长度为 a，连杆的长度为 b，偏距为 e，则构件 1 成为曲柄的条件为：$a+e \leqslant b$；对于对心曲柄滑块机构（$e=0$），其有曲柄条件为：$a \leqslant b$。

2.4.2　铰链四杆机构运动特性

1. 急回特性

图 2-24 所示曲柄摇杆机构，当主动曲柄 AB 以 ω_1 匀速转动时，从动摇杆 CD 作变速摆动。当曲柄 AB 处于与连杆共线的两个位置 AB_1 与 AB_2 时，摇杆 CD 对应处于两个极限位置 C_1D 和 C_2D，则 $\angle C_1DC_2$ 即为摇杆摆角 ψ，此时 AB_1 与 AB_2 之间所夹的锐角（即当从动件处于两极限位置时，对应主动件的两位置之间所夹锐角）称为极位夹角 θ。当曲柄沿顺时针方向从 AB_1 转到 AB_2，即转过 $180°+\theta$ 时，摇杆自 C_1D 摆至 C_2D，设所需时间为 t_1，摇杆的平均角速度 ω_3；当曲柄从 AB_2 转回到 AB_1，即转过 $180°-\theta$ 时，摇杆自 C_2D 摆回至 C_1D，设所需时间为 t_2，摇杆的平均角速度为 ω_3'，因 $180°+\theta>180°-\theta$，所以，$t_1>t_2$，故 $\omega_3'>\omega_3$。由此可知，当曲柄作等角速回转时，摇杆往复摆动的角速度不同，摇杆自 C_2D 摆回至 C_1D 的平均速度大，

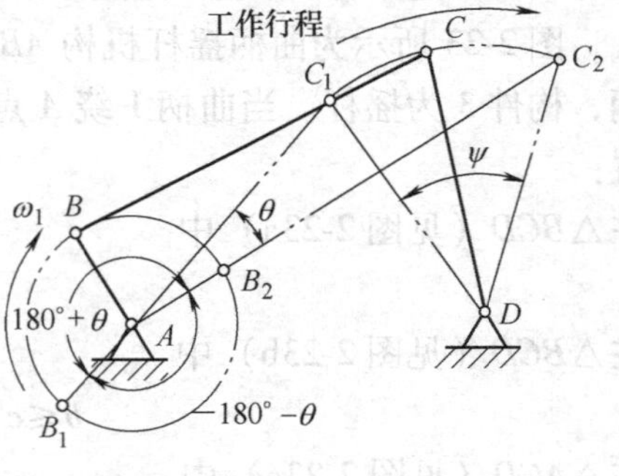

图 2-24　急回特性分析

机构的这种特性称为急回特性，通常用行程速度变化系数 K 来表示这种特性。

$$K=\frac{\omega_3'}{\omega_3}=\frac{\psi/t_2}{\psi/t_1}=\frac{t_1}{t_2}=\frac{180°+\theta}{180°-\theta} \tag{2-5}$$

显然，极位夹角 θ 越大，K 越大，急回特征越明显。上式可改为

$$\theta=180°\frac{K-1}{K+1} \tag{2-6}$$

此式中如给出 K 值，则可求出 θ，用于对连杆机构进行运动设计。

急回特性在实际应用中广泛用于单向工作的场合，使空回程所花的非生产时间缩短，以提高生产率，例如牛头刨床滑枕的运动。

图 2-25b 所示偏置曲柄滑块机构和图 2-26 所示的摆动导杆机构均具有急回特性，极位夹角 θ 如图所示。

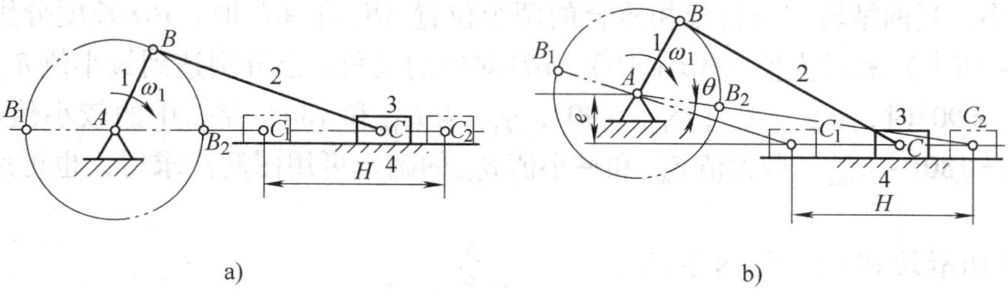

图 2-25　偏置曲柄滑块机构急回特性

显然，对于图 2-25a 所示的对心曲柄滑块机构，其极位夹角 $\theta=0°$，故 $K=1$，即无急回特性。

2. 压力角和传动角

图 2-27 所示的曲柄摇杆机构，曲柄为主动件。若不计构件的惯性力、重力和运动副中摩擦力，连杆对从动件（摇杆 CD）的作用力 $\boldsymbol{F}$ 的方向与力的作用点（C 点）的速度 $\boldsymbol{v}_C$ 方向之间所夹的锐角，称为压力角 α。现将此力 $\boldsymbol{F}$ 分解为沿 $\boldsymbol{v}_C$ 方向的分力 $\boldsymbol{F}_t$ 和垂直于 $\boldsymbol{v}_C$ 方向的分力 $\boldsymbol{F}_n$。$\boldsymbol{F}_t$ 是推动从动件运动的有效分力，而 $\boldsymbol{F}_n$ 是使转动副 D 产生径向压力和摩擦力的有害分力。

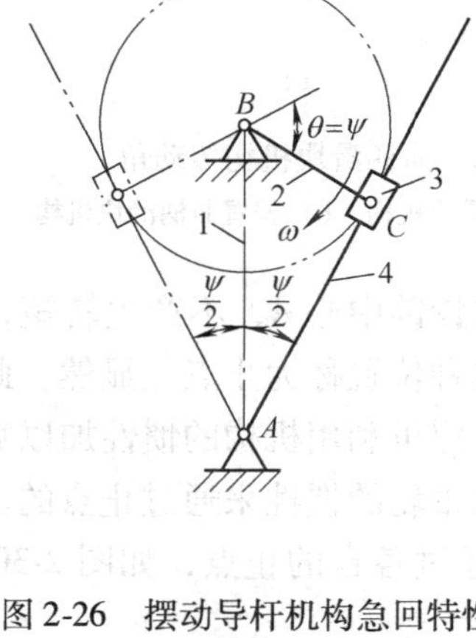

图 2-26　摆动导杆机构急回特性

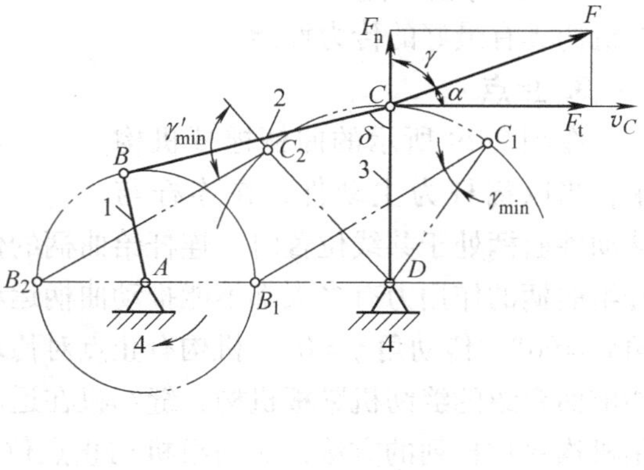

图 2-27　压力角和传动角

$F_t = F\cos\alpha$，$F_n = F\sin\alpha$，压力角 α 越小，有效分力 F_t 越大，而有害分力 F_n 越小，即压力角 α 越小，机构的传力性能越好。

压力角 α 的余角称为传动角 γ，即 $\gamma = 90° - \alpha$，传动角 γ 越大，机构的传力性能越好。由于传动角便于观察和测量，实际中常用来衡量机构的传力性能。多数机构运动时传动角大小在不断变化，设计时应使最小传动角 $\gamma_{min} \geqslant [\gamma]$，$[\gamma]$ 为许用传动角。对于一般传动，$[\gamma] = 40°$；对于高速和大功率传动，$[\gamma] = 50°$。

因此，须确定 γ_{min}，并检验 γ_{min} 是否符合要求。

如图 2-27 所示，由几何关系可证得传动角的最小数值出现在曲柄 AB 与机架 AD 两次共线的位置 AB_1 和 AB_2 处。也就是说比较这两位置的传动角，即可求得最小传动角 γ_{min}。

如图 2-27 所示，设 BC 与 CD 间的夹角为 δ，当 δ 为锐角时，$\gamma = \delta$；当 δ 为钝角时，$\gamma = 180° - \delta$。机构运动时，δ 随 BD 长度的变化而变化，即 BD 长度变长，δ 角增大；BD 长度变短，δ 角减小。当曲柄转到与机架相重合的两个位置 AB_1 和 AB_2 时，BD 长度分别达到最小值（$|AD - AB|$）和最大值（$AB + AD$），BD 对应的夹角 δ 也分别达到最小值 δ_{min} 和最大值 δ_{max}。当 $\delta_{max} < 90°$ 时，$\gamma_{min} = \delta_{min}$；$\delta_{max} > 90°$，$\gamma_{min}$ 为 δ_{min} 和 $180° - \delta_{max}$ 中的较小值。当 $\delta_{min} > 90°$ 时，$\gamma_{min} = 180° - \delta_{max}$。最大值 δ_{max} 和最小值 δ_{min} 的确定可用图解法求得，也可用余弦定理求解。

对于曲柄滑块机构，曲柄主动件时，由于滑块相当于摇杆 CD，其转动副 D 位于无穷远处，最小传动角必出现在曲柄 AB 与机架重合即与导路方向垂直的位置，如图 2-28 所示。对于偏置曲柄滑块机构，最小传动角位于与偏距方向相反一侧；对于对心曲柄滑块机构，出现两次最小传动角且位置对称。

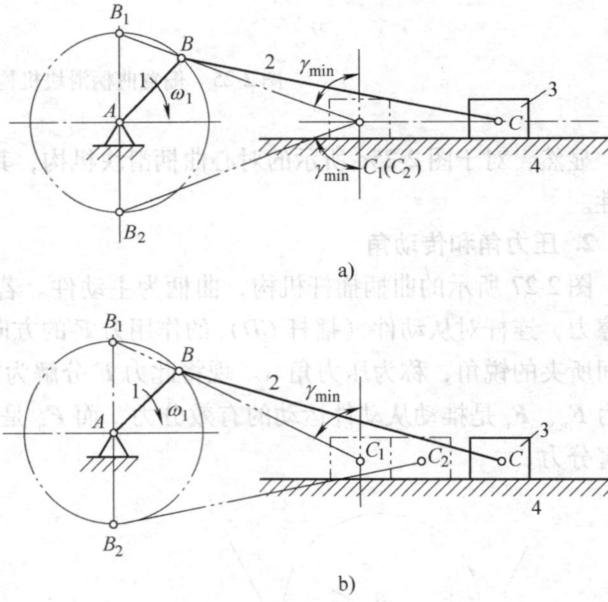

图 2-28　曲柄滑块机构传动角
a）对心曲柄滑块机构　b）偏置曲柄滑块机构

对以曲柄为主动件的摆动导杆机构，因为滑块对导杆的作用力始终垂直于导杆，其传动角 γ 恒为 $90°$，即 $\gamma = \gamma_{min} = \gamma_{max} = 90°$，表明导杆机构具有最好的传力性能。

3. 止点

在图 2-29 所示的曲柄摇杆机构中，当以摇杆为主动件，在连杆与从动件曲柄处于共线位置时，连杆给曲柄的作用力将通过铰链中心 A，不产生转矩，无论连杆给曲柄的作用力有多大都不能推动曲柄运动，机构的这种位置称为止点。显然，此时压力角 $\alpha = 90°$，传动角 $\gamma = 0°$。机构有止点对传动是不利的，但可利用机构的惯性加以克服。例如前面介绍的缝纫机踏板机构，缝纫机在运动中就是依靠带轮的惯性来通过止点的。也可采用机构错位排列的方法，靠两组机构止点位置差的作用通过各自的止点，如图 2-30 所示的止点位置错开的曲柄滑块机构。

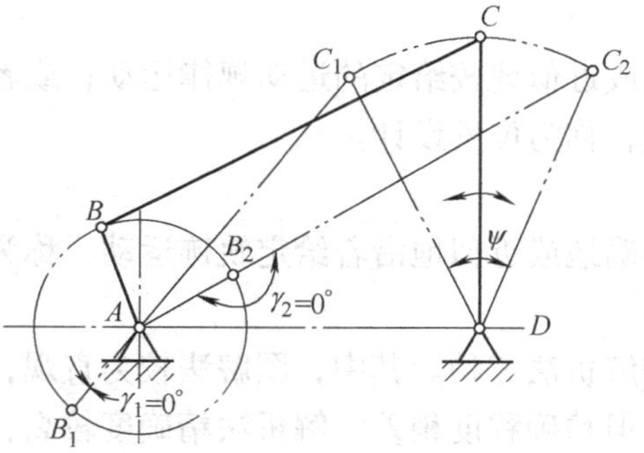

图 2-29　止点

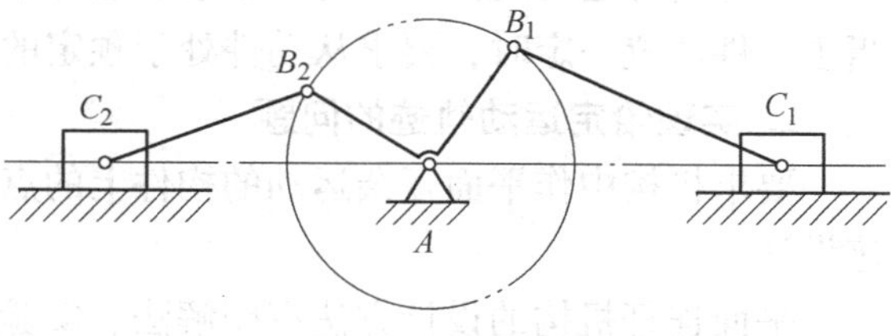

图 2-30　止点位置错开的曲柄滑块机构

机构的止点并非总是不利的，在工程中，有许多地方要利用止点来实现一定的工作要求。如图 2-31a 所示的钻床工件夹紧机构，它就是利用机构止点来夹紧工件的。在连杆 BC 上的手柄处加压力 F，使连杆 BC 与连架杆 CD 成一直线，此时另一连架杆 AB 的左端夹紧工件；去掉外力 F 后，构件 AB 在工件反弹力的作用下要顺时针转动，但实际上由于 BCD 处于一直线，即传动角 $\gamma=0$，机构处于止点位置，从而保持了工件的夹紧力；放松工件时，只要在手柄上加一个方向相反的外力，就可使机构离开止点，松开工件。如图 2-31b 所示的飞机起落架机构，当机轮与地面接触时，由于连杆与从动件处于一直线上，即机构处于止点位置，从而保证在地面反力作用下从动件不会转动。

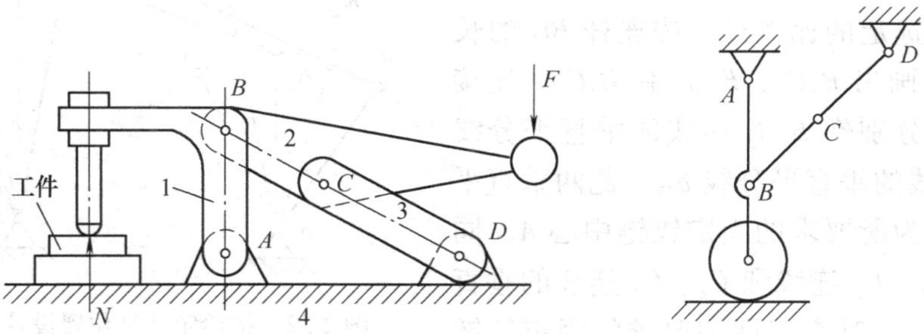

a)　　b)

图 2-31　止点的应用

a）钻床工件夹紧机构　b）飞机起落架机构

2.5　平面连杆机构的设计

2.5.1　连杆机构设计的基本问题

连杆机构设计的基本问题是：根据对从动件所要求的运动条件和辅助条件（几何条件和动力条件）来确定机构的几何尺寸（如转动副中心间的距离、移动副的位置尺寸及描绘连杆曲线的点的位置尺寸等），并绘制机构运动简图。

虽然根据机构的用途给出的这些条件是多种多样的，但就连杆机构设计的实质问题而言，可归纳为以下两类基本问题。

1. 实现给定运动规律问题

当主动件运动规律一定时，要求从动件准确地或近似地按给定的运动规律运动；或者是当主动件位置一定时，要求从动件处于预定的位置，称为位置设计。

2. 实现给定运动轨迹的问题

要求机构中作平面复杂运动的构件上的点能准确地或近似地沿着给定轨迹运动，称为轨迹设计。

平面连杆机构的设计方法有图解法、实验法和解析法三种。其中，图解法较为直观，并可在一定精度范围内解决问题；实验法方法简便，但精确程度稍差；解析法精确度较高，能解决的问题较图解法广，但有时比较抽象，求解过程较繁复，然而随着电子计算机的广泛应用，解析法已得到推广。

下面以图解法为主介绍平面连杆机构的设计。

2.5.2　用图解法设计四杆机构

1. 按给定连杆的长度及位置设计四杆机构

如图 2-32 所示，已知连杆 BC 的长度和给出连杆要占据的三个位置 B_1C_1、B_2C_2 和 B_3C_3，设计此四杆机构。

分析：给定的连杆 BC 占据预定位置 B_1C_1、B_2C_2 和 B_3C_3，由于 B、C 两点的轨迹都是圆弧，所以两圆弧的中心就分别是转动副 A 和 D。

作图：以选定的比例尺，按连杆 BC 的长度及给定位置画出 B_1C_1、B_2C_2 和 B_3C_3。连接 B_1B_2、B_2B_3，分别作 B_1B_2 连线的垂直平分线 b_{12} 与 B_2B_3 连线的垂直平分线 b_{23}，此两垂直平分线的交点即为所要求的固定铰链中心 A。同理，分别作 C_1、C_2 连线和 C_2、C_3 连线的垂直平分线 c_{12} 和 c_{23}，其交点即为要求的固定铰链中心 D。AB_1C_1D 即为所设计的四杆机构。显然，其解是唯一的。

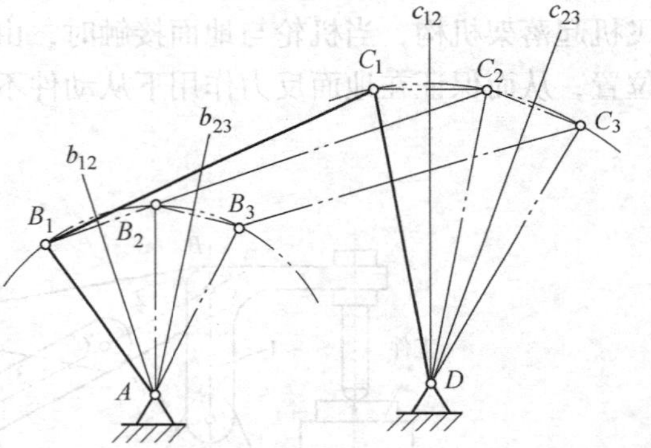

图 2-32　按给定连杆位置设计四杆机构

如果只给定连杆的两个位置 B_1C_1、B_2C_2，则 A 点和 D 点可分别在 B_1B_2、C_1C_2 的中垂线上任选，故可有无穷多个解。

在实际设计时，可以考虑某些其他附加条件（如机构尺寸、传动角等）得到唯一确定的解，从中选择合适的机构。

2. 按给定两连架杆的对应位置设计四杆机构

在研究按两连架杆给定的对应位置设计四杆机构之前，先讨论其设计的基本原理：刚化反转法。

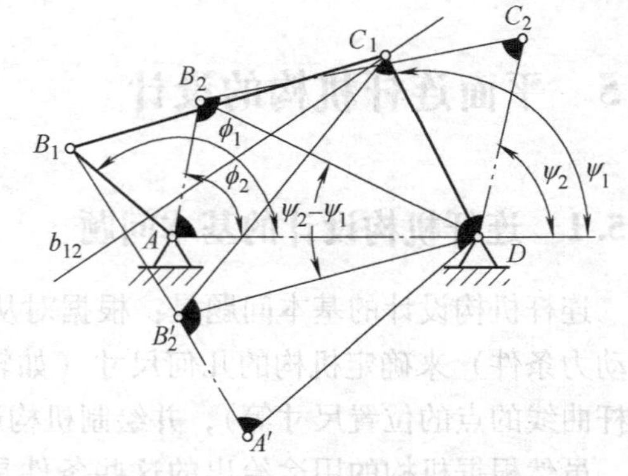

图 2-33　刚化反转法设计四杆机构

图 2-33 所示为已有的四杆机构 $ABCD$。机构有两个位置 AB_1C_1D 和 AB_2C_2D。机构在第一

位置时，两连架杆 AB_1 和 C_1D 的转角分别为 ϕ_1 和 ψ_1；机构在第二位置时，两连架杆 AB_2 和 C_2D 的转角分别为 ϕ_2 和 ψ_2。现将位置二的机构 AB_2C_2D 加以"刚化"，此时 AB_2C_2D 相当于一刚体，然后把刚化后的图形 AB_2C_2D 绕 D 点反转 $\psi_1-\psi_2$ 角，反转后的位置为 $A'B'_2C_1D$，此时 C_2D 和 C_1D 重合，A'、B'_2 点称为 A、B_2 点转位点。则原机构便转化成为以 C_1D 为相对固定件（机架）的机构，因此 B_1 和 $B_2{}'$点必在以 C_1 点为中心、BC 长为半径的圆周上，A 和 A'点必在以 D 为中心、AD 长为半径的圆周上。

由上分析可知：如果需求铰链中心 C 的位置，关键是找出 B_2 点的转位点 B'_2，铰链中心 C 必在 B_1 和 B'_2 连线的垂直平分线上。作图时，为方便起见，可连接对角线 B_2D，然后将其绕 D 反转 $\psi_1-\psi_2$ 角，直接得到 B_2 点的转位点 B'_2，而不必作出图形 AB_2C_2D 反转后的全部图形。

如图 2-34a 所示，已知机架 AD 和连架杆 AB 的长度，并已知两连架杆 AB 和 CD 的三组对应位置 AB_1、AB_2、AB_3 和 E_1D、E_2D、E_3D，它们对应转角分别为 ϕ_1、ϕ_2、ϕ_3 和 ψ_1、ψ_2、ψ_3。试设计所需的四杆机构。

分析：如图 2-34b 所示，把位置 2、3 的机构分别加以刚化，然后将刚化机构的对角线 B_2D 和 B_3D 绕固定转轴 D 反向转动 $\psi_1-\psi_2$ 角和 $\psi_1-\psi_3$ 角，得到 B_2、B_3 点的转位点 B_2'和 B_3'。

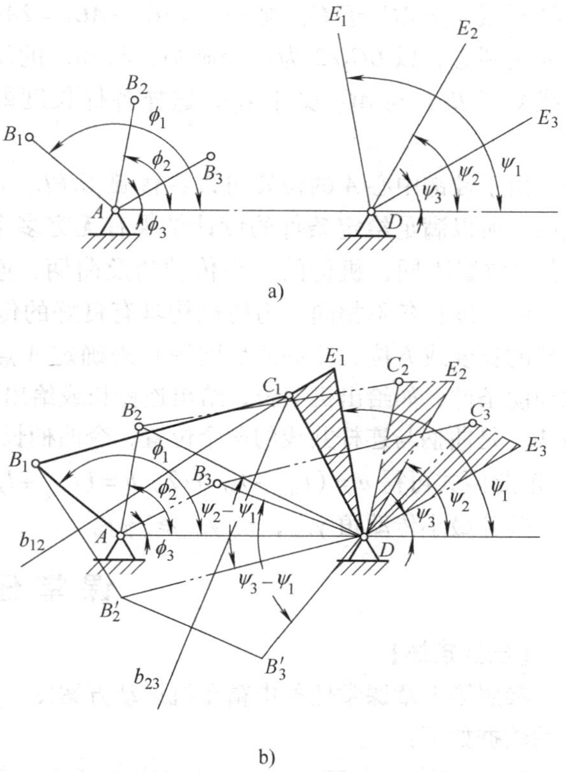

图 2-34　给定连架杆位置设计四杆机构

作图：按选定比例尺画出 AD、AB_1、AB_2、AB_3 及对应的 DE_1、DE_2、DE_3，做 B_1、B'_2 和 B'_2、B'_3 连线，作 $B_1B'_2$ 和 $B'_2B'_3$ 的垂直平分线，两条垂直平分线的交点即为连架杆 CD 的端部铰链点 C。显然，此时所得的机构是唯一解。由图可以看出，两条垂直平分线的交点，一般来说未必能正好落在 ED 线上。

3. 按给定的行程速度变化系数 K 设计四杆机构

已知摇杆长度 CD、摆角 ψ 和行程速度变化系数 K。试设计此曲柄摇杆机构。

分析：如图 2-35 所示，$ABCD$ 为已有的曲柄摇杆机构，当摇杆 CD 处于夹角为 ψ 两极限位置 DC_1 和 DC_2 时，曲柄 AB 则应处于与连杆 BC 共线的两位置 AB_1、AB_2，且其所夹锐角应为 θ，在由 A、C_1、C_2 三点所决定的圆上，C_1C_2 所对应的中心角为 2θ。

作图：1）由给定的行程速度变化系数求极位夹角 θ，即

$$\theta = 180°\frac{K-1}{K+1}$$

2）选定比例尺，任取固定铰链中心点 D，根据摇杆 CD 长和摆角 ψ，作出摇杆的两极限位置 DC_1 和 DC_2，连接 C_1C_2，过 C_1 点作 $C_1M \perp C_1C_2$，如图 2-35 所示。

3）作$\angle C_1C_2N=90°-\theta$，得$C_1M$与$C_2N$的交点$P$。

4）作直角$\triangle C_1C_2P$的外接圆，在圆周上（除劣弧C_1C_2外）任取一点作为曲柄的回转中心A，连接AC_1与AC_2，则连线的圆周角$\angle C_1AC_2=\theta$。

5）确定曲柄、连杆的尺寸。因为摇杆在极限位置时，曲柄与连杆共线，$AC_1=BC-AB$，$AC_2=BC+AB$，即得$AC_2-AC_1=2AB$，因此，以A为圆心，以AC_1为半径画弧，交AC_2于G，则$GC_2=AC_2-AC_1=2AB$；再以A为圆心，以$GC_2/2$为半径画圆，与AC_1的反向延长线交于B_1，与AC_2交于B_2，这样各杆长度即可确定。

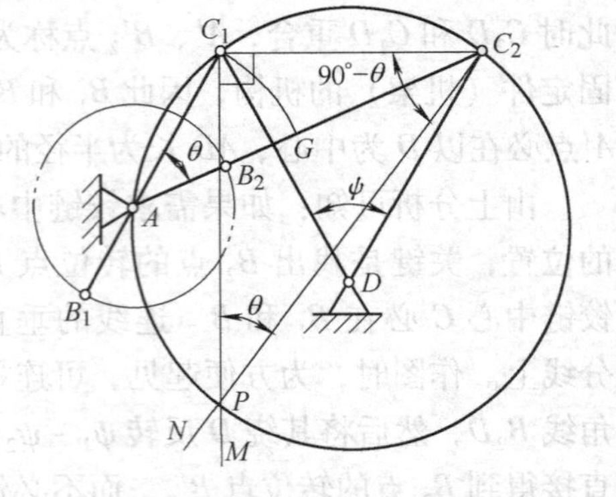

图 2-35　按行程速度变化系数 K 设计

由于铰链中心A的位置可以在优弧C_1PC_2上任意选取，所以满足给定条件的设计结果有无穷多个。但A点的位置不同，机构的最小传动角及曲柄、连杆和机架的长度也各不相同。为使机构具有良好的传动性能，可按最小传动角或其他条件（如机架的长度或方位、曲柄的长度等）来确定A点的位置。所以为了得到确定解，应给出其他辅助条件，如给出机架长、给出连杆长或给出曲柄长等，若A点的位置已经确定，因AC_1与AC_2是曲柄与连杆共线的两个位置，令曲柄长为a，连杆长为b，则$l_{AC_2}=b+a$；$l_{AC_1}=b-a$，解此两式可得$a=(l_{AC_2}-l_{AC_1})/2$，$b=(l_{AC_2}+l_{AC_1})/2$。

验算最小传动角γ_{min}，使$\gamma_{min}\geqslant[\gamma]$。

课 堂 任 务

【任务描述】

参照第1章课堂任务中精压机运动方案图，其中精压机机组冲压连杆机构设计的要求和原始数据如下：

1）上模作往复直线运动，具有快速下沉、等速工作进给和快速返回的特性。

2）上模冲压机构具有较好的传动性能，工作段的传动角$\gamma\geqslant[\gamma]=40°$。

3）执行构件工作长度$l=30\sim100$mm，对应曲柄转角$\varphi=(1/3-1/2)\pi$。

4）上模行程必须大于工作段长度的2倍。

5）对行程速比系数的要求是$K\geqslant1.5$。

6）工作条件为中等冲击，采用一班制工作。

【任务要求】

1）用图解法设计曲柄滑块机构，确定各构件的尺寸和结构。

2）验算设计的结果是否可用，验算传动角的大小，并进行修正。

【任务提示】

根据任务要求，可将上模冲压机构的设计转化为偏置曲柄滑块机构的设计问题，即已知行程速比系数$K=1.5$，上模行程$H=200$mm和偏距$e=100$mm。

思考题和习题

2-1　平面连杆机构有什么特点？

2-2　铰链四杆机构有哪些类型？它们各有什么特点？

2-3　铰链四杆机构有曲柄存在的条件是什么？曲柄滑块机构曲柄存在的条件是什么？

2-4　什么是机构的急回特性？用什么来表示机构的急回特性？

2-5　连杆机构中，压力角与传力性能有什么关系？最小传动角出现在什么位置？

2-6　机构的止点总是有害的吗？试举例说明。

2-7　连杆机构的设计方法有哪些？各有什么特点？

2-8　根据下图2-36所示给定的尺寸，判断各铰链机构的类型。

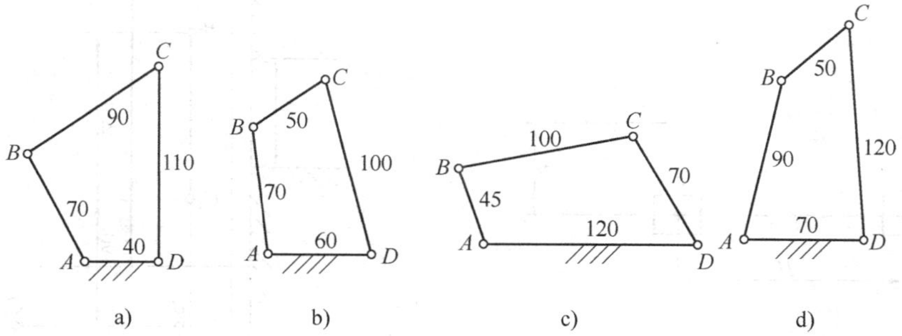

图2-36　题2-8图

2-9　已知一四杆机构中，构件AB、BC、CD的长度分别为：$a=120\text{mm}$、$b=300\text{mm}$、$c=200\text{mm}$，机架AD的长度d为变量。试确定：当此机构分别为曲柄摇杆机构、双摇杆机构、双曲柄机构时，机架长度d的取值范围。

2-10　已知一曲柄摇杆机构中各构件的长度：$AB=40\text{mm}$，$BC=100\text{mm}$，$CD=70\text{mm}$，$AD=120\text{mm}$，构件AD为机架。试确定：（1）AB为主动件时，机构的行程速度变化系数K；（2）AB为主动件时，机构的最小传动角γ_{min}；（3）CD为主动件时，机构的止点位置。

2-11　偏置曲柄滑块机构中，已知曲柄的长度$a=30\text{mm}$，连杆的长度$b=50\text{mm}$，导路的偏距$e=10\text{mm}$，曲柄为主动件。试求：（1）滑块的行程H和行程速度变化系数K；（2）最小传动角γ_{min}并检验，$[\gamma]=40°$；（3）当导路的偏距$e=0$时，滑块的行程H和行程速度变化系数K。

2-12　图2-37所示为脚踏轧棉机的曲柄摇杆机构。铰链中心A、D在铅垂线上，要求踏板CD在水平位置上下各摆动10°，且$l_{CD}=500\text{mm}$、$l_{AD}=1000\text{mm}$。试求曲柄AB和连杆BC的长度。

2-13　已知某装置采用一铰链四杆机构，如图2-38所示，其中$l_{AB}=50\text{mm}$，$l_{AD}=72\text{mm}$，原动件与从动件之间的对应角位置关系如图2-38所示。试用图解法设计此四杆机构。

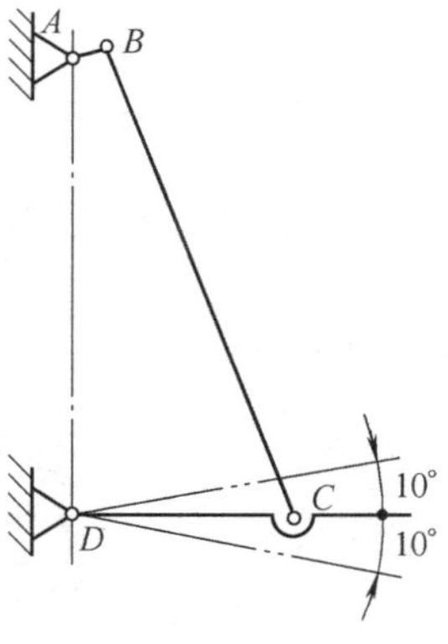

图2-37　题2-12图

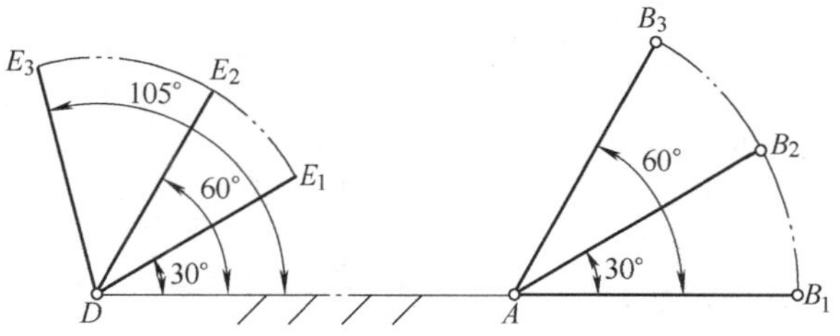

图2-38　题2-13图

2-14　设计一偏置曲柄滑块机构，已知滑块的行程速度变化系数 $K=1.5$，滑块的行程 $H=50\text{mm}$，导路的偏距 $e=20\text{mm}$，如图 2-39 所示。求曲柄和连杆的长度 l_{AB} 和 l_{BC}。

2-15　图 2-40 所示为加热炉门的启闭机构。炉门上两铰链 B 和 C 的中心距为 220mm，炉门打开后成水平位置，且炉门的外边朝上，机构的两个固定铰链在 Y 轴上，其余相互位置尺寸如图 2-40 所示。试设计此铰链四杆机构。

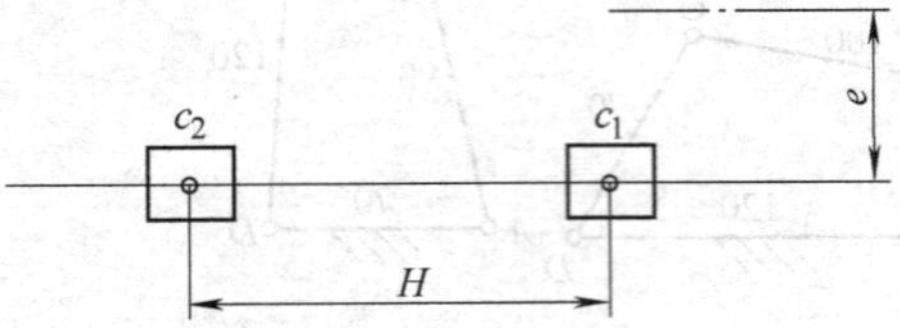

图 2-39　题 2-14 图

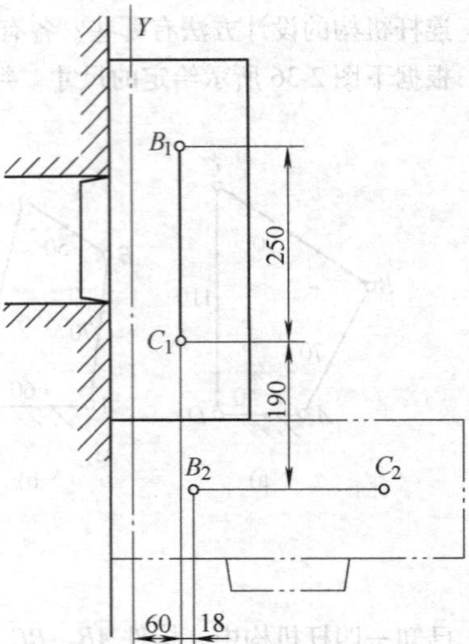

图 2-40　题 2-15 图

2-16　设计图 2-41 所示的铰链四杆机构，已知摇杆长度 $l_{CD}=75\text{mm}$，机架长度 $l_{AD}=100\text{mm}$，行程速度变化系数 $K=1.5$，摇杆的一个极限位置与机架夹角 $\beta=45°$。

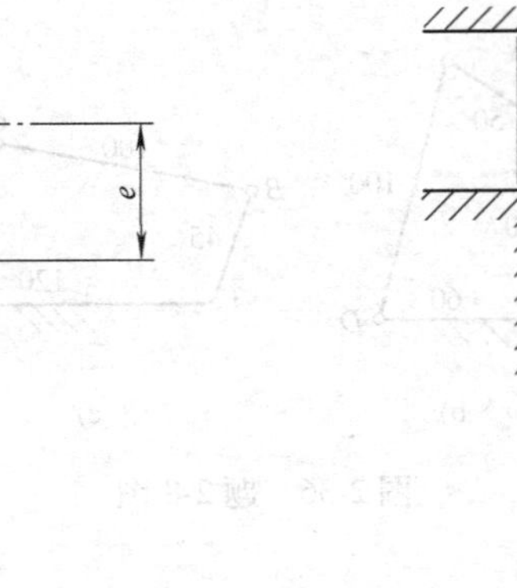

图 2-41　题 2-16 图

第3章　凸轮机构设计

学习目标

1. 了解凸轮机构的类型及各类凸轮机构的特点和适用场合，学会根据工作要求和使用场合选择凸轮机构的类型。

2. 掌握从动件几种常用运动规律的特点和使用场合，学会根据工作要求选择或设计从动件的运动规律。

3. 熟练掌握并灵活运用反转法原理设计凸轮的轮廓线，掌握凸轮机构的设计步骤。

3.1　凸轮机构的特点、应用与分类

3.1.1　凸轮机构的特点及应用

凸轮机构是由凸轮、推杆（从动件）和机架三个构件组成的一种常用的高副机构，凸轮是一个具有曲线轮廓或凹槽的构件。凸轮机构运动时，通过高副接触可以使从动件获得连续或不连续的任意预期往复运动。

（1）凸轮机构的优点　只要正确设计出凸轮轮廓曲线，就可以使推杆实现任意预期的运动规律，而且结构简单、紧凑、设计方便，因此，凸轮机构在自动机床、轻工机械、纺织机械、食品机械、包装机械和机电一体化产品中得到广泛应用。

（2）凸轮机构的缺点　由于凸轮与从动件为点或线接触，是高副机构，易于磨损，因此仅适用于传递动力不大的场合；凸轮轮廓较复杂，加工较困难；从动件的行程受限制，不能过大，否则会使凸轮变得笨重。

在各种机器中，为了实现各种复杂的运动要求，广泛地使用着凸轮机构。下面介绍凸轮机构的应用实例。

图3-1所示为内燃机的配气凸轮机构，凸轮1作等速回转，其轮廓将迫使推杆2作往复摆动，从而使气门3开启和关闭（关闭时借助于弹簧4的作用来实现的），以控制可燃物质进入气缸或废气的排出。

图3-2所示为绕线机中用于排线的凸轮机构，当绕线轴3快速转动时，经蜗杆传动带动凸轮1缓慢地转动，通过凸轮轮廓与尖顶A之间的作用，驱使从动件2往复摆动，因而使线均匀地缠绕在线轴上。

图3-3所示为应用于冲床上的装卸料凸轮机构示意图。凸轮1固定在冲头上，当冲头上下往复运动时，凸轮驱使从动件2以一定的规律水平往复运动，从而带动机械手装卸工件。

图3-4所示为自动送料机构。当带有凹槽的凸轮1转动时，通过槽中的滚子，驱使从运件2作往复移动。凸轮每回转一周，从动件即从储料器中推出一个毛坯，送到加工位置。

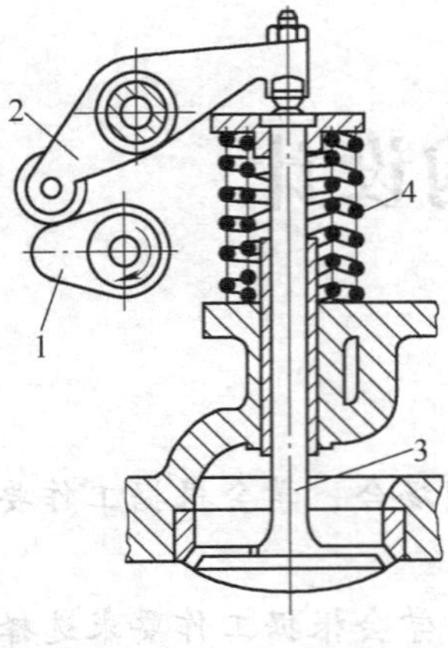

图 3-1　内燃机的配气凸轮机构

1—凸轮　2—推杆　3—气门　4—弹簧

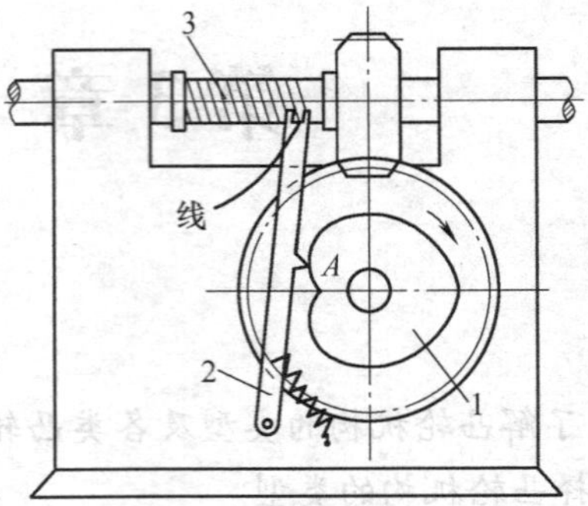

图 3-2　绕线机的凸轮机构

1—凸轮　2—从动件　3—绕线轴

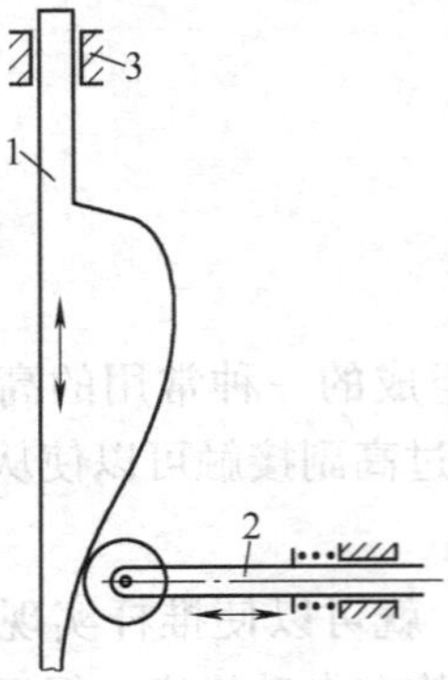

图 3-3　冲床装卸料凸轮机构示意图

1—凸轮　2—从动件　3—机架

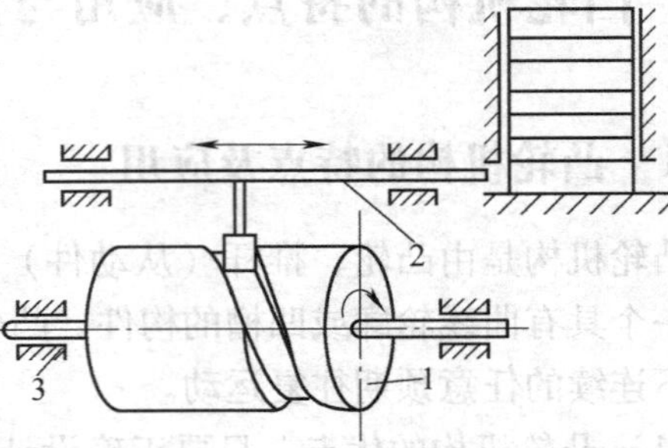

图 3-4　自动送料机构

1—凸轮　2—从动件　3—机架

3.1.2　凸轮机构的分类

凸轮机构的类型很多，通常按凸轮和推杆的端部形状及其运动形式的不同来进行分类。

1. 按凸轮的形状分类

（1）盘形凸轮机构　它是凸轮的最基本形式，如图 3-1、图 3-2 所示，也称为平板凸轮，是一个具有变化向径的盘形构件绕固定轴线回转，可推动从动件在垂直于凸轮轴的平面内运动。

（2）移动凸轮机构　当盘形凸轮的回转中心趋于无穷远时，凸轮相对机架作直线运动，这种凸轮称为移动凸轮，如图 3-3 所示，凸轮作往复直线移动时，将推动推杆在同一平面内作左右的往复运动。有时，也可以将凸轮固定，而使推杆相对于凸轮移动（如仿型车削）。

（3）圆柱凸轮机构（见图 3-4）　这种凸轮是一个在圆柱面上开有曲线凹槽，或是在圆柱端面上作出曲线轮廓的构件，它可看做是将移动凸轮卷于圆柱体上形成的。当其转动时，可使从动件在与圆柱凸轮轴线平行的平面内运动。

由于前两类凸轮运动平面与从动件运动平面平行，故称平面凸轮机构，后一种则称为空间凸轮机构。

2. 按从动件端部的形式分类

（1）尖底从动件（见图3-5a、b、f） 这种推杆的构造最简单，而且尖顶能与较复杂形状的凸轮轮廓相接触，从而能实现较复杂的运动，但因尖底易于磨损，故只适用于作用力不大和速度较低的场合（如用于仪表等机构中）。

（2）滚子从动件（见图3-5c、d、g） 在从动件前端安装一个滚子，即滚子从动件。滚子和凸轮轮廓之间为滚动摩擦，耐磨损，可以承受较大载荷，是最常用的一种形式。

（3）平底从动件（见图3-5e、h） 从动件一端做成平底（即平面），平底推杆的优点是当不考虑摩擦时，凸轮与从动件之间的作用力始终与从动件的平底相垂直，传动效率较高，且接触面易于形成油膜，利于润滑，常用于高速凸轮机构。但由于从动件为一平底，故不适用于带有内凹轮廓的凸轮机构，也不能与移动凸轮和圆柱凸轮配对使用。

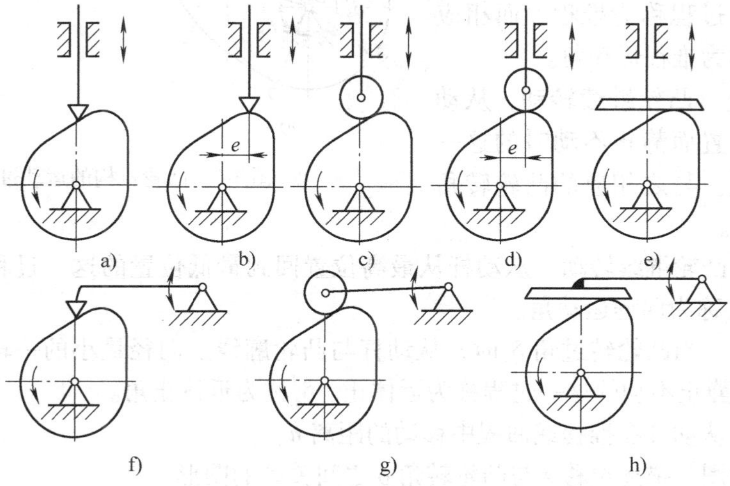

图3-5 凸轮从动杆端部形状

3. 按推杆的运动形式分类

（1）移动从动杆 推杆作往复直线运动，在移动从动杆中，若其轴线通过凸轮的回转中心，则称其为对心移动从动杆（见图3-5a、c、e），否则称为偏置移动从动杆（见图3-5b、d）。

（2）摆动从动杆 推杆作往复摆动，如图3-5f～h所示。

4. 按凸轮与从动件维持高副接触（锁合）的方式分类

（1）力锁合方式 为了使凸轮与从动件始终保持接触，可利用重力、弹簧力或其他外力，如图3-1、图3-2所示。

（2）几何锁合方式 依靠凸轮和从动件的特殊几何形状而始终维持接触。如凸轮上的凹槽等，如图3-4所示。

3.2 从动件的运动规律

凸轮机构是由凸轮旋转或平移带动从动件进行工作的，因此，设计凸轮结构，首先就要根据实际工作要求确定从动件的运动规律，然后依据从动件运动规律设计出凸轮轮廓曲线。由于工作要求的多样性和复杂性，要求推杆满足的运动规律也是各种各样的。

3.2.1　基本术语

如图 3-6 所示为一对心直动尖顶推杆盘形凸轮机构。下面根据机构的运动情况定义一些有关的名词和术语。

（1）基圆　以凸轮的转动中心 O 为圆心，以凸轮的最小向径为半径所作的圆称为凸轮的基圆。基圆半径用 r_b 表示。

（2）推程　当凸轮以等角速度 ω 逆时针转动时，从动杆在凸轮廓线的推动下，将由最低位置被推到最高位置，从动杆运动的这一过程称为推程。而相应的凸轮转角 δ_t 称为推程运动角。

（3）远休止　凸轮继续转动，从动杆将处于最高位置而静止不动时的这一过程称为远休止。与之相应的凸轮转角 δ_s 称为远休止角。

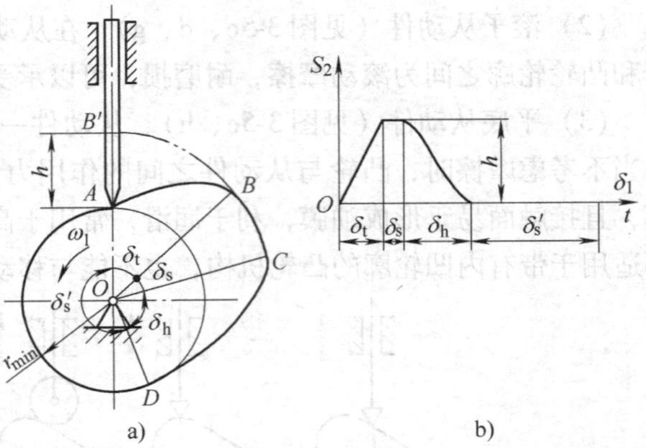

图 3-6　凸轮机构的运动过程

（4）回程　凸轮继续转动，从动杆从最高位置回到最低位置的这一过程称为回程。相应的凸轮转角 δ_h 称为回程运动角。

（5）近休止　当凸轮转过角 δ_s' 时，从动杆与凸轮廓线上向径最小的一段圆弧接触，而将处在最低位置静止不动的这一过程称为近休止。δ_s' 称为近休止角。

（6）行程　从动杆在推程或回程中移动的距离 h。

（7）位移线图　描述位移 s 与凸轮转角 δ 之间关系的图形。

由此可以知道，当凸轮沿逆时针转动一周时，推杆的运动经历了四个阶段：上升、静止、下降、静止，其位移曲线如图 3-6b 所示。这是最常见、最典型的运动形式。

注意：其运动过程的组合是依据工作实际的需要，而不是必须经历四个阶段，可以没有静止阶段，也可以只有一个静止阶段。

从动件的运动规律是指推杆在推程或回程中，从动件的位移 s、速度 v 和加速度 a 随时间 t 变化的规律。又因为凸轮一般作等速运动，其转角 δ 与时间 t 成正比，所以从动件的运动规律通常表示成凸轮转角 δ 的函数，即：$s=f(\delta)$，$v=f'(\delta)$，$a=f''(\delta)$。

在进行运动规律分析时规定：不论推程还是回程，一律由推程的最低位置作为度量位移 s 的基准，而凸轮的转角则分别以各段行程开始时凸轮的向径作为度量的基准。

3.2.2　从动件的运动规律分析

常见的从动件运动规律有：等速运动、等加速等减速运动、正弦加速度运动、余弦加速度运动等。要了解它们的运动规律，就必须建立其运动方程。

1. 等速运动

推程时凸轮转过运动角 δ_t，从动件升程为 h。若以 T 表示推程运动时间，则等速运动时有：

从动件的位移　　$s_2=v_0t=ht/T$

从动件的速度 $$v_2 = v_0 = h/T$$

从动件的加速度 $$a_2 = \frac{dv_2}{dt} = 0$$

凸轮匀速转动时，ω_1 为常数，故 $\delta_1 = \omega_1 t$；$\delta_t = \omega_1 T$。将这些关系式代入上式便可得出以凸轮转角 δ_1 表示的从动件运动方程

$$\begin{cases} s_2 = \dfrac{h}{\delta_t}\delta_1 \\ v_2 = \dfrac{h}{\delta_t}\omega_1 \\ a_2 = 0 \end{cases} \tag{3-1}$$

其运动线图如图 3-7 所示。

回程时，凸轮转过回程运动角 δ_h，从动件相应由 $s_2 = h$ 逐渐减少到零。参照式（3-1），可导出回程作等速运动时从动件的运动方程

$$\begin{cases} s_2 = h\left(1 - \dfrac{\delta_1}{\delta_h}\right) \\ v_2 = -\dfrac{h}{\delta_h}\omega_1 \\ a_2 = 0 \end{cases} \tag{3-2}$$

由图 3-7 可见，从动件运动开始时，速度由零突变为 v_2，故 $a_2 = +\infty$；运动终止时，速度由 v_2 突变为零，$a_2 = -\infty$（由于材料有弹性变形，实际上不可能达到无穷大），其惯性力将引起刚性冲击。因此，这种运动规律不宜单独使用，在运动开始和终止段应当用其他运动规律过渡。

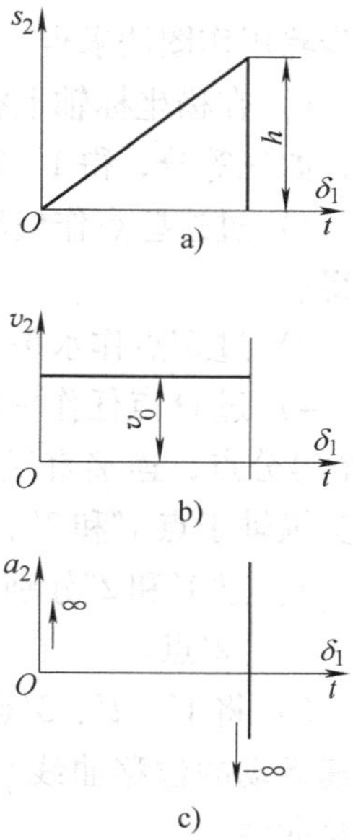

图 3-7　等速运动

2. 等加速等减速运动

这种运动规律通常令前半行程作等加速运动，后半行程作等减速运动。从动件推程的前半行程作等加速运动时，经过的运动时间为 $T/2$，对应的凸轮转角为 $\delta_t/2$。将这些参数代入位移方程 $s_2 = a_0 t^2/2$，可得 $h/2 = a_0(T/2)^2/2$ 故

$$a_2 = a_0 = \frac{4h}{T^2} = 4h\left(\frac{\omega_1}{\delta_t}\right)^2$$

将上式积分两次，并令 $\delta_1 = 0$ 时，$v_2 = 0$，$s_2 = 0$，便可得到前半行程从动件作等加速运动时的运动方程

$$\begin{cases} s_2 = \dfrac{2h}{\delta_t^2}\delta_1^2 \\ v_2 = \dfrac{4h\omega_1}{\delta_t^2}\delta_1 \\ a_2 = \dfrac{4h\omega_1^2}{\delta_t^2} \end{cases} \tag{3-3}$$

推程的后半行程从动件作等减速运动，凸轮的转角是由 $\delta_t/2$ 开始到 δ_t 为止。不难导出其等减速运动方程为

$$\begin{cases} s_2 = h - \dfrac{2h}{\delta_t^2}(\delta_t - \delta_1)^2 \\ v_2 = -\dfrac{4h\omega_1}{\delta_t^2}(\delta_t - \delta_1) \\ a_2 = -\dfrac{4h\omega_1^2}{\delta_t^2} \end{cases} \tag{3-4}$$

由于从动件的位移 s_2 与凸轮转角 δ_1 的平方成正比，所以其位移曲线为一抛物线。等加速段抛物线可按如下步骤用作图法求得（见图 3-8a）：

1）在横坐标轴上将长度为 $\delta_t/2$ 的线段分成若干等分，如三等分，得 1、2、3 三点。

2）过这些点作横轴的垂直线，并从点 3 截取 $h/2$ 高得点 3′。

3）过 3′点作水平线交纵坐标轴于点 3″。

4）过 O 点任作一斜线 OO'，任意以适当间距截取 9 个等分点，连接直线 9-3″并分别过点 1、4 作其平行线交纵轴于点 1″和 2″。

5）过 1″和 2″分别作水平线交过 1、2 点的横轴垂线于 1′、2′点。

6）将 1′、2′、3′点连成光滑曲线便得到前半段等加速运动的位移曲线，用同样方法可求得等减速段的位移曲线。

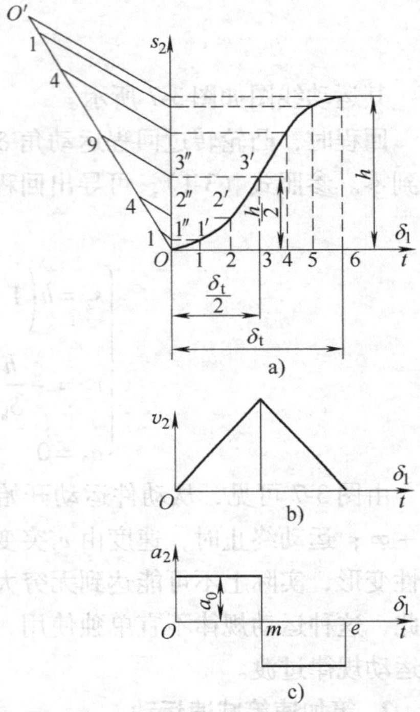

图 3-8　等加速等减速运动

这种运动规律在 O、m、e 各点加速度出现有限值的突然变化，因而产生有限惯性力的突变，结果将引起所谓柔性冲击。所以等加速度运动规律只适用于中速凸轮机构。

3. 余弦加速度运动（简谐运动）

点在圆周上作匀速运动时，它在该圆的直径上的投影所构成的运动称为余弦加速度运动（简谐运动）。从动件推程作余弦加速度运动方程为

$$\begin{cases} s_2 = \dfrac{h}{2}[1 - \cos(\pi\delta_1/\delta_t)] \\ v_2 = \dfrac{h}{2\delta_t}\pi\omega_1 \sin(\pi\delta_1/\delta_t) \\ a_2 = \dfrac{h}{2\delta_t^2}\pi^2\omega_1^2 \cos(\pi\delta_1/\delta_t) \end{cases} \tag{3-5}$$

从动件在回程作余弦加速度运动方程为

$$\begin{cases} s_2 = \dfrac{h}{2}[1+\cos(\pi\delta_1/\delta_h)] \\ v_2 = -\dfrac{h}{2\delta_h}\pi\omega_1\sin(\pi\delta_1/\delta_h) \\ a_2 = -\dfrac{h}{2\delta_h^2}\pi^2\omega_1^2\cos(\pi\delta_1/\delta_h) \end{cases} \tag{3-6}$$

余弦加速度运动规律位移线图可按如下步骤用作图法求得（见图 3-9a）：

1）把从动件的行程 h 作为直径画半圆，将此半圆分成若干等分，如六等分得 1″、2″、…、6″六点。

2）把凸轮运动角 δ_t 也分成相应等分，得 1 ~ 6 六个点。

3）分别过 1″ ~ 6″和 1 ~ 6 各点作水平线和铅垂线得交点 1′、2′、3′、…、6′。

4）用光滑曲线连接 1′ ~ 6′各点，即得从动件的位移线图。

由加速度线图可见，一般情况下，这种运动规律的从动件在行程的始点和终点有柔性冲击。除上述几种运动规律之外，为了使加速度曲线保持连续而避免冲击，工程上还应用正弦加速度、高次多项式等运动规律，或者将几种曲线组合起来加以应用。

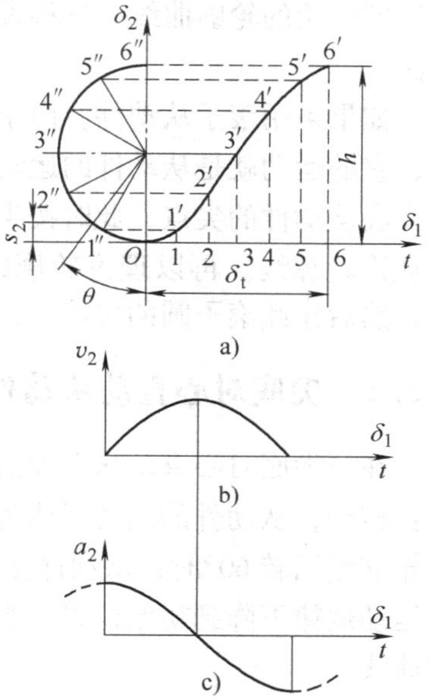

图 3-9　简谐运动

3.2.3　从动件运动规律的选择

1）满足机器工作对凸轮机构从动件运动规律的要求。例如，钻孔时若由从动件带动钻头轴向进给，钻孔工艺要求从动件按等速运动规律运动。

2）保证凸轮机构具有良好的工作性能。对凸轮机构工作性能影响较大的因素，除了有无冲击及冲击性质外，还有最大速度、最大加速度等。选择时可参考表 3-1。

3）凸轮轮廓具有良好的工艺性。

表 3-1　从动件常用运动规律特性及适用范围

运动规律	最大速度/(m/s)	最大加速度/(m/s²)	冲击性能	适用范围
等速运动	1.00	∞	刚性冲击	低速、轻载
等加速等减速	2.00	4.00	柔性冲击	中速、轻载
余弦加速度	1.57	4.93	柔性冲击	中速、中载
正弦加速度	2.00	6.28	无冲击	高速、轻载

3.3　凸轮轮廓的设计

在合理地选择了从动件运动规律以后，结合一些具体的条件可以进行凸轮轮廓的设计。凸轮轮廓线的设计方法有图解法和解析法。本章只介绍一般精度的凸轮常用的图解法设计。

3.3.1　反转法

如图 3-10 所示的凸轮机构，若给整个凸轮机构施以角速度 $-\omega$ 绕 O 转动，其结果是从动件和凸轮的相对运动不改变，此时凸轮将静止不动，这时机架和从动件一方面以角速度 $-\omega$ 绕 O 转动，同时从动件又以原有运动规律相对机架往复运动，因此，从动件尖顶复合运动的轨迹即凸轮的轮廓曲线，这种设计凸轮轮廓曲线的方法称为反转法。

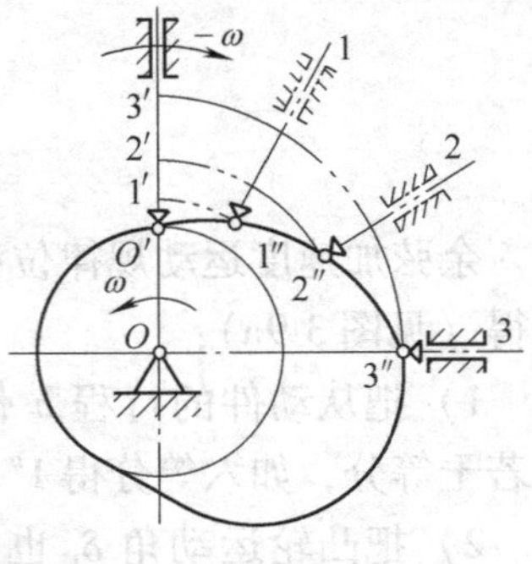

图 3-10　反转法原理

如果采用滚子从动件，由于滚子中心是从动件上一个固定点，它的运动就是从动件的运动。因此，首先把滚子中心看成是尖底从动件的尖点，此时按尖底从动件设计得到的轮廓线称为理论轮廓线。再以理论轮廓线上各点为圆心画一系列滚子圆，然后作此滚子圆的包络线，它就是滚子从动件凸轮机构的实际轮廓线。

3.3.2　尖底对心直动从动件盘状凸轮轮廓的设计

在一尖底对心直动从动件盘状凸轮机构中，凸轮的基圆半径为 r_b，且以等角速度 ω 逆时针转动，从动件的运动规律为：当凸轮转过 120°时，凸轮以等速运动规律上升 30mm；当凸轮继续回转 60°时，从动件在最高位置静止；当凸轮继续回转 90°时，凸轮以等加速等减速运动规律下降到初始位置；当凸轮再转其余的 90°时，从动件停留不动，试设计该凸轮轮廓曲线。

设计步骤如下：

1）选比例尺 μ_l，绘制从动件位移线图，如图 3-11a 所示。

2）按照同一比例尺 $\mu_l=\mu_s$，根据结构要求，作凸轮的基圆，选取从动件尖底的最低位置，如图 3-11b 中的点 A。

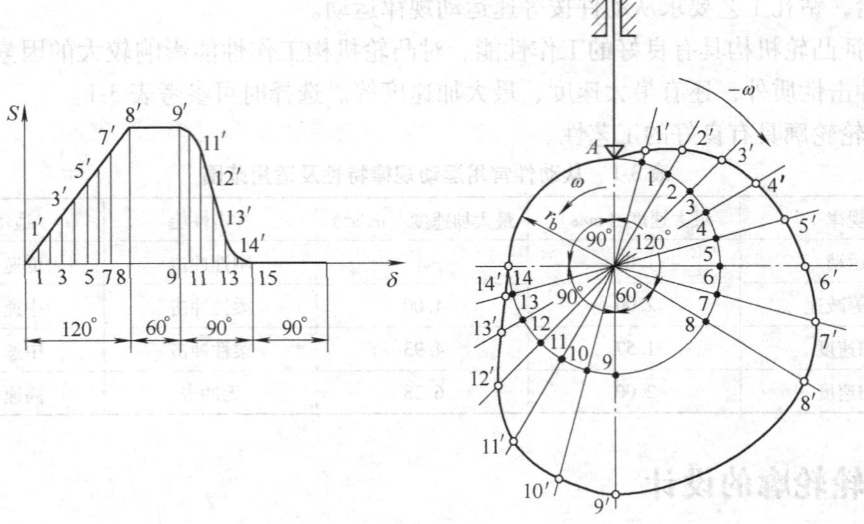

图 3-11　尖底对心直动从动件盘状凸轮轮廓线

3）等分位移线图的横坐标和基圆。根据反转法原理，按位移线图中横坐标的等分数，从 A 点开始，沿 $-\omega$ 方向将基圆圆周分成相应的等分数，以射线代表机构反转时各个相应位置的导路，各射线与基圆的交点为 1、2、3、…。原则是：陡密缓疏。

4）量取位移线图 11′、22′、33′、…等于各射线上的 11′、22′、33′、…，得 1′、2′、3′、…。

5）以光滑曲线连接得 1′、2′、3′、…，得凸轮的轮廓曲线，如图 3-11b 所示。

若是滚子从动件，则此轮廓线为该凸轮的理论轮廓线，作各位置滚子圆的内（外）包络线得凸轮的实际轮廓线（中心轨迹的等距曲线）。如图 3-12 所示的滚子从动件盘状凸轮机构。

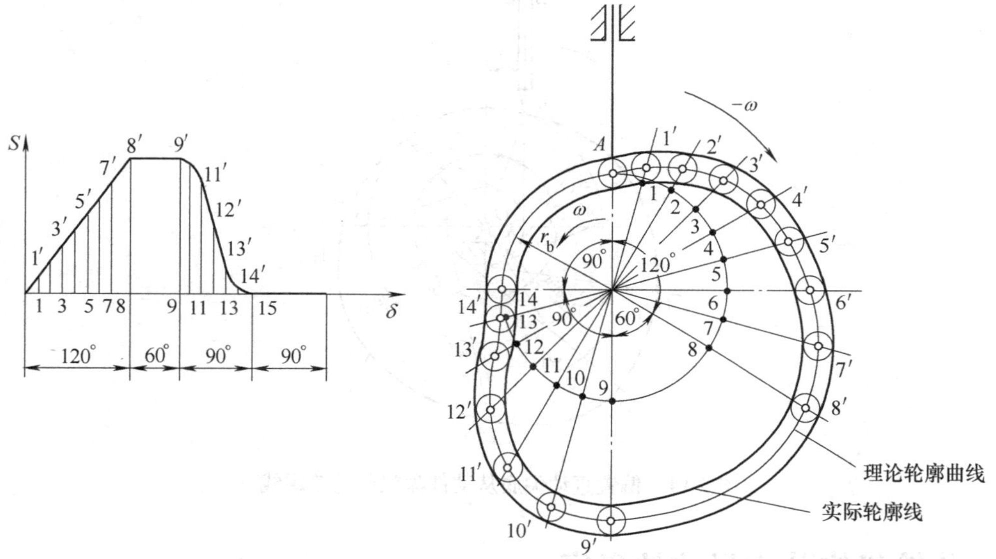

图 3-12　滚子对心直动从动件盘状凸轮轮廓线

若是平底从动件，上述第 5 步应是过点 1′、2′、3′、…，作导路的垂线，得到平底的位置，得凸轮的理论轮廓曲线，如图 3-13 所示，作平底直线族的内包络线，得凸轮的实际轮廓线。

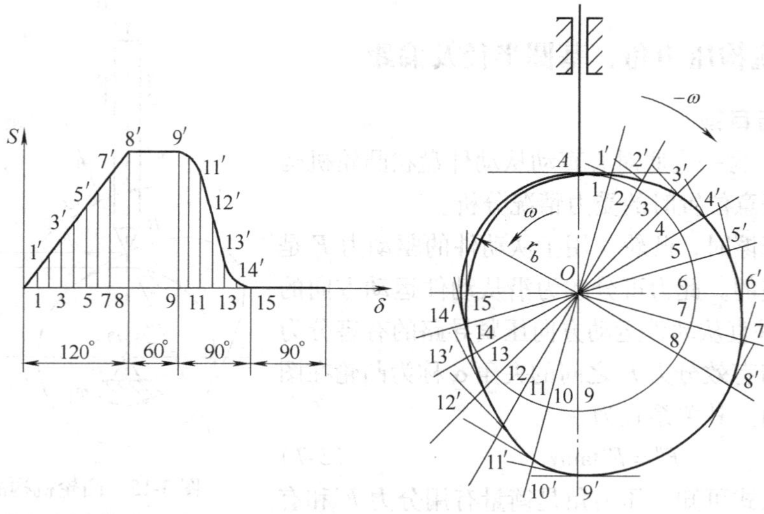

图 3-13　平底对心直动推杆盘形凸轮轮廓线

3.3.3　尖底偏置直动从动件盘状凸轮轮廓的设计

尖底偏置直动从动件盘状凸轮轮廓的设计与尖底对心直动从动件盘状凸轮轮廓的设计完全类似，不同之处是其导路始终与凸轮轴心 O 保持偏距 e。因此，设计这种凸轮轮廓时，首先以 O 为圆心及偏距 e 为半径作偏距圆切于从动件导路，其次以 r_b 为半径作基圆，基圆与导路的交点 A_0 即为从动件的起始位置。画出反转后从动件导路的一系列位置。从动件的相应位移应在这些切线上量取，便得到所要求的凸轮轮廓，如图 3-14 所示。

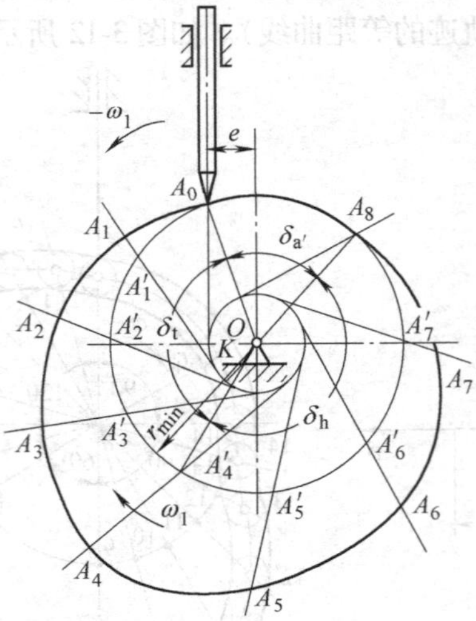

图 3-14　偏置直动尖底从动件盘状凸轮轮廓线

3.4　凸轮机构基本尺寸的确定

设计凸轮机构时，不仅要使其能实现预期的运动规律，还要使其具有良好的传力性能和紧凑的结构尺寸。传力性能直接影响机构的摩擦、磨损、效率和自锁，且与凸轮机构尺寸有关。

3.4.1　凸轮机构压力角、基圆半径及偏距

1. 压力角与自锁

图 3-15 所示为一尖底对心直动从动件盘状凸轮机构的推杆在推程任意位置时的受力情况分析。

当不考虑摩擦时，凸轮作用于从动件的驱动力 F 是沿法线方向传递的。此力可分解为沿从动件运动方向的有效分力 F' 和垂直从动件运动方向压紧导路的有害分力 F''，驱动力 F 与有效分力 F' 之间的夹角 α 称为凸轮在图示位置的压力角。其关系式为

$$F'' = F'\tan\alpha \tag{3-7}$$

从上述关系式可知，压力角是衡量有用分力 F' 和有害分力 F'' 之比的重要参数。压力角 α 越大，有害分力

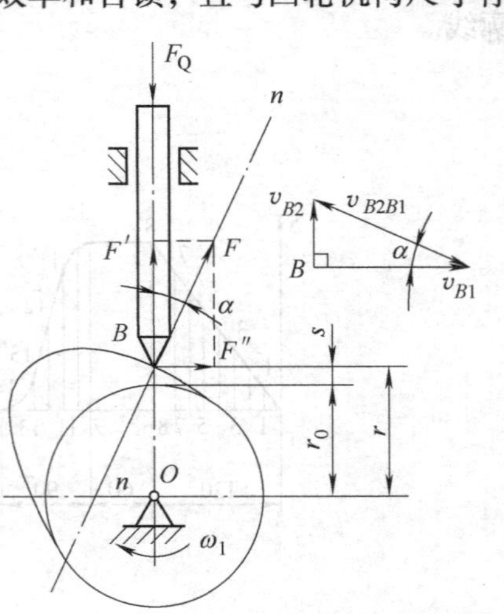

图 3-15　凸轮机构的压力角与作用力的关系

F''就越大，由 F''引起的导路中的摩擦阻力也越大，故凸轮推动从动件所需的驱动力也就越大，机构的效率越低。当 α 增大到一定程度，以致 F''所引起的摩擦阻力大于 F'时，无论凸轮加给从动件作用力多大，从动件都不能运动，这种现象称为机构出现自锁。机构开始出现自锁的压力角 α_{lim} 称为极限压力角。

为改善受力、提高效率和避免自锁，压力角越小越好。若给定从动件运动规律，则压力角越大时，基圆直径越小，机构尺寸也越小。因此，实际设计时规定了压力角的许用值［α］。对直动从动件，通常［α］$=30°\sim38°$；对摆动从动件，通常［α］$=40°\sim50°$。

2. 压力角、基圆半径及偏距

凸轮机构的压力角、基圆半径、偏距之间关系式为（推导略）

$$\tan\alpha=\frac{\dfrac{ds}{d\delta}\pm e}{\sqrt{r_b^2-e^2}+s} \tag{3-8}$$

由此可知：①α 增大，r_b 减小，结构紧凑，机构传力性能不好；②α 减小，r_b 增大，机构尺寸增大，机构传力性能良好。

为了使机构既有较好的传力性能，又有较紧凑的结构尺寸，设计时，通常在 $\alpha_{max}\leqslant[\alpha]$ 前提下，尽量采用较小基圆半径。如果对机构的尺寸没有严格要求，可将基圆取大些，以便减小压力角；反之，则应尽量减小基圆半径尺寸。

合理地选择偏距 e 的方向，可使压力角减小，改善传力性能。

由式（3-8）分析可知，当式中取“+”时，为负偏置，可增大推程压力角，减小回程压力角；当取“－”时，为正偏置，可减小推程压力角，增大回程压力角。所以一般采用正偏置，以减小推程压力角。

在设计凸轮机构时，通常是首先根据结构需要初步选定基圆半径，然后用图解法或解析法设计凸轮轮廓。为确保运动性能，必须对轮廓各处的压力角进行校核，检验最大压力角是否在许用范围之内。用图解法检验时，可在凸轮理论轮廓曲线比较陡的地方取若干点（如图 3-16 中的 B_1、B_2 等点），作出过这些点的法线和从动件 B 点的运动方向线，求出它们之间所夹的锐角 α_1、α_2、…。若其中最大值超过许用压力角，则应考虑修改设计，可采用加大凸轮基圆半径或将对心凸轮机构改为偏置凸轮机构的方法。

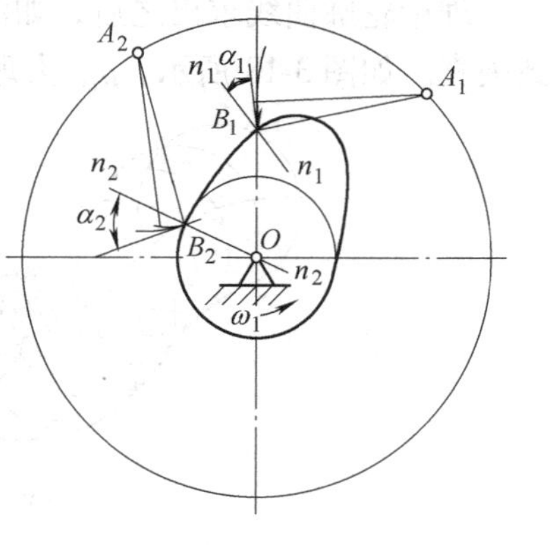

图 3-16 检验最大压力角

在实际设计中，凸轮基圆半径 r_b 的确定不仅受到 $\alpha\leqslant$［α］的限制，而且还要考虑到凸轮的结构与强度要求。因此，常利用下面的经验公式选取 r_b。

（1）根据凸轮的结构确定 r_b 当凸轮与轴做成一体（凸轮轴）时

$$r_b=r+r_T+(2\sim5)\text{mm} \tag{3-9}$$

当凸轮装在轴上时

$$r_b=(1.5\sim1.7)r+r_T+(2\sim5)\text{mm} \tag{3-10}$$

式中，r 为凸轮轴的半径（mm）；r_T 为从动件滚子的半径（mm）。

若凸轮机构为非滚子从动件，在计算基圆半径时，式（3-9）和式（3-10）中的 r_T 可不计。

（2）根据 $\alpha_{max} \leqslant [\alpha]$ 确定基圆最小半径 r_{bmin}　图 3-17 所示为工程上常用的诺模图，图中上半圆的标尺代表凸轮转角 δ_0，下半圆的标尺为最大压力角 α_{max}，直径的标尺代表从动件规律的 h/r_b 的值（h 为从动件的行程，r_b 为基圆半径）。

下面举例说明该图的使用方法。

例 3-1　设计一尖底对心直动从动件盘形凸轮机构，已知凸轮的推程运动角为 $\delta_t = 175°$，从动件在推程中按等加速等减速规律运动，行程 $h = 18\text{mm}$，最大压力角 $\alpha_{max} = 16°$。试确定凸轮的基圆半径 r_b。

解　1）按已知条件将位于圆周上的标尺为 $\delta_0 = 175°$、$\alpha_{max} = 16°$ 的两点，以直线相连，如图 3-18 中虚线所示。

2）由虚线与直径上等加速和等减速运动规律的标尺的交点得：$h/r_b = 0.6$。

3）计算最小基圆半径得

$$r_{bmin} = h/0.6 = 18/0.6\text{mm} = 30\text{mm}$$

4）基圆半径 r_b 可按 $r_b \geqslant r_{bmin}$ 选取。

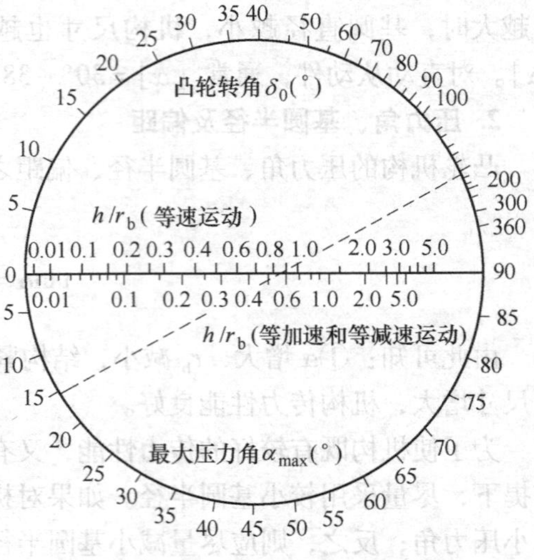

图 3-17　求凸轮基圆半径的诺模图

3.4.2　滚子半径 r_T 的选择

理论轮廓曲线求出之后，如滚子半径选择不当，其实际轮廓曲线也会出现过度切割而导致失真。如图 3-18 所示，ρ_{min} 为理论轮廓曲线某点的曲率半径，ρ_α 为实际轮廓曲线某点的曲

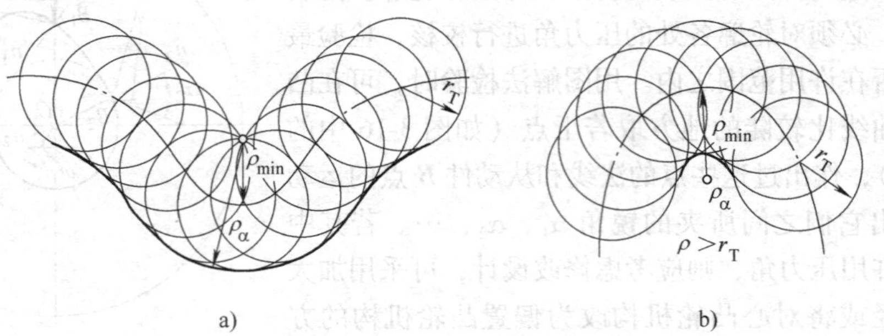

图 3-18　滚子半径对轮廓的影响

率半径，r_T 为滚子半径。当凸轮理论轮廓曲线为内凹时，如图3-18a所示，$\rho_\alpha=\rho_{min}+r_T$，可以作出正常的实际轮廓曲线。当凸轮的理论轮廓曲线为外凸时，如图3-18b所示，$\rho_\alpha=\rho_{min}-r_T$。它可分为三种情况：①$\rho_{min}>r_T$，$\rho_\alpha>0$，这时可以作出正常的实际轮廓曲线，如图3-18b所示；②$\rho_{min}=r_T$，$\rho_\alpha=0$，这时凸轮实际轮廓曲线变尖，这种轮廓线极易磨损，磨损后就会改变从动件预定的运动规律，所以不能付之实用，如图3-18c所示；③$\rho_{min}<r_T$，$\rho_\alpha<0$，这时实际轮廓曲线发生相交，图中阴影部分的轮廓曲线在实际加工时被切去，使这一部分运动规律无法实现，运动失真，如图3-18d所示。

为了使凸轮轮廓在任何位置既不变尖也不相交，滚子半径必须小于理论轮廓外凸部分的最小曲率半径ρ_{min}。通常取$r_T\leqslant0.8\rho_{min}$，若$\rho_{min}$过小使滚子半径太小，导致不能满足安装和强度要求，则应把凸轮基圆半径r_b加大，重新设计凸轮轮廓曲线。

课堂任务

【任务描述】

第1章课堂任务精压机传动方案图中精压机机组送料顶料凸轮机构设计要求和原始数据如下：

1）精压机中采用盘形凸轮机构将毛坯送入模腔并将成品推出，采用端面圆柱凸轮机构将料顶起。

2）送料机构的送料推板的推力为30N，推料距离为150～200mm，推送时间为0.5s；顶料机构的顶杆的推力为10N，顶料距离为80mm，顶料时间为0.3s。以上推力均已考虑了自重。

3）工作条件为中等冲击，采用一班制工作。

【任务要求】

1）选择凸轮机构的类型。

2）拟定凸轮机构推杆的运动规律。

3）凸轮机构基本尺寸的确定（基圆半径$r_b=100$mm）。

4）用图解法设计送料凸轮机构，确定各构件的尺寸和结构。

5）验算设计的结果是否可用，验算压力角的大小，并进行修正。

【任务提示】

1）凸轮机构类型选择的说明。按设计要求，采用尖顶对心直动推杆盘形凸轮机构，因为盘形凸轮与圆柱凸轮相比，结构简单，加工工艺性好；因送料机构推力不大，故采用简单的尖顶盘形直动推杆凸轮机构，顶料机构由于推力大所以采用滚子推杆圆柱凸轮机构。

2）推杆运动规律的拟定说明。因对推杆的动力性能无特别的要求，因此推杆的推程和回程均采用等速运动规律，并且推程运动角和回程运动角均为180°。凸轮机构的行程h应能满足送料的行程范围，坯料输送的最大距离为200mm，取推杆的行程$h=200$mm。

思考题和习题

3-1　何谓凸轮轮廓设计的反转法，它对于凸轮轮廓的设计有何作用？

3-2　凸轮机构的从动件按其端部形式可分为尖底、滚子、平底三类，试比较它们的优缺点，并说明它们的应用场合。

3-3　有一个尖底推杆盘状凸轮机构，若凸轮不变，改用滚子推杆，问从动件的运动规律是否改变？为什么？

3-4　设计凸轮应注意那些问题？

3-5　凸轮以等角速度 ω 顺时针方向转动，基圆半径 $r_b = 40\text{mm}$，从动件行程 $h = 30\text{mm}$，从动件运动规律见下表。试画出从动件的位移线图，并设计尖底对心直动从动件盘形凸轮的轮廓曲线。

凸轮转角	0°～90°	90°～120°	120°～300°	300°～360°
从动件运动规律	等加速等减速上升	静止	等速下降	静止

3-6　设计一偏置直动滚子从动件盘形凸轮机构。已知凸轮的基圆半径 $r_b = 40\text{mm}$，滚子直径 $r_T = 10\text{mm}$，凸轮逆时针等速回转。在推程中，凸轮转过 140°时，从动件按简谐运动规律上升 30mm；凸轮继续转过 40°时，从动件保持不动。在回程中，凸轮转过 120°时，从动件以等加速等减速运动规律回到原处；凸轮转过其余 60°时，从动件又保持不动。试用作图法绘制从动件的位移曲线图及凸轮的轮廓曲线。

第4章　常用步进传动机构设计

学习目标

1. 了解步进机构在设计中对从动件的动、停时间和位置的要求及对其动力性能的要求。

2. 掌握棘轮机构、槽轮机构的工作原理、运动特点、功能和适用场合。

在生产中，当主动件作连续运动时，从动件作周期性的运动和停顿，这类机构称为间歇运动机构，也称为步进机构。它在各种自动化机械中得到广泛的应用，用来满足送进、制动、转位、分度、超越等工作要求。常用的步进机构可以分为两类：主动件往复摆动，从动件间歇运动，如棘轮机构；主动件连续转动，从动件间歇运动，如槽轮机构、不完全齿轮机构等。

4.1　棘轮机构设计

4.1.1　棘轮机构的工作原理

典型的棘轮机构如图4-1所示。该机构为轮齿式外啮合棘轮机构，由棘轮3、棘爪2、摇杆1和止动爪4、弹簧5和机架所组成。棘轮3固装在传动轴上，棘轮的齿可以制作在棘轮的外缘、内缘或端面上，而实际应用中以外缘齿居多。摇杆1空套在传动轴上。摇杆及铰接于其上的棘爪为主动件，棘轮为从动件。

当摇杆沿逆时针方向摆动时，棘爪2嵌入棘轮3上的齿间，推动棘轮转动。当摇杆沿顺时针方向转动时，止动爪4阻止棘轮顺时针转动，同时棘爪2在棘轮齿背上滑过，此时棘轮静止。这样，当摇杆往复摆动时，棘轮便可以得到单向的间歇运动。

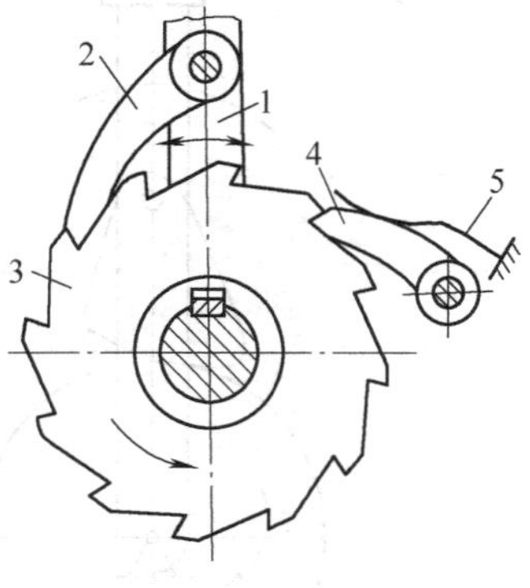

图4-1　外啮合棘轮机构
1—摇杆　2—棘爪　3—棘轮
4—止动爪　5—弹簧

4.1.2　棘轮机构的分类

1. 按摆杆的结构形状分类

按摆杆的结构形状，棘轮机构可分为单动式棘轮机构（见图4-2）和双动式棘轮机构。双动式棘轮机构又有直头（见图4-3）和钩头（见图4-4）之分。

2. 按棘轮的结构形状分类

按棘轮的结构形状，棘轮机构可分为外棘轮机构（见图4-2）、内棘轮机构（见图4-5）、摩擦棘轮机构（见图4-6）和棘条棘轮机构（见图4-7）。

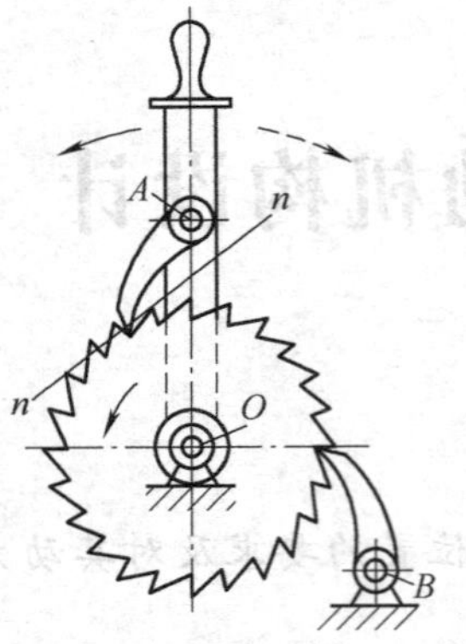

图 4-2　单动式棘轮机构

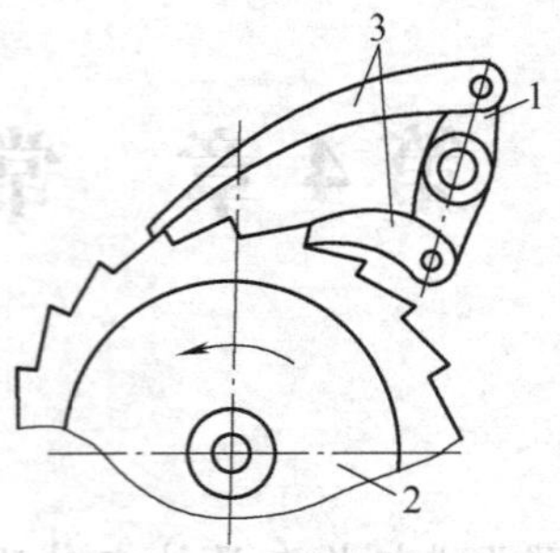

图 4-3　直头双动式棘轮机构

1—连杆　2—棘轮　3—棘爪

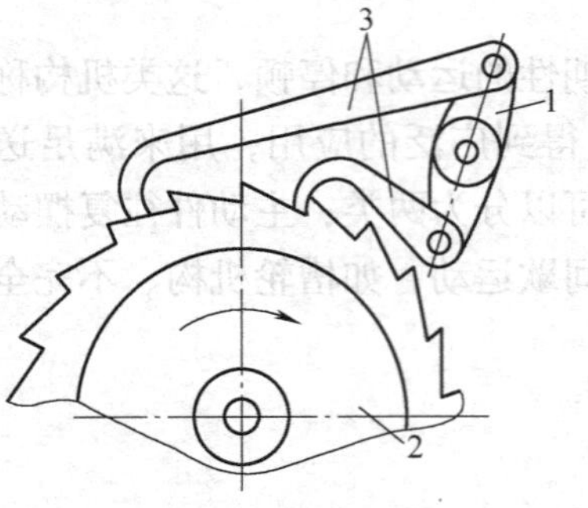

图 4-4　钩头双动式棘轮机构

1—连杆　2—棘轮　3—棘爪

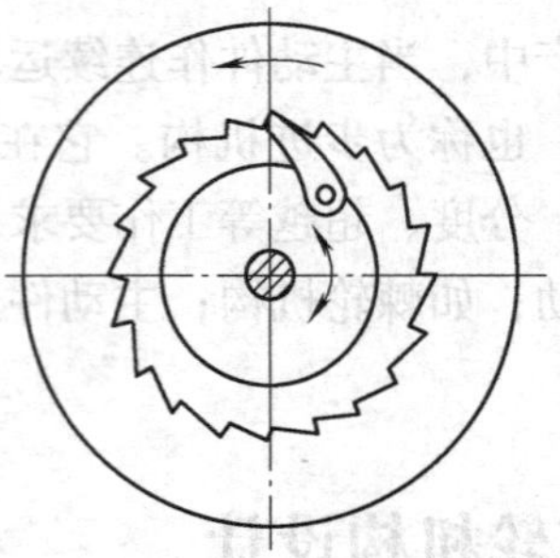

图 4-5　内棘轮机构

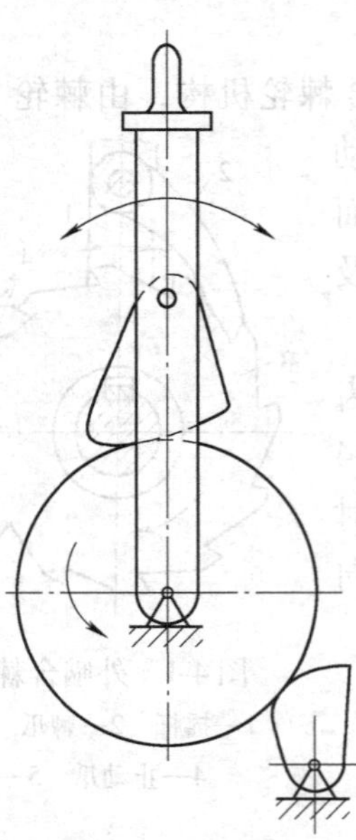

图 4-6　摩擦棘轮机构

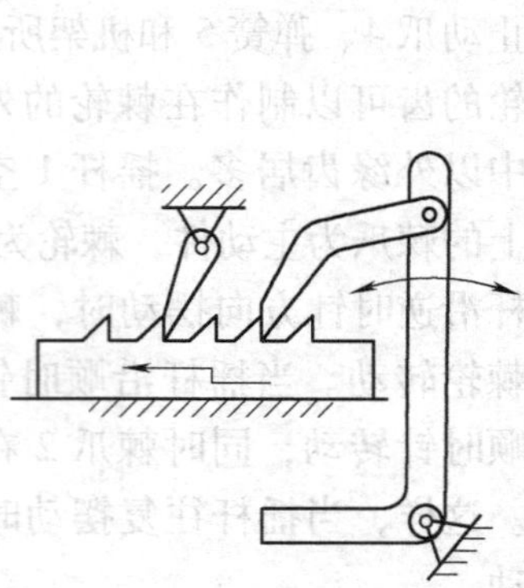

图 4-7　棘条棘轮机构

3. 按棘轮的运动方向分类

按棘轮的运动方向，棘轮机构可分为单向棘轮机构（见图 4-2）和可变向棘轮机构（见图 4-8）。

图 4-8 所示为矩形齿双向棘轮机构。图 4-8a 所示的驱动棘爪 1 在实线位置时，棘轮 2 作逆时针间歇转动；将驱动棘爪 1 绕 A 点翻转成双点画线位置时，棘轮 2 作顺时针间歇转动。图 4-8b 所示为回转棘爪双向棘轮机构，当棘爪 2 按图示位置放置时，棘轮 3 作逆时针间歇转动；若将棘爪提起，并绕本身轴线转动 180°后再插入棘轮齿槽时，棘轮作顺时针方向间歇转动；若将棘爪提起绕本身轴线转动 90°，棘爪将被架在壳体的平面上，使轮与爪脱开；当棘爪往复摆动时，棘轮静止不动。

图 4-9 所示为自行车后轮轴的棘轮机构，当用脚蹬踏板转动时，带动链轮，通过链条 1 又带动后轮上的链轮 2，实现自行车的前进。但后轮的链轮是只有外面的链轮带动里面的转轴 4，当不再蹬动脚踏板时，自行车后轮可以继续转动，轴固定不动。

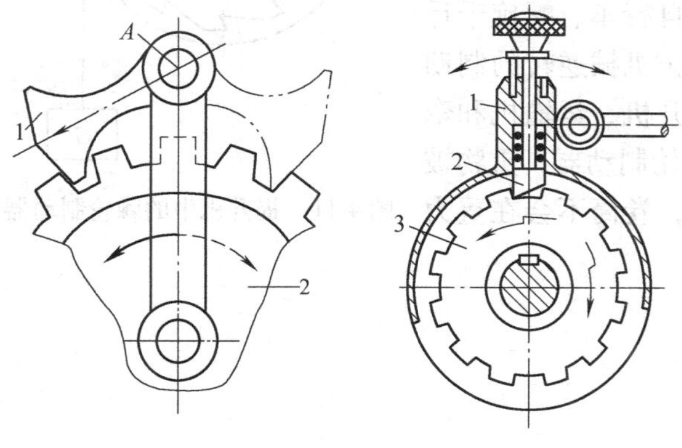

a)　　b)

图 4-8　可变向棘轮机构

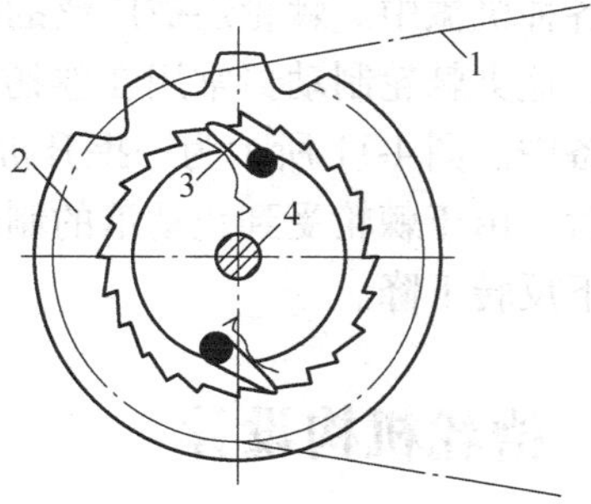

图 4-9　自行车后轮轴的内棘轮机构

1—链条　2—链轮　3—棘爪　4—转轴

4.1.3　棘轮机构运动设计

棘齿轮齿的偏斜角 φ，如图 4-10 所示，棘轮机构工作时，为使棘爪受载最小而推动棘轮的有效力最大，棘爪回转中心 O_1 应位于棘轮齿顶圆的切线上。当棘爪与棘齿在 A 点接触时，棘齿对棘爪的作用有正压力 N 和阻止棘爪下滑的摩擦力 F（$=N\tan\rho$），为保证棘爪在此二力作用下仍能向棘齿根部滑动而不从齿槽滑脱，其合力 R 应使棘爪有逆时针回转的力矩，为此，轮齿工作面相对棘轮半径应有一个负倾角 φ，称为棘齿偏斜角，可以证明，φ 角与摩擦角 ρ 之间应有如下关系

$$\varphi>\rho \tag{4-1}$$

式中，ρ 为摩擦角，$\rho=\arctan f$，f 为摩擦因数，取 $f=0.2\sim0.25$。$\rho=11.3°\sim14°$时，为了保证运转安全可靠，一般可取 $\varphi=20°$。棘轮齿槽夹角 θ 由铣刀刃面夹角决定，一般取 $\theta=60°$，因此，在绘制棘轮齿形时，需对齿顶厚 s 或棘齿偏斜角 φ 进行修正。

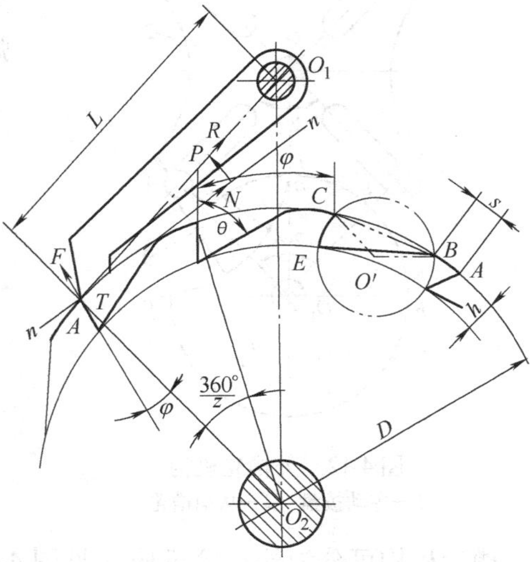

图 4-10　棘轮齿形

棘轮、棘爪的几何尺寸及棘轮的齿形的画法参考《机械设计手册》。

4.1.4 棘轮机构的特点和应用

轮齿式棘轮机构结构简单、运动可靠，棘轮的转角容易实现有级的调节。但是这种机构在回程时，棘爪在棘轮齿背上滑过产生噪声；在运动开始和终了时，由于速度突变而产生冲击，运动平稳性差，且棘轮轮齿容易磨损，故常用于低速轻载等场合。摩擦式棘轮传递运动较平稳、无噪声，棘轮角可以实现无级调节，但运动准确性差，不易用于运动精度高的场合。

棘轮机构常用在各种机床、自动机、自行车、螺旋千斤顶等各种机械中。棘轮还被广泛的用作防止机械逆转的制动器中，这类棘轮制动器常用在卷扬机、提升机、运输机和牵引设备中。图4-11所示为一提升机中的棘轮制动器，重物被提升后，由于棘轮受到止动爪的制动作用，卷筒不会在重力作用下反转下降。

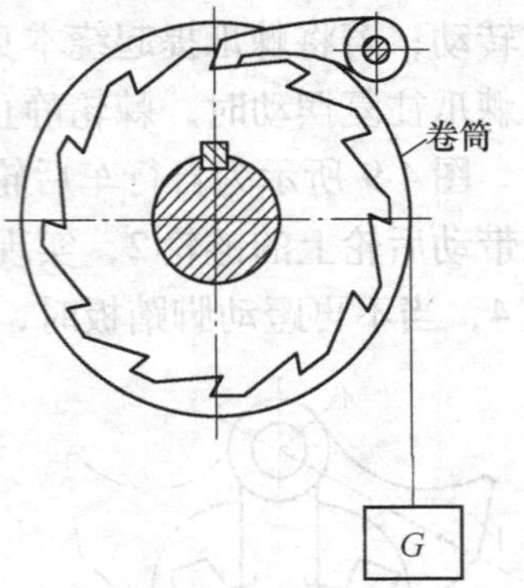

图4-11 提升机中的棘轮制动器

4.2 槽轮机构设计

4.2.1 槽轮机构的工作原理及分类

图4-12所示为一外槽轮机构。它由带有圆销A的主动拨盘1、具有径向槽的从动槽轮2和机架所组成。

当主动件上的圆柱销尚未进入槽轮的径向槽时，槽轮的内凹锁止弧被主动件的外凸圆弧卡住，槽轮静止不动。当圆柱销开始进入槽轮径向槽的位置，锁止弧被松开，圆柱销驱使槽轮传动。当圆柱销开始脱出径向槽时，槽轮的另一内凹锁住弧又被主动件的外凸圆弧卡住，槽轮静止不动。

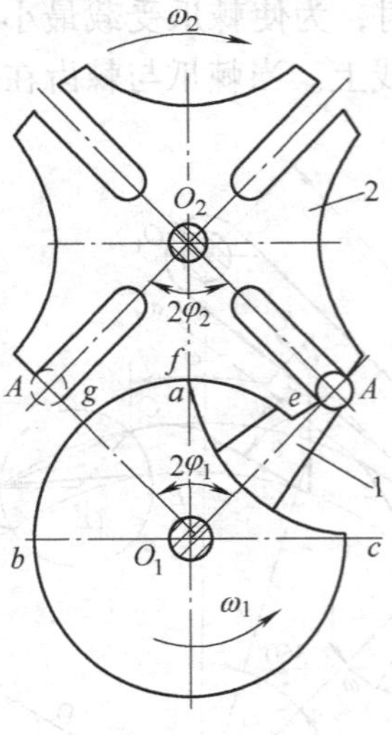

图4-12 外槽轮机构
1—主动拨盘 2—从动槽轮

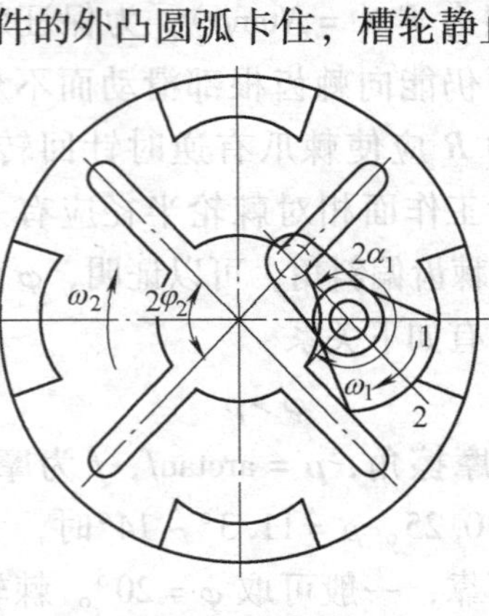

图4-13 内槽轮机构

槽轮机构可分为外槽轮机构（见图4-12）、内槽轮机构（见图4-13）和球面槽轮机构（见图4-14）。

4.2.2　槽轮的槽数 z 和转臂的圆柱销数 k

1. 槽轮的槽数 z

如图 4-15 所示，为使槽轮开始和终止转动的瞬时角速度为零，以避免圆柱销与槽轮发生冲击，圆柱销进入径向槽或退出径向槽时，径向槽的中心线应切于圆柱销中心的轨迹。设径向槽的数目为 z，当槽轮 2 转过 $2\varphi_2$ 时，构件 1 的转角 $2\varphi_1$ 为

$$2\varphi_1 = \pi - 2\varphi_2 = \pi - \frac{2\pi}{z} \tag{4-2}$$

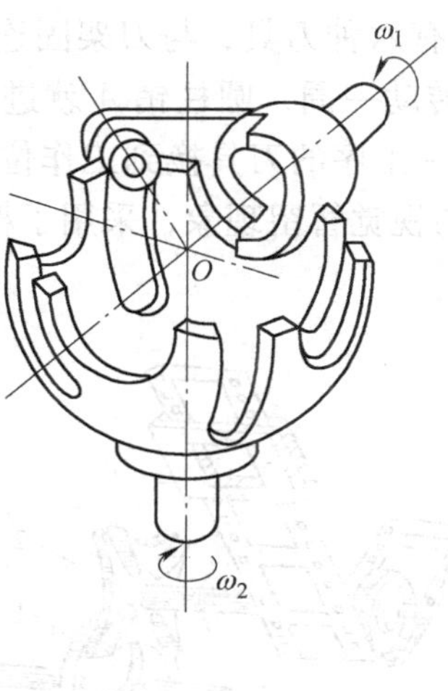

图 4-14　球面槽轮机构

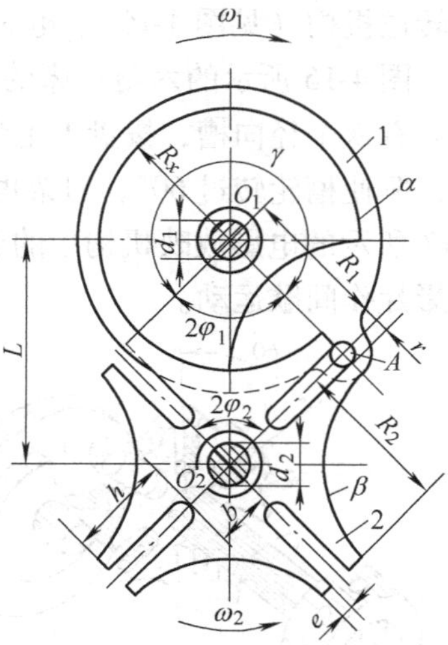

图 4-15　槽轮机构

2. 运动系数 τ 和圆柱销数 k

槽轮每次运动的时间 t_m 对主动件回转一周的时间 t 之比称为运动系数，以 τ 表示。当构件 1 等速回转时，τ 可用构件 1 的转角之比来表示，即

$$\tau = \frac{t_m}{t} = \frac{2\varphi_1}{2\pi}$$

因此

$$\tau = \frac{\pi - 2\varphi_2}{2\pi} = \frac{z-2}{2z} \tag{4-3}$$

因为运动系数 τ 必须大于零，所以由上式可知，径向槽的数目应等于或大于 3。对于图 4-15 所示的槽轮机构，槽轮的运动系数 τ 总小于 1/2，也就是说，槽轮的运动时间总小于静止时间。如需得到 $\tau > 1/2$ 的槽轮机构则须在构件 1 上安装多个圆销。设 k 为均匀分布的圆销数，则一个循环中槽轮的运动时间比只有一个圆销时增加 k 倍，故有

$$\tau = \frac{k(z-2)}{2z} < 1 \tag{4-4}$$

$\tau = 1$ 表示槽轮作连续转动，故 τ 应小于 1，即有

$$k < \frac{2z}{z-2} \tag{4-5}$$

由上式可知：当 $z = 3$ 时，k 可取 1 ~ 5；当 $z = 4$ 或 5 时，k 可取 1 ~ 3；当 $z \geqslant 6$ 时，k 可取 1 ~ 2。

由于 $z=3$ 时，工作过程中槽轮的角速度变化大，而 $z\geqslant 9$ 时，槽轮的尺寸将变得较大，转动时的惯性力矩也较大，但对 τ 的变化却不大，因此槽数 z 常取为 4~8。

4.2.3　槽轮机构的特点及应用

槽轮机构的特点是结构简单、制造容易、工作可靠、机械效率高，能平稳、间歇地进行转位，能准确控制转动的角度。但对一个已定的槽轮机构来说，其转角不能调节，同时因槽轮运动过程中角速度有变化，不适合高速运动场合。

槽轮机构多用于不需要经常调整转动角度和转速不高的间歇分度装置中，如转塔车床刀架转位机构（见图 4-16）、电影放映机的卷片机构（见图 4-17）。

图 4-16 所示的六角车床的刀架转位机构。刀架上装有六种刀具，与刀架固连的槽轮 2 上开有六个径向槽，拨盘 1 上装有一圆销 A，每当拨盘转动一周，圆柱销 A 就进入槽轮一次，驱使槽轮转过 60°，刀架也随之转动 60°，从而将下一工序的刀具换到工作位置上。图 4-17 所示的电影放映机构中的卷片机构，为了适应人眼的视觉暂留现象，采用了槽轮机构，使影片作间歇运动。

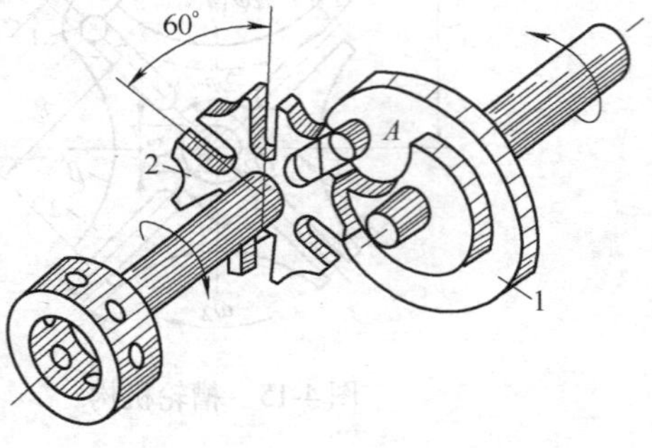

图 4-16　转塔车床刀架转位机构
1—圆柱销拨盘　2—槽轮

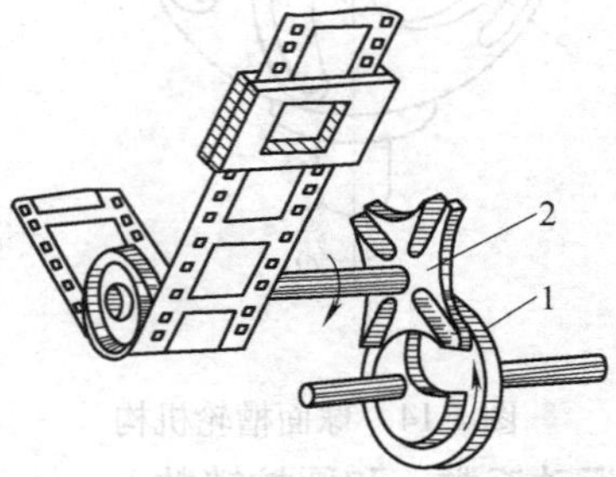

图 4-17　电影放映机的卷片机构
1—圆柱销拨盘　2—槽轮

4.3　不完全齿轮机构设计

4.3.1　不完全齿轮机构的工作原理及特点

不完全齿轮机构是由普通渐开线齿轮机构演变而成的间歇运动机构，它与普通渐开线齿轮机构的主要区别在于该机构中的主动轮仅有一个或几个齿，如图 4-18 所示。

当主动轮 1 的有齿部分与从动轮轮齿结合时，推动从动轮 2 转动；当主动轮 1 的有齿部分与从动轮脱离啮合时，从动轮停歇不动。因此，当主动轮连续转动时，从动轮获得时动时停的间歇运动。

不完全齿轮机构的优点是：结构简单、制造容易、工作可靠，从动轮运动时间和静止时间的比例可在较大范围内变化。缺点是：从动轮在开始进入啮合与脱离啮合时有较大冲击，故一般只用于低速、轻载场合。

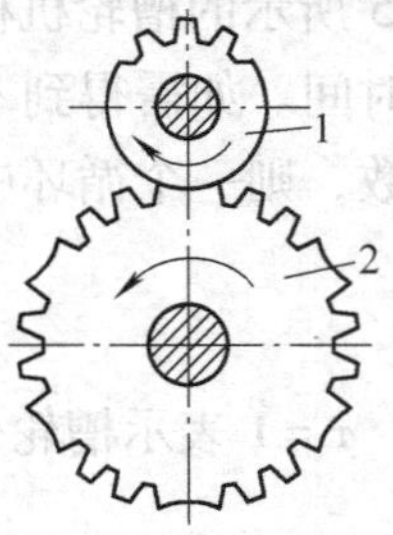

图 4-18　外啮式不完全齿轮机构
1—主动轮　2—从动轮

4.3.2　不完全齿轮机构的类型及应用

不完全齿轮机构分为外啮式不完全齿轮机构（见图 4-18）和内啮式不完全齿轮机构（见图 4-19）。

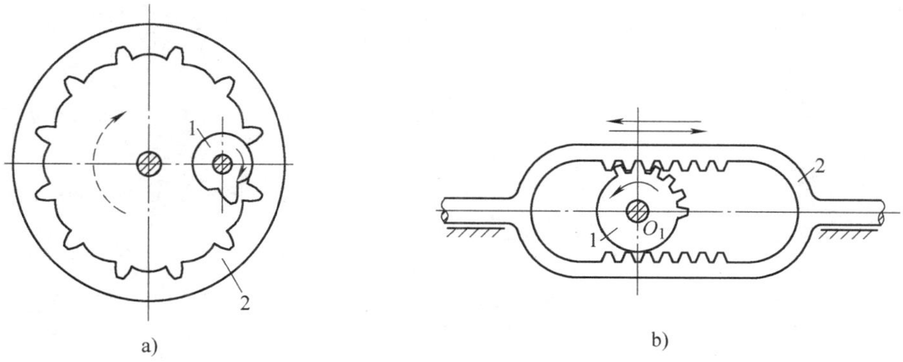

图 4-19　内啮式不完全齿轮机构

不完全齿轮机构从动轮每转一周停歇时间、运动时间及每次转动的加速度变化范围比较大，设计灵活。但由于其存在冲击，故不完全齿轮机构一般只用于低速、轻载的场合和一些具有特殊运动要求的专用机械中，如用于乒乓球拍周缘铣削加工机床、蜂窝煤饼压制机、计数器、电影放映机和某些进给机构中。

思考题和习题

4-1　棘轮机构是如何实现步进运动的？如何调节棘轮转角的大小？

4-2　比较外啮合槽轮机构与内啮合槽轮机构的工作特点，并说明槽数和圆销数对机构运动的影响。

4-3　观察自行车后轮轴上的棘轮机构和牛头刨床上用于进给的棘轮机构，分别说出各是哪种棘轮机构及其工作原理。

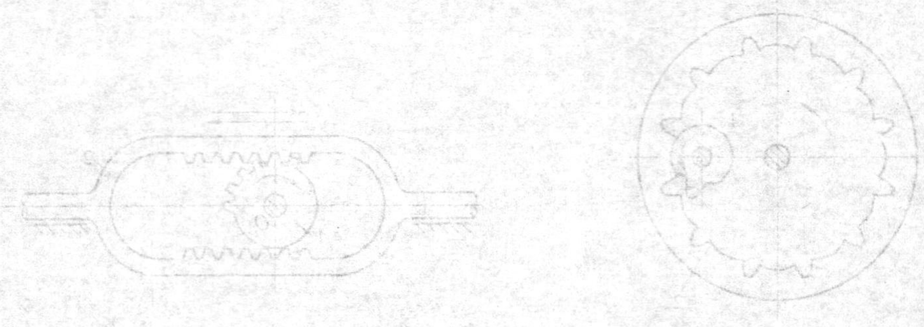

第二篇　机械传动设计

机械传动的主要作用是传递动力（分配能量）和运动（改变转速和换向）或改变运动形式。机械传动是机械系统中的重要组成部分。机械传动根据运动原理分为摩擦传动、啮合传动。

啮合传动指的是依靠构件间的直接接触而产生的推动作用来传递能量并实现相应的速度和运动形式的变化；摩擦传动则是依靠构件间的直接接触产生的摩擦力来传递能量并改变相应的速度和运动形式。

第5章 齿轮传动设计

学习目标

1. 了解各种齿轮传动的特点、类型、应用范围、齿廓啮合基本定律、渐开线的形成和性质，学会根据工作要求和已知条件，正确选择传动类型，并借助图表和手册进行齿轮传动设计。

2. 掌握齿轮传动的几何尺寸计算。

3. 掌握圆柱齿轮和锥齿轮的受力分析、设计原理及强度计算方法，能根据工作要求设计齿轮参数和结构。

5.1 齿轮传动概述

齿轮传动是近代机械中用得最多的传动形式之一，它可以用来传递空间任意两轴之间的运动和动力。

同其他传动形式比较，齿轮传动的主要特点有：能保证传动比恒定不变；适用的载荷与速度范围很广；结构紧凑；效率高，一般效率 $\eta=0.94\sim0.99$；工作可靠且寿命长；对制造及安装精度要求较高；当两轴间距离较远时，采用齿轮传动较笨重。

齿轮传动的分类方法很多，按照两轴线的相对位置及齿形不同可分为：

1）平行轴齿轮传动。它包括外啮合传动（见图5-1a）、内啮合传动（见图5-1b）和齿轮齿条传动（见图5-1c），直齿圆柱齿轮传动（见图5-1a）、斜齿圆柱齿轮传动（见图5-1d）和人字齿轮传动（见图5-1e）。

2）相交轴齿轮传动。它包括直齿锥齿轮传动（见图5-2a）和曲线齿锥齿轮传动（见图5-2b）等。

a)

b)

图5-1 平行轴齿轮传动

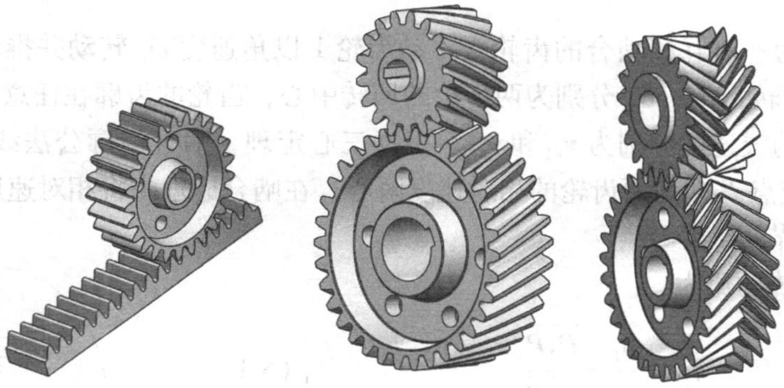

c)　d)　e)

图 5-1　平行轴齿轮传动（续）

3）交错轴齿轮传动。它包括交错轴斜齿轮传动（见图 5-2c）和蜗杆蜗轮传动（见图 5-2d）。

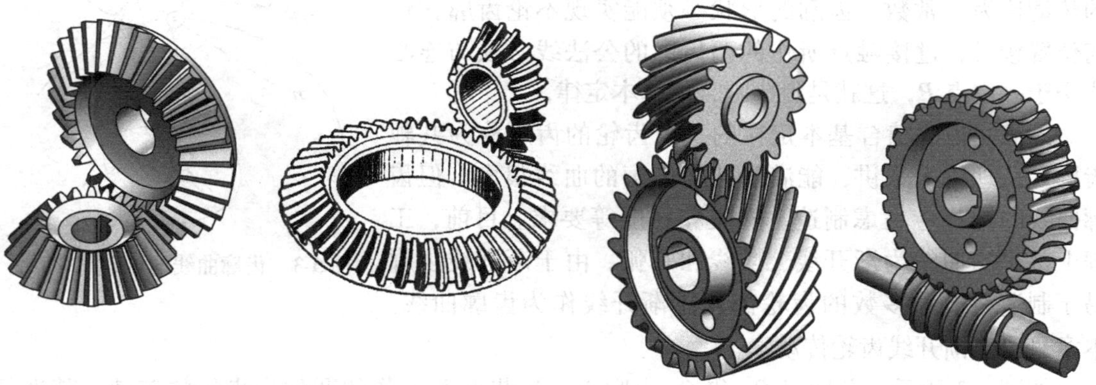

a)　b)　c)　d)

图 5-2　相交与交错轴齿轮传动

按齿轮的工作情况，齿轮传动可以分为：开式齿轮传动（齿轮完全外露）；闭式齿轮传动（齿轮全部密闭于刚性箱体内）。开式传动工作条件差，齿轮易磨损，故宜用于低速传动；闭式传动润滑及防护条件好，多用于重要场合。

另外，齿轮传动按照齿轮的圆周速度可分为：低速传动（$v<3\text{m/s}$）；中速传动（$v=3\sim15\text{m/s}$）；高速传动（$v>15\text{m/s}$）。

5.2　齿廓啮合基本定律

保持必要的工作平稳性，即瞬时角速度之比（或称传动比）必须保持不变，这是对齿轮传动的基本要求之一，否则当主动轮以等角速度回转时，从动轮的角速度为变量，从而引起齿轮传动装置的冲击、振动和噪声，这不仅影响齿轮传动的工作精度和平稳性，甚至导致轮齿过早失效。齿廓啮合基本定律就是研究当齿廓形状符合什么条件时，才能满足这一基本要求。

图 5-3 所示为一对互相啮合的齿轮，主动齿轮 1 以角速度 ω_1 转动并推动从动齿轮 2 以角速度 ω_2 反向回转，O_1、O_2 分别为两齿轮的回转中心，齿轮的齿廓在任意一点 K 接触。在 K 点处，两齿轮的线速度分别为 v_{K1} 和 v_{K2}。根据三心定理，啮合齿廓公法线 $n—n$ 与两齿轮连心线 O_1O_2 的交点 P 即为两齿轮的相对速度瞬心，在啮合原理中将相对速度瞬心 P 点称为啮合节点（简称节点）。

故两齿轮的传动比为

$$i_{12}=\frac{\omega_1}{\omega_2}=\frac{\overline{O_2P}}{\overline{O_1P}} \tag{5-1}$$

由此可见，要使两轮的角速度比恒定不变，则应使 $\overline{O_2P}/\overline{O_1P}$ 恒为常数。但因两轮的轴心为定点，即 $\overline{O_1O_2}$ 为定长，故欲使齿轮传动得到定传动比，必须使 P 点成为连心线上的一个固定点。由此可得出如下结论：为了使两齿轮的传动比为一常数，齿廓的形状必须能实现不论齿廓在任何位置接触，过接触点所作的两齿廓的公法线必须与连心线交于一定点 P，这就是齿廓啮合的基本定律。

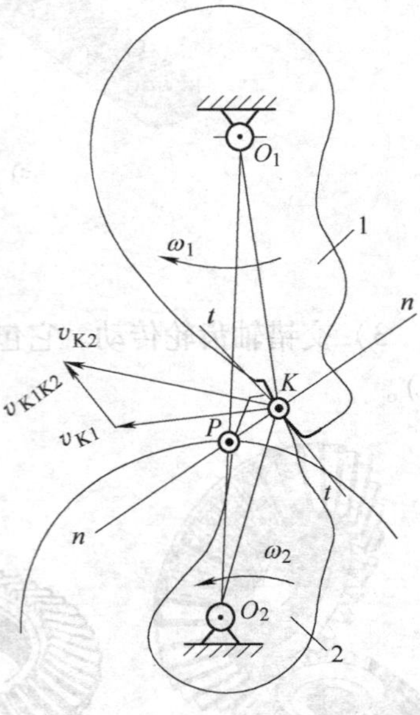

图 5-3　齿廓曲线与传动比关系

能满足齿廓啮合基本定律的一对齿轮的齿廓称为共轭齿廓。从理论上来讲，能满足共轭齿廓的曲线很多。但齿廓曲线的选择应考虑制造、安装和强度等要求。目前，工程上常用的曲线为渐开线、摆线和圆弧。由于渐开线齿廓易于制造，故大多数的齿轮都是用渐开线作为齿廓曲线。本章只研究渐开线齿轮传动。

如图 5-3 所示，分别以 O_1 和 O_2 为圆心，过节点 P 所作的圆称为齿轮的节圆，其半径 $\overline{O_1P}$ 和 $\overline{O_2P}$ 称为节圆半径，分别用 r_1' 和 r_2' 表示，由上述可以看出，两轮的节圆相切于 P 点。即通过节点的两节圆具有相同的圆周速度，它们之间做纯滚动。

5.3 渐开线及渐开线齿廓

5.3.1 渐开线及性质

当一条直线 NK 沿一圆周作纯滚动时，此直线上任一点 K 的轨迹即称为该圆的渐开线，如图 5-4 所示。该圆称为渐开线的基圆，基圆半径以 r_b 表示，该直线 NK 称为渐开线的发生线，角 θ_K 称为渐开线上 K 点的展角。

根据渐开线形成过程可知，其具有下列特性：

1）因发生线在基圆上做无滑动的纯滚动，故发生线沿基圆滚过的长度必等于基圆上被滚过的圆弧长度。

2）渐开线上任一点的法线必与基圆相切。当发生线沿基圆做纯滚动时，它与基圆的切点 N 为速度瞬心，所以发生线 NK 即为渐开线在 K 点的法线。又因 NK 线切于基圆，所以渐开线上任一点的法线必与基圆相切。

3）渐开线越接近基圆部分，其曲率半径越小。可以证明，发生线与基圆的切点 N 为渐开线在点 K 处的曲率中心，线段 NK 为渐开线在点 K 处的曲率半径。显然，渐开线越接近基圆部分，其曲率半径越小。在基圆上其曲率半径为零。

4）渐开线的形状完全决定于基圆的大小。基圆大小相同时，所形成的渐开线相同；基圆越大，渐开线越平直，当基圆半径为无穷大时，渐开线就变成一条与发生线垂直的直线（齿条的齿廓），如图 5-5 所示。

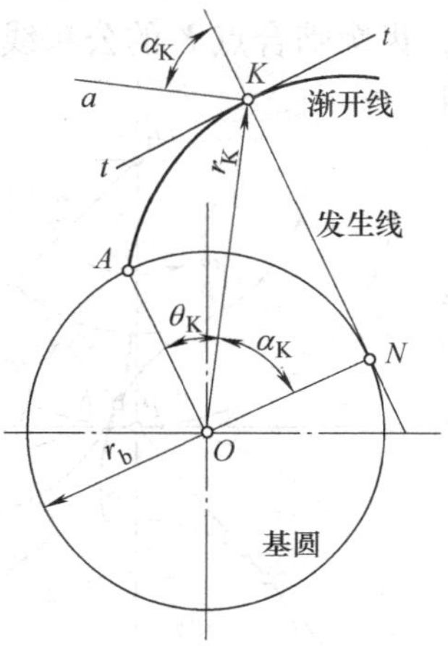

图 5-4 渐开线形成

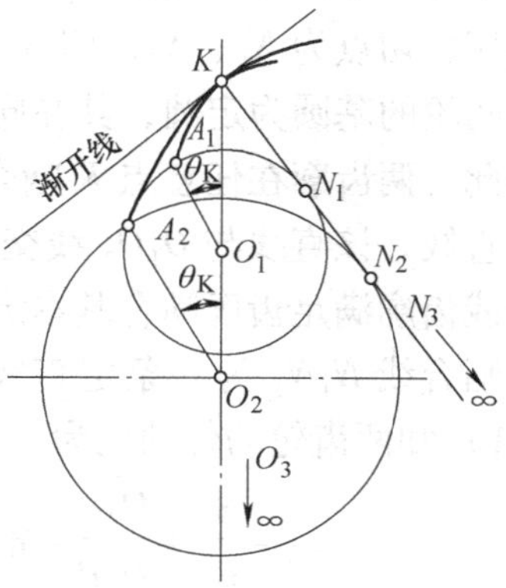

图 5-5 不同基圆的渐开线形状

5）基圆内无渐开线。

5.3.2 渐开线方程

如图 5-4 所示，渐开线上任一点法线方向（即为其所受另一齿轮作用的正压力 F_n 的方向）和该点速度方向 v_K（沿 aK 方向）之间所夹锐角称为该点的压力角 α_K。由图可知

$$\cos\alpha_K = \frac{\overline{ON}}{\overline{OK}} = \frac{r_b}{r_K} \tag{5-2}$$

上式表明渐开线上各点的压力角 α_K 的大小随 K 点的位置而异，K 点距圆心越远，其压力角越大；反之，压力角越小；基圆上的压力角为零。

又因
$$\tan\alpha_K = \frac{\overline{NK}}{r_b} = \frac{\overset{\frown}{AN}}{r_b} = \frac{r_b\ (\alpha_K + \theta_K)}{r_b} = \alpha_K + \theta_K$$

故得
$$\theta_K = \tan\alpha_K - \alpha_K$$

由上式可知，展角 θ_K 是压力角 α_K 的函数。又因该函数是根据渐开线的特性推导出来的，故称其为渐开线函数。工程上常用 $\mathrm{inv}\alpha_K$ 来表示，即

$$\mathrm{inv}\alpha_K = \theta_K = \tan\alpha_K - \alpha_K \tag{5-3}$$

为了方便，工程中已将不同压力角的渐开线函数 $\mathrm{inv}\alpha_K$ 计算出来列成表格以备查用，见相关资料。

由式（5-2）及式（5-3）可得渐开线的极坐标方程式为

$$\begin{cases} r_K = \dfrac{r_b}{\cos\alpha_K} \\ \theta_K = \mathrm{inv}\alpha_K = \tan\alpha_K - \alpha_K \end{cases} \tag{5-4}$$

5.3.3 渐开线齿廓啮合的特点

1. 渐开线齿廓满足齿廓啮合基本定律

如图5-6所示，相互啮合的两齿轮的渐开线齿廓 C_1、C_2 在任意点 K 啮合，两轮连心线为 O_1O_2，两轮基圆半径分别为 r_{b1}、r_{b2}。根据渐开线特性，齿廓啮合点 K 的公法线必同时与两基圆相切，切点为 N_1、N_2，即 N_1N_2 为两基圆的内公切线。由于两轮的基圆为定圆，其在同一方向只有一条内公切线。因此，两齿廓在任意点 K 啮合，其公法线 N_1N_2 必为一固定直线，该直线与 O_1O_2 线交点 P 必为固定点，这说明渐开线齿廓满足齿廓啮合基本定律。

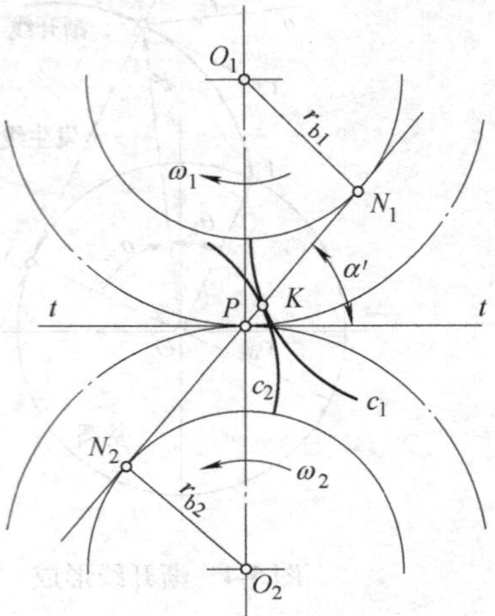

图5-6 渐开线齿廓啮合传动

由于啮合线 N_1N_2 为一条定直线，故 P 点为一定点，由式（5-1）知两齿轮的传动比为

$$i_{12} = \frac{\omega_1}{\omega_2} = \frac{\overline{O_2P}}{\overline{O_1P}} = \text{常数}$$

由图5-6可知，$\triangle O_1N_1P \backsim \triangle O_2N_2P$，故

$$i_{12} = \frac{\omega_1}{\omega_2} = \frac{\overline{O_2P}}{\overline{O_1P}} = \frac{r_{b2}}{r_{b1}} \tag{5-5}$$

上式表明，两渐开线齿轮啮合时，其传动比 i_{12} 不仅与两轮节圆半径成反比，而且也与其基圆半径成反比。

在渐开线齿轮传动过程中，齿廓间的正压力方向不变（始终沿 N_1N_2 方向），对传动的平稳性极为有利。

2. 渐开线齿轮传动的可分性

由式（5-5）可见，渐开线齿轮的传动比取决于两齿轮基圆半径的大小，当一对渐开线齿轮制成后，两齿轮的基圆半径就确定了，即使安装后两齿轮中心距稍有变化，由于两齿轮基圆半径不变，所以传动比仍保持不变。渐开线齿轮这种不因中心距变化而改变传动比的特性称为中心距可分性。这一特性可补偿齿轮制造和安装方面的误差，是渐开线齿轮传动的一个重要优点。

3. 渐开线齿廓的啮合线和啮合角

渐开线齿廓接触点在固定平面上的轨迹为一直线，即两基圆的内公切线 N_1N_2，且在啮合过程中，两渐开线齿廓的啮合点都在直线 N_1N_2 上，故 N_1N_2 又称为啮合线。

过节点 P 作两节圆的公切线 t—t（见图5-6），它与啮合线 N_1N_2 间的夹角称为啮合角，用 α' 表示。显然，一对齿轮传动的啮合角在数值上等于渐开线在节圆上的压力角。即

$$\cos\alpha' = \frac{r_{b1}}{r_1'} = \frac{r_{b2}}{r_2'} \tag{5-6}$$

故渐开线齿廓在啮合过程中，啮合角是恒定的。

5.4　标准直齿圆柱齿轮各部分名称及几何尺寸计算

5.4.1　直齿圆柱齿轮各部分名称及代号

图 5-7 所示为一直齿圆柱齿轮的一部分。齿轮上每一个用于啮合的凸起部分均称为齿。每个齿都具有两个对称分布的齿廓。一个齿轮的轮齿总数称为齿数，用 z 表示。齿轮上两相邻轮齿之间的空间称为齿槽，在任意直径为 d_K 的圆周上，齿槽的弧线长称为该圆上的齿槽宽，用 e_K 表示。在任意直径为 d_K 的圆周上，齿轮上轮齿左右两侧齿廓间的弧长称为该圆上的齿厚，用 s_K 表示，相邻两齿对应点之间的弧线长称为该圆上的齿距，用 p_K 表示，$p_K = e_K + s_K$。过所有齿顶端的圆称为齿顶圆，其直径用 d_a 表示。过所有齿槽底边的圆称为齿根圆，其直径用 d_f 表示。

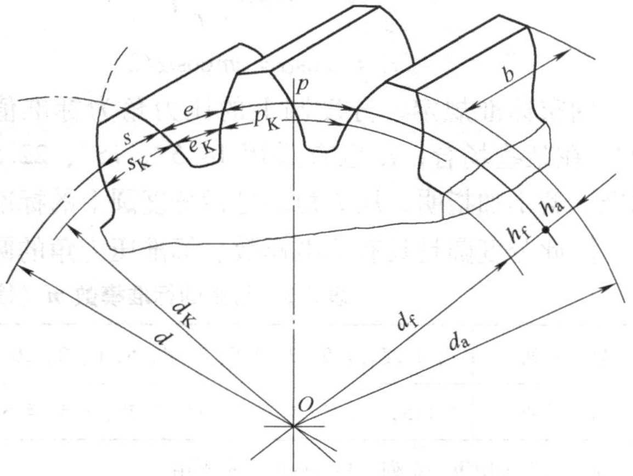

图 5-7　直齿圆柱齿轮各部分名称及代号

为了计算齿轮各部分的几何，在齿轮上选择一个圆作为尺寸计算的基准，该圆称为齿轮的分度圆，其直径用 d 表示。分度圆上齿厚、齿槽宽和齿距简称齿厚、齿槽宽和齿距，用 s、e 和 p 表示，且 $p = s + e$。

分度圆把轮齿分为两部分，介于其齿顶圆与分度圆之间的部分称为齿顶，其径向高度称为齿顶高，用 h_a 表示。介于齿根圆与分度圆之间的部分称为齿根，其径向高度称为齿根高，用 h_f 表示。齿顶圆与齿根圆之间的径向高度称为全齿高，用 h 表示，故有：$h = h_a + h_f$。

5.4.2　直齿圆柱齿轮的基本参数

齿轮各部分尺寸很多，但决定齿轮尺寸和齿形的基本参数只有 5 个，即齿轮的齿数 z、模数 m，压力角 α、齿顶高系数 h_a^* 及顶隙系数 c^*。上述参数除齿数外均已标准化。

1. 模数 *m*

分度圆直径 d 与齿距 p 及齿数 z 之间的关系为

$$p = \frac{\pi d}{z}$$

或

$$d = \frac{p}{\pi} z \tag{5-7}$$

上式中含有无理数 π，为了便于设计、制造及互换使用，人们把比值 p/π 规定为标准值，称为模数，用 m 来表示，单位为 mm。于是分度圆上的齿距 p 和直径 d 分别为

$$p = \pi m \tag{5-8}$$

$$d = mz \tag{5-9}$$

模数是齿轮尺寸计算中的一个基本参数，模数越大，轮齿也就越大，轮齿的抗弯能力越

强。齿数相同的齿轮，若模数不同，则其尺寸也不相同，如图 5-8 所示。

齿轮模数已标准化，我国常用的标准模数见表 5-1。

2. 分度圆压力角 α（简称压力角）

由式（5-2）可知，同一渐开线齿廓上各点的压力角不同。通常所说的齿轮压力角是指在分度圆上的压力角，用 α 表示。根据式（5-2）有

$$\alpha = \arccos\left(\frac{r_b}{r}\right)$$

或

$$r_b = r\cos\alpha = zm\cos\alpha/2 \tag{5-10}$$

国家标准规定，分度圆上的压力角为标准值，即 $\alpha = 20°$。在某些场合，α 也有采用 14.5°、15°、22.5°、25°等标准。若不加指明，压力角都是指分度圆上的标准压力角。

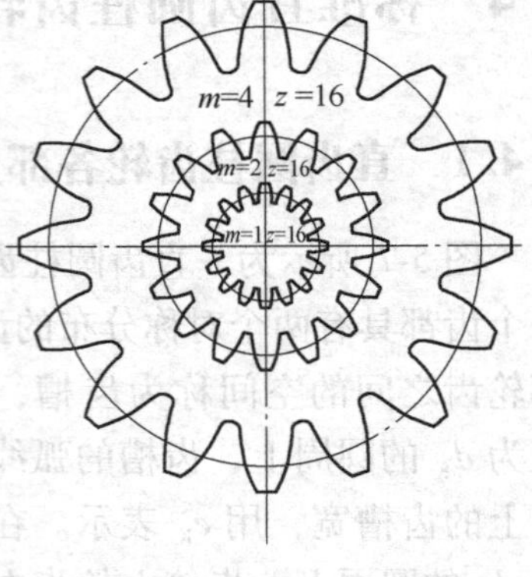

图 5-8　模数对齿轮影响

因此分度圆是具有标准模数、标准压力角的圆。

表 5-1　常用的标准模数 m（摘自 GB/T 1357—2008）　（单位：mm）

第一系列	1，1.25，1.5，2，2.5，3，4，5，6，8，10，12，16，20，25，32，40，50
第二系列	1.125，1.375，1.75，2.25，2.75，3.5，4.5，5.5，(6.5)，7，9，11，14，18，22，28，36，45

注：优先采用第一系列，括号内的尽量不用。

3. 齿顶高系数 h_a^* 和顶隙系数 c^*

设计中，将模数 m 作为齿轮各部分几何尺寸的计算基础。齿顶高和齿根高的关系式为

$$h_a = h_a^* m \tag{5-11}$$

$$h_f = (h_a^* + c^*)m \tag{5-12}$$

式中，h_a^* 为齿顶高系数；c^* 为顶隙系数，它们有两种标准数值：

正常齿 $h_a^* = 1$，$c^* = 0.25$；

短齿 $h_a^* = 0.8$，$c^* = 0.3$。

顶隙 $c = c^* m$，是指在齿轮副中，一个齿轮的齿根圆柱面与配对齿轮的齿顶圆柱面之间在连心线上度量的距离。

凡模数、压力角、齿顶高系数与顶隙系数等于标准数值，具有标准的齿顶高和齿根高，且分度圆上齿厚 s 与齿槽宽 e 相等的齿轮称为标准齿轮。因此，对于标准齿轮

$$s = e = \frac{p}{2} = \frac{\pi m}{2} \tag{5-13}$$

在齿轮传动的设计计算中，有时需要计算齿轮相邻两个轮齿同侧齿廓间沿公法线方向上的距离，称为齿轮的法向齿距，用 p_n 表示。由渐开线性质可知，它与基圆上的齿距 p_b 是相等的，所以以后不论是法向齿距还是基圆齿距均以 p_b 表示，而且

$$p_b = \pi d_b/z = \pi m\cos\alpha = p\cos\alpha \tag{5-14}$$

渐开线标准直齿圆柱齿轮传动各部分几何关系的计算公式见表 5-2。

表 5-2　标准直齿圆柱齿轮的几何尺寸计算公式

名　　称	符号	公　　式	
		外齿轮	内齿轮
模数	m	强度计算后获得	
分度圆直径	d	$d=mz$	
齿顶高	h_a	$h_a=h_a^* m$	
齿根高	h_f	$h_f=(h_a^*+c^*)m$	
全齿高	h	$h=(2h_a^*+c^*)m$	
齿顶圆直径	d_a	$d_a=(z+2h_a^*)m$	$d_a=(z-2h_a^*)m$
齿根圆直径	d_f	$d_f=(z-2h_a^*-2c^*)m$	$d_f=(z+2h_a^*+2c^*)m$
标准中心距	a	$a=(d_1+d_2)/2$	$a=(d_1-d_2)/2$
基圆直径	d_b	$d_b=d\cos\alpha$	
齿距	p	$p=\pi m$	
基圆齿距	p_b	$p_b=p\cos\alpha$	
齿厚	s	$s=\pi m/2$	
齿槽宽	e	$e=\pi m/2$	
顶隙	c	$c=c^* m$	

5.4.3　任意圆上齿厚

在设计和检验齿轮时，常常需要知道某一圆周上的齿厚。例如，为了检查齿顶强度，需要计算齿顶圆上的齿厚；或者为了确定齿侧间隙而需要计算节圆上的齿厚等。

图 5-9 表示外齿轮的一个齿，图中 r、s、α 和 θ 分别为分度圆的半径、齿厚、压力角和展角，而 r_K、s_K、α_K 和 θ_K 则分别为任意圆的半径、齿厚、压力角和展角，β 为 s_K 所对的圆心角。如图所示，由于

$$\beta=\angle BOB-2\angle BOC=\frac{s}{r}-2(\theta_K-\theta)$$

则
$$s_K=r_K\beta=\frac{s}{r}r_K-2r_K(\theta_K-\theta)$$

$$=s\frac{r_K}{r}-2r_K(\mathrm{inv}\alpha_K-\mathrm{inv}\alpha)\qquad(5\text{-}15)$$

式中
$$\alpha_K=\arccos\left(\frac{r_b}{r_K}\right)$$

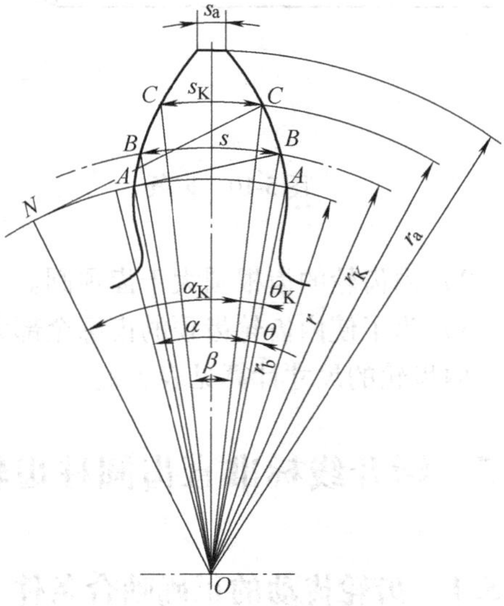

图 5-9　任意圆齿厚

当计算齿顶圆、节圆和基圆上的齿厚时，只需要将式（5-15）中的 r_K、α_K 分别换成相应圆的半径和压力角即可。

5.4.4　齿条和内齿轮的尺寸

1. 齿条

当外齿轮的齿数增加到无穷多时，齿轮上的基圆和其他圆都变成了互相平行的直线，同侧渐开线齿廓变成了互相平行的斜直线齿廓，于是齿轮变为齿条，如图 5-10 所示。

齿条与外齿轮相比主要有以下两个特点：

1）齿廓不同高度上的压力角均相等，且等于齿廓的倾斜角，此角称为齿形角，标准值为 20°。

2）齿廓在不同高度上的齿距均相等，即 $p_i = p = \pi m$。

齿条的基本尺寸（如 h_a、h_f、s、e、p、p_b）均可参照外齿轮几何尺寸的计算公式进行计算。

2. 内齿轮

图 5-11 所示为一内齿圆柱齿轮。由于内齿轮的轮齿是分布在空心圆柱体的内表面上，所以它与外齿轮相比较有下列不同点：

1）内齿轮的轮齿相当于外齿轮的齿槽，内齿轮的齿槽相当于外齿轮的轮齿。所以外齿轮的齿廓是外凸的，而内齿轮的齿廓是内凹的。

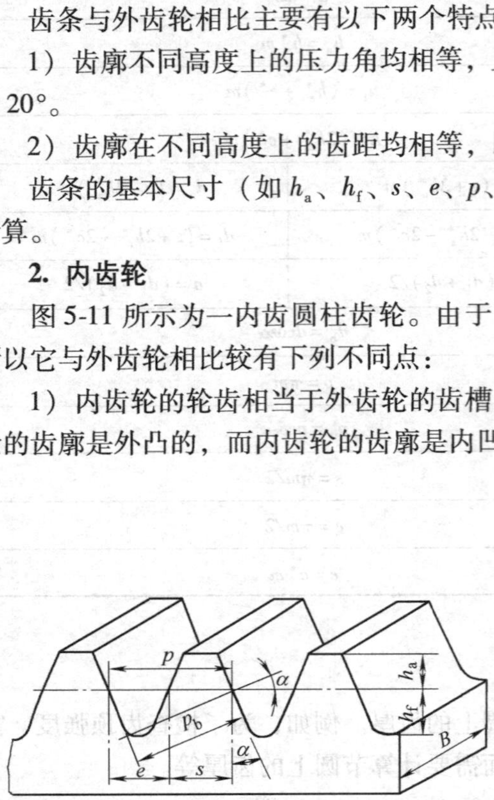

图 5-10　齿条

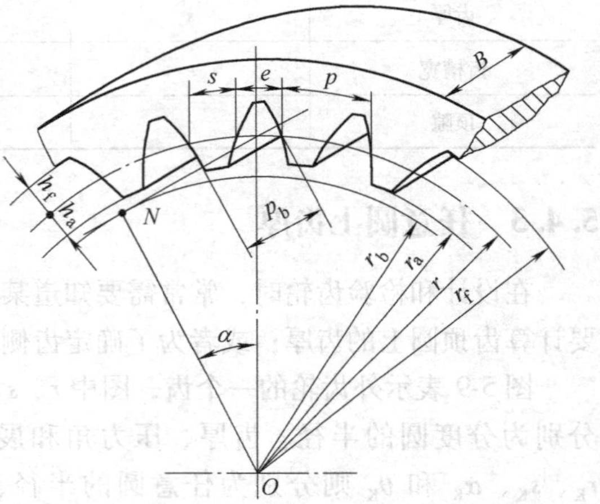

图 5-11　内齿圆柱齿轮

2）内齿轮的齿根圆大于齿顶圆。

3）为了使内齿轮齿顶的齿廓全部为渐开线，则其齿顶圆必须大于基圆。

内齿轮的尺寸计算见表 5-2。

5.5　渐开线标准直齿圆柱齿轮的啮合传动

5.5.1　齿轮传动的正确啮合条件

图 5-12 所示的一对渐开线直齿圆柱齿轮啮合传动，两轮齿廓的啮合点是沿啮合线 N_1N_2 移动的，因此前一对轮齿在啮合线上的 B_1 点啮合时，后一对轮齿就能正确的在啮合线上的

B_2 点啮合。由图 5-12 可知，B_1B_2 既是齿轮 1 的法向齿距，又是齿轮 2 的法向齿距。因此，要使两齿轮能正确啮合传动，即两轮齿之间不产生间隙或卡住，则两齿轮的法向齿距应相等。又因为 N_1N_2 是两齿轮在接触线上的公法线，由渐开线性质可知，齿轮的法向齿距 B_1B_2 应等于齿轮的基圆齿距 p_b，于是得

$$p_{b1} = p_{b2}$$

另
$$p_{b1} = \pi m_1 \cos\alpha_1,\ p_{b2} = \pi m_2 \cos\alpha_2$$

故
$$\pi m_1 \cos\alpha_1 = \pi m_2 \cos\alpha_2 \Rightarrow m_1 \cos\alpha_1 = m_2 \cos\alpha_2$$

式中，m_1、m_2 及 α_1、α_2 分别为两轮的模数和压力角。由于模数和压力角均已标准化，为满足上式应使

$$m_1 = m_2 = m,\ \alpha_1 = \alpha_2 = \alpha \tag{5-16}$$

故一对渐开线齿轮的正确啮合条件是两齿轮的模数和压力角分别相等。

5.5.2　渐开线齿轮连续传动的条件

上面分析了齿轮传动的正确啮合条件，但未能说明齿轮传动能否保证连续传动。若要使一对渐开线齿轮连续地传动，就必须使前一对轮齿脱离啮合之前，后续的一对轮齿能及时进入啮合。为此需要研究两轮轮齿的啮合过程。

图 5-13 所示为一对渐开线直齿圆柱齿轮的啮合情况，设齿轮 1 为主动轮，齿轮 2 为从动轮。开始啮合时，主动齿轮 1 的齿根部分与从动齿轮 2 的齿顶部分在 B_2 点（即从动轮 2 的齿顶圆与啮合线 N_1N_2 的交点）开始接触。随着两齿轮继续啮合传动，啮合点的位置沿啮合线 N_1N_2 向下移动，齿轮 2 齿廓上的接触点由齿顶向齿根移动，而齿轮 1 齿廓上的接触点则由齿根向齿顶移动。当两齿廓的啮合点移至 B_1 点（即主动轮 1 的齿顶圆与啮合线 N_1N_2 的交点）时，则两齿廓啮合终止。图中阴影部分为齿廓的实际工作段。

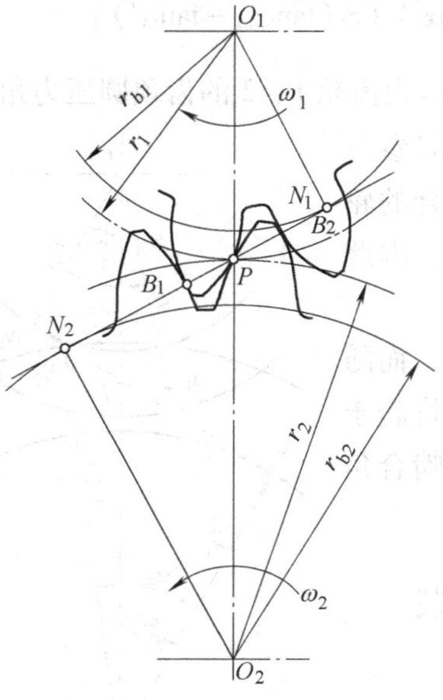

图 5-12　渐开线齿轮正确啮合条件

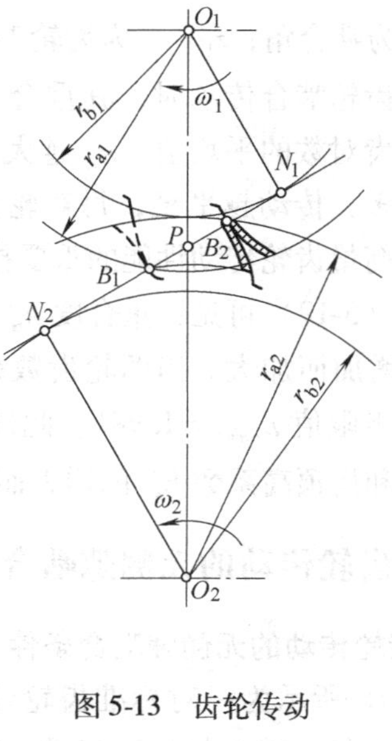

图 5-13　齿轮传动

由此可见，线段 B_1B_2 为啮合点的实际轨迹，故 B_1B_2 称为实际啮合线段。因基圆内无渐

开线，故线段 N_1N_2 为理论上可能的最大啮合线段，所以被称为理论啮合线段。N_1、N_2 称为极限啮合点。

由此可见，一对轮齿啮合传动的区间是有限的，所以为了保证两齿轮能够连续的传动，必须保证前一对轮齿尚未脱离啮合之前，后一对轮齿就要及时进入啮合。而为了达到这一目的，则实际啮合线段 B_1B_2 应大于或至少等于齿轮的法向齿距 p_b，如图 5-14 所示。

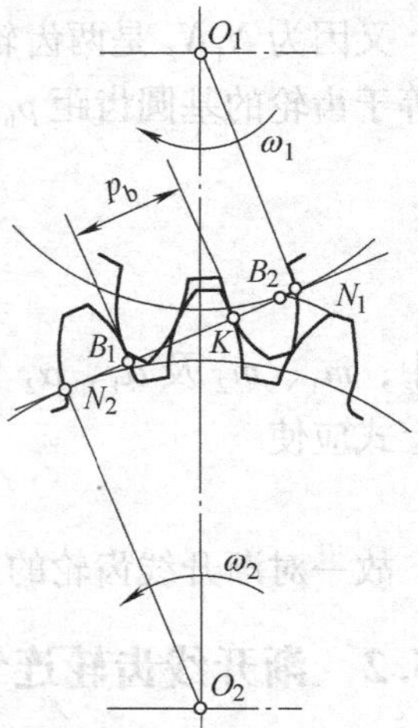

图 5-14　齿轮传动的重合度

通常把 B_1B_2 与 p_b 的比值 ε_α 称为齿轮传动的重合度。于是可以得到齿轮连续传动的条件为

$$\varepsilon_\alpha = \frac{\overline{B_1B_2}}{p_b} \geqslant 1 \tag{5-17}$$

从理论上讲，重合度 $\varepsilon_\alpha = 1$ 就能保证齿轮连续传动。但齿轮制造、安装不免有误差，为确保齿轮能连续传动，应使计算所得的 ε_α 值大于或至少等于一定的许用值 $[\varepsilon_\alpha]$，常用的 $[\varepsilon_\alpha]$ 推荐值见表 5-3，即

$$\varepsilon_\alpha \geqslant [\varepsilon_\alpha] \tag{5-18}$$

表 5-3　$[\varepsilon_\alpha]$ 的推荐值

使用场合	一般机械制造业	汽车拖拉机	金属切削
$[\varepsilon_\alpha]$	1.4	1.1~1.2	1.3

重合度 ε_α 的计算，可由图 5-15 推导而得，即

$$\varepsilon_\alpha = \frac{\overline{B_1B_2}}{p_b} = \frac{\overline{PB_1} + \overline{PB_2}}{\pi m\cos\alpha} = \frac{1}{2\pi}[z_1(\tan\alpha_{a1} - \tan\alpha') + z_2(\tan\alpha_{a2} - \tan\alpha')] \tag{5-19}$$

式中，α'为啮合角；z_1、z_2 为齿轮 1、2 的齿数；α_{a1}、α_{a2}为齿轮 1、2 的齿顶圆压力角。

一对齿轮啮合传动时，其重合度的大小表明了同时参与啮合的轮齿对数的平均值。ε_α 越大，表明同时参与啮合的轮齿对数越多，传动越平稳，每对轮齿承受的载荷越小。因此重合度是衡量齿轮传动性能的重要指标。

由式（5-19）可见：重合度 ε_α 与齿轮模数 m 无关，而随齿数 z 的增加而加大。当两轮齿数趋于无穷大时，ε_α 将趋于理论上的极限值 $\varepsilon_{\alpha\max} = 1.981$。此外，重合度 ε_α 还随啮合角 α'的减小和齿顶高系数 h_a^* 的增大而增大。

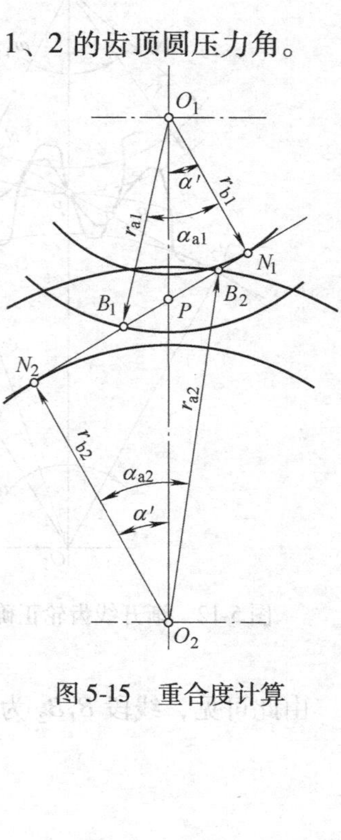

图 5-15　重合度计算

5.5.3　齿轮传动的无侧隙啮合及标准齿轮的安装

1. 齿轮传动的无侧隙啮合条件

图 5-16 所示为一对标准齿轮外啮合传动。齿轮传动时，为了便于在相互啮合的齿廓间进行润滑，避免由于制造和装配误差以及轮齿受力变形和因摩擦发热而膨胀引起的挤轧现

象，在两轮的非工作齿廓间总要留有一定的间隙，此间隙称为侧隙。但侧隙的存在却会产生齿间冲击，影响传动的平稳性，因此为了减小或避免轮齿间的反向冲撞和空程，这种齿侧间隙一般都很小，通常由齿轮公差来保证。而对于齿轮的传动设计仍是按无侧隙啮合（侧隙为零）进行的。

为使齿侧间隙为零，就必须使一齿轮节圆上的齿厚等于另一齿轮节圆上的齿槽宽，即 $s'_1 = e'_2$，$s'_2 = e'_1$；这就是无侧隙啮合条件。

由上述可知，实际存在的侧隙是影响齿轮传动质量的重要因素之一。

2. 标准齿轮的安装

对于一对模数和压力角分别相等的外啮合标准齿轮，因其分度圆上的齿厚等于齿槽宽，即 $s_1 = e_1 = s_2 = e_2 = \pi m/2$。若把两轮安装成其分度圆相切的状态，也就是两轮的节圆与分度圆重合，则 $s'_1 = s_1 = e_2 = e'_2$，所以能实现无侧隙啮合传动。标准齿轮的这种安装称为标准安装，如图 5-16 所示。显然这时的啮合角 α' 等于分度圆压力角 α，而中心距 a 称为标准中心距。因两轮轮齿间无侧隙存在，故标准中心距是标准齿轮外啮合时的最小中心距，其值为

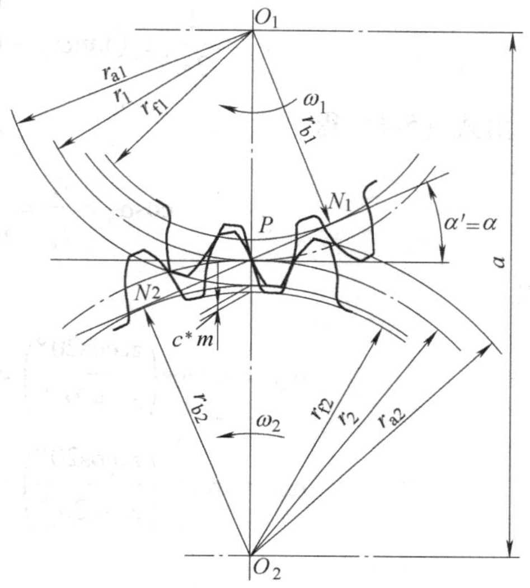

图 5-16　标准齿轮传动

$$a = r'_1 + r'_2 = r_1 + r_2 = m(z_1 + z_2)/2 \tag{5-20}$$

当一对齿轮啮合传动时，为了避免一齿轮的齿顶与另一齿轮的齿槽底部及齿根过渡曲线部分相干涉，并且为了便于储存润滑油，故在一齿轮的齿顶圆与另一齿轮的齿根圆之间留有一定的间隙，称为顶隙，用 c 表示。由图 5-16 可知，标准齿轮在标准安装时的顶隙为

$$c = h_f - h_a = (h_a^* + c^*)m - h_a^* m = c^* m \tag{5-21}$$

此时顶隙为标准值。

因渐开线齿轮传动具有中心距可分性，故齿轮的实际中心距 a' 与标准中心距可以不相等，此时两轮的分度圆将不再相切，这种安装称为非标准安装。如果 $a' > a$，两轮的分度圆将分开一段距离，如图 5-17 所示。两轮的节圆半径将大于各自的分度圆半径，其啮合角 α' 也将大于分度圆压力角 α。故中心距 a' 为

$$a' = r'_1 + r'_2 = (r_1 + r_2)\frac{\cos\alpha}{\cos\alpha'} = a\frac{\cos\alpha}{\cos\alpha'} \tag{5-22}$$

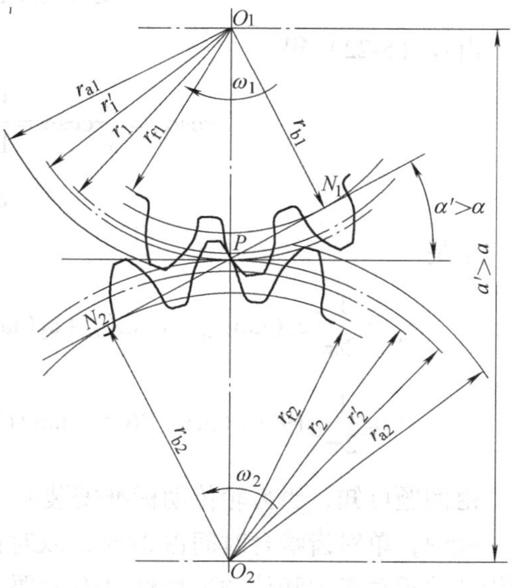

图 5-17　非标准齿轮安装

必须注意，分度圆和压力角是单个齿轮所具有的参数，而节圆和啮合角是一对齿轮啮合

时才有的参数，所以单个齿轮无节圆和啮合角。

例 5-1 已知一对标准安装的外啮合直齿圆柱齿轮，正常齿制，$m=5\text{mm}$，$\alpha=20°$，$z_1=19$，$z_2=42$。试求其重合度。若两轮的中心距增大 1mm，则其重合度又为多少？

解 由式（5-19）得

$$\varepsilon_\alpha=\frac{1}{2\pi}[z_1(\tan\alpha_{a1}-\tan\alpha')+z_2(\tan\alpha_{a2}-\tan\alpha')]$$

由式（5-4）得

$$\cos\alpha_a=\frac{r_b}{r_a}=\frac{mz/2\cos\alpha}{mz/2+h_a^*m}=\frac{z\cos\alpha}{z+2h_a^*}$$

所以

$$\alpha_{a1}=\arccos\left(\frac{z_1\cos20°}{z_1+2h_a^*}\right)=\arccos\left(\frac{19\times\cos20°}{19+2}\right)=31.767°$$

$$\alpha_{a2}=\arccos\left(\frac{z_2\cos20°}{z_2+2h_a^*}\right)=\arccos\left(\frac{42\times\cos20°}{42+2}\right)=26.236°$$

则

$$\varepsilon_\alpha=\frac{1}{2\times3.14}[19(\tan31.767°-\tan20°)+42(\tan26.236°-\tan20°)]=1.63$$

标准中心距为

$$a=\frac{1}{2}m(z_1+z_2)=\left[\frac{1}{2}\times5\times(19+42)\right]\text{mm}=152.5\text{mm}$$

当中心距增大 1mm 时

$$a'=a+1\text{mm}=153.5\text{mm}$$

由式（5-22）得

$$\cos\alpha'=\frac{a}{a'}\cos\alpha=\frac{152.5}{153.5}\times\cos20°=0.93357$$

$$\alpha'=21°$$

于是

$$\varepsilon_\alpha=\frac{1}{2\pi}[z_1(\tan\alpha_{a1}-\tan\alpha')+z_2(\tan\alpha_{a2}-\tan\alpha')]$$

$$=\frac{1}{2\pi}[19\times(\tan31.767°-\tan21°)+42\times(\tan26.236°-\tan21°)]=1.44$$

由例题可知，当齿轮传动标准安装时，重合度为 1.63，这说明齿轮在转过一个基圆齿距过程中，单对齿啮合时间占 37%，双对齿啮合时间占 63%。因此增大重合度，对提高齿轮传动的承载能力和传动平稳性具有重要意义。由例题还可知，中心距增大了 1mm，而重合度下降了 0.19，因此齿轮传动的中心距对重合度有很大影响。

5.6　渐开线齿轮的切齿原理

5.6.1　齿轮轮齿加工方法

齿轮的加工方法很多，如铸造法、冲压法、热轧法、切削法等。其中最常用的还是切削加工。按切削齿廓的原理不同，齿轮的加工可分为仿形法和展成法。

1. 仿形法加工

仿形法的特点是所采用的刀具在其轴剖面内切削刃的形状和被切齿轮的齿槽形状相同。常用的刀具有盘状铣刀（见图5-18a）和指状铣刀（见图5-18b）。

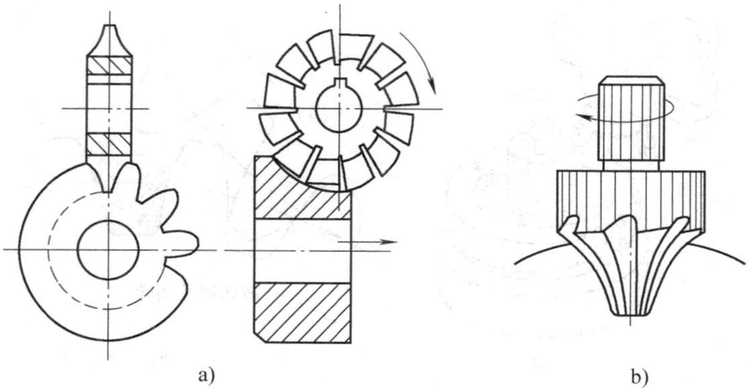

图5-18　仿形法加工齿轮
a）盘状铣刀　b）指状铣刀

图5-18a所示为用盘状铣刀在万能铣床上加工齿廓。铣刀绕本身轴线旋转，同时齿坯沿齿轮轴线方向移动，铣完一齿槽后，齿坯退回原来位置，用分度头将齿坯转过360°/z，再继续铣削。加工大模数齿轮时（$m \geqslant 8$mm），需用指状铣刀。

由于渐开线齿廓形状取决于基圆大小，而基圆直径 $d_b = mz\cos\alpha$，即模数 m、压力角 α 和齿数 z 决定齿廓形状。同一模数和压力角的齿轮，齿数不同，齿形就不同，这样加工不同齿数的齿轮就要制造许多刀具，显然从经济上考虑是无法实现的。为了减少铣刀数量，对于同一模数和压力角的齿轮，按齿数范围分为8组（或15组），每组齿轮用一把刀具来加工，刀具形状按该组齿数中最小齿数的齿形制成（见表5-4），用该把铣刀加工同组齿数中的其他齿数的齿轮时，其齿廓形状是近似的。

表5-4　盘形铣刀加工齿数的范围

刀　号	1	2	3	4	5	6	7	8
加工齿数范围	12～13	14～16	17～20	21～25	26～34	35～54	55～134	≥135

仿形法加工齿轮的方法简单，不需要专用的齿轮加工机床；但是，加工精度低，生产率低，故只适合于精度要求不高、单件或小批量生产。

2. 展成法加工

展成法是利用一对齿轮（或齿轮和齿条）互相啮合时其共轭齿廓互为包络线的原理来

加工齿轮的，它是目前齿轮加工中最常用的一种方法。这种方法强制刀具同齿坯相对运动，它们之间的运动关系同一对齿轮啮合一样，以此来保证齿形的正确和分度均匀。对于模数 m 和压力角 α 相同而齿数不同的齿轮，可以用一把刀具进行加工。展成法常用的切齿方法如下：

（1）齿轮插刀加工　图 5-19 所示为用齿轮插刀加工齿轮的情况。插刀像具有切削刃的外齿轮，加工齿轮时刀具与齿坯之间需完成：①展成运动，即齿轮插刀与齿坯以恒定的传动比作回转运动，它如同齿轮啮合传动一样，直到全部齿槽切削完毕；②切削运动，即齿轮插刀沿齿坯的轴线方向作往复切削运动；③进给运动，即在切削过程中，齿轮插刀还需向齿坯中心移动，直至达到规定中心距为止。为防止退刀时刀具与齿坯发生摩擦，损伤已切好的齿面，在插刀退刀时，齿坯需要有一个让刀运动。

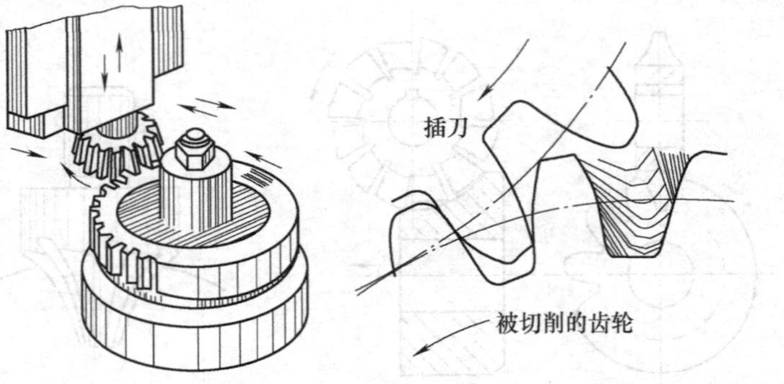

a)　　b)

图 5-19　齿轮插刀加工齿轮

（2）齿条插刀加工　图 5-20 所示为齿条插刀加工齿轮的情况。当齿轮插刀的齿数增至无穷多时，其基圆半径变为无穷大，渐开线齿廓为直线齿廓，齿轮插刀便变为齿条插刀。其加工原理与齿轮插刀切削齿轮相同。用齿条插刀加工所得的轮齿齿廓也为切削刃在各个位置的包络线。由于齿条插刀的齿廓为直线，比齿轮插刀制造容易，精度高。但因为齿条插刀长度有限，每次移动全长后要求复位，所以生产率低。

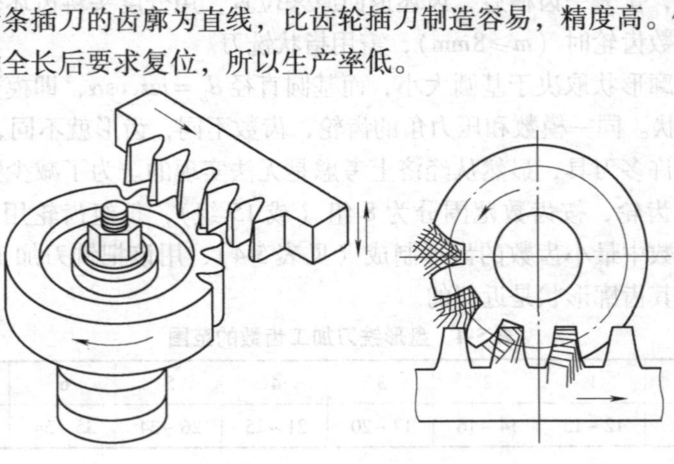

a)　　b)

图 5-20　齿条插刀加工齿轮

（3）齿轮滚刀加工　图 5-21 所示为齿轮滚刀加工齿轮的情况。滚刀是蜗杆形状的铣刀，它的纵剖面为具有直线齿廓的齿条，当滚刀转动时，相当于齿条在移动，按展成原理加工齿轮，它们的包络线形成被切齿轮的渐开线齿廓。

由于滚刀加工是连续切削，而插刀加工有进刀和退刀，是间断切削，所以，滚刀加工齿轮生产率较高，是目前应用最为广泛的加工方法。但是在切削时，被切齿廓略有误差，因此，加工精度略低。

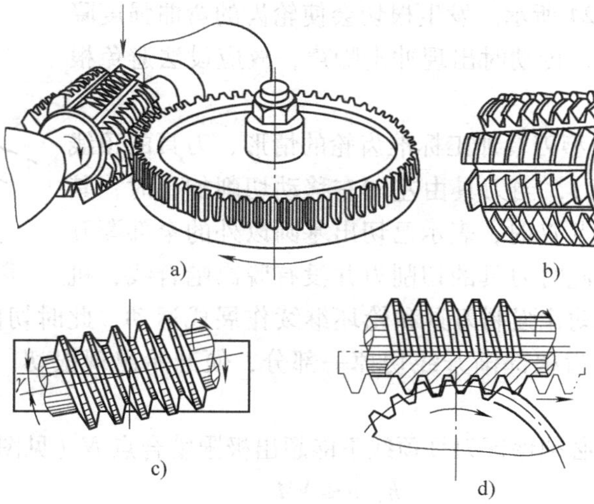

图 5-21　齿轮滚刀加工轮齿

3. 用标准齿条型刀具切制标准齿轮

标准齿条形刀具的齿形如图 5-22 所示，它仅比标准齿条在齿顶部高出 $c^* m$ 一段，其他部分完全相同。加工齿轮时，刀具顶刃切出齿根圆，而侧刃切出渐开线齿廓。至于圆弧角切削刃，则切出轮齿根部非渐开线齿廓，称为过渡曲线。在正常情况下，齿廓过渡曲线不参与啮合。刀具齿根部的 $c^* m$ 段高度形成刀具和轮坯之间的顶隙。

为了以后讨论方便，人们把刀具顶部到分度线距离为 $h_a^* m$ 的那条假设直线称为刀具顶线，以区别于刀具的顶刃线。刀具顶线以下的刀具侧刃为直线，它切出齿轮齿廓的渐开线部分。

用标准齿条形刀具加工标准齿轮如图 5-23 所示，首先根据被切齿轮的基本参数选择相应的刀具，并将轮坯的外圆按被切齿轮的齿顶圆直径预先加工好。展成切削齿轮时，应使刀具的分度线和轮坯的分度圆相切。

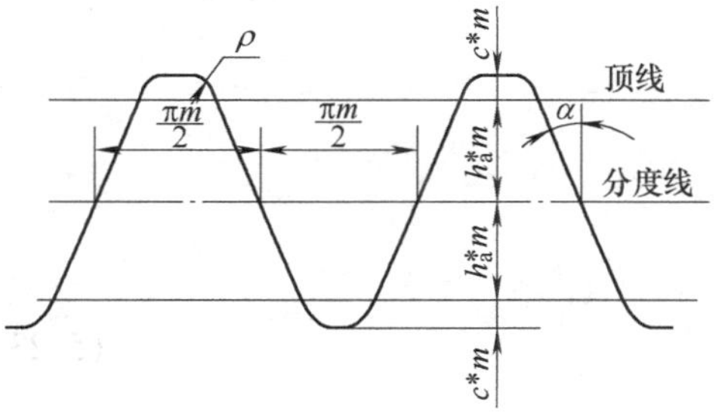

图 5-22　齿条形刀具的齿形

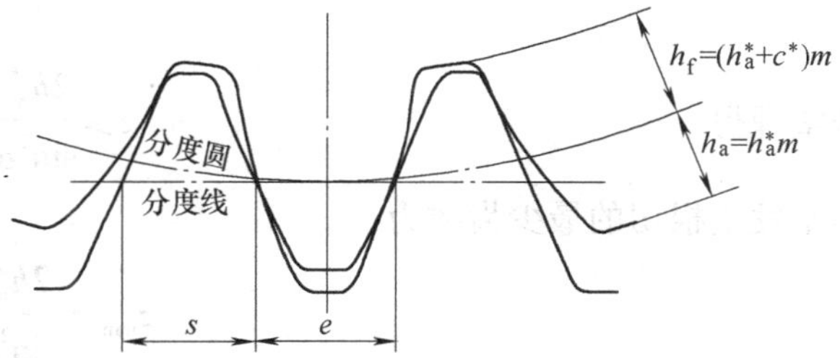

图 5-23　标准齿条形刀具加工标准齿轮

5.6.2　渐开线齿廓的根切现象与最少齿数

用展成法加工齿轮时，如果齿轮的齿数太少，当切削刀具的齿顶与啮合线的交点超过被切齿轮的极限啮合点，则刀具的齿顶会将被切齿轮的齿根的渐开线齿廓切去一部分，这种现象称为根切现象，如图5-24所示。发生根切会使轮齿的弯曲强度降低，并可能使重合度减小，传动时出现冲击噪声，故应设法避免根切的发生。

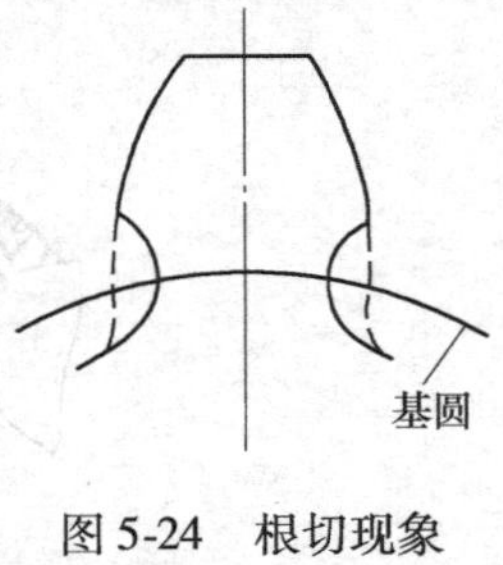

图5-24　根切现象

图5-25所示为用齿条型刀具加工标准齿轮的情形，刀具的顶线超过了 N 点（极限啮合点），当刀具由左向右移动切削加工时，其直线切削刃到达极限啮合点 N 时，表示已切出基圆以外的全部渐开线齿廓，还没有根切。但此时刀具的切削刃并没有脱离啮合线，机床的传动链将按恒定的传动比强制刀具和轮坯继续作展成运动，此时切削刃不再与齿廓相切，齿条刀将已切好的轮齿根部渐开线切掉一部分，便开始出现根切，直至到达 B_2 点为止。

因此，要避免根切就必须保证刀具顶线不能超出极限啮合点 N（见图5-26）。即

$$h_a^* m \leqslant NM$$

$$NM = PN\sin\alpha = r\sin^2\alpha = \frac{mz}{2}\sin^2\alpha$$

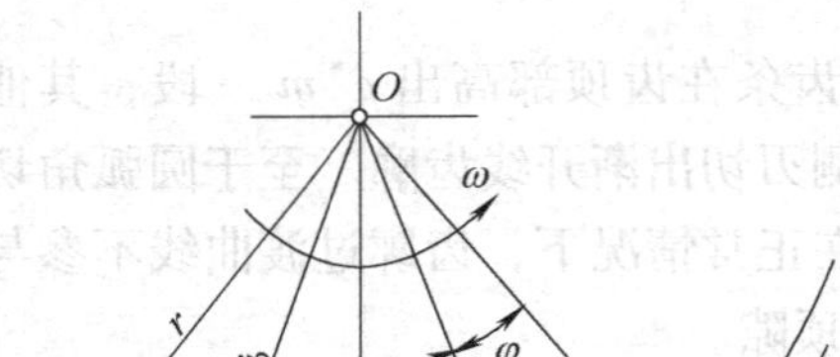

图5-25　齿条刀具加工标准齿轮产生根切原因

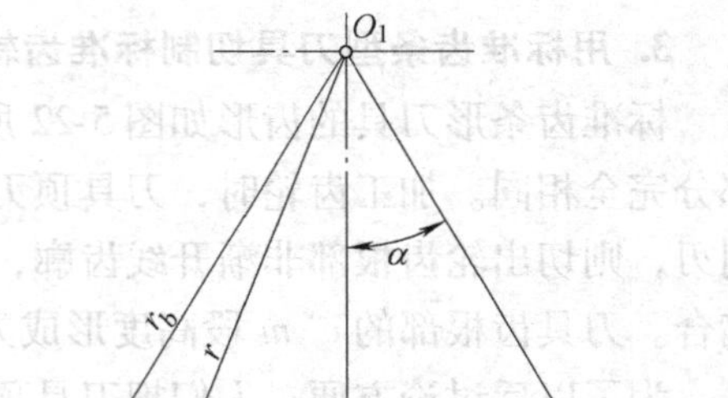

图5-26　避免根切

经整理得

$$z \geqslant \frac{2h_a^*}{\sin^2\alpha}$$

即不发生根切的最少齿数为

$$z_{\min} = \frac{2h_a^*}{\sin^2\alpha} \tag{5-23}$$

用展成法加工齿轮时，对于标准齿条形刀具切制标准齿轮时，因 $h_a^*=1$，$\alpha=20°$，则标准直齿圆柱齿轮不发生根切的最少齿数为 $z_{\min}=17$。

5.7　变位齿轮

5.7.1　齿轮变位原理

1. 变位的目的

渐开线标准齿轮的特性是其基本参数 m、α、h_a^*、c^* 均为标准值，而且其分度圆上的齿厚 s 等于齿槽宽 e。标准齿轮具有设计简单、互换性好等一系列优点，因而得到了广泛的应用，但是随着机械工业的发展，尤其是在高速重载传动的情况下，也暴露出了许多不足之处，例如，齿轮的齿数不得小于最少齿数，否则用展成法加工时会产生根切；两齿轮啮合只能按标准中心距安装；小齿轮的齿根厚度小于大齿轮，而小齿轮参与啮合的次数又多，使小齿轮更容易损坏。

为了改善和解决标准齿轮存在的上述不足，就有必要对标准齿轮进行修正。齿轮的修正方法很多，其中最为广泛采用的是变位修正法。

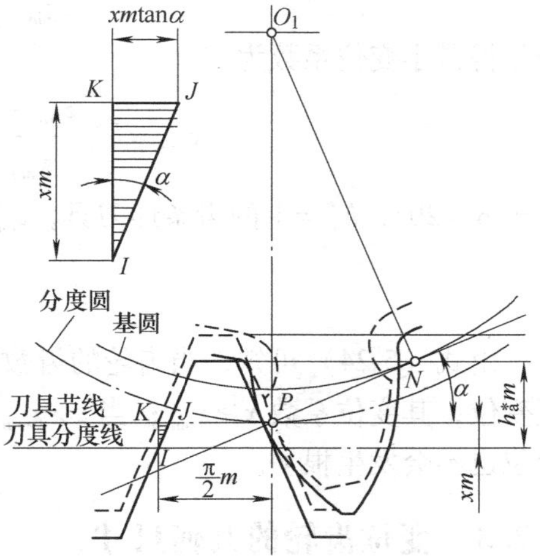

图 5-27　加工变位齿轮刀具移动距离

2. 齿轮的变位

当采用标准齿条刀具切制标准齿轮时，若被切齿轮的齿数小于最少齿数，则会发生根切现象。如图 5-27 所示的虚线齿廓，这时刀具的顶线超过了极限啮合点 N。为了避免根切，应将刀具安装位置相对于轮坯中心向外移出一个距离 xm，使刀具顶线刚好通过点 N 或在 N 点以下，如图中实线齿廓所示，这样被切齿轮就不会发生根切了，这种通过改变刀具与轮坯相对位置来切制齿轮的方法称为变位修正，采用变位修正法切制出来的齿轮称为变位齿轮。

以切制标准齿轮的位置为基准，刀具移动的距离 xm 称为变位量，其中 m 为模数，x 为变位系数，并规定刀具相对于轮坯中心向外移出的变位系数为正，反之为负（这种情况下齿轮的齿数一要定大于最小齿数，否则将发生根切）。

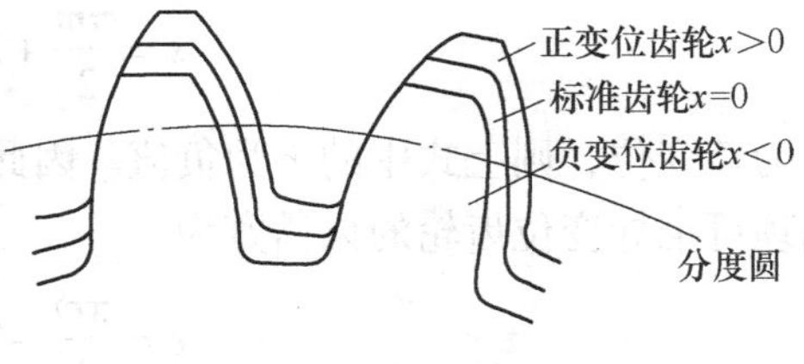

图 5-28　变位类型

对应于 $x>0$、$x=0$ 及 $x<0$ 的变位系数分别称为正变位、零变位和负变位，如图 5-28 所示。

5.7.2　最小变位系数

用展成法切制齿数少于最少齿数的齿轮时，为避免根切，应采用正变位切削，且变位量越大，根切程度越轻，当刀具顶线刚好通过轮坯的极限啮合点时，齿轮便完全没有根切。也就是说，为避免根切，刀具的变位量应有一最小值，相应的变位系数也应有一最小值。这个最小值称为最小变位系数，用 x_{min} 表示。

如图 5-29 所示，不发生根切的条件是

$$h_a^* m - xm \leqslant NQ$$

其中
$$NQ = PN\sin\alpha = O_1P\sin^2\alpha = \frac{mz}{2}\sin^2\alpha$$

式中，z 为被切齿轮的齿数。由上面两式解得

$$x \geqslant h_a^* - \frac{z}{2}\sin^2\alpha$$

由式（5-23）可知，$\frac{\sin^2\alpha}{2} = \frac{h_a^*}{z_{min}}$，所以上式变为

$$x \geqslant h_a^* \frac{z_{min} - z}{z_{min}}$$

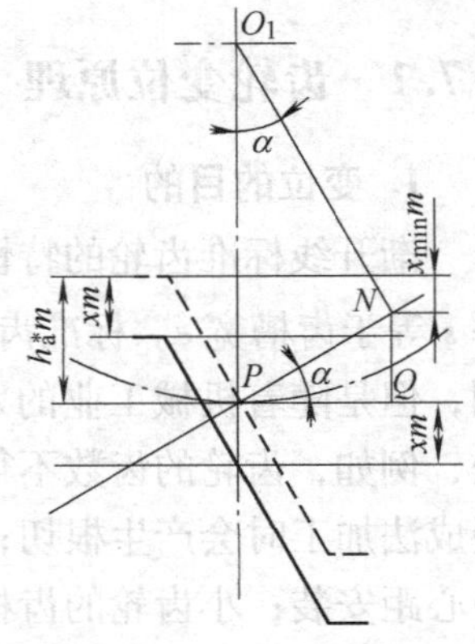

图 5-29　最小变位系数

于是得最小变位系数为

$$x_{min} = h_a^* \frac{z_{min} - z}{z_{min}} \tag{5-24}$$

对于 $\alpha = 20°$，$h_a^* = 1$ 的齿条形刀具，$z_{min} = 17$，则上式写成

$$x_{min} = \frac{17 - z}{17} \tag{5-25}$$

由式（5-24）可知，当齿轮的齿数 $z < z_{min}$ 时，x_{min} 为正值，说明为了避免根切，应采用正变位，其变位系数 $x \geqslant x_{min}$；当 $z > z_{min}$，x_{min} 为负值，说明该齿轮在 $x \geqslant x_{min}$ 的条件下采用负变位也不会发生根切。

5.7.3　变位齿轮的几何尺寸

1. 齿厚 s 和齿槽宽 e

如图 5-27 所示，当正变位时，刀具节线上的齿槽宽较分度线上的齿槽宽大了一个增量 $2\,KJ$，由于轮坯分度圆与刀具节线作纯滚动，故被切齿轮的齿厚增大了 $2\,KJ$。在 $\triangle IJK$ 中，有 $KJ = xm\tan\alpha$，所以，正变位齿轮的齿厚为

$$s = \frac{\pi m}{2} + 2\,\overline{KJ} = \frac{\pi m}{2} + 2xm\tan\alpha \tag{5-26}$$

若为负变位，则上式中的 x 为负值。因此，正变位时，齿厚增大；负变位时，齿厚减小。同理可推导变位齿轮的齿槽宽为

$$e = \frac{\pi m}{2} - 2\,\overline{KJ} = \frac{\pi m}{2} - 2xm\tan\alpha \tag{5-27}$$

2. 齿顶高和齿根高

变位齿轮的齿根高等于刀具加工节线到其顶刃线之间的距离。对于正变位齿轮，如图 5-28 所示，刀具节线相对分度线向齿顶部移动了 xm 距离，因此正变位齿轮的齿根高比相应的标准齿轮减小了 xm，即

$$h_f = (h_a^* m + c^* m) - xm = (h_a^* + c^* - x)m \tag{5-28}$$

负变位时情况相反，x 为负值，其 h_f 较标准齿轮增加了 xm。

因此，变位齿轮的齿根圆半径为

$$r_f = r - h_f = r - (h_a^* + c^* - x)m \tag{5-29}$$

由于变位齿轮的分度圆与相应的标准齿轮一样，故变位齿轮的齿顶高 h_a 仅决定于轮坯顶圆直径的大小。如果为了保证齿全高为标准值 $h=(2h_a^*+c^*)m$，对于正变位齿轮，其轮坯的齿顶圆半径较标准齿轮应增大 xm 距离，相应的齿顶高为

$$h_a=h_a^*m+xm=(h_a^*+x)m \tag{5-30}$$

反之，负变位时，x 为负值，其 h_a 较标准齿轮减少了一段 $|xm|$ 距离。因此，变位齿轮在保证齿全高不变的条件下，其齿顶圆半径为

$$r_a=r+h_a=r+(h_a^*+x)m \tag{5-31}$$

5.7.4 变位齿轮传动

1. 零传动（$x_\Sigma=0$）

（1）标准齿轮传动或零变位齿轮传动　当两齿轮的变位系数和 $x_\Sigma=0$、且 $x_1=x_2=0$ 时，为零变位齿轮传动，即标准齿轮传动。为了避免根切，两齿轮齿数均需大于 z_{min}。标准齿轮传动分度圆与节圆重合，所有尺寸均为标准值。

（2）等变位齿轮传动或高度变位齿轮传动　当两轮的变位系数和 $x_\Sigma=0$、但 $x_1=-x_2\neq 0$ 时，为等变位齿轮传动，又称为高度变位齿轮传动。因小齿轮齿数较少，为了防止小齿轮根切及增加根部齿厚，显然小齿轮应取正变位，大齿轮应取负变位。要保证两轮都不发生根切，必须使

$$x_1\geqslant h_a^*\frac{z_{min}-z_1}{z_{min}} 及 x_2\geqslant h_a^*\frac{z_{min}-z_2}{z_{min}}$$

则

$$x_\Sigma=x_1+x_2\geqslant\frac{h_a^*}{z_{min}}[2z_{min}-(z_1+z_2)] \tag{5-32}$$

但 $x_\Sigma=0$，所以

$$z_\Sigma=z_1+z_2\geqslant 2z_{min} \tag{5-33}$$

上式表明，若采用等变位齿轮传动，必须保证两轮的齿数和大于或等于最小齿数的两倍。一般小齿轮正变位，大齿轮负变位，可以相对提高齿轮传动的承载能力，但必须成对地设计、制造和使用。

2. 正传动（$x_\Sigma>0$）

因为 $x_\Sigma>0$，由式（5-32）可知，允许 $z_1+z_2\leqslant 2z_{min}$，正传动啮合 $\alpha'>\alpha$，$a'>a$，$y>0$，分度圆小于节圆，两齿轮分度圆相离。因为 z_Σ 可以小于 $2z_{min}$，故齿轮机构的尺寸和重量可以比等变位齿轮传动更小，在 $a'>a$ 的场合，只能用正传动来凑中心距，必须成对地设计、制造和使用。

3. 负传动（$x_\Sigma<0$）

因为 $x_\Sigma<0$，由式（5-32）可知，z_Σ 必须大于 $2z_{min}$。正传动啮合 $\alpha'<\alpha$，$a'<a$，$y<0$，分度圆大于节圆，两轮分度圆相交。除重合度略有增加外，齿轮强度下降，必须成对地设计、使用，除配凑中心距外，尽量不采用。

5.8　齿轮传动的失效形式及设计准则

5.8.1　齿轮传动的失效形式

齿轮传动的失效主要是轮齿的失效，常见的失效形式有轮齿折断、齿面磨损、齿面点蚀、齿面胶合及塑性变形等。

1. 轮齿折断

轮齿受载时，齿根处产生的弯曲应力最大，且在齿根过渡部分有应力集中，当轮齿重复受载，在交变应力反复作用下，齿根处将产生疲劳裂纹，裂纹扩展，导致轮齿弯曲疲劳折断。

此外，轮齿受到短时过载或冲击载荷，容易发生过载折断。轮齿过度磨损减薄时，在正常载荷作用下也会发生轮齿折断。

直齿轮一般是从齿根处发生全齿折断，如图5-30a所示；齿宽较大的直齿轮在制造安装不良时或斜齿轮传动，易发生轮齿局部折断，如图5-30b所示。轮齿折断是齿轮传动最危险的失效形式之一，它不仅会造成传动完全失效，还会造成机器中其他零件的损坏，以至发生更大的故障。

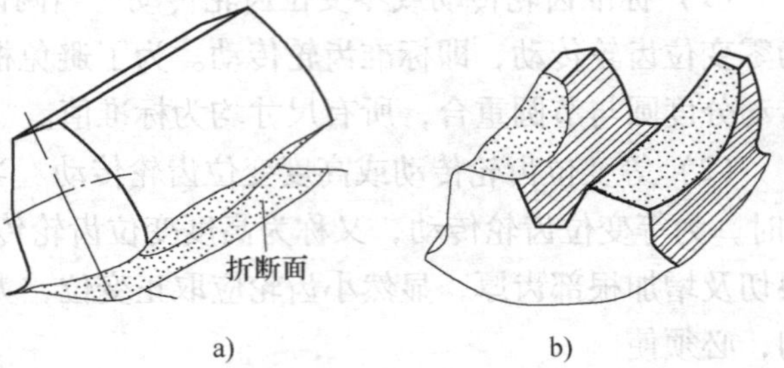

图5-30　轮齿折断

为了提高轮齿抗折断能力，可采取以下措施：增大齿根处的过渡圆角，降低齿根部分表面粗糙度值，以减小齿根应力集中；提高齿轮制造安装精度及支承刚性，避免轮齿偏载；改善热处理，使其有足够的齿心韧性和齿面硬度；对齿根部分进行表面强化处理，如喷丸、滚压等。

2. 齿面磨损

齿轮传动中，在互相啮合的齿面间落入砂粒、铁屑等磨料性物质，会引起齿面的磨粒磨损，如图5-31所示，齿面磨损后，齿面失去正确齿形，从而引起冲击、振动和噪声，导致轮齿变薄而折断。齿面磨损是开式齿轮传动的主要失效形式。改用闭式齿轮传动是避免齿面磨粒磨损最有效的办法。

图5-31　齿面磨损

3. 齿面点蚀

齿轮啮合时，互相啮合的齿面间产生按脉动循环变化的接触应力，轮齿在接触应力的反复作用下，在齿面（或表层下某一深度）会出现微小的疲劳裂纹，裂纹逐渐扩展，致使齿面表层的金属微粒剥落，形成麻点状小坑，这种现象称为疲劳点蚀，又称点蚀，如图5-32所示。如工作条件未加改善，点蚀逐渐扩展，最后形成明显的齿面损伤。

齿面点蚀是润滑良好的闭式软齿面齿轮传动的主要失效形式。对于开式齿轮传动，由于齿面磨损较快，很少出现点蚀。

轮齿在啮合过程中，当在靠近节线处啮合时，同时啮合的轮齿对数少，接触应力大，且在节线处相对滑动速度低，油膜不易形成，润滑不良，摩擦力大，故点蚀首先出现在靠近节线的齿根面上，然后再向其他部位扩展。

图 5-32　齿面点蚀

在闭式软齿面齿轮传动中，齿面产生凹坑的大小，视材料性能、载荷大小等因素而定。新齿轮短期工作后，有时会出现早期点蚀，这时出现的麻点一般较小，数目不多，常发生在局部应力过高的区域。齿面跑合后，接触应力趋向均匀，麻点不再继续扩展或反而消失，则这种点蚀称为收敛性点蚀。若早期点蚀的蚀坑面积在工作齿面上占的比例过大，就会发展成破坏性点蚀。这种点蚀的麻点，通常比早期点蚀大而深，一般首先出现在靠近节线的齿根表面上，并且不断扩展，最后导致轮齿失效，故这种点蚀称为扩展性点蚀或破坏性点蚀，它往往会引起强烈的振动和噪声，甚至导致轮齿的断裂。

为防止齿面发生疲劳点蚀，可采取以下措施：提高齿面硬度；降低表面粗糙度值；采用正传动；选用较高粘度的润滑油等。

4. 齿面胶合

胶合是一种严重的粘着磨损现象。对于高速重载的齿轮传动，由于齿面间压力大，相对滑动速度高，容易导致润滑油被挤出，使齿面间油膜破裂，在啮合处产生很大的摩擦热，局部温升过高，则两齿面金属粘结在一起，随着传动过程的继续，相粘结的部位被撕裂，于是在齿面上形成沿相对滑动方向宽度不等的条状粗糙沟纹，此现象称为热胶合，如图 5-33 所示。在低速重载的重型齿轮传动中，齿面间不易形成润滑油膜，也可能产生胶合。此时齿面的瞬时温度并无明显增高，故称之为冷胶合。

提高齿面抗胶合能力的措施：加强润滑措施，采用抗胶合能力高的润滑油，在润滑油中加入添加剂等。

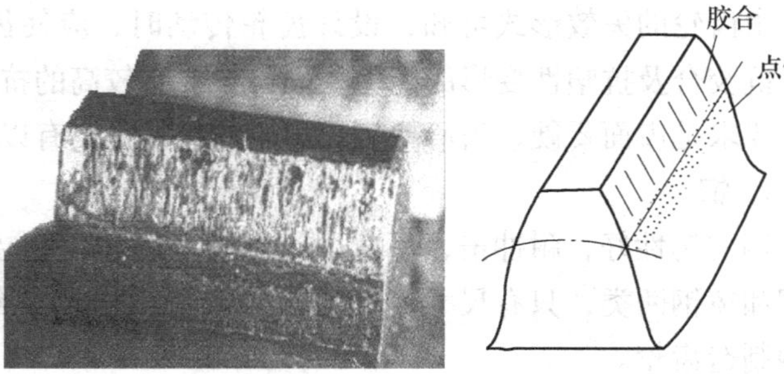

图 5-33　齿面胶合

5. 塑性变形

齿面塑性变形是低速重载软齿面齿轮传动的主要失效形式。当齿轮承受重载时，齿面在过大的摩擦力作用下处于屈服状态，产生沿摩擦力方向的齿面材料的塑性流动，从而使轮齿失去正确齿形。齿面产生塑性变形后会在主动轮上碾出沟槽、从动轮上挤出脊棱，如图 5-34 所示。

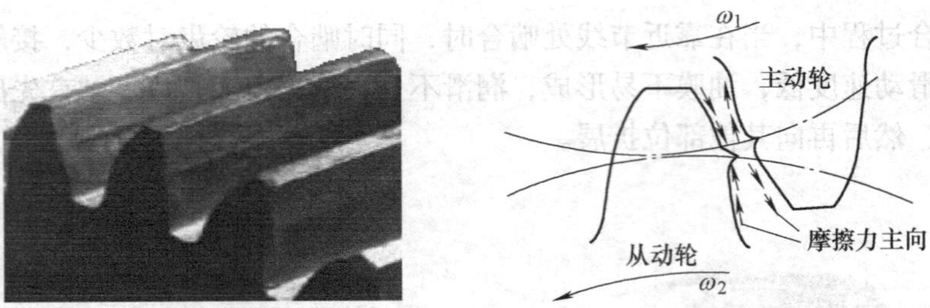

图 5-34　塑性变形

适当提高齿面硬度，采用高粘度的润滑油或加极压添加剂，均可以减缓或防止轮齿产生塑性变形。

5.8.2　齿轮传动的设计准则

针对上述各种失效形式和工作状况，应分别建立相应的设计准则。但是由于针对齿面磨损、塑性变形等，尚未建立起成熟的计算方法，所以，目前设计一般用途的齿轮传动时，通常只按保证齿根弯曲疲劳强度及保证齿面接触疲劳强度两准则进行计算。对于高速重载齿轮传动，还应按保证齿面抗胶合能力的准则进行计算。

由实践得知，在闭式齿轮传动中，轮齿的主要失效形式是齿面疲劳点蚀，设计时一般应先按接触疲劳强度设计，然后对其轮齿的抗弯疲劳强度进行校核；但是当齿面的硬度较高（硬度 >350 HBW）时，轮齿弯曲折断是主要失效形式，此时一般应按齿根弯曲疲劳强度进行设计，然后再校核其齿面接触疲劳强度。

在开式（半开式）齿轮传动中，齿轮的失效形式主要是齿面磨损和轮齿的弯曲疲劳折断，但由于对齿面抗磨损能力的计算方法迄今尚不完善，因此，目前通常以保证齿根弯曲疲劳强度作为设计准则，并根据具体要求适当增大齿轮的模数或者降低许用应力来考虑磨损的影响。

5.9　齿轮材料及选择

由齿轮的失效形式可知，设计齿轮传动时，应使齿轮的齿面具有较强的抗点蚀、抗磨损、抗胶合及抗塑性变形的能力，而齿根要有较高的抗折断能力。因此，对齿轮材料性能的基本要求是齿面要硬、齿心要韧。齿轮的材料主要有以下几类。

1. 钢

钢的韧性好，耐冲击，可通过热处理改善力学性能，是最常用的齿轮材料。钢材可分为锻钢和铸钢两类，只有尺寸较大（$d>400\sim600$mm）、结构复杂的齿轮用铸钢外，一般都用锻钢制造齿轮。

（1）锻钢　除尺寸过大或者是结构形状复杂只适宜铸造外，一般都用锻钢制造齿轮，常用的是碳的质量分数在 0.15% ~0.6% 的碳钢或合金钢。

用锻钢制造齿轮可分为：

1）对于精度、强度和速度要求不高的齿轮传动，常用软齿面齿轮（硬度≤350HBW）。

这类齿轮多经调质、正火热处理后切齿，切齿精度一般为 8 级，精切可达 7 级。常用钢号如 45、40Cr 、35SiMn 等。

2）对于高速、重载及精密机械（如精密机床、航空发动机等）的齿轮传动，常用硬齿面齿轮（硬度 >350HBW）。这类齿轮一般先切齿，再做表面硬化处理，如表面淬火、渗碳淬火、氮化和碳氮共渗，最后进行磨齿等精加工，齿轮精度可达 5 级或 4 级。常用钢号如 20Cr、20CrMnTi、30CrMoAlA。由于硬齿面齿轮具有力学性能高、结构尺寸小等优点，采用硬齿面齿轮传动是一种发展趋势。

（2）铸钢　铸钢的耐磨性及强度均较好，由于铸钢晶粒较粗，故需进行正火处理。铸钢常用于不便于锻造的大直径齿轮。

2. 铸铁

普通灰铸铁的抗弯强度、抗冲击性较差，但铸铁浇注容易、加工工艺性好、成本低。另外，铸铁的抗胶合及抗点蚀能力较好。灰铸铁齿轮常用于工作平稳、速度较低、功率不大的场合。

3. 非金属材料

对于高速、轻载和精度不高的齿轮传动，为了降低噪声，常用非金属材料（如工程塑料、夹布胶木等）制作小齿轮，大齿轮仍用钢或铸铁制造。

齿轮常用材料及力学性能见表 5-5。

齿轮材料的种类很多，在选择时应考虑的因素包含工作条件、尺寸大小、工作速度、热处理方式等因素。当大、小齿轮都是软齿面时，考虑小齿轮受载次数多，故选择材料及热处理时，一般小齿轮材料选的好些或齿面硬度稍高些（约高 30 ~ 50HBW）。当大、小齿轮都是硬齿面时，小齿轮的硬度可略高，但也可和大齿轮大致相等；当小齿轮为硬齿面，大齿轮为软齿面时，两者硬度应尽可能相差大些。

表 5-5　常用齿轮材料及其力学性能

材料牌号	热处理方法	抗拉强度 σ_b/MPa	屈服强度 σ_s/MPa	硬度	
				HBW	HRC(齿面)
45	正火	580	290	169 ~ 217	
	调质	650	360	217 ~ 255	
	表面淬火	—			40 ~ 50
35SiMn 42SiMn	调质	750	470	217 ~ 269	
	表面淬火				45 ~ 55
38SiMnMo	调质	700	550	217 ~ 269	
40Cr	调质	700	550	241 ~ 286	
	表面淬火				48 ~ 55
38CrMoAlA	调质后氮化	1000	850	255 ~ 321	>850HV
20Cr	渗碳淬火	650	400		58 ~ 62
20CrMnTi	渗碳淬火	1100	850		58 ~ 62
ZG310—570	正火	580	320	156 ~ 217	
ZG340—640	正火	640	340	169 ~ 229	
	调质	700	380	241 ~ 269	

（续）

材料牌号	热处理方法	抗拉强度 σ_b/MPa	屈服强度 σ_s/MPa	硬度	
				HBW	HRC(齿面)
HT300		300		185 ~ 255	
HT350		350		197 ~ 269	
QT600—3	正火	600		229 ~ 302	
QT500—7	正火	500		147 ~ 241	
夹布胶木		100		25 ~ 35	

5.10　直齿圆柱齿轮的受力分析及强度计算

5.10.1　轮齿的受力分析

为了计算齿轮强度、设计轴和轴承，需先分析作用于轮齿上的力的大小、方向和性质。齿轮传动一般均加以润滑，啮合轮齿间的摩擦力通常很小，计算轮齿受力时，可不予考虑。

如图 5-35 所示，沿啮合线作用在齿面上的法向载荷 F_n 垂直于齿面，为了计算方便，将法向载荷 F_n 在节点 P 处分解为两个相互垂直的分力，即圆周力 F_t 与径向力 F_r，由此得

$$\left.\begin{aligned} F_t &= \frac{2T_1}{d_1} \\ F_r &= F_t\tan\alpha \\ F_n &= \frac{F_t}{\cos\alpha} \end{aligned}\right\} \tag{5-34}$$

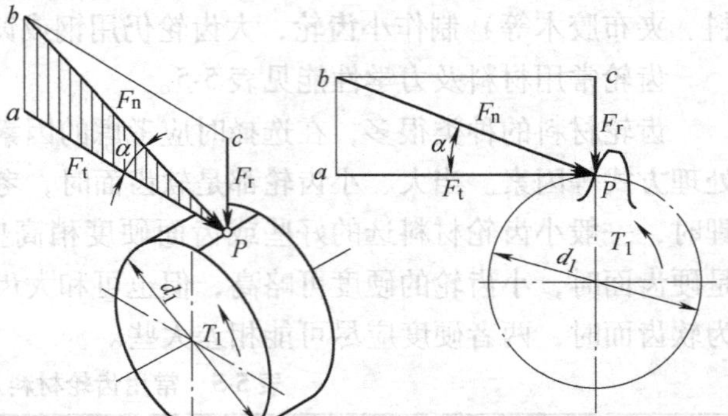

图 5-35　直齿圆柱齿轮轮齿的受力分析

式中，T_1 为小齿轮传递的转矩（N · mm）；α 为分度圆压力角，通常 $\alpha = 20°$；d_1 为小齿轮的分度圆直径（mm）；F_t、F_r、F_n 的单位为 N。

以上分析的是主动轮轮齿上力的大小，从动轮轮齿上各力分别与其大小相等、方向相反。圆周力 F_t 的方向在主动轮与回转方向相反，在从动轮与回转方向相同。径向力 F_r 的方向分别指向各自轮心。

5.10.2　计算载荷

按式（5-34）计算的作用于齿轮上的法向力 F_n、圆周力 F_t、径向力 F_r 均系理想状态下的载荷，此载荷称为名义载荷，又称公称载荷。实际工作时，还应考虑：原动机及工作机性能；轮齿啮合过程中产生的动载荷；由于制造和安装误差及受载后轮齿产生的弹性变形，而使得载荷沿齿宽方向分布不均或同时啮合的各轮齿间载荷分布不均等因素的影响。上述因素，使得齿轮工作时的实际载荷比名义载荷要大，因此，需引入载荷系数 K 来考虑上述各

种因素的影响，以载荷系数 K 乘以名义载荷 F_n 得计算载荷，并用 F_{ca} 来表示，即

$$F_{ca}=KF_n \tag{5-35}$$

计算齿轮强度用的载荷系数 K，见表 5-6。

表 5-6 载荷系数 K

工作机械	载荷特性	原动机		
		电动机	多缸内燃机	单缸内燃机
均匀加料的输送机和加料机、轻型卷扬机、发电机、机床辅助传动等	均匀、轻微冲击	1.0～1.2	1.2～1.6	1.6～1.8
不均匀加料的输送机和加料机、重型卷扬机、球磨机、机床主传动等	中等冲击	1.2～1.6	1.6～1.8	1.8～2.0
冲床、钻床、轧机、破碎机	大的冲击	1.6～1.8	1.9～2.1	2.2～2.4

注：斜齿：圆周速度低、精度高、齿宽系数小。齿轮在两轴承间并对称布置，取小值。
直齿：圆周速度高、精度低、齿宽系数大。齿轮在两轴承间不对称布置，取大值。

5.10.3 标准直齿圆柱齿轮的强度计算

1. 齿根弯曲疲劳强度计算

齿根弯曲疲劳强度计算的目的，是为了防止轮齿根部的疲劳折断。进行齿根弯曲疲劳强度计算时，将齿轮的轮齿视为一悬臂梁，其危险截面可用霍菲尔 30°切线法确定。这种方法是作与轮齿对称中线各成 30°夹角的两直线，此两直线与齿根圆角过渡曲线相切，过两切点并平行于齿轮轴线的截面，即为齿根危险截面，如图 5-36a 所示。

计算齿根弯曲疲劳强度，还应确定齿根处产生最大弯矩时的载荷作用点。由于轮齿啮合时，啮合点的位置从齿顶到齿根不断变化，且轮齿啮合时也是由单对齿到两对齿之间变化，因此，齿根部分的弯矩是在不断变化的。根据分析，最大弯矩应该产生在单对齿啮合区的最高点。因此，齿根弯曲疲劳强度也应按载荷作用于单对齿啮合区的最高点来计算。但这种计算方法比较复杂，通常只用于高精度的齿轮传动计算。

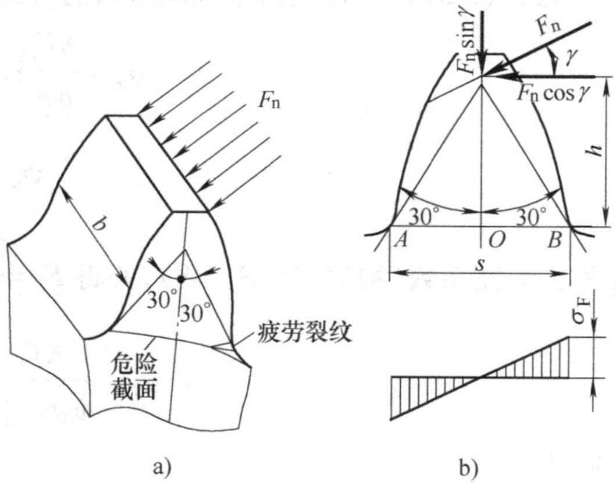

图 5-36 齿根弯曲应力计算图

对于制造精度较低的一般齿轮传动，考虑齿轮制造误差的影响，可近似地认为载荷 F_n 全部作用于齿顶且由一个轮齿承受来计算齿根的弯曲疲劳强度，如图 5-36b 所示。采用这种方法计算的轮齿的弯曲强度比较富余。

下面仅介绍中等精度齿轮传动的弯曲强度计算。

如图 5-36b 所示，当不计摩擦力时，将作用于齿顶的法向载荷 F_n 分解成 $F_n\cos\gamma$ 和 $F_n\sin\gamma$ 两个分力，并将其简化到危险截面上，$F_n\cos\gamma$ 在危险截面产生弯曲应力，$F_n\sin\gamma$ 产生压应力。其中，因压应力仅为弯曲应力的百分之几，故可忽略。仅按 $F_n\cos\gamma$ 产生的弯矩

进行弯曲强度计算。

假设轮齿为一悬臂梁，则单位齿宽（$b=1$）时齿根危险截面的弯曲应力为

$$\sigma_F=\frac{M}{W}=\frac{F_{ca}\cos\gamma h}{\frac{1}{6}bs^2}=\frac{KF_n\cos\gamma h}{\frac{1}{6}bs^2} \tag{5-36}$$

取 $h=k_h m$，$s=k_s m$，并将式（5-35）带入上式，得

$$\sigma_F=\frac{KF_t}{bm\cos\alpha}\frac{6\frac{h}{m}\cos\gamma}{\left(\frac{s}{m}\right)^2} \tag{5-37}$$

令
$$Y_{Fa}=\frac{6\frac{h}{m}\cos\gamma}{\left(\frac{s}{m}\right)^2\cos\alpha}$$

Y_{Fa}称为齿形系数，是一个无因次量，由于 h、s 都与模数 m 成正比，因此 Y_{Fa} 只与齿廓形状有关，而与轮齿的大小（模数 m）无关，齿形系数 Y_{Fa} 可查表 5-7。

同时考虑由于齿根过渡曲线引起的应力集中，以及齿根危险截面上的压应力、剪切应力等的影响，而引入应力校正系数 Y_{Sa}。Y_{Sa}的值可查表 5-7。

由式（5-37）可得到齿根危险截面的弯曲强度条件式为

$$\sigma_F=\frac{KF_t}{bm}Y_{Fa}Y_{Sa}\leqslant[\sigma_F] \tag{5-38}$$

令
$$\phi_d=\frac{b}{d_1}$$

ϕ_d 称为齿宽系数（数值参看表 5-9），并将 $F_t=\frac{2T_1}{d_1}$ 及 $m=\frac{d_1}{z_1}$ 代入式（5-38）中得

$$\sigma_F=\frac{2KT_1}{\phi_d m^3 z_1^2}Y_{Fa}Y_a\leqslant[\sigma_F] \tag{5-39}$$

于是得

$$m\geqslant\sqrt[3]{\frac{2KT_1}{\phi_d z_1^2}\cdot\frac{Y_{Fa}Y_{Sa}}{[\sigma_F]}} \tag{5-40}$$

式（5-39）为按弯曲疲劳强度计算的设计计算公式，式（5-40）为应力校核公式。两式中，T 为转矩（N · mm）；b、m 的单位为 mm；F_t 的单位为 N。

互相啮合的一对齿轮通常齿数不相等，故两轮的齿形系数 Y_{Fa1}、Y_{Fa2} 和应力校正系数 Y_{Sa1}、Y_{Sa2} 都不相等，两齿轮材料的许用弯曲应力 $[\sigma_{F1}]$、$[\sigma_{F2}]$ 也不一定相等。因此，在用式（5-39）校核齿根弯曲应力时，两齿轮应分别校核。在用式（5-40）计算齿轮的模数时，式中的 $\frac{Y_{Fa}Y_{Sa}}{[\sigma_F]}$ 应取 $\frac{Y_{Fa1}Y_{Sa1}}{[\sigma_{F1}]}$、$\frac{Y_{Fa2}Y_{Sa2}}{[\sigma_{F2}]}$ 两者中的大值代入，并将计算所得的模数 m 按表 5-1 选取标准值。

表 5-7　齿形系数 Y_{Fa} 及应力校正系数 Y_{Sa}

$z(z_v)$	17	18	19	20	21	22	23	24	25	26	27	28	29
Y_{Fa}	2.97	2.91	2.85	2.80	2.76	2.72	2.69	2.65	2.62	2.60	2.57	2.55	2.53
Y_{Sa}	1.52	1.53	1.54	1.55	1.56	1.57	1.575	1.58	1.59	1.595	1.60	1.61	1.62
$z(z_v)$	30	35	40	45	50	60	70	80	90	100	150	200	∞
Y_{Fa}	2.52	2.45	2.40	2.35	2.32	2.28	2.24	2.22	2.20	2.18	2.14	2.12	2.06
Y_{Sa}	1.625	1.65	1.67	1.68	1.70	1.73	1.75	1.77	1.78	1.79	1.83	1.865	1.97

注：1. 基准齿形参数为 $\alpha=20°$、$h_a^*=1$、$c^*=0.25$、$\rho=0.38m$（m 为齿轮模数，ρ 为齿根圆角曲率半径）；

2. 对内齿轮：$\alpha=20°$、$h_a^*=1$、$c^*=0.25$、$\rho=0.15m$ 时，齿形系数 $Y_{Fa}=2.053$，应力校正系数 $Y_{Sa}=2.65$。

2. 齿面接触疲劳强度计算

齿面接触疲劳强度计算的目的是为了防止齿面点蚀失效。齿面点蚀与两齿面的接触应力有关，它的实质是使两齿轮啮合时在齿面上所产生的最大接触应力小于或等于齿轮的许用接触应力，即

$$\sigma_H \leqslant [\sigma_H]$$

图 5-37 所示两圆柱体在承受载荷 F_n 时，接触区内将产生应力，最大接触应力 σ_H 发生在接触区的中线上，可用弹性力学中的赫兹公式计算，即

$$\sigma_H=\sqrt{\frac{F_{ca}\left(\frac{1}{\rho_1}\pm\frac{1}{\rho_2}\right)}{\pi\left(\frac{1-\mu_1^2}{E_1}+\frac{1-\mu_2^2}{E_2}\right)L}} \tag{5-41}$$

式中，σ_H 单位为 MPa；F_{ca} 为作用在轮齿上的计算载荷（N）；L 为接触线长度（mm）；ρ_1、ρ_2 为两轮齿廓在啮合点处的曲率半径（mm），如图 5-37 所示；μ_1、μ_2 为两轮材料的泊松比；E_1、E_2 为两轮材料的弹性模量（MPa）；正号用于外啮合，负号用于内啮合。

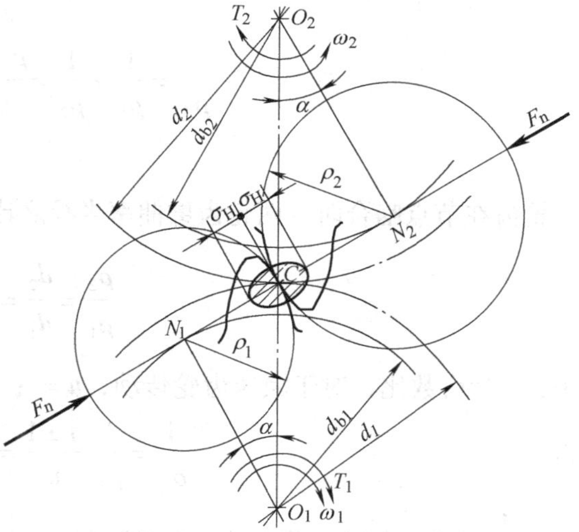

图 5-37　接触应力计算图

因 μ、E 都与齿轮的材料有关，故令

$$Z_E=\sqrt{\frac{1}{\pi\left[\left(\frac{1-\mu_1^2}{E_1}\right)+\left(\frac{1-\mu_2^2}{E_2}\right)\right]}}$$

Z_E 称为齿轮材料的弹性影响系数（$MPa^{\frac{1}{2}}$），数值见表 5-8。

令

$$\frac{1}{\rho_\Sigma}=\frac{1}{\rho_1}\pm\frac{1}{\rho_2}$$

式中，ρ_Σ 称为啮合齿面上啮合点的综合曲率半径（mm）。

表 5-8 弹性影响系数 （单位：$MPa^{\frac{1}{2}}$）

齿轮材料	配对齿轮材料				
	锻钢	铸钢	球墨铸铁	灰铸铁	夹布胶木
锻钢	189.8	188.9	186.4	162.0	56.4
铸钢		188.0	180.5	161.4	
球墨铸铁			173.9	156.6	
灰铸铁				143.7	

接触线长度 L 取齿宽 b，则式（5-41）可写为

$$\sigma_H = \sqrt{\frac{F_{ca}}{\rho_\Sigma b}} Z_E \leqslant [\sigma_H] \tag{5-42}$$

两轮齿啮合时，可以认为是以两齿廓的接触点处的曲率半径为半径的两圆柱体互相接触。由于齿廓啮合点在啮合线上的位置不同，各点的曲率半径是变化的。但考虑到疲劳点蚀通常首先发生在节线附近的齿根部，故一般按节点处的接触应力进行条件性计算。两齿轮在节点处啮合，其综合曲率半径为

$$\frac{1}{\rho_\Sigma} = \frac{1}{\rho_1} \pm \frac{1}{\rho_2} = \frac{\rho_2 \pm \rho_1}{\rho_1 \rho_2} = \frac{\dfrac{\rho_2}{\rho_1} \pm 1}{\rho_1 \left(\dfrac{\rho_2}{\rho_1}\right)}$$

轮齿在节点啮合时，两轮齿廓曲率半径之比与两轮的直径或齿数成正比，即

$$\frac{\rho_2}{\rho_1} = \frac{d_2}{d_1} = \frac{z_2}{z_1} = u$$

式中，u 为齿数比，对于减速齿轮传动，$u = i$；对于增速齿轮传动，$u = 1/i$。

故得

$$\frac{1}{\rho_\Sigma} = \frac{1}{\rho_1} \frac{u \pm 1}{u} = \frac{2}{d_1 \sin\alpha} \frac{u \pm 1}{u}$$

将 $\dfrac{1}{\rho_\Sigma}$ 及式（5-35）代入式（5-42）得

$$\sigma_H = \sqrt{\frac{KF_t}{b\cos\alpha} \frac{2}{d_1 \sin\alpha} \frac{u \pm 1}{u}} z_E$$

$$= \sqrt{\frac{KF_t}{bd_1} \frac{u \pm 1}{u}} \sqrt{\frac{2}{\sin\alpha\cos\alpha}} z_E \leqslant [\sigma_H]$$

令

$$z_H = \sqrt{\frac{2}{\sin\alpha\cos\alpha}}$$

Z_H 称为区域系数（标准直齿轮时 $\alpha = 20°$，$Z_H = 2.5$），上式则可写为

$$\sigma_H = \sqrt{\frac{KF_t}{bd_1}\frac{u \pm 1}{u}}Z_H Z_E \leqslant [\sigma_H] \tag{5-43}$$

将 $F_t = \frac{2T_1}{d_1}$、$\phi_d = \frac{b}{d_1}$代入式（5-43）得

$$\sigma_H = \sqrt{\frac{2KT_1}{\phi_d d_1^3}\frac{u \pm 1}{u}}Z_H Z_E \leqslant [\sigma_H]$$

于是得

$$d_1 \geqslant \sqrt[3]{\frac{2KT_1}{\phi_d}\left(\frac{Z_H Z_E}{[\sigma_H]}\right)^2 \frac{u \pm 1}{u}} \tag{5-44}$$

式（5-43）为按齿面接触疲劳强度计算的设计计算公式，式（5-44）为应力校核公式。σ_H 和$[\sigma_H]$的单位为 MPa，d_1 的单位为 mm。

由于配对齿轮的接触应力皆相同，即 $\sigma_{H1} = \sigma_{H2}$，但$[\sigma_{H1}]$不一定等于$[\sigma_{H2}]$，所以设计或校核时，应以$[\sigma_{H1}]$、$[\sigma_{H2}]$中较小者代入设计计算公式或应力校核公式。

3. 齿轮传动的许用应力

本书推荐的齿轮疲劳极限是用 $m = 3 \sim 5$mm、$\alpha = 20°$、$b = 10 \sim 50$mm、$v = 10$m/s、齿面表面粗糙度值 Ra 为 0.8mm 的直齿圆柱齿轮副试件，按失效概率为 1%，经持久疲劳试验确定的。对一般齿轮传动，因绝对尺寸、齿面表面粗糙度、圆周速度及润滑对实际齿轮的疲劳极限影响不大，通常忽略其影响，只考虑应力循环次数对实际齿轮疲劳极限的影响。

齿轮的许用应力按下式计算

$$[\sigma] = \frac{K_N \sigma_{lim}}{S} \tag{5-45}$$

S 为疲劳强度安全系数。对接触疲劳强度来说，点蚀破坏发生后只引起噪声、振动增大，并不立即导致不能继续工作的后果，所以 $S = S_H = 1$。但对于弯曲疲劳强度来说，若一旦发生断齿，会引起严重事故，所以 $S = S_F = 1.25 \sim 1.5$。

K_N 为考虑应力循环次数影响的系数，称为寿命系数。弯曲疲劳寿命系数 K_{FN}查图 5-38；接触疲劳寿命系数 K_{HN}查图 5-39。两图中应力循环次数 N 的计算方法是

$$N = 60njL_h \tag{5-46}$$

式中，n 为齿轮转速（r/min）；j 为齿轮每转一圈，同一齿面的啮合次数；L_h 为齿轮的工作寿命。σ_{lim}为齿轮的疲劳极限，弯曲疲劳强度极限值用 σ_{FE}代入，查图 5-40，图中 $\sigma_{FE} = \sigma_{Flim} Y_{ST}$，$Y_{ST}$为试验齿轮的应力校正系数，根据标准取 $Y_{ST} = 2$；接触疲劳强度极限值用 σ_{Hlim}代入，查图 5-41。

由于材料品质的不同，对齿轮的疲劳强度极限共给出了代表材料品质的三个等级 ME、MQ 和 ML，其中 ME 是齿轮材料品质和热处理质量很高时的疲劳强度极限取值线，MQ 是齿轮材料品质和热处理质量达到中等时的疲劳强度极限取值线，ML 是齿轮材料品质和热处理质量达到最低要求时的疲劳强度极限取值线。在图 5-40 和图 5-41 中查取 σ_{FE}、σ_{Hlim}时，一般取中间偏下值，即在 MQ 及 ML 中间选值。若齿面硬度超出图 5-40、图 5-41 中荐用范围，可大体按外插法查取相应的极限应力值。

此外，图 5-40 所示为脉动循环应力的极限应力，对于受双向弯曲的轮齿（如中间轮、行星轮），轮齿受对称循环弯曲应力，应将图中查得的极限应力值乘以 0.7。

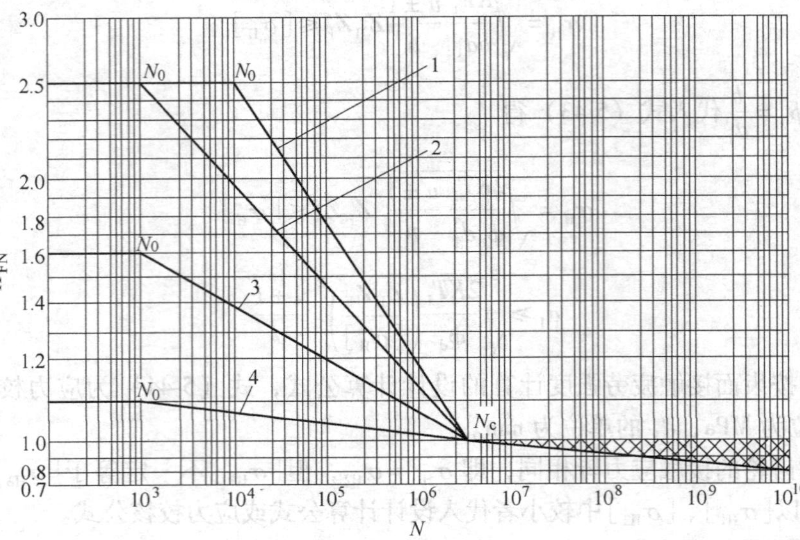

图 5-38　弯曲疲劳寿命系数 K_{FN}（当 $N > N_c$ 时，可根据经验在网纹区内取）

1—调质钢；球墨铸铁（珠光体、贝氏体）；珠光体可锻铸铁

2—渗碳淬火的渗碳钢；全齿廓火焰或感应淬火的钢、球墨铸铁

3—渗氮的渗氮钢；球墨铸铁（铁素体）；灰铸铁；结构钢

4—氮碳共渗的调质钢、渗碳钢

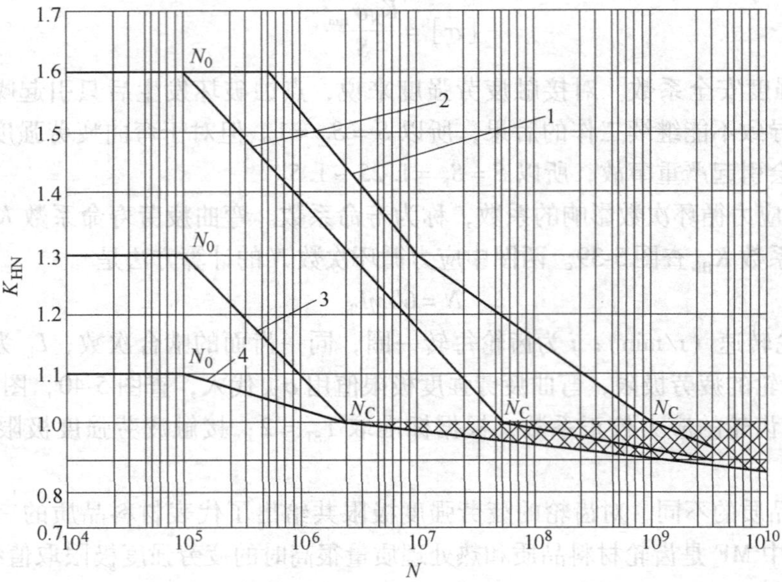

图 5-39　接触疲劳寿命系数 K_{HN}（当 $N > N_c$ 时，可根据经验在网纹区内取值）

1—允许一定点蚀时的结构钢；调质钢；球墨铸铁（珠光体、贝氏体）；珠光体可锻铸铁；渗碳淬火的渗碳钢

2—结构钢；调质钢；渗碳淬火钢；火焰或感应淬火的钢、球墨铸铁；球墨铸铁（珠光体、贝氏体）；珠光体可锻铸铁

3—灰铸铁；球墨铸铁（铁素体）；渗氮的渗氮钢；调质钢、渗碳钢

4—氮碳共渗的调质钢、渗碳钢 W

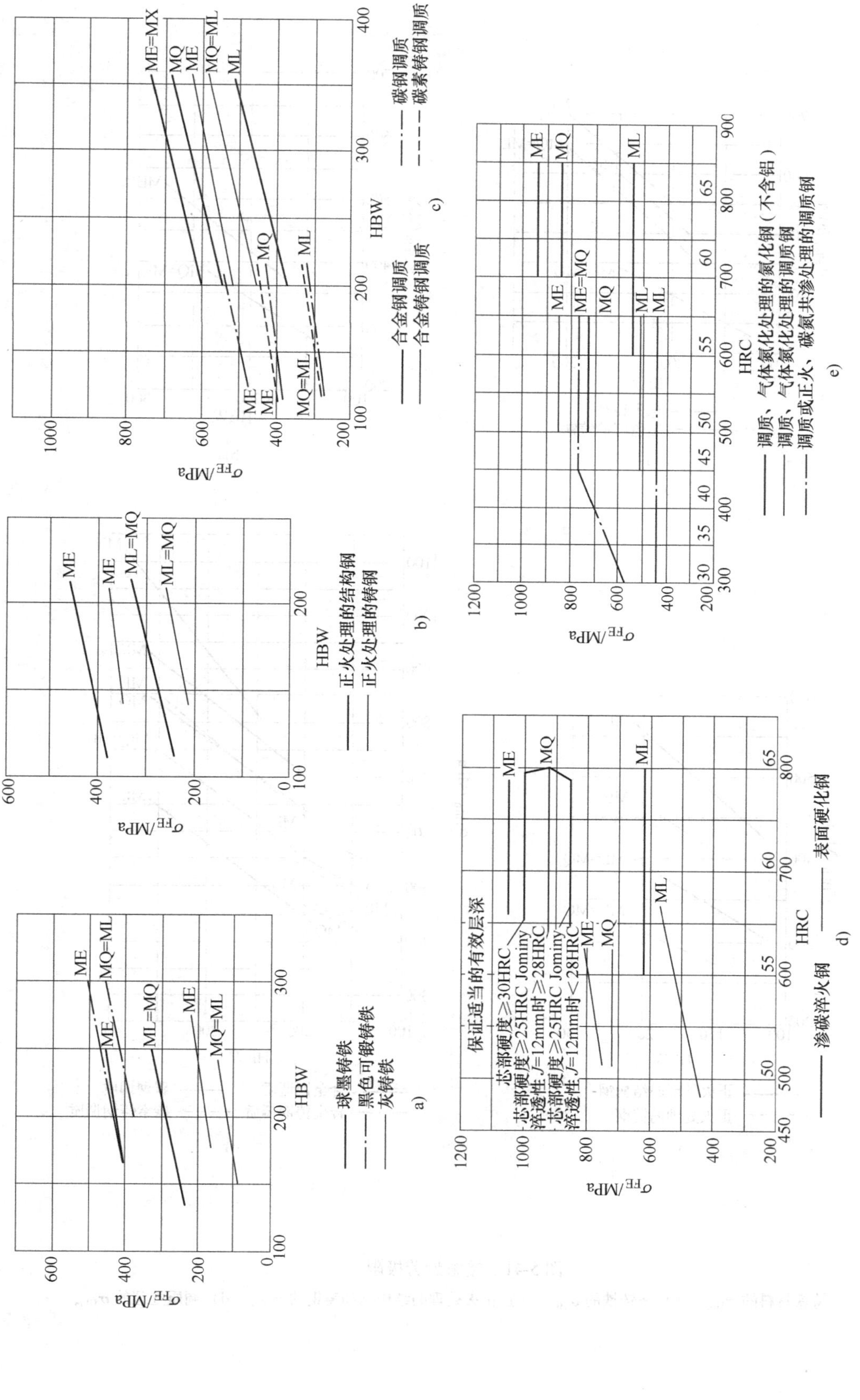

图 5-40　弯曲疲劳极限

a）铸铁材料的 σ_{FE}　b）正火处理钢的 σ_{FE}　c）调质处理钢的 σ_{FE}　d）渗碳淬火钢和表面硬化（火焰或感应淬火）钢的 σ_{FE}　e）氮化及碳氮共渗钢的 σ_{FE}

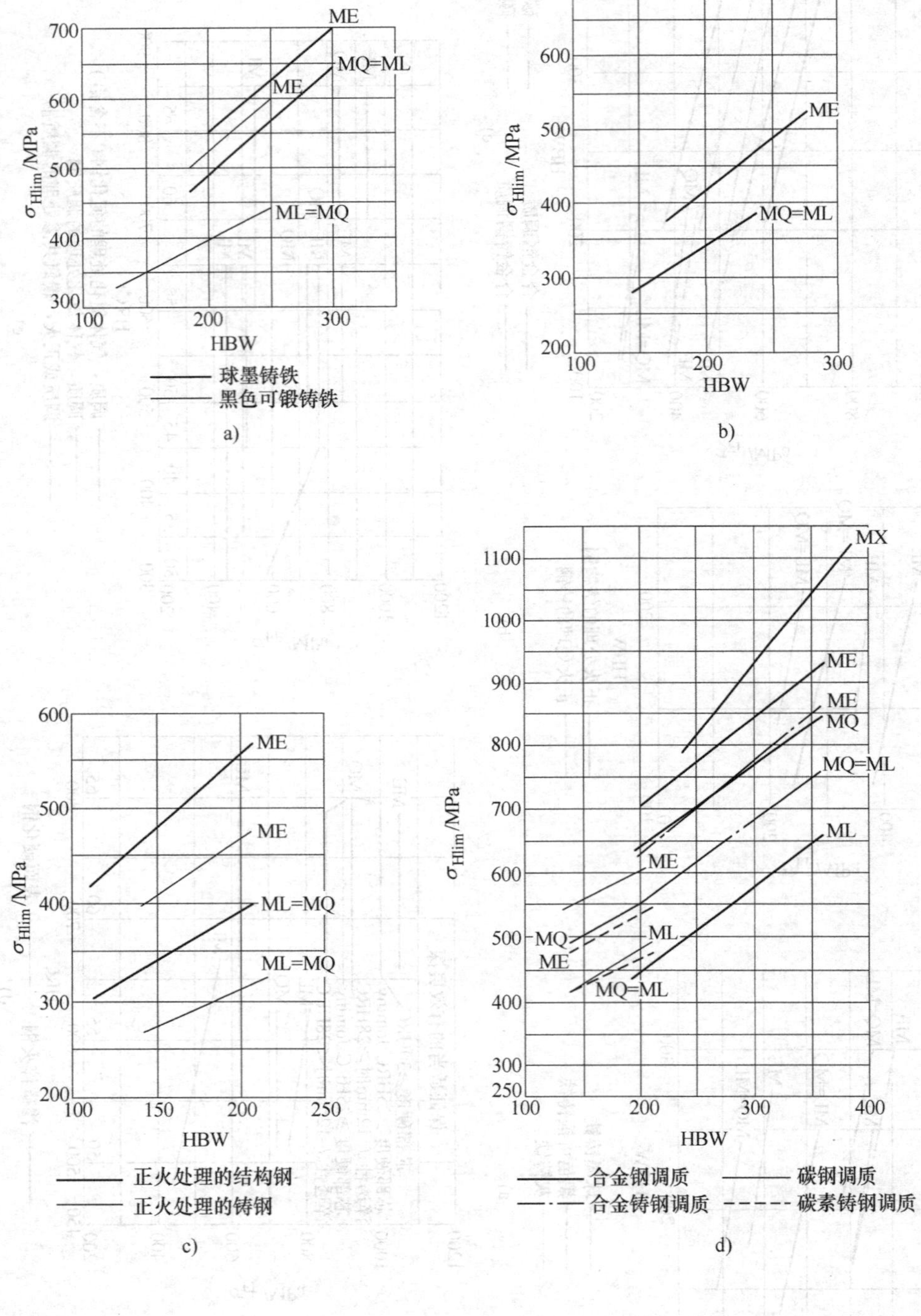

图 5-41　接触疲劳极限

a）铸铁材料的 σ_{Hlim}　b）灰铸铁的 σ_{Hlim}　c）正火处理的结构钢和铸钢的 σ_{Hlim}　d）调质处理的 σ_{Hlim}

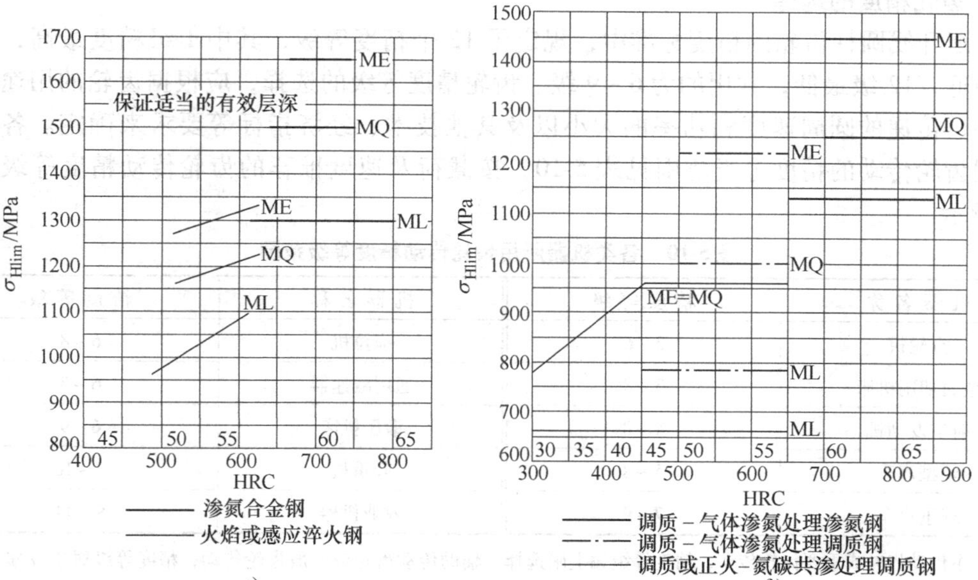

e)　　f)

图 5-41　接触疲劳极限（续）

e）渗氮淬火钢和表面硬化的 σ_{Hlim}　f）渗氮和渗氮共渗钢的 σ_{Hlim}

4. 齿轮主要参数的选择

（1）齿数 z 和模数 m 的选择　当分度圆直径一定时，增加齿数，能增大端面重合度，改善传动的平稳性并降低噪声。同时齿数增加则模数减小，降低齿高，减少金属切削量，节省制造费用。另外，降低齿高还能降低滑动速度，以减少磨损及胶合的可能性。因此，对于软齿面的闭式齿轮传动，在满足齿根弯曲疲劳强度条件下，一般倾向于选较大的齿数，小齿轮齿数推荐选取 $z_1 = 20 \sim 40$。在硬齿面的闭式传动和开式（半开式）齿轮传动，由于轮齿主要为磨损失效，为使轮齿不致过小，齿数取少一些，一般可取 $z_1 = 17 \sim 20$。一般在满足齿根弯曲疲劳强度的条件下，模数 m 取小一些。对于传递动力的齿轮，为防止因过载而断齿，一般应使模数 $m \geqslant 1.5 \sim 2$mm。

小齿轮齿数确定后，按齿数比 $u = z_2/z_1$ 可确定大齿轮的齿数 z_2。为了使各个相啮合对齿磨损均匀，传动平稳，z_2 与 z_1 一般互为质数。

（2）齿宽系数 ϕ_d　由齿轮的强度计算公式可知，轮齿越宽，承载能力越高，因而轮齿不宜过窄；但轮齿越宽，齿面上载荷分布更趋不均匀，故齿宽系数应取得适当。

$$\phi_d = \frac{b}{d_1} \tag{5-47}$$

圆柱齿轮的齿宽系数 ϕ_d 荐用值见表 5-9。圆柱齿轮的实用齿宽，在按 $b = \phi_d d_1$ 计算后再进行适当圆整。为防止两齿轮因装配后轴向稍有错位而导致啮合齿宽减小而增大轮齿单位齿宽的工作载荷，常把小齿轮的齿宽在圆整值的基础上人为加宽约 5 ~ 10mm。

表 5-9　圆柱齿轮齿宽系数 ϕ_d

装置状况	两支承相对小齿轮对称布置	两支承相对小齿轮不对称布置	小齿轮悬臂布置
ϕ_d	0.9 ~ 1.4(1.2 ~ 1.9)	0.7 ~ 1.15(1.1 ~ 1.65)	0.4 ~ 0.6

注：1. 大、小齿轮皆为硬齿面时，ϕ_d 取偏下限数值；若皆为软齿面或仅大齿轮为软齿面时，ϕ_d 取偏上限数值。
2. 括号内数值用于人字齿轮，此时 b 为人字齿轮总宽度。
3. 金属切削机床齿轮传动，若传递功率不大时，ϕ_d 可小到 0.2。
4. 非金属齿轮可取 $\phi_d = 0.5 \sim 1.2$。

5. 齿轮精度的选择

在渐开线圆柱齿轮的精度标准中，规定了 12 个精度等级，其中 1 级精度最高，精度依次降低，12 级最低，常用的为 6 ~ 9 级。齿轮精度等级的选择，应根据齿轮的用途、使用条件、传递的圆周速度和功率的大小以及其他技术、经济指标等要求来确定。各类机器所用齿轮传动的精度等级范围见表 5-10，按载荷及速度推荐的齿轮传动精度等级如图 5-42 所示。

表 5-10　各类机器所用齿轮传动精度等级范围

机器名称	精度等级	机器名称	精度等级
汽轮机	3 ~ 6	拖拉机	6 ~ 8
金属切削机床	3 ~ 8	通用减速器	6 ~ 8
航空发动机	4 ~ 8	锻压机床	6 ~ 9
轻型汽车	5 ~ 8	起重机	7 ~ 10
载重汽车	7 ~ 9	农业机器	8 ~ 11

注：主传动齿轮或重要齿轮传动，精度等级偏上限选择；辅助传动齿轮或一般齿轮传动，精度等级居中或偏下限选择。

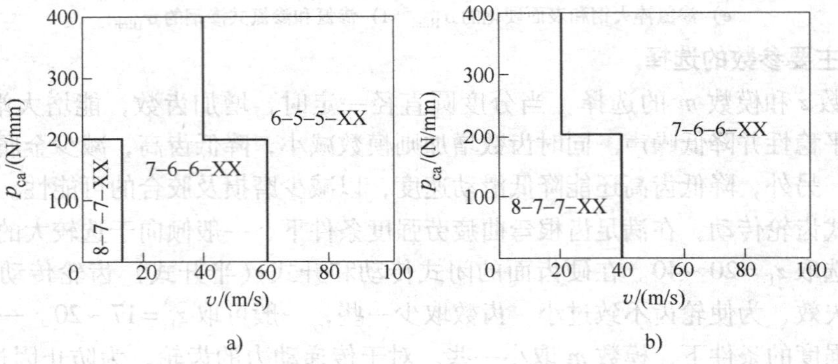

图 5-42　齿轮传动精度等级选择
a）圆柱齿轮传动　b）锥齿轮传动

例 5-2　图 5-43 所示为输送机减速器，试设计高速级齿轮传动。已知输入功率 $P_1 = 40\text{kW}$，小齿轮转速 $n_1 = 960\text{r/min}$，齿数比 $u = 3.2$，由电动机驱动，工作寿命 15 年（每年工作 300 天），两班制，带式运输机工作平稳，转向不变。

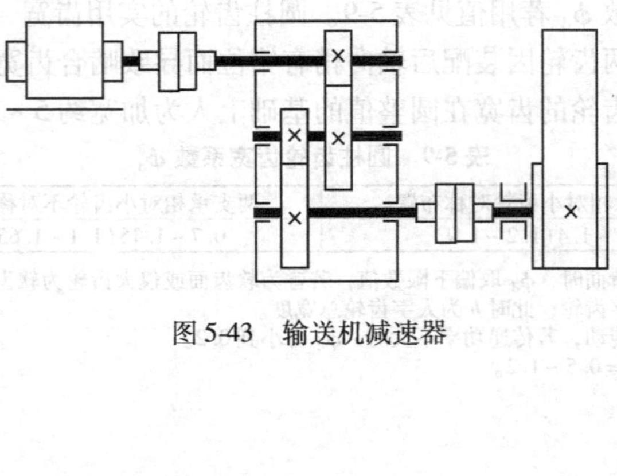

图 5-43　输送机减速器

解　设计计算见下表。

计算项目	计算与说明	计算结果
1. 选择齿轮类型、材料、精度等级和齿数	1. 按 5-43 图所示传动方案，选用直齿圆柱齿轮传动 2. 材料。考虑到功率较大，大、小齿轮均采用硬齿面，查表 5-5 选取齿轮材料为 40Cr，调质后表面淬火，齿面硬度为 48 ~ 55HRC 3. 输送机为一般机器，速度不高，故选取 7 级精度 4. 选择小齿轮齿数 $z_1 = 24$；大齿轮齿数 $z_2 = uz_1 = 76.8$，取 $z_2 = 77$	材料为 40Cr，齿面硬度为 48 ~ 55HRC，7 级精度 $z_1 = 24$；$z_2 = 77$
2. 按齿面接触疲劳强度设计	1. 设计公式　$d_1 \geqslant \sqrt[3]{\frac{2KT_1}{\phi_d}\left(\frac{Z_H Z_E}{[\sigma_H]}\right)^2 \frac{u \pm 1}{u}}$ 2. 确定公式内各计算数值 (1) 选择载荷系数 K，查表 5-6，取 $K = 1.2$ (2) 计算小齿轮转矩 $T_1 = 95.5 \times 10^5 P/n_1 = 95.5 \times 10^5 \times 40/960 \text{N} \cdot \text{mm}$ $= 3.98 \times 10^5 \text{N} \cdot \text{mm}$ (3) 选取齿宽系数，查表 5-9，选取 $\phi_d = 0.8$ (4) 选取弹性影响系数，查表 5-8，取 $Z_E = 189.8 \text{MPa}^{1/2}$ (5) 接触疲劳强度极限，由图 5-41 查得 $\sigma_{Hlim} = \sigma_{Hlim1} = \sigma_{Hlim2} = 1150 \text{MPa}$ (6) 计算应力循环次数，由式(5-46)得 $N_1 = 60n_1 jL_h = 60 \times 960 \times 1 \times (2 \times 8 \times 300 \times 15)$ $= 4.147 \times 10^9$ $N_2 = N_1/u = 4.147 \times 10^9/3.2 = 1.296 \times 10^9$ (7) 寿命系数，由图 5-39 查得：$K_{HN1} = 0.88$；$K_{HN2} = 0.90$ (8) 计算接触疲劳许用应力 取 $S = S_H = 1$ 由式(5-45)得 $[\sigma_{H1}] = \frac{K_{HN1}\sigma_{Hlim}}{S} = \frac{0.88 \times 1150}{1} \text{MPa} = 1012 \text{MPa}$ $[\sigma_{H2}] = \frac{K_{HN2}\sigma_{Hlim}}{S} = \frac{0.90 \times 1150}{1} \text{MPa} = 1035 \text{MPa}$ 3. 计算 将各参数数值代入设计公式计算小齿轮分度圆直径 d_1，$[\sigma_H]$取$[\sigma_{H1}]$和$[\sigma_{H2}]$中较小的值 $d_1 \geqslant \sqrt[3]{\frac{2KT_1}{\phi_d}\left(\frac{Z_H Z_E}{[\sigma_H]}\right)^2 \frac{u \pm 1}{u}}$ $= \sqrt[3]{\frac{2 \times 1.3 \times 3.98 \times 10^5}{0.8} \times \left(\frac{2.5 \times 189.8}{1012}\right)^2 \times \frac{4.2}{3.2}} \text{mm}$ $= 72 \text{mm}$ 4. 计算模数 $m = d_1/z_1 = 72/24 \text{mm} = 3 \text{mm}$	$T_1 = 3.98 \times 10^5 \text{N} \cdot \text{mm}$ $[\sigma_{H1}] = 1012 \text{MPa}$ $[\sigma_{H2}] = 1035 \text{MPa}$ $d_1 = 72 \text{mm}$

（续）

计 算 项 目	计算与说明	计 算 结 果
3. 按齿根弯曲疲劳强度设计	1. 设计公式　$m \geqslant \sqrt[3]{\dfrac{2KT_1}{\phi_d z_1^2}\dfrac{Y_{Fa}Y_{Sa}}{[\sigma_F]}}$ 2. 确定公式内各计算数值 （1）弯曲疲劳强度极限，由图5-40查得 $\sigma_{FE}=\sigma_{FE1}=\sigma_{FE2}=680\text{MPa}$ （2）寿命系数，由图5-38查得$K_{FN1}=0.88$；$K_{FN2}=0.90$ （3）计算许用弯曲应力 取$S=S_F=1.4$由式(5-45)得 $[\sigma_{F1}]=\dfrac{K_{FN1}\sigma_{FE1}}{S}=\dfrac{0.88\times680}{1.4}\text{MPa}=427.43\text{MPa}$ $[\sigma_{F2}]=\dfrac{K_{FN2}\sigma_{FE1}}{S}=\dfrac{0.90\times680}{1.4}\text{MPa}=437.14\text{MPa}$ （4）齿形系数，由表5-7查得$Y_{Fa1}=2.65$；$Y_{Fa2}=2.226$ （5）应力校正系数，由表5-7查得$Y_{Sa1}=1.58$；$Y_{Sa2}=1.764$ （6）计算$Y_{Fa}Y_{Sa}/[\sigma_F]$ $Y_{Fa1}Y_{Sa1}/[\sigma_{F1}]=2.65\times1.58/427.43=0.0098$ $Y_{Fa2}Y_{Sa2}/[\sigma_{F2}]=2.226\times1.764/437.14=0.00898$ 小齿轮的数值大，因此取$Y_{Fa}Y_{Sa}/[\sigma_F]=0.0098$ （7）载荷系数，查表5-6，取$K=1.2$ 3. 计算 $m\geqslant\sqrt[3]{\dfrac{2KT_1}{\phi_d z_1^2}\dfrac{Y_{Fa}Y_{Sa}}{[\sigma_F]}}=\sqrt[3]{\dfrac{2\times1.2\times3.98\times10^5}{0.8\times24^2}\times0.0098}\text{mm}$ $=2.73\text{mm}$	$[\sigma_{F1}]=427.43\text{MPa}$ $[\sigma_{F2}]=437.14\text{MPa}$ $Y_{Fa}Y_{Sa}/[\sigma_F]=0.0098$
4. 几何尺寸计算	对比计算结果，按齿面接触疲劳强度计算的模数m大于按齿根弯曲疲劳强度计算的模数，由于齿轮的模数主要取决于齿根弯曲疲劳强度，因此可取由齿根弯曲疲劳强度计算的模数2.73并就近圆整为标准值$m=2.75\text{mm}$，按齿面接触疲劳强度计算所得的分度圆直径$d_1=72\text{mm}$，计算 小齿轮齿数　$z_1=\dfrac{d_1}{m}=\dfrac{72}{2.75}=26.18$　圆整为27 大齿轮齿数　$z_2=27\times3.2=86.4$　圆整为87 这样设计出的齿轮传动，既满足了齿面接触疲劳强度，又满足了齿根弯曲疲劳强度 1. 计算分度圆直径 $d_1=mz_1=2.75\times27\text{mm}=74.25\text{mm}$ $d_2=mz_2=2.75\times87\text{mm}=239.25\text{mm}$ 2. 计算中心距 $a=\dfrac{m(z_1+z_2)}{2}\text{mm}=156.75\text{mm}$ 3. 计算齿宽b $b=\phi_d d_1=0.8\times74.25\text{mm}=59.4\text{mm}$ 取$b_2=60\text{mm}$，$b_1=70\text{mm}$	$m=2.75\text{mm}$ $z_1=27$ $z_2=87$ $d_1=74.25\text{mm}$ $d_2=239.25\text{mm}$ $a=156.75\text{mm}$ $b_2=60\text{mm}$ $b_1=70\text{mm}$
5. 齿轮结构设计及绘制齿轮零件图	略	

5.11　斜齿圆柱齿轮传动设计

5.11.1　齿廓曲面的形成及啮合特点

在前面研究的渐开线直齿圆柱齿轮中，由于轮齿的方向与轴线平行，所以齿轮端面上的渐开线齿廓形状与垂直于轴线的平面内的齿形完全相同。齿轮都有一定的宽度，因此，前述的发生线实际应该为发生面，基圆应该为基圆柱，发生线上的 K 点就成了直线 KK，如图 5-44a 所示。发生面沿基圆柱纯滚动，发生面上与基圆柱轴线平行的直线 KK 所形成的轨迹，即为直齿轮齿廓曲面，它是渐开线柱面。由此可知，一对直齿圆柱齿轮啮合时，齿廓曲面的接触线与齿轮的轴线平行，如图 5-45 所示，轮齿的啮合开始和终止都是沿整个齿宽突然发生的，所以容易引起冲击、振动和噪声，高速传动时，这种情况尤为突出。

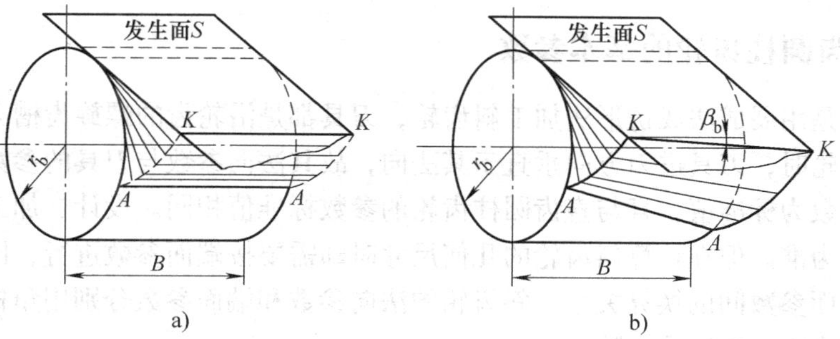

图 5-44　直齿与斜齿齿廓形成比较

a）直齿圆柱齿轮齿廓曲面的形成　b）斜齿圆柱齿轮齿廓曲面的形成

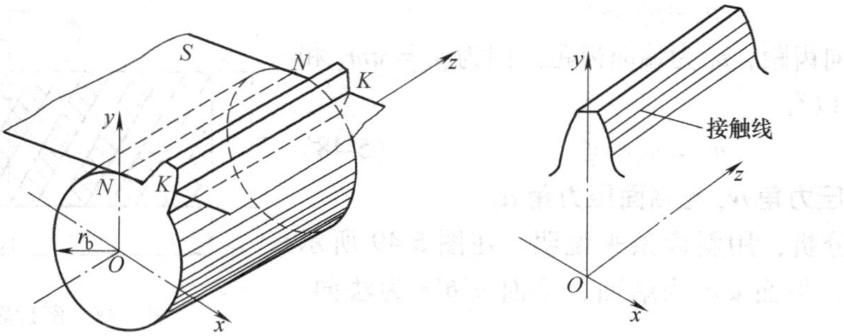

图 5-45　直齿轮齿廓曲面的接触线与齿轮的轴线平行

斜齿圆柱齿轮齿廓曲面形成的原理与直齿轮相似，所不同的是直线 KK 与轴线不平行，而有一个夹角 β_b，如图 5-46a 所示。当发生面沿基圆柱作纯滚动时，斜直线 KK 的轨迹即为斜齿轮齿廓曲面，称为渐开线螺旋面。该螺旋面与基圆柱的交线 AA 为一条螺旋线，其螺旋角为 β_b，称为基圆柱上的螺旋角，如图 5-46a 所示。螺旋线方向有左旋与右旋之分，如图 5-47 所示。

一对斜齿圆柱齿轮啮合时，齿面接触线与齿轮轴线相倾斜，如图 5-46b 所示，其长度由点到线并逐渐增长，到某一位置后，又逐渐缩短，直到脱离啮合。因此，斜齿圆柱齿轮传动轮齿是逐渐进入和逐渐退出啮合，所以斜齿圆柱齿轮传动具有传动平稳、噪声小、承载能力大等优点，故适用于高速和大功率场合。斜齿轮传动的主要缺点是轮齿啮合时会产生轴向分力，该轴向分力是有害的，将增大传动装置中的摩擦损失。

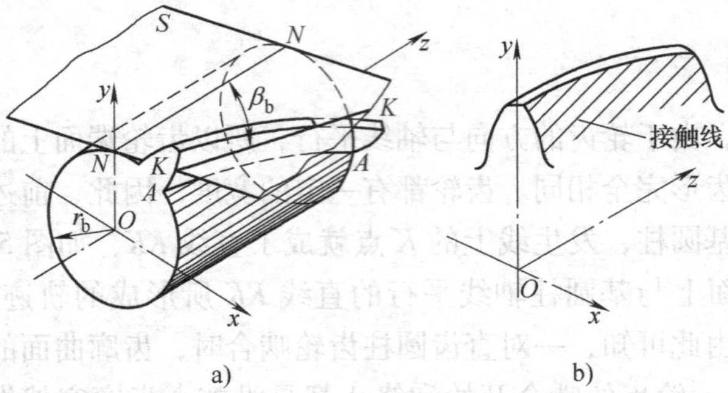

图 5-46 斜齿轮齿廓曲面的接触线与齿轮的轴线倾斜

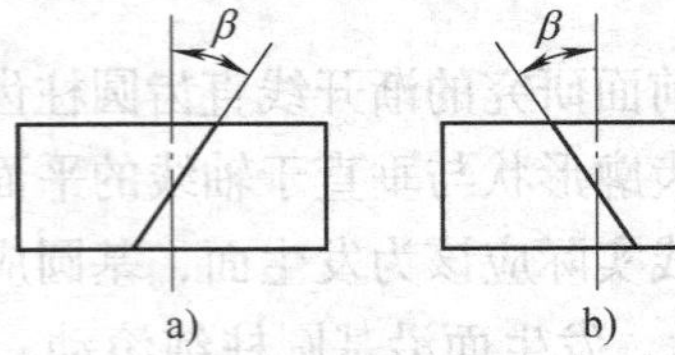

图 5-47 螺旋线旋向
a）右旋 b）左旋

5.11.2 斜齿圆柱齿轮的基本参数

由于无论是用展成法或仿形法加工斜齿轮，刀具都是沿轮齿的螺旋齿槽方向运动。又由于在切制斜齿轮时，刀具进刀方向垂直于其法向，故其法向参数与刀具的参数相同，所以斜齿轮的法向参数为标准值，且与直齿圆柱齿轮的参数标准值相同。设计、加工和测量斜齿轮时，均以法向为准。但在计算斜齿轮的几何尺寸时却需要按端面参数进行，因此就必须建立法向参数和端面参数间的换算关系。斜齿轮的法向参数和端面参数分别用角标 n、t 来区别。

1. 法向模数 m_n 与端面模数 m_t

图 5-48 所示为斜齿轮分度圆柱展开图。β 为分度圆柱的螺旋角，由图可知

$$p_n = p_t\cos\beta$$

p_n 为法向齿距，p_t 为端面齿距。因为 $p_n = \pi m_n$ 和 $p_t = \pi m_t$，所以有

$$m_n = m_t\cos\beta \tag{5-48}$$

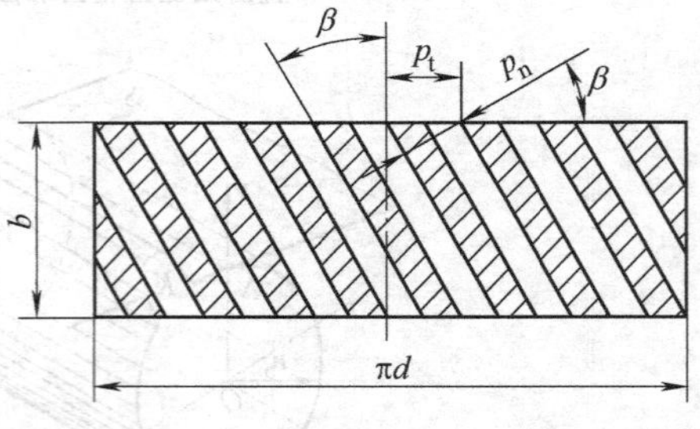

图 5-48 斜齿轮展开图

2. 法向压力角 α_n 与端面压力角 α_t

为便于分析，用斜齿条来说明。在图 5-49 所示的斜齿条中，平面 abc 为端面，平面 $a'b'c$ 为法向。由图 5-49 得

在△$a'b'c$ 中，$\tan\alpha_n = \dfrac{\overline{a'c}}{\overline{a'b'}}$；在△$abc$ 中，$\tan\alpha_t = \dfrac{\overline{ac}}{\overline{ab}}$；在△$aa'c$ 中，$\overline{a'c} = \overline{ac}\cos\beta$，因为 $\overline{ab} = \overline{a'b'}$，所以

$$\tan\alpha_n = \frac{\overline{a'c}}{\overline{a'b'}} = \frac{\overline{ac}\cos\beta}{\overline{ab}} = \frac{\overline{ab}\tan\alpha_t\cos\beta}{\overline{ab}} = \tan\alpha_t\cos\beta \tag{5-49}$$

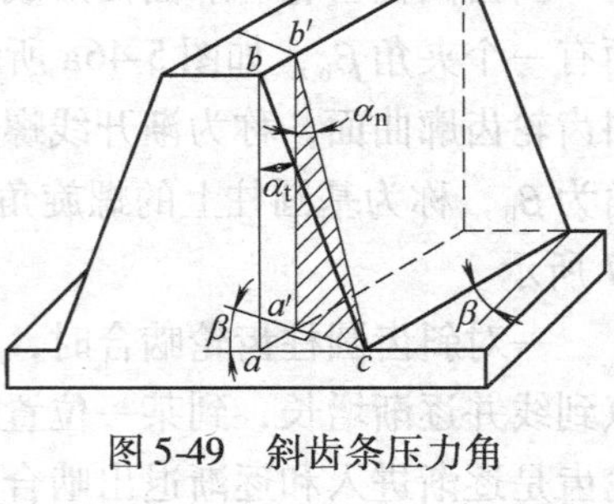

图 5-49 斜齿条压力角

3. 齿顶高系数 h_{an}^* 和 h_{at}^* 及顶隙系数 c_n^* 和 c_t^*

无论从端面看还是从法向看，齿轮全齿高、齿顶高、齿根高及顶隙都是相等的，即

$$h_a = h_{at}^* m_t = h_{an}^* m_n$$

$$h_f = (h_{at}^* + c_t^*) m_t = (h_{an}^* + c_n^*) m_n$$

$$c = c_t^* m_t = c_n^* m_n$$

因为

$$m_n = m_t \cos\beta$$

所以

$$h_{at}^* = h_{an}^* \cos\beta \qquad (5\text{-}50)$$

$$c_t^* = c_n^* \cos\beta \qquad (5\text{-}51)$$

4. 螺旋角 β

图 5-50a 下部为斜齿轮的分度圆柱，将分度圆柱展开成一个矩形，则矩形的宽就是斜齿轮的齿宽 b，矩形的长即为分度圆的周长 πd，如图 5-50b 所示。由图 5-50c 可知

$$\tan\beta = \frac{\pi d}{P_z}$$

P_z 为螺旋线的导程（螺旋线绕一周时它沿轴线方向前进的距离），基圆柱上的螺旋角

$$\tan\beta_b = \frac{\pi d_b}{P_z}$$

由以上两式得

$$\tan\beta_b = \frac{d_b}{d}\tan\beta = \tan\beta\cos\alpha_t \qquad (5\text{-}52)$$

上式表明 $\beta_b < \beta$，并可推知，各圆柱面上的螺旋角是不相等的。

传统设计时，一般取 $\beta = 8° \sim 20°$，但是随着新技术的发展，螺旋角 β 的取值越来越大，现代设计一般取 $\beta = 15° \sim 30°$。

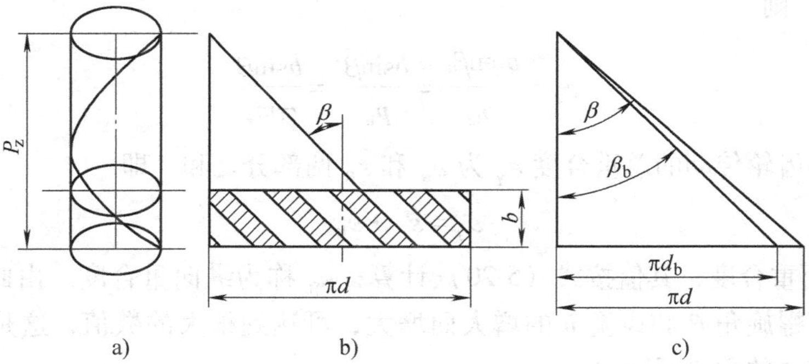

图 5-50　斜齿轮螺旋角

5.11.3　平行轴斜齿轮传动的正确啮合条件和重合度

1. 正确啮合条件

平行轴斜齿轮在端面内的啮合相当于直齿轮啮合，所以其端面的正确啮合条件为

$$m_{t1} = m_{t2} \quad 和 \quad \alpha_{t1} = \alpha_{t2}$$

另外，对于平行轴斜齿轮啮合传动，还应使两轮的螺旋角匹配。对外啮合传动，两轮的螺旋角应大小相等、方向相反；对内啮合传动，两轮的螺旋角应大小相等、方向相同。因此，斜齿轮的正确啮合条件是：

$$\begin{cases} m_{n1} = m_{n2} \\ \alpha_{n1} = \alpha_{n2} \\ \beta_1 = \pm\beta_2 \end{cases} \quad 或 \quad \begin{cases} m_{t1} = m_{t2} \\ \alpha_{t1} = \alpha_{t2} \\ \beta_1 = \pm\beta_2 \end{cases} \tag{5-53}$$

式中，正号用于内啮合，负号用于外啮合。

2. 重合度

为了分析一对斜齿轮传动的重合度，现将端面参数（齿数、模数、压力角、齿顶高系数及顶隙系数）完全相同的一对直齿圆柱齿轮传动和一对平行轴斜齿圆柱齿轮传动进行对比，如图 5-51 所示。图 5-51 中上图为直齿轮分度圆柱面展开图；下图为斜齿轮分度圆柱面展开图；B_2B_2 表示进入啮合的位置；B_1B_1 表示脱离啮合的位置。

由图 5-51 可以看出，对于直齿轮传动，轮齿在 B_2B_2 处进入啮合时，是沿整个齿宽接触；在 B_1B_1 处脱离啮合时，也是沿整个齿宽同时分开。

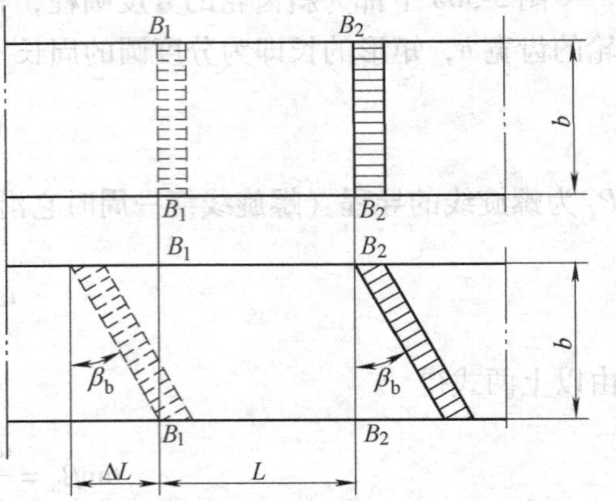

图 5-51　斜齿轮传动重合度

对于斜齿轮传动来说，轮齿也是在 B_2B_2 处进入啮合，但由于螺旋角的影响，它并不是沿整个齿宽同时进入啮合，而是由轮齿的一端先进入啮合。在 B_1B_1 处脱离啮合时也是由轮齿的一端先脱离啮合，直到该轮齿到达图 5-51 中虚线位置时，这对轮齿才完全脱离啮合。这样，斜齿轮传动的实际啮合区就比直齿轮传动增大了 $\Delta L = b\tan\beta_b$ 一段，因此，斜齿轮传动的重合度也就比直齿轮传动大，设其增加的一部分重合度以 ε_β 表示，则

$$\varepsilon_\beta = \frac{b\tan\beta_b}{p_{bt}} = \frac{b\sin\beta}{p_n} = \frac{b\sin\beta}{\pi m_n} \tag{5-54}$$

则平行轴斜齿轮传动的总重合度 ε_γ 为 ε_α 和 ε_β 两部分之和，即

$$\varepsilon_\gamma = \varepsilon_\alpha + \varepsilon_\beta \tag{5-55}$$

式中，ε_α 为端面重合度，其值按式（5-20）计算；ε_β 称为纵向重合度。由此可见，斜齿轮传动的重合度随螺旋角 β 和齿宽 b 的增大而增大，可达到很大的数值，这是斜齿轮传动平稳、承载能力较高的主要原因之一。

5.11.4　斜齿圆柱齿轮的当量齿数

用仿形法切制斜齿轮时，刀具是沿着垂直于其法向方向进刀的，故需要按照轮齿的法向齿形选择齿轮铣刀刀号。另外，在计算斜齿轮强度时，力是作用在法面内，也需要对其法向齿形进行研究。因此可以虚拟一个直齿轮，这个直齿轮的齿形与斜齿轮法向齿形相当，该虚拟的直齿轮称为该斜齿轮的当量齿轮，当量齿轮的模数与压力角就是该斜齿轮的法向模数和法向压力角，当量齿轮的齿数称为该斜齿轮的当量齿数，用 z_v 表示。

为确定当量齿数 z_v，如图 5-52 所示，过斜齿轮分度圆上的 C 点作斜齿轮法向剖面，得到一椭圆。该剖面上 C 点附近的齿形可视为斜齿轮的法面齿形。以椭圆上点 C 的曲率半径 ρ

作为分度圆半径，并以斜齿轮的 m_n 和 α_n 分别为模数和压力角作一虚拟的直齿轮，该虚拟直齿轮的齿形与斜齿轮的法向齿形十分相近，故此虚拟直齿轮即为该斜齿轮的当量齿轮，其齿数即为当量齿数。

由图 5-52 可知，椭圆的长半轴 $a=d/(2\cos\beta)$，短半轴为 $b=d/2$，而

$$\rho=\frac{a^2}{b}=\frac{d}{(2\cos^2\beta)}$$

所以 $$z_v=2\rho/m_n=d/(m_n\cos^2\beta)=zm_t/(m_n\cos^2\beta)=z/\cos^3\beta \quad (5\text{-}56)$$

斜齿标准齿轮不发生根切的最少齿数也可由上式求得为

$$z_{min}=z_{vmin}\cos^3\beta \quad (5\text{-}57)$$

式中，z_{vmin} 为当量标准直齿轮不发生根切的最少齿数。

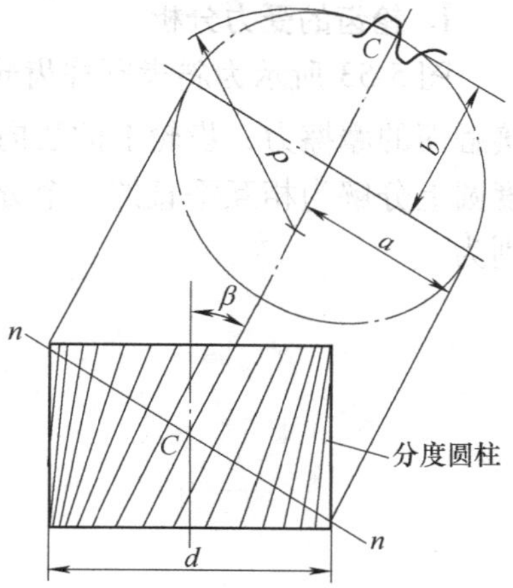

图 5-52　斜齿轮的当量齿数

为了计算方便，现将斜齿圆柱齿轮的主要参数及几何尺寸的计算公式列于表 5-11。

表 5-11　标准斜齿圆柱齿轮的主要参数及几何尺寸的计算公式

名　称	代　号	公　式
螺旋角	β	(一般取 8°~20°)
基圆柱螺旋角	β_b	$\tan\beta_b=\tan\beta\cos\alpha_t$
法向模数	m_n	由强度计算获得(按表 5-1，取标准值)
端面模数	m_t	$m_t=m_n/\cos\beta$
法向压力角	α_n	$\alpha_n=20°$
端面压力角	α_t	$\tan\alpha_t=\tan\alpha_n/\cos\beta$
法向齿距	p_n	$p_n=\pi m_n$
端面齿距	p_t	$p_t=\pi m_t=p_n/\cos\beta$
法向齿顶高系数	h_{an}^*	$h_{an}^*=1$
法向顶隙系数	c_n^*	$c_n^*=0.25$
分度圆直径	d	$d=zm_t=zm_n/\cos\beta$
基圆直径	d_b	$d_b=d\cos\alpha_t$
齿顶高	h_a	$h_a=m_nh_{an}^*$
齿根高	h_f	$h_f=m_n(h_{an}^*+c_n^*)$
全齿高	h	$h=h_a+h_f=2.25m_n$
齿顶圆直径	d_a	$d_a=d+2h_a$
齿根圆直径	d_f	$d_f=d-2h_f$
当量齿数	z_v	$z_v=z/\cos^3\beta$
最少齿数	z_{vmin}	$z_{min}=z_{vmin}\cos^3\beta$
中心距	a	$a=\frac{d_1+d_2}{2}=\frac{m_t(z_1+z_2)}{2}=\frac{m_n(z_1+z_2)}{2\cos\beta}$

5.11.5　标准斜齿圆柱齿轮传动的强度计算

1. 轮齿的受力分析

图 5-53 所示为斜齿圆柱齿轮传动的受力情况，当主动齿轮上作用转矩 T_1 时，若忽略接触面的摩擦力，齿轮上的法向力 F_n 作用在垂直于齿面的法向平面 $Pabc$ 内，将 F_n 在分度圆上分解为相互垂直的三个分力，即圆周力 F_t、径向力 F_r 和轴向力 F_a，各力的大小分别为

$$\begin{cases} F_t = \dfrac{2T_1}{d_1} \\ F_r = \dfrac{F_t \tan\alpha_n}{\cos\beta} \\ F_a = F_t \tan\beta \\ F_n = \dfrac{F_t}{\cos\alpha_t \cos\beta_b} \end{cases} \tag{5-58}$$

式中，β 为节圆螺旋角，对标准斜齿轮即分度圆螺旋角；β_b 为基圆螺旋角；α_n 为法向压力角，对标准斜齿轮 $\alpha_n = 20°$；α_t 为端面压力角。

从动轮轮齿上的载荷也可分解为 F_t、F_r 和 F_a，它们分别与主动轮上的各力大小相等方向相反。

圆周力和径向力方向的判断与直齿圆柱齿轮相同。轴向力 F_a 的方向取决于齿轮的回转方向和轮齿的旋向，可用“主动轮左、右手定则”来判断。即当主动轮是右旋时所受轴向力的方向用右手判断，四指沿齿轮旋转方向握轴，伸直大拇指，大拇指所指即为主动轮所受轴向力的方向。从动轮所受轴向力与主动轮的大小相等、方向相反，如图 5-54 所示。

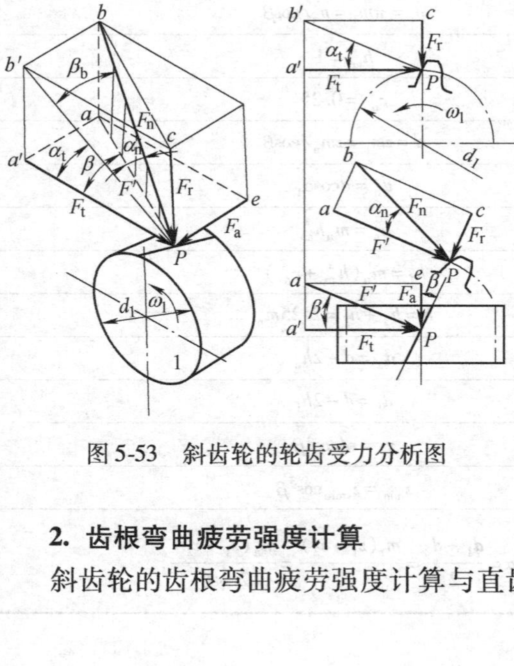

图 5-53　斜齿轮的轮齿受力分析图

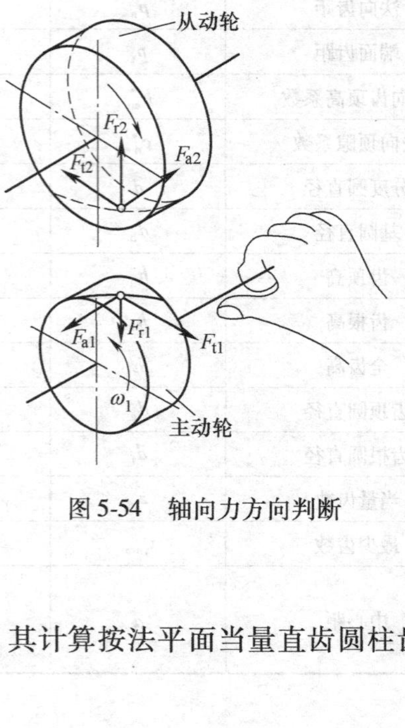

图 5-54　轴向力方向判断

2. 齿根弯曲疲劳强度计算

斜齿轮的齿根弯曲疲劳强度计算与直齿轮相似，其计算按法平面当量直齿圆柱齿轮进

行，以法向参数为依据。但斜齿轮齿面上的接触线是倾斜的，故轮齿往往是局部折断。斜齿轮的弯曲强度，若按轮齿局部折断分析比较复杂。斜齿圆柱齿轮接触线较长、重合度增大，故其计算公式与直齿轮的公式有所不同，其次还应考虑螺旋角 β 对轮齿弯曲强度的影响，引入了螺旋角影响系数 Y_β。由上述特点，参照直齿轮强度计算公式，斜齿轮轮齿弯曲强度计算公式为

$$\sigma_F = \frac{KF_t Y_{Fa} Y_{Sa} Y_\beta}{b m_n \varepsilon_\alpha} \leqslant [\sigma_F] \tag{5-59}$$

或

$$m_n \geqslant \sqrt[3]{\frac{2KT_1 Y_\beta \cos^2\beta}{\phi_d z_1^2 \varepsilon_\alpha} \frac{Y_{Fa} Y_{Sa}}{[\sigma_F]}} \tag{5-60}$$

式中，Y_{Fa} 为斜齿轮的齿形系数，应根据当量齿数 z_v 查表 5-7，其中 $z_v = z/\cos^3\beta$；Y_{Sa} 为斜齿轮的应力校正系数，应根据当量齿数 z_v 查表 5-7；Y_β 为螺旋角影响系数，数值可查图 5-55。

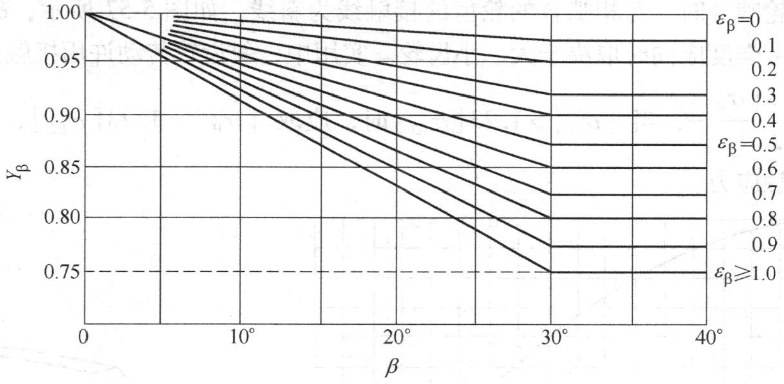

图 5-55　螺旋角影响系数

3. 齿面接触疲劳强度计算

斜齿轮的齿面接触疲劳强度计算，也按法向平面当量直齿圆柱齿轮进行。因此，直齿圆柱齿轮的强度计算的方法原则上适用于斜齿轮传动，并考虑斜齿轮传动的特点，求出其强度计算公式。斜齿轮啮合时，互相啮合的轮齿的接触线为斜线，接触线总长为所有啮合轮齿上接触线长度之和。在啮合过程中，啮合线总长一般是变动的，根据研究，可用 $\dfrac{b\varepsilon_\alpha}{\cos\beta}$ 作为接触线总长度的代表值。

对于渐开线斜齿圆柱齿轮，在啮合平面内，节点处齿廓法面的综合曲率半径可用下式计算

$$\frac{1}{\rho_\Sigma} = \frac{1}{\rho_{n1}} \pm \frac{1}{\rho_{n2}} = \frac{2\cos\beta_b}{d_1 \sin\alpha_t}\left(\frac{u \pm 1}{u}\right)$$

将上式代入式（5-41），并将式（5-41）中的 b 用 $\dfrac{b\varepsilon_\alpha}{\cos\beta_b}$ 代入，得

$$\sigma_H = \sqrt{\frac{KF_t}{bd_1\varepsilon_\alpha} \frac{u \pm 1}{u}} \sqrt{\frac{2\cos\beta_b}{\sin\alpha_t \cos\alpha_t}} Z_E \leqslant [\sigma_H]$$

令
$$Z_H=\sqrt{\frac{2\cos\beta_b}{\sin\alpha_t\cos\alpha_t}}$$

Z_H 称为区域系数。图 5-56 为法向压力角 $\alpha_n=20°$的标准齿轮的 Z_H 值。于是得

$$\sigma_H=\sqrt{\frac{KF_t}{bd_1\varepsilon_\alpha}\frac{u\pm1}{u}}Z_HZ_E\leqslant[\sigma_H] \tag{5-61}$$

或

$$d_1\geqslant\sqrt[3]{\frac{2KT_1}{\phi_d\varepsilon_\alpha}\frac{u\pm1}{u}\left(\frac{Z_HZ_E}{[\sigma_H]}\right)^2} \tag{5-62}$$

式中，σ_H 和 $[\sigma_H]$ 的单位为 MPa，d_1 的单位为 mm，其余各符号的意义同直齿轮计算公式。

由于斜齿轮啮合时，互相啮合的轮齿的接触线为斜线，如图 5-57 所示，故斜齿轮传动的齿面接触疲劳强度应同时取决于大、小齿轮。实用中，斜齿轮传动许用接触应力约可取为 $[\sigma_H]=\frac{[\sigma_{H1}]+[\sigma_{H2}]}{2}$，当 $[\sigma_H]>1.23[\sigma_{H2}]$时，应取 $[\sigma_H]=1.23[\sigma_{H2}]$，$[\sigma_{H2}]$为较软齿面的许用接触应力。

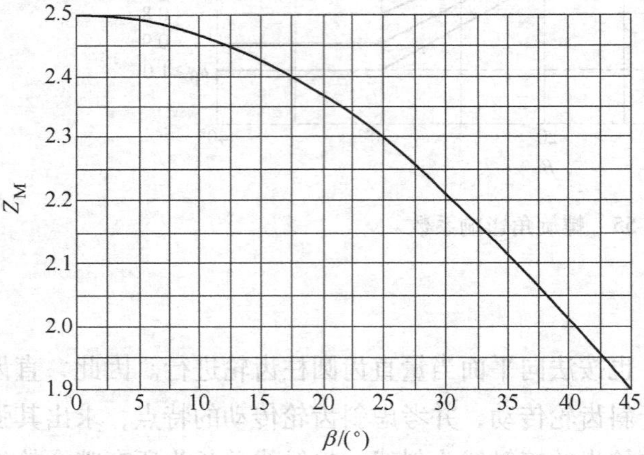

图 5-56　区域系数 Z_H

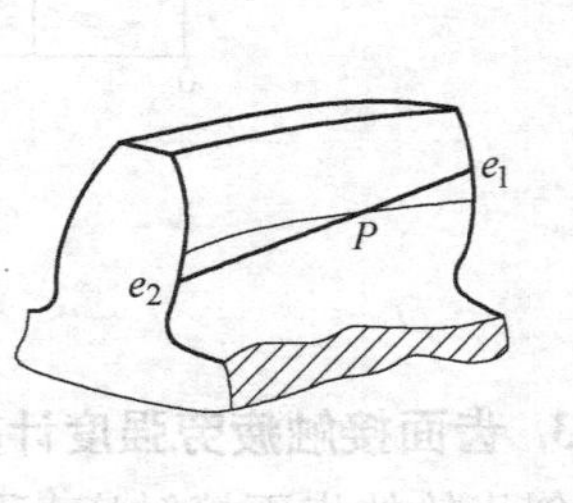

图 5-57　斜齿轮的接触线

例 5-3　按例 5-2 的数据，改用斜齿圆柱齿轮传动，试设计此传动。

解　设计计算见下表。

计算项目	计算与说明	计算结果
1. 选择齿轮类型、材料、精度等级、齿数及螺旋角	1. 按例 5-2 所示传动方案，选用斜齿圆柱齿轮传动。 2. 材料：大、小齿轮均用硬齿面。查表 5-5 选取齿轮材料为 40Cr，调质后表面淬火，齿面硬度为 48 ~ 55HRC 3. 选取精度等级：取 7 级精度 4. 齿数：$z_1=24$；$z_2=uz_1=77$ 5. 螺旋角：初选螺旋角 $\beta=14°$	材料为 40Cr，齿面硬度为 48 ~ 55HRC，7 级精度 $z_1=24$；$z_2=77$ $\beta=14°$

（续）

计算项目	计算与说明	计算结果
2. 按齿面接触疲劳强度设计	1. 设计公式 $d_1 \geqslant \sqrt[3]{\frac{2KT_1}{\phi_d \varepsilon_\alpha} \frac{u \pm 1}{u} \left(\frac{Z_H Z_E}{[\sigma_H]}\right)^2}$ 2. 确定各参数值 （1）查表 5-6，取 $K = 1.2$ （2）$T_1 = 95.5 \times 10^5 P/n_1 = 95.5 \times 10^5 \times 40/960\text{N} \cdot \text{mm} = 3.98 \times 10^5 \text{N} \cdot \text{mm}$ （3）查表 5-9 选取齿宽系数 $\phi_d = 0.8$ （4）查表 5-8 得弹性影响系数 $Z_E = 189.8\text{MPa}^{1/2}$ （5）由图 5-56 查得 $Z_H = 2.433$ （6）经计算 $\varepsilon_\alpha = 1.65$ （7）由图 5-41 查得接触疲劳强度极限 $\sigma_{\text{Hlim}} = \sigma_{\text{Hlim1}} = \sigma_{\text{Hlim2}} = 1150\text{MPa}$ （8）由式(5-46)计算应力循环次数 $N_1 = 60n_1 jL_h = 60 \times 960 \times 1 \times (2 \times 8 \times 300 \times 15) = 4.147 \times 10^9$ $N_2 = N_1/u = 4.147 \times 109/3.2 = 1.296 \times 10^9$ （9）由图 5-39 查得寿命系数：$K_{\text{HN1}} = 0.88$；$K_{\text{HN2}} = 0.90$ （10）计算接触疲劳许用应力 取 $S = S_H = 1$ 由式(5-45)得 $[\sigma_{H1}] = \frac{K_{\text{HN1}}\sigma_{\text{Hlim}}}{S} = \frac{0.88 \times 1150}{1}\text{MPa} = 1012\text{MPa}$ $[\sigma_{H2}] = \frac{K_{\text{HN2}}\sigma_{\text{Hlim}}}{S} = \frac{0.90 \times 1150}{1}\text{MPa} = 1035\text{MPa}$ $[\sigma_H] = \frac{[\sigma_{H1}] + [\sigma_{H2}]}{2} = \frac{1012 + 1035}{2}\text{MPa} = 1023.5\text{MPa}$ （11）计算 将各参数数值代入设计公式计算小齿轮分度圆直径 d_1 $d_1 \geqslant \sqrt[3]{\frac{2KT_1}{\phi_d \varepsilon_\alpha} \frac{u \pm 1}{u} \left(\frac{Z_H Z_E}{[\sigma_H]}\right)^2}$ $\geqslant \sqrt[3]{\frac{2 \times 1.2 \times 3.98 \times 10^5}{0.8 \times 1.65} \times \frac{4.2}{3.2} \times \left(\frac{2.433 \times 189.8}{1023.5}\right)^2}\text{mm}$ $= 57.82\text{mm}$ 3. 计算法向模数 $m_n = \frac{d_1 \cos\beta}{z_1} = 2.34\text{mm}$ 4. 计算纵向重合度 $\varepsilon_\beta = \frac{b\sin\beta}{\pi m_n} = 1.68$	$T_1 = 3.98 \times 10^5 \text{N} \cdot \text{mm}$ $[\sigma_{H1}] = 1012\text{MPa}$ $[\sigma_{H2}] = 1035\text{MPa}$ $[\sigma_H] = 1023.5\text{MPa}$ $d_1 = 57.82\text{mm}$
3. 按齿根弯曲疲劳强度设计	1. 设计公式 $m_n \geqslant \sqrt[3]{\frac{2KT_1 Y_\beta \cos^2\beta}{\phi_d z_1^2 \varepsilon_\alpha} \frac{Y_{Fa} Y_{Sa}}{[\sigma_F]}}$ 2. 确定各参数值 （1）由图 5-40 查得弯曲疲劳强度极限 $\sigma_{FE} = \sigma_{FE1} = \sigma_{FE2} = 680\text{MPa}$	

（续）

计算项目	计算与说明	计算结果
3. 按齿根弯曲疲劳强度设计	(2) 由图5-38查得寿命系数：$K_{FN1}=0.88$；$K_{FN2}=0.90$ (3) 计算许用弯曲应力 取 $S=S_F=1.4$ 由式(5-45)得 $[\sigma_{F1}]=\frac{K_{FN1}\sigma_{FE1}}{S}=\frac{0.88\times680}{1.4}\text{MPa}=427.43\text{MPa}$ $[\sigma_{F2}]=\frac{K_{FN2}\sigma_{FE1}}{S}=\frac{0.90\times680}{1.4}\text{MPa}=437.14\text{MPa}$ (4) 计算当量齿数 由式(5-56)得 $z_{v1}=z_1/\cos^3\beta=24/\cos^3 14°=26.27$ $z_{v2}=z_2/\cos^3\beta=77/\cos^3 14°=84.29$ (5) 由表5-7查得齿形系数：$Y_{Fa1}=2.592$；$Y_{Fa2}=2.211$ (6) 由表5-7查得应力校正系数：$Y_{Sa1}=1.596$；$Y_{Sa2}=1.774$ (7) 计算 $Y_{Fa}Y_{Sa}/[\sigma_F]$ $Y_{Fa1}Y_{Sa1}/[\sigma_{F1}]=2.592\times1.596/427.43=0.00968$ $Y_{Fa2}Y_{Sa2}/[\sigma_{F2}]=2.211\times1.774/437.14=0.00897$ 小齿轮的数值大，因此取 $Y_{Fa}Y_{Sa}/[\sigma_F]=0.00968$ (8) 查表5-6，取 $K=1.2$ (9) 由纵向重合度 ε_β 查图5-55，得螺旋角影响系数 $Y_\beta=0.87$ 3. 计算 $m_n\geqslant\sqrt[3]{\frac{2\times1.2\times3.98\times10^5\times0.87\times(\cos14°)^2}{0.8\times24^2\times1.65}\times0.00968}\text{mm}$ $=2.15\text{mm}$	$[\sigma_{F1}]=427.43\text{MPa}$ $[\sigma_{F2}]=437.14\text{MPa}$ $Y_{Fa}Y_{Sa}/[\sigma_F]=0.00968$
4. 几何尺寸计算	对比计算结果，按齿面接触疲劳强度计算的模数 m 大于按齿根弯曲疲劳强度计算的模数，由于齿轮的模数主要取决于齿根弯曲疲劳强度，因此，可取由齿根弯曲疲劳强度计算的模数2.15并就近圆整为标准值 $m_n=2.25\text{mm}$，按齿面接触疲劳强度计算所得的分度圆直径 $d_1=57.82\text{mm}$，计算小齿轮齿数 $z_1=\frac{d_1\cos\beta}{m_n}=\frac{57.82\times\cos14°}{2.25}\approx25$ 大齿轮齿数　$z_2=25\times3.2\approx80$ 这样设计出的齿轮传动，既满足了齿面接触疲劳强度，又满足了齿根弯曲疲劳强度 1. 计算中心距 $a=\frac{m_n(z_1+z_2)}{2\cos\beta}\text{mm}=121.67\text{mm}$ 将中心距圆整为122mm 2. 按圆整后的中心距修正螺旋角 $\beta=\arccos\frac{(z_1+z_2)m_n}{2a}=\arccos\frac{(25+80)\times2.25}{2\times122}=14.4794°$	$m_n=2.25\text{mm}$ $z_1=25$ $z_2=80$ $a=122\text{mm}$

（续）

计算项目	计算与说明	计算结果
4. 几何尺寸计算	3. 计算分度圆直径 $$d_1=\frac{m_n z_1}{\cos\beta}=\frac{2.25\times25}{\cos14.4794°}\text{mm}=58.10\text{mm}$$ $$d_2=\frac{m_n z_2}{\cos\beta}=\frac{2.25\times80}{\cos14.4794°}\text{mm}=185.10\text{mm}$$ 4. 计算齿宽 b $$b=\phi_d d_1=0.8\times58.10=46.48\text{mm}$$ 取 $b_2=50\text{mm}, b_1=55\text{mm}$	$d_1=58.10\text{mm}$ $d_2=185.10\text{mm}$ $b_2=50\text{mm}$ $b_1=55\text{mm}$
5. 齿轮结构设计及绘制齿轮零件图	略	

5.12　直齿锥齿轮传动设计

5.12.1　直齿锥齿轮传动的特点及其齿廓曲面的形成

1. 锥齿轮传动的特点

锥齿轮用于两相交轴之间的传动。两轴交角可根据需要确定，但大多为 90°。锥齿轮传动常用的有直齿、曲线齿两种类型（见图 5-2a、b）。曲线齿锥齿轮传动，具有工作平稳、承载能力高、使用寿命长等许多优点，适于高速、重载应用场合，其主要缺点是制造困难，要求具备专用加工机床，专业性强，一般场合不便推广。

目前，应用最多的仍为直齿锥齿轮传动，这主要是因为其设计、制造都比较简单。但由于制造精度普遍较低，工作中振动和噪声较大，故圆周速度不宜过高。

本书只讨论用途最广、也是最基本的标准直齿锥齿轮传动。

2. 直齿锥齿轮的齿廓曲线

直齿锥齿轮的齿廓曲线的形成如图 5-58 所示。一个圆平面 S 与一个基圆锥切于直线 ON，圆平面半径与基圆锥锥距 R 相等，且圆心与锥顶重合。当圆平面绕圆锥作纯滚动时，该平面上任一点 B 将在空间展出一条渐开线 AB。因此渐开线 AB 是在以 O 为球心、OB 为半径的球面上，故称渐开线 AB 为球面渐开线。

锥齿轮的齿廓曲线为球面渐开线，但是球面渐开线无法在平面上展开，致使锥齿轮的设计和制造产生许多困难。为了使球面齿廓的问题转化成平面问题，就引入了背锥的概念。

由图 5-59 可知，$\triangle OAB$ 为锥齿轮的分度圆锥，过点 A 作 $AO_1 \perp AO$ 交锥齿轮的轴线于 O_1，再以 OO_1 为轴线、以 O_1A 为母线作圆锥 O_1AB，这个圆锥称为辅助圆锥或背锥。显然，背锥与球面切于锥齿轮大端的分度圆上，并与分度圆锥直角相接。

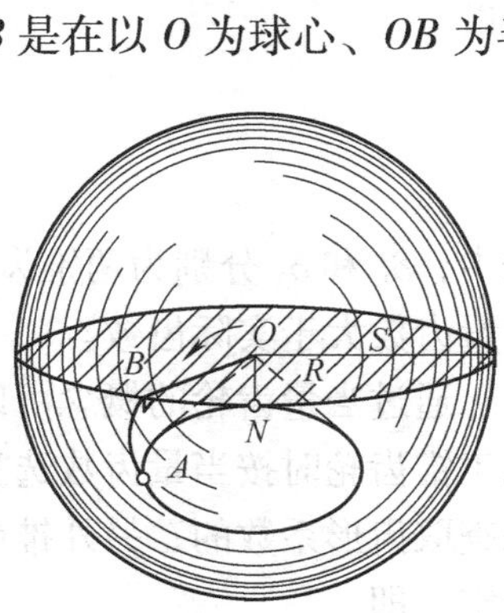

图 5-58　锥齿轮形成

若将球面渐开线的轮齿向背锥上投影，则 a、b 点的投影为 a'、b'，如图 5-59 所示。由图 5-59 可知，$a'b'$与 ab 相差很小，即背锥面上的投影齿形与球面渐开线齿形非常接近。因此可以近似地用背锥上的齿形来代替大端球面上的齿形。与球面不同，圆锥面可以展成平面，这样便不难设计和制造锥齿轮了。

图 5-60 所示为一对啮合的锥齿轮，其背锥展开成两个扇形齿轮，它们的分度圆半径分别为 r_{v1}、r_{v2}，即为两个锥齿轮背锥的锥距。如前所述，扇形齿轮上的渐开线齿廓可近似地代替锥齿轮大端的球面理论齿廓。

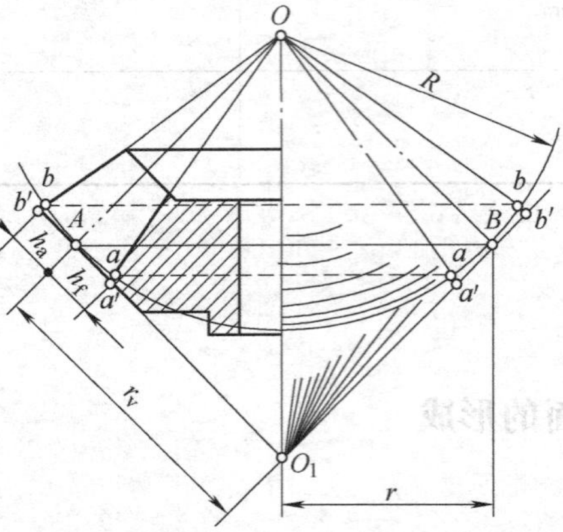

图 5-59　锥齿轮的背锥

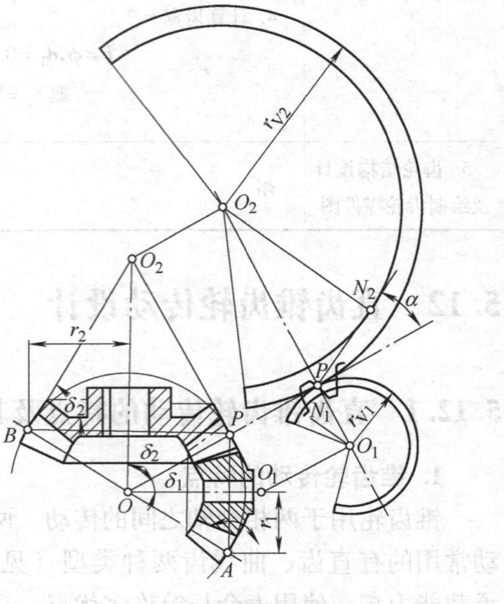

图 5-60　锥齿轮的当量齿轮

如将两个扇形齿轮都补足为完整的直齿圆柱齿轮，则这两个假想的圆柱齿轮称为该两个圆锥齿轮的当量齿轮，其齿数 z_{v1} 和 z_{v2} 称为该两锥齿轮的当量齿数。当量齿数 z_{v1}、z_{v2} 与锥齿轮真实齿数 z_1、z_2 的关系可按如下求出：由图 5-60 得

$$r_{v1} = r_1/\cos\delta_1 = mz_1/2\cos\delta_1$$

但

$$r_{v1} = mz_{v1}/2$$

所以

$$\begin{cases} z_{v1} = z_1/\cos\delta_1 \\ z_{v2} = z_2/\cos\delta_2 \end{cases} \tag{5-63}$$

式中，δ_1 和 δ_2 分别为两锥齿轮的分度圆锥角，由于 $\cos\delta_1$ 和 $\cos\delta_2$ 恒小于 1，所以锥齿轮的当量齿数大于实际齿数。

通过当量齿轮的概念可以将直齿圆柱齿轮的某些原理直接地用到锥齿轮上。如用仿形法加工锥齿轮时按当量齿数选择刀号；在进行锥齿轮的齿根弯曲强度计算时，也是按当量齿数来查取齿形系数的；另外锥齿轮不产生根切的最少齿数 z_{min} 可由当量齿轮的最少齿数 z_{vmin} 来确定，即

$$z_{min} = z_{vmin}\cos\delta \tag{5-64}$$

5.12.2　直齿锥齿轮传动的基本参数及几何尺寸计算

1. 基本参数及正确啮合条件

直齿锥齿轮传动的基本参数和几何尺寸是以轮齿大端为准。大端模数选取标准值（见表 5-12），大端压力角 $\alpha=20°$，$h_a^*=1$，$c^*=0.2$。

由上述可知，对直齿锥齿轮的啮合，可按两个当量齿轮的啮合来分析，因而其正确啮合条件为两个当量齿轮的模数和压力角分别相等，即两个锥齿轮的大端模数和压力角分别相等，且均为标准值。

表 5-12　锥齿轮标准模数系列（摘自 GB/T 12368—1990）　（单位：mm）

…1，1.125，1.25，1.375，1.5，1.75，2，2.25，2.5，2.75，3，3.25，3.5，3.75，4，4.5，5，5.5，6，6.5，7，8，9…

一对标准直齿锥齿轮（见图 5-61），其分度圆直径分别为

$$d_1=2R\sin\delta_1;\ d_2=2R\sin\delta_2 \tag{5-65}$$

式中，R 为锥距；δ_1 和 δ_2 为两锥齿轮的分度圆锥角。则一对锥齿轮传动的传动比为

$$i=\frac{\omega_1}{\omega_2}=\frac{z_2}{z_1}=\frac{d_2}{d_1}=\frac{\sin\delta_2}{\sin\delta_1} \tag{5-66}$$

当两轴线的夹角 $\Sigma=\delta_1+\delta_2=90°$时，则传动比为

$$i=\cot\delta_1=\tan\delta_2 \tag{5-67}$$

2. 几何尺寸计算

直齿锥齿轮的齿高都是从大端到小端逐渐收缩的。按顶隙沿齿宽是否变化，可分为不等顶隙收缩齿（见图 5-61a）和等顶隙收缩齿（见图 5-61b）两种。

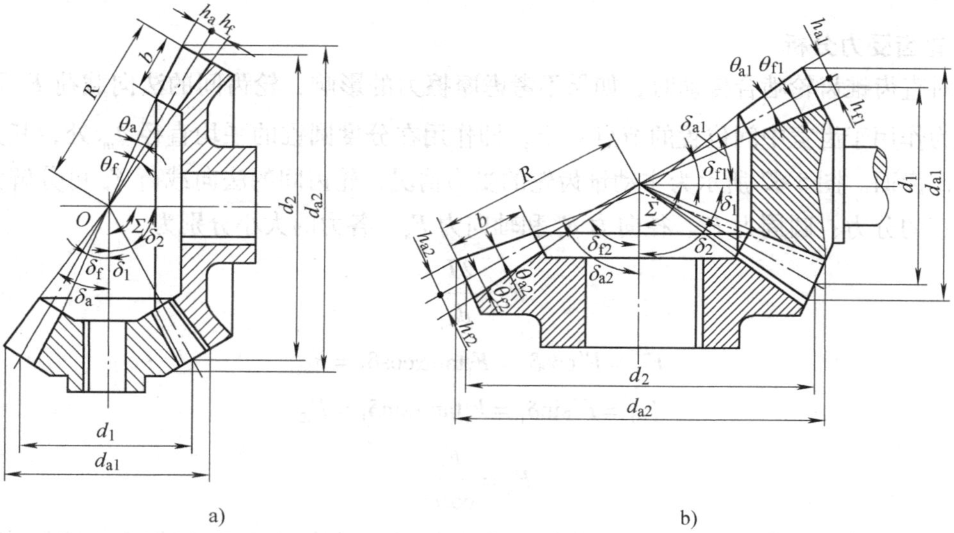

图 5-61　锥齿轮几何参数

a）不等顶隙收缩齿　b）等顶隙收缩齿

标准直齿锥齿轮的几何尺寸计算公式见表 5-13。

表 5-13　标准直齿锥齿轮的几何尺寸计算公式（$\Sigma=90°$）

名称	代号	计算公式	
		小齿轮	大齿轮
锥距	R	$R=\dfrac{d_1}{2\sin\delta_1}=\dfrac{d_2}{2\sin\delta_2}=\dfrac{m}{2}\sqrt{z_1^2+z_2^2}$	
齿顶角	θ_a	不等顶隙收缩齿 $\tan\theta_a=h_a/R$	
		等顶隙收缩齿 $\theta_a=\theta_f$	
齿根角	θ_f	$\tan\theta_f=h_f/R$	
顶锥角	δ_a	$\delta_{a1}=\delta_1+\theta_a$	$\delta_{a2}=\delta_2+\theta_a$
根锥角	δ_f	$\delta_{f1}=\delta_1-\theta_f$	$\delta_{f2}=\delta_2-\theta_f$
齿顶圆直径	d_a	$d_{a1}=d_1+2h_a\cos\delta_1$	$d_{a2}=d_2+2h_a\cos\delta_2$
齿根圆直径	d_f	$d_{f1}=d_1-2h_f\cos\delta_1$	$d_{f2}=d_2-2h_f\cos\delta_2$
齿宽	b	$b\leqslant R/3$	
齿数	z	z_1	$z_2=iz_1$
分度圆锥角	δ	$\cot\delta_1=i$	$\tan\delta_2=i$
分度圆直径	d	$d_1=mz_1$	$d_2=mz_2$
模数	m	由强度计算确定，按表 5-12 取值	
齿顶高	h_a	$h_a=h_a^*m=m$（$h_a^*=1$）	
齿根高	h_f	$h_f=(h_a^*+c^*)\,m=1.2m$（$c^*=0.2$）	
全齿高	h	$h=h_a+h_f=2.2m$	

5.12.3　直齿锥齿轮传动的强度计算

1. 轮齿受力分析

一对直齿锥齿轮啮合传动时，如果不考虑摩擦力的影响，轮齿间的法向载荷 F_n 可以近似简化为作用于齿宽中间位置的节点 C 上，即作用在分度圆锥的平均直径 d_{m1} 处，其方向垂直于工作齿面。图 5-62 所示为主动锥齿轮的受力情况，轮齿间的法向载荷 F_n 可分解为三个互相垂直的分力：圆周力 F_t、径向力 F_r 和轴向力 F_a。各力的大小分别为

$$
\left.\begin{aligned}
F_t&=\frac{2T_1}{d_{m1}}\\
F_{r1}&=F'\cos\delta_1=F_t\tan\alpha\cos\delta_1=F_{a2}\\
F_{a1}&=F'\sin\delta_1=F_t\tan\alpha\sin\delta_1=F_{r2}\\
F_n&=\frac{F_t}{\cos\alpha}
\end{aligned}\right\}\qquad(5\text{-}68)
$$

式中，F_{r1} 与 F_{a2} 及 F_{a1} 与 F_{r2} 大小相等、方向相反。平均直径 d_{m1} 可根据分度圆直径 d_1、锥距 R 和齿宽 b 来确定，即

$$\frac{R-0.5b}{R}=\frac{0.5d_{m1}}{0.5d_1}$$

则

$$d_{m1}=\frac{R-0.5b}{R}d_1=\left(1-0.5\frac{b}{R}\right)d_1$$

令 $\phi_R=\frac{b}{R}$，称为锥齿轮传动的齿宽系数，通常取 $\phi_R=0.25\sim0.35$，最常用的值 $\phi_R=1/3$。于是

$$d_{m1}=\frac{R-0.5b}{R}d_1=\left(1-0.5\frac{b}{R}\right)d_1=(1-0.5\phi_R)\ d_1 \tag{5-69}$$

圆周力的方向在主动轮上与回转方向相反，在从动轮上与回转方向相同；径向力的方向分别指向各自的轮心；轴向力 F_a 的方向分别由齿轮的小端指向大端。

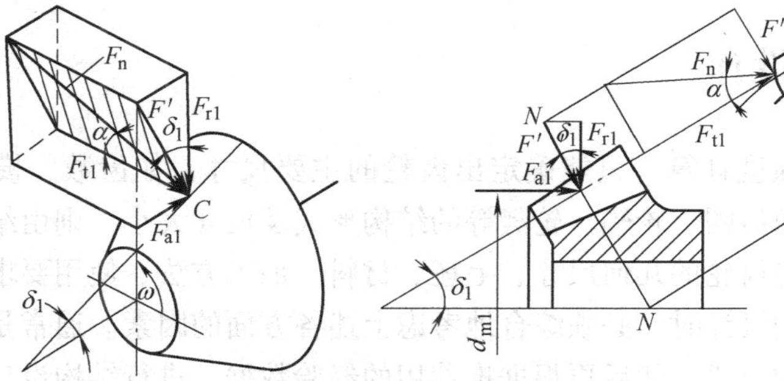

图 5-62　直齿锥齿轮受力分析

2. 齿面接触疲劳强度计算

直齿锥齿轮的失效形式及强度计算的依据与直齿圆柱齿轮基本相同，可近似地按平均分度圆处的当量直齿圆柱齿轮进行计算。将当量齿轮有关参数代入直齿圆柱齿轮齿面接触疲劳强度计算公式，则得锥齿轮齿面接触疲劳强度的计算公式为

$$\sigma_H=Z_EZ_H\sqrt{\frac{4KT_1}{\phi_R(1-0.5\phi_R)^2d_1^3u}}$$

对于 $\alpha=20°$的直齿锥齿轮，$Z_H=2.5$，于是可得

$$\sigma_H=5Z_E\sqrt{\frac{KT_1}{\phi_R\ (1-0.5\phi_R)^2d_1^3u}}\leqslant[\sigma_H] \tag{5-70}$$

$$d_1\geqslant2.92\sqrt[3]{\left(\frac{Z_E}{[\sigma_H]}\right)^2\frac{KT_1}{\phi_R\ (1-0.5\phi_R)^2u}} \tag{5-71}$$

式中，Z_E 为齿轮材料弹性影响系数，见表5-8；载荷系数K，见表5-6。σ_H 和 $[\sigma_H]$ 的单位为 MPa，d_1 的单位为 mm，其余各符号的意义和单位同前。许用应力 $[\sigma_H]$ 的确定方法与直齿圆柱齿轮相同。

3. 齿根弯曲疲劳强度计算

将当量齿轮有关参数代入直齿圆柱齿轮齿根弯曲疲劳强度计算公式，则得锥齿轮齿根弯

曲疲劳强度的计算公式为

$$\sigma_F = \frac{KF_t Y_{Fa} Y_{Sa}}{bm(1-0.5\phi_R)} \leqslant [\sigma_F] \tag{5-72}$$

或

$$m \geqslant \sqrt[3]{\frac{4KT_1}{\phi_R(1-0.5\phi_R)^2 z_1^2 \sqrt{u^2+1}} \frac{Y_{Fa} Y_{Sa}}{[\sigma_F]}} \tag{5-73}$$

式中，Y_{Fa}、Y_{Sa}为齿形系数及应力校正系数，应根据当量齿数 z_v 由表 5-7 查得；σ_F 和 $[\sigma_F]$ 的单位为 MPa；其余各符号的意义和单位同前。许用应力 $[\sigma_F]$ 的确定方法与直齿圆柱齿轮相同。

5.13　齿轮结构设计

通过齿轮传动的强度计算，只能确定出齿轮的主要尺寸，如齿数、模数、齿宽、螺旋角、分度圆直径等，而齿圈、轮辐、轮毂等的结构形式及尺寸大小，则由结构设计而定。

齿轮的结构设计与齿轮的几何尺寸、毛坯、材料、加工方法、使用要求及经济性等因素有关。进行齿轮的结构设计时，必须综合地考虑上述各方面的因素。通常是先按齿轮的直径大小，选定合适的结构形式，然后再根据推荐用的经验数据，进行结构设计。

齿轮常用结构形式有以下几种：

1. 齿轮轴

对于直径较小的钢质圆柱齿轮，若齿根圆到键槽底部的距离 $e<2m_t$（m_t 为端面模数），如图 5-63a 所示；对于锥齿轮，若齿轮小端齿根圆到键槽底部的距离 $e<1.6m_t$ 时，如图 5-63b 所示，均应将齿轮和轴做成一体，称为齿轮轴，如图 5-64 所示。齿轮轴常用锻造毛坯。

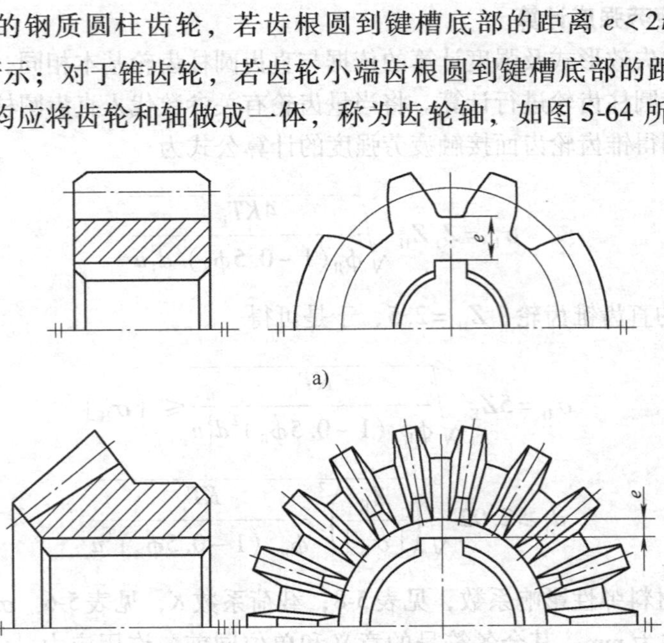

图 5-63　齿轮结构尺寸 e

a）圆柱齿轮　b）锥齿轮

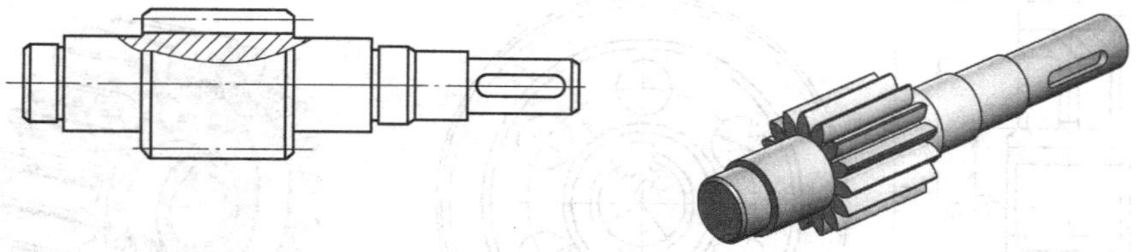

a)

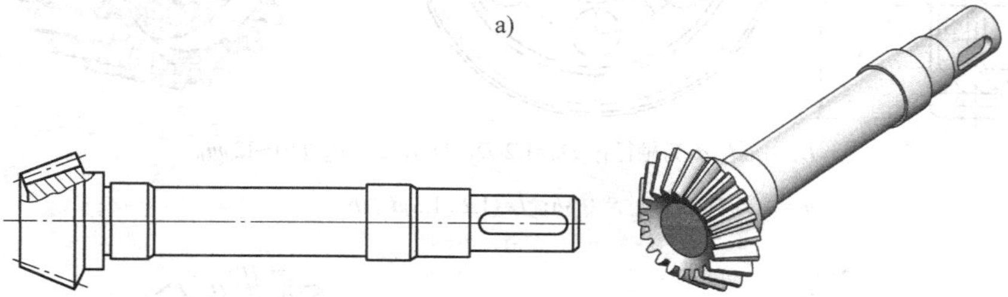

b)

图 5-64　齿轮轴

a）圆柱齿轮轴　b）锥齿轮轴

2. 实心齿轮

当齿顶圆直径 $d_a \leqslant 160$mm 时，可以制成实心结构的齿轮，如图 5-65 所示。此种齿轮常用锻钢制造，但航空产品中的齿轮，虽 $d_a \leqslant 160$mm，也有制成腹板式的。

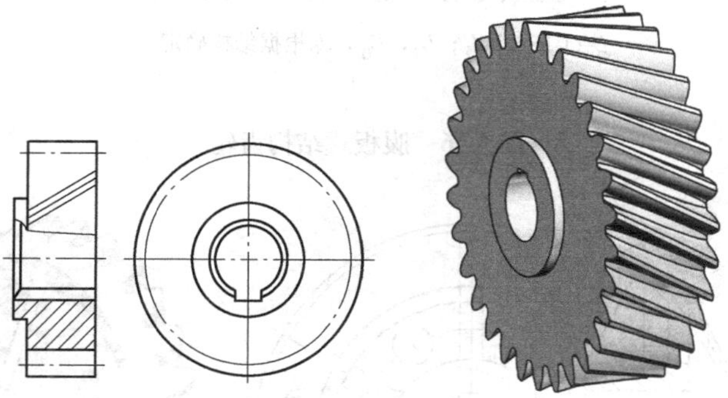

图 5-65　实心结构齿轮

3. 腹板式齿轮

当齿轮的齿顶圆直径 $d_a = 200 \sim 500$mm 时，采用腹板式齿轮，图 5-66a 所示为腹板式圆柱齿轮，图 5-66b 所示为腹板式锥齿轮。对于齿顶圆直径 $d_a \geqslant 300$mm 的铸造锥齿轮，可制成带加强肋的腹板式结构，如图 5-67 所示。

4. 轮辐式齿轮

当齿轮的齿顶圆直径 $d_a > 500$mm 时，采用轮辐式齿轮，如图 5-68 所示。此种齿轮一般采用铸造毛坯。

$D_1=1.6d_s$（d_s为轴径）；$D_0=1/2(D_2+D_1)$；$D_2=d_a-(10\sim12)m_n$

$d_0=0.25(D_2-D_1)$；$S=0.3b$；$L=(1.2\sim1.3)d_s\geqslant b$

a)

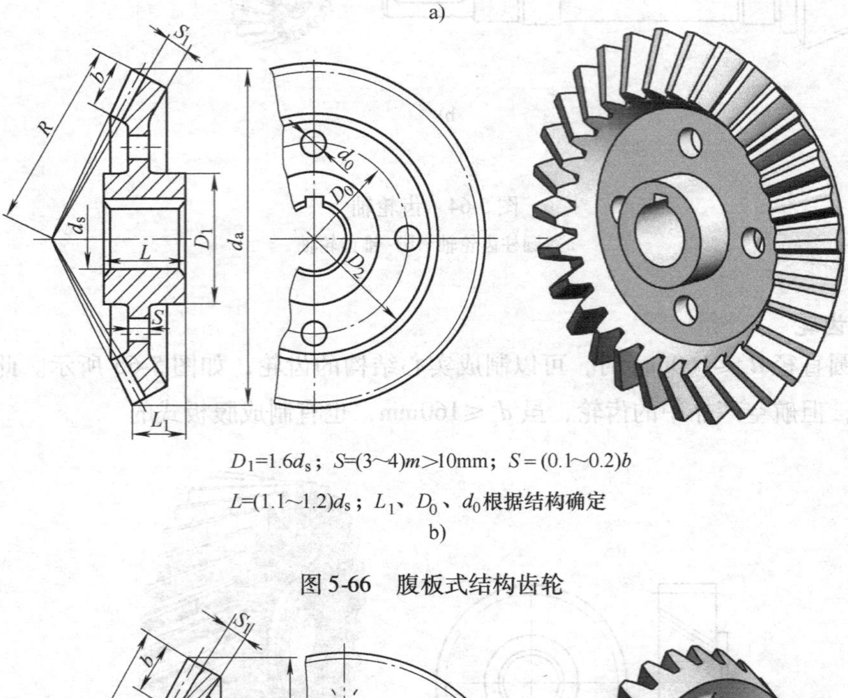

$D_1=1.6d_s$；$S=(3\sim4)m>10\text{mm}$；$S=(0.1\sim0.2)b$

$L=(1.1\sim1.2)d_s$；L_1、D_0、d_0根据结构确定

b)

图 5-66　腹板式结构齿轮

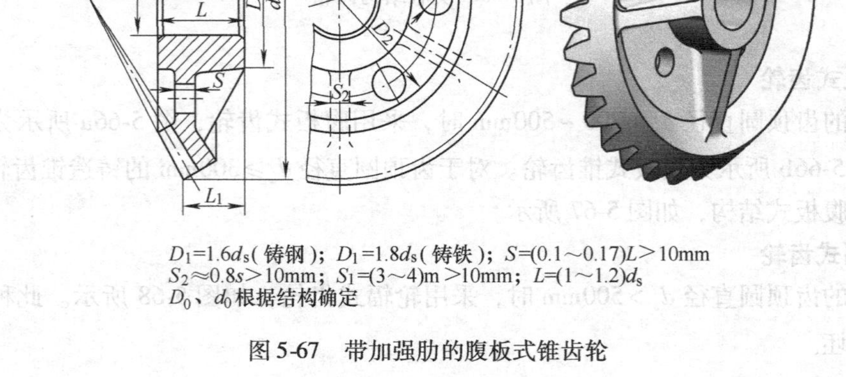

$D_1=1.6d_s$（铸钢）；$D_1=1.8d_s$（铸铁）；$S=(0.1\sim0.17)L>10\text{mm}$

$S_2\approx0.8s>10\text{mm}$；$S_1=(3\sim4)\text{m}>10\text{mm}$；$L=(1\sim1.2)d_s$

D_0、d_0根据结构确定

图 5-67　带加强肋的腹板式锥齿轮

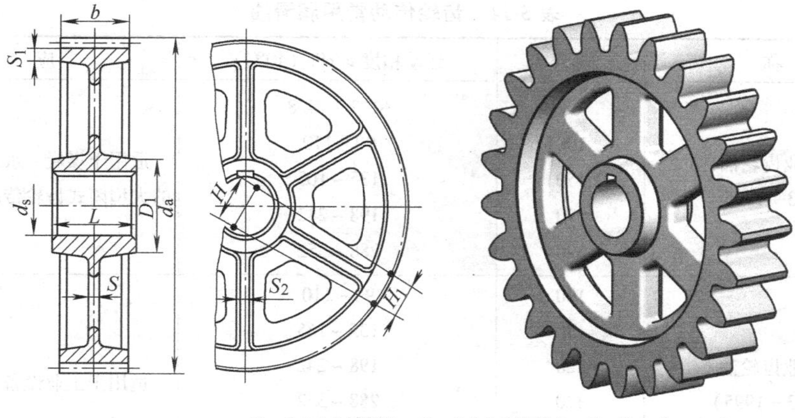

$D_1=1.6d_s$（铸钢）；$D_1=1.8d_s$（铸铁）；$S_1=(3\sim4)m_n>8\text{mm}$；
$H\approx0.8d_s$（铸钢）；$H\approx0.9d_s$（铸铁）；$H_1=0.8H$；$S=1/5H$；
$S_2=1/6H$；$L=(1.2\sim1.5)d_s\geqslant b$；轮辐数常为 6

图 5-68　轮辐式结构齿轮

5.14　齿轮传动的润滑

1. 润滑方式

开式及半开式齿轮传动通常采用人工定期加油润滑。可以采用润滑油或润滑脂。

对于闭式齿轮传动的润滑方式，一般根据齿轮的圆周速度 v 的大小而定。当 $v\leqslant12\text{m/s}$ 时，多采用油池润滑，如图 5-69a 所示，即将大齿轮的轮齿浸入油池，这样在齿轮传动时，就把润滑油带到啮合的齿面上，同时也将油甩到箱壁上，借以散热。浸入油中的深度约为一个齿高，但不应小于 10mm。浸油过深则会增大齿轮运动阻力并使油温增高，对于锥齿轮应浸入全齿宽。在多级齿轮传动中，当几个大齿轮直径不相等时，可以采用带油轮将润滑油带到未浸入油池内的齿轮齿面上，如图 5-69b 所示。

当 $v>12\text{m/s}$ 时，不宜采用油池润滑，因为圆周速度过高．齿轮上的油大多被甩出去而达不到啮合区；搅油过于激烈，使油的温升增加，并降低其润滑性能；会搅起箱底沉淀的杂质，加速齿轮的磨损。故此时最好采用喷油润滑，如图 5-69c 所示，即通过油路把具有一定压力的润滑油喷到轮齿的啮合面上。

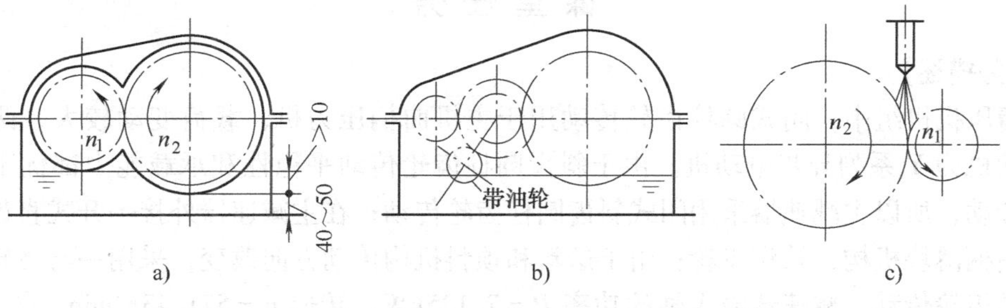

图 5-69　齿轮润滑方式

2. 润滑剂的选择

齿轮传动常用的润滑剂为润滑油。常用的润滑油按表 5-14 选取，润滑油的粘度可按表 5-15 选取。

表 5-14　齿轮传动常用润滑油

名　　称	牌号	运动粘度 ν/cSt（40℃）	应　　用
中载荷工业齿轮油 （GB/T 5903—1995）	68 100 150 220 320	61. 2 ~ 74. 8 90 ~ 110 135 ~ 165 198 ~ 242 288 ~ 352	适用于煤炭、水泥和冶金等行业的大型闭式齿轮传动装置的润滑
重载荷工业齿轮油 （GB/T 5903—1995）	100 150 220 320 460 680	90 ~ 110 135 ~ 165 198 ~ 242 288 ~ 352 414 ~ 506 612 ~ 748	适用于工业设备齿轮的润滑
普通开式齿轮油 （SH/T 0363—1992）	68 100 150	100° 60 ~ 75 90 ~ 110 135 ~ 165	主要用于开式齿轮、链条和钢丝绳的润滑

表 5-15　齿轮传动润滑油粘度荐用值

齿轮材料	抗拉强度 σ_b/MPa	圆周速度 v/（m/s）						
		<0. 5	0. 5 ~ 1	1 ~ 2. 5	2. 5 ~ 5	5 ~ 12. 5	12. 5 ~ 25	>25
		运动粘度 ν/cSt（50℃）						
塑料、铸铁、青铜	—	350	220	150	100	80	55	
钢	450 ~ 1000	500	350	220	150	100	80	55
钢	1000 ~ 1250	500	500	350	220	150	100	80
渗碳或表面淬火钢	1250 ~ 1580	900	500	500	350	220	150	100

注：1. 多级齿轮传动，采用各级传动圆周速度的平均值来选取润滑油粘度。

2. 对于 σ_b >800MPa 的镍铬钢制齿轮（不渗碳），润滑油的粘度应取高一档数值。

课 堂 任 务

【任务描述】

在精压机机组中，闭式圆柱齿轮传动用于主机曲柄压力机，载荷变动较大，两班制工作，原动机为 Y 系列异步电动机。由于斜齿圆柱齿轮传动平稳性和承载能力都优于直齿圆柱齿轮传动，所以主减速器采用闭式斜齿圆柱齿轮传动；在主减速器外接一开式直齿轮，用于驱动曲柄滑块机构，兼作飞轮；由于送料和顶料机构传动方向改变，采用一与飞轮轴同轴的直齿锥齿轮传动。减速器输入轴的功率 $P = 7.125\text{kW}$，转速 $n = 571.43\text{r/min}$，传动比 $i = 3$；开式直齿锥齿轮传动高速轴转速 $n_1 = 190.48\text{r/min}$，传递功率 $P = 1\text{kW}$，传动比 $i = 3.8$；开式圆柱齿轮传动比 $i = 3.84$。

【任务要求】

依据上述数据设计闭式斜齿圆柱齿轮、开式直齿圆柱齿轮和直齿锥齿轮，包含选择各齿轮材料和热处理方法、精度等级；确定其主要参数及几何尺寸；确定齿轮的结构尺寸；绘制齿轮零件图。

思考题和习题

5-1　渐开线有哪些重要性质？渐开线齿廓啮合有哪些特点？

5-2　齿距的定义是什么？何谓模数？为什么要规定模数的标准值？在直齿圆柱齿轮、斜齿圆柱齿轮和直齿锥齿轮上，何处的模数是标准值？

5-3　标准齿条有何特点？

5-4　渐开线直齿圆柱齿轮基本参数有哪几个？哪些是有标准的，其标准值为多少？

5-5　分度圆与节圆有什么区别？在什么情况下节圆与分度圆重合？

5-6　啮合角与压力角有什么区别？在什么情况下两者相等？

5-7　渐开线内齿轮与外齿轮相比较有何不同点？

5-8　渐开线直齿圆柱齿轮的正确啮合条件是什么？

5-9　一对渐开线外啮合直齿圆柱齿轮机构的实际中心距大于标准中心距，其传动比是否发生变化？

5-10　渐开线齿轮的连续传动条件是什么？试分析影响重合度的因素有哪些？重合度的物理意义是什么？

5-11　何谓齿轮的根切现象？根切的原因是什么？根切有何危害？如何避免根切？

5-12　将参数相同的正变位齿轮与标准齿轮比较，哪些几何尺寸发生了变化？哪些几何尺寸没有变？

5-13　变位齿轮传动有几种类型？各有何优缺点？

5-14　正传动齿轮传动中的齿轮是否一定都是正变位齿轮？负传动齿轮传动中的齿轮是否一定都是负变位齿轮？

5-15　平行轴斜齿圆柱齿轮传动有何特点？可用哪些方法调整斜齿轮传动的中心距？

5-16　平行轴斜齿圆柱齿轮传动的基本参数有哪些？基本参数的标准值是在端面还是在法向，为什么？

5-17　平行轴斜齿圆柱齿轮传动的正确啮合条件是什么？

5-18　直齿锥齿轮传动的正确啮合条件是什么？

5-19　对于直齿锥齿轮传动，为什么国家标准规定采用等顶隙锥齿轮传动？

5-20　何谓平行轴斜齿圆柱齿轮机构和直齿锥齿轮机构的当量齿数？当量齿数有什么用途？

5-21　齿轮传动的类型有哪些？各有何特点？

5-22　齿轮传动的主要失效形式有哪些？齿轮传动的设计准则通常是按哪些失效形式决定的？

5-23　什么叫硬齿面齿轮和软齿面齿轮？齿轮的常用材料和热处理方法有哪些？

5-24　斜齿圆柱齿轮传动和直齿锥齿轮传动的轴向力方向如何判断？

5-25　要提高轮齿的抗弯疲劳强度和齿面抗点蚀能力，可采取那些措施？

5-26　为何设计一对软齿面齿轮时，要使两齿轮的齿面有一定的硬度差？该硬度差值一般取多大？

5-27　计算一对圆柱齿轮传动的大、小齿轮的弯曲疲劳强度时，其计算公式是否一样，应注意什么问题？

5-28　计算一对圆柱齿轮传动的大、小齿轮的接触疲劳强度时，其计算公式是否一样，应注意什么问题？

5-29　在直齿、斜齿圆柱齿轮传动中，为什么常将小齿轮设计得比大齿轮宽一些？

5-30　在齿轮设计公式中，为什么要引入齿宽系数 ϕ_d？齿宽系数 ϕ_d 的大小主要与哪两方面因素有关？

5-31　对于作双向传动的齿轮来说，它的齿面接触应力和齿根弯曲应力各属于什么循环特性？在进行强度计算时应怎样考虑？

5-32　一对齿轮传动中，配对齿轮产生的齿面接触应力（σ_{H1} 和 σ_{H2}）和齿根弯曲应力（σ_{F1} 和 σ_{F2}）是

否分别相等？为什么？

5-33　标准直齿圆柱齿轮传动，若传动比 i、转矩 T_1、齿宽 b 均保持不变，试问在下列条件下，齿轮的弯曲应力和接触应力各将发生什么变化？

（1）模数 m 不变，齿数 z_1 增加。

（2）齿数 z_1 不变，模数 m 增大。

（3）齿数 z_1 增加一倍，模数 m 减小一半。

5-34　如图 5-70 所示，当渐开线齿轮的基圆半径 $r_b=60\text{mm}$，渐开线上点 K 的半径 $r_K=75\text{mm}$ 时，试求渐开线在点 K 处的压力角 α_K 和曲率半径 ρ_K。

5-35　有一个标准渐开线直齿圆柱齿轮，测得其齿顶圆直径 $d_a=132\text{mm}$，齿数 $z=42$。问其模数 m 是多少？

5-36　已知一对正确安装的标准渐开线直齿圆柱齿轮传动，其中心距 $a=175\text{mm}$，模数 $m=5\text{mm}$，压力角 $\alpha=20°$，传动比 $i_{12}=2.5$。试求这对齿轮的齿数，并计算小齿轮的分度圆直径、齿顶圆直径、齿根圆直径和基圆直径。

5-37　已知一标准渐开线直齿圆柱齿轮，其齿顶圆直径 $d_{a1}=77.5\text{mm}$，齿数 $z_1=29$，现要求设计一个大齿轮与其相啮合，传动的安装中心距 $a=145\text{mm}$。试计算这对齿轮的主要参数及主要尺寸。

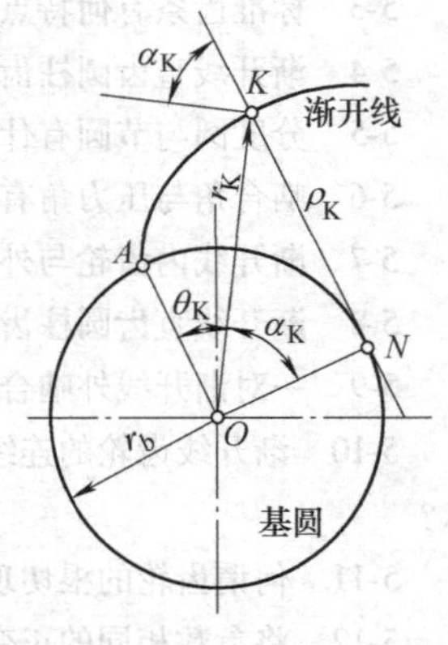

图 5-70　题 5-34 图

5-38　一对渐开线外啮合直齿圆柱齿轮传动，其 $m=10\text{mm}$，$\alpha=20°$，$h_a^*=1$，$z_1=28$、$z_2=38$。试求当中心距 $a'=340\text{mm}$ 时，两轮的啮合角 α' 为多少？又当啮合角 $\alpha'=22.5°$时，中心距 a' 又为多少？

5-39　当 $\alpha=20°$，$h_a^*=1$ 的渐开线标准外齿轮的齿根圆和基圆重合时，其齿数应为多少？当齿数大于所求出的数值时，基圆与齿根圆哪个大，为什么？

5-40　已知一对渐开线外啮合标准直齿圆柱齿轮机构，模数 $m=5\text{mm}$，压力角 $\alpha=20°$，齿顶高系数 $h_a^*=1$，项隙系数 $c^*=0.25$，齿数 $z_1=19$，$z_2=42$。试求其重合度 ε_α。

5-41　一对渐开线标准平行轴外啮合斜齿圆柱齿轮机构，其齿数 $z_1=23$，$z_2=53$，$m_n=6\text{mm}$，$\alpha_n=20°$，$h_{an}^*=1$，$c_n^*=0.25$，中心距 $a=236\text{mm}$，齿宽 $b=25\text{mm}$。试求：

（1）分度圆螺旋角 β 和两轮分度圆直径 d_1、d_2。

（2）当量齿数 z_{v1}，z_{v2}。

（3）重合度 $\varepsilon_r=\varepsilon_\alpha+\varepsilon_\beta$。

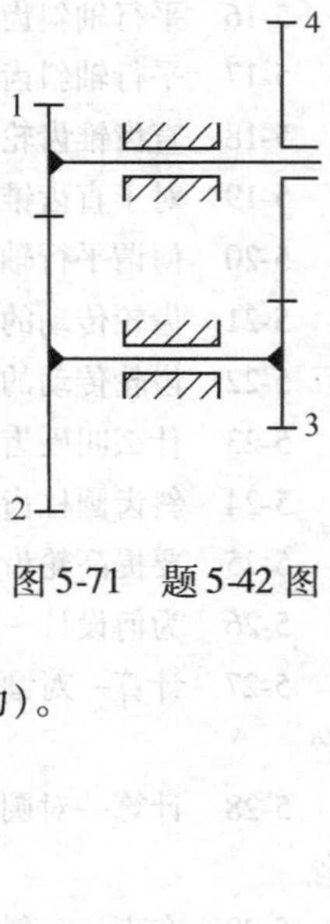

图 5-71　题 5-42 图

5-42　图 5-71 所示的回归轮系中，已知：$z_1=17$，$z_2=51$，$m_{12}=2\text{mm}$；$z_3=20$，$z_4=34$，$m_{34}=2.5\text{mm}$；各轮压力角 $\alpha=20°$。试问有几种传动方案可供选择？哪一种比较合理？

5-43　有一对标准直齿锥齿轮，已知 $m=3\text{mm}$，$z_1=24$，$z_2=32$，$\alpha=20°$，$h_a^*=1$，$c^*=0.2$ 及 $\Sigma=90°$。试计算该对锥齿轮的几何尺寸。

5-44　试分析图 5-72 所示齿轮传动中各齿轮所受的力（在啮合点画出其三个分力）。

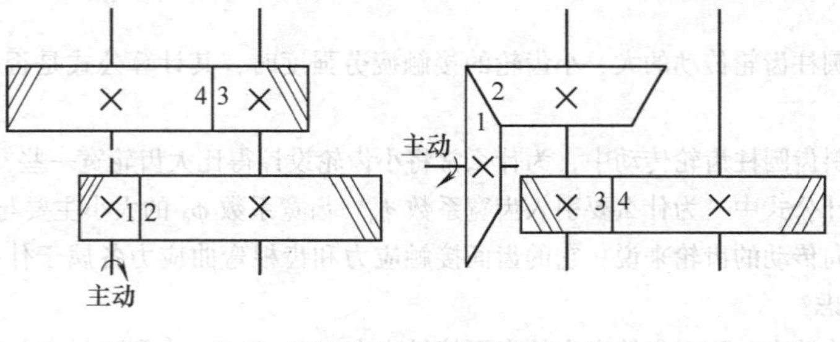

图 5-72　题 5-44 图

5-45　图 5-73 所示为两级斜齿圆柱齿轮减速器，动力由Ⅰ轴输入，Ⅲ轴输出，齿轮 1 的螺旋线方向及Ⅲ轴转向如图。求：

（1）为使Ⅱ轴的轴承所受轴向力最小，其余各齿轮的螺旋线方向如何？

（2）标出齿轮 2、3 所受各分力的大小和方向。

5-46　在题 5-45 的齿轮传动中，小齿轮调质处理，齿面硬度为 220～240HBW，大齿轮常化处理，齿面硬度为 190～210HBW，要求齿轮的工作寿命为 5 年（允许出现少量点蚀），每年工作 250 天，每天工作 8h，齿轮单向转动。试确定该齿轮传动的许用接触应力和许用弯曲应力。

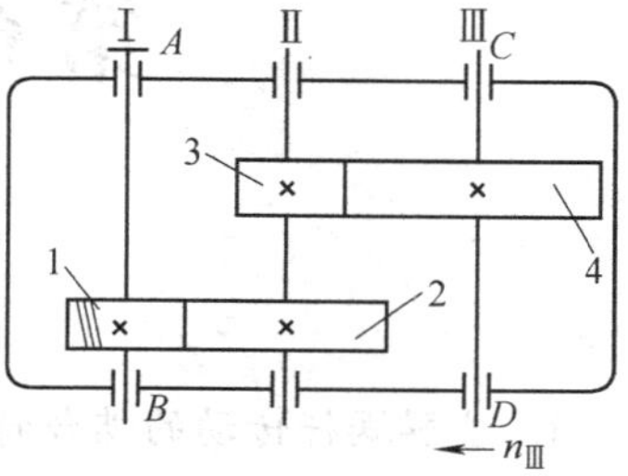

图 5-73　题 5-45 图

5-47　设计一直齿圆柱齿轮传动，原用材料的许用接触应力为 $[\sigma_{H1}]=700MPa$，$[\sigma_{H2}]=600MPa$，求得中心距 $a=100mm$；现改用 $[\sigma_{H1}]=600MPa$，$[\sigma_{H2}]=400MPa$ 的材料，若齿宽和其他条件不变，为保证接触疲劳强度不变，试计算改用材料后的中心距。

5-48　设计铣床中一对直齿圆柱齿轮传动，已知功率 $P_1=7.5kW$，小齿轮主动，转速 $n_1=1450r/min$，齿数 $z_1=26$，$z_2=54$，双向传动，工作寿命 $L_h=12000h$。小齿轮对轴承非对称布置，轴的刚性较大，工作中受轻微冲击，7 级制造精度。

5-49　设计一斜齿圆柱齿轮传动，已知功率 $P_1=40kW$，转速 $n_1=2800r/min$，传动比 $i=3.2$，工作寿命 $L_h=1000h$，小齿轮作悬臂布置，载荷系数 $K=1.25$。

5-50　设计由电动机驱动的闭式锥齿轮传动。已知功率 $P_1=9.2kW$，转速 $n_1=970r/min$，传动比 $i=3$，小齿轮悬臂布置，单向转动，载荷平稳，每日工作 8h，工作寿命为 5 年（每年 250 个工作日）。

第6章 蜗杆传动设计

学习目标

1. 了解蜗杆传动的啮合特点、运动关系和几何参数。

2. 掌握蜗杆传动的受力分析、强度计算和热平衡计算方法；能根据工作要求设计蜗杆、蜗轮的参数和结构。

6.1 蜗杆传动概述

蜗杆传动由蜗杆、蜗轮和机架组成，用来传递空间两交错轴的运动和动力，如图6-1所示。通常两轴交错角为90°。蜗杆为主动件。增速时蜗轮为主动，用于小功率手动传动，但这种情况较少使用。蜗杆传动广泛应用于各种机器中。

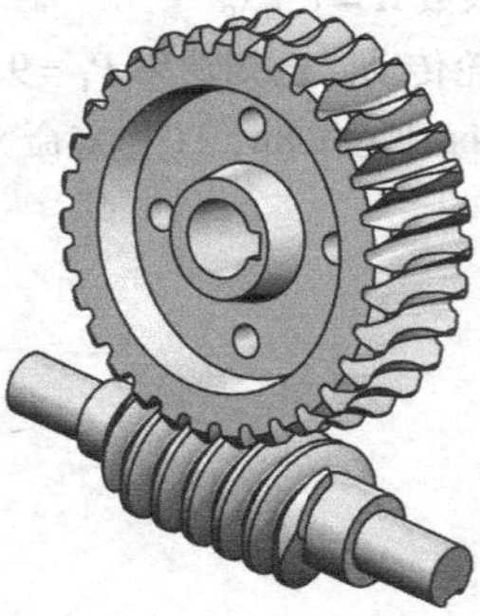

图6-1 蜗杆传动

6.1.1 蜗杆传动的特点

与齿轮传动相比，蜗杆传动具有以下特点：

1）传动比大，结构紧凑。单级传动比一般为10~40（<80），只传递运动时（如分度机构），传动比可达1000。

2）工作平稳，噪声小。蜗轮和蜗杆是逐渐进入啮合又逐渐退出啮合，故传动平稳，噪声小。

3）具有自锁功能。当蜗杆导程角小于当量摩擦角 $\gamma < \rho_v$ 时，蜗杆传动产生自锁。

4）传动效率低。蜗杆蜗轮啮合处有较大的相对滑动，摩擦剧烈、发热量大，效率低。具有自锁性能的蜗杆效率仅为 $\eta < 0.4$。

5）蜗轮造价较高。为了减摩和耐磨，蜗轮常用青铜制造，材料成本较高。

6.1.2 蜗杆传动的类型

根据蜗杆的形状，蜗杆传动可分为圆柱蜗杆传动（见图6-2a）、环面蜗杆传动（见图6-2b）和锥面蜗杆传动（见图6-2c）。

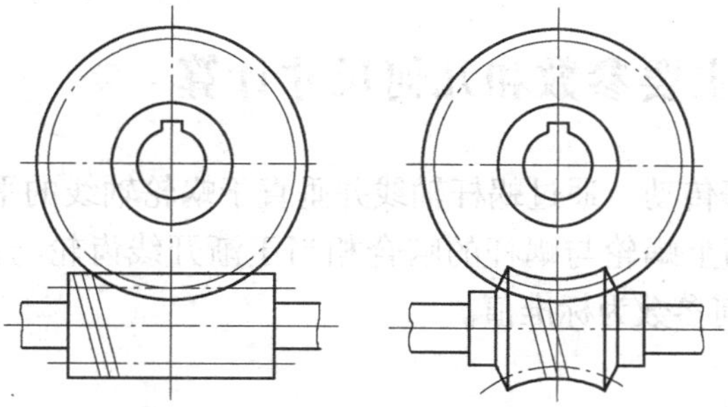

图 6-2　蜗杆传动的类型
a）圆柱蜗杆　b）环面蜗杆　c）锥面蜗杆

圆柱蜗杆传动，按蜗杆轴面齿形又可分为普通圆柱蜗杆传动（见图 6-3a、b、c）和圆弧圆柱蜗杆传动（ZC 型）（见图 6-3d）。普通蜗杆传动多用直母线切削刃的车刀在车床上切制，可分为阿基米德圆柱蜗杆（ZA 型）（见图 6-3a）、法向直廓圆柱蜗杆（ZN 型）（见图 6-3b）、渐开线圆柱蜗杆（ZI 型）（见图 6-3c）等形式。本章仅讨论目前应用最广泛的阿基米德圆柱蜗杆传动。

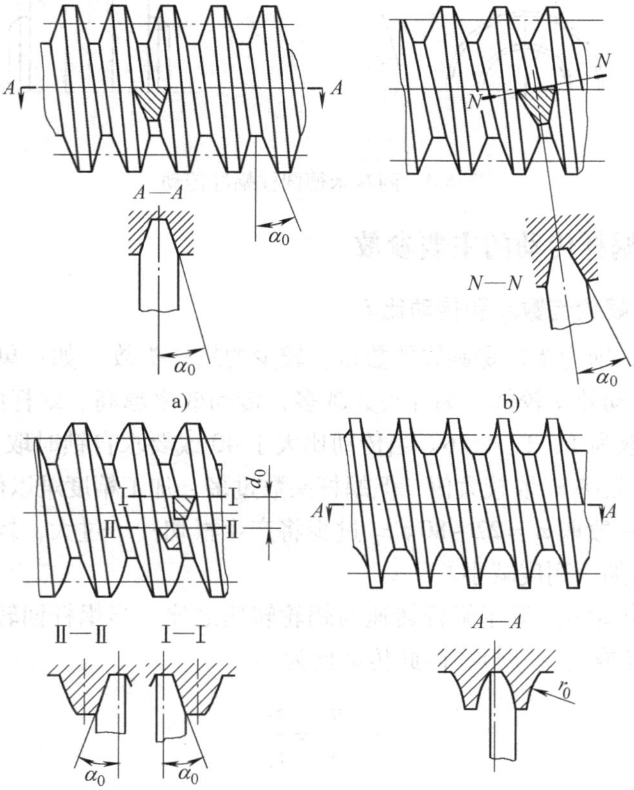

图 6-3　蜗杆的主要类型
a）阿基米德圆柱蜗杆（ZA）　b）法向直廓圆柱蜗杆（ZN）
c）渐开线圆柱蜗杆（ZI）　d）圆弧圆柱蜗杆（ZC）

6.2　普通圆柱蜗杆传动的主要参数和几何尺寸计算

图6-4所示为阿基米德圆柱蜗杆传动，通过蜗杆轴线并垂直于蜗轮轴线的平面称为中间平面（也称为主平面）。在中间平面上蜗轮与蜗杆的啮合相当于渐开线齿轮与齿条的啮合。为了加工方便，规定中间平面的几何参数为标准值。

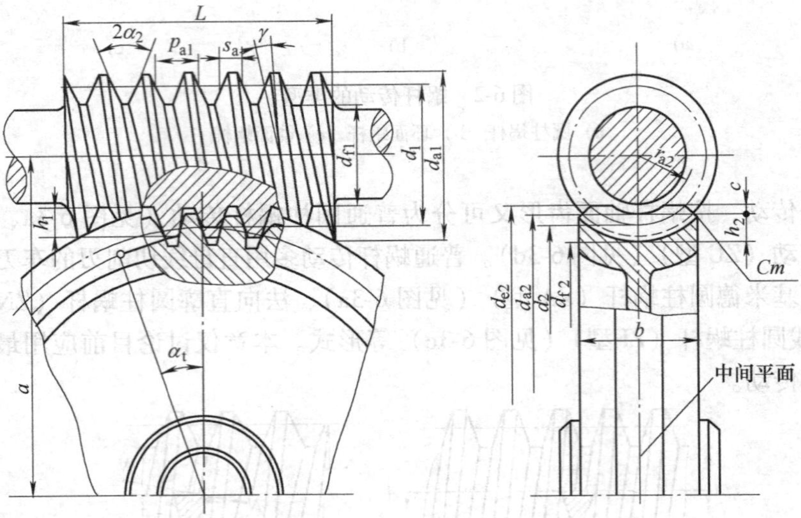

图6-4　阿基米德圆柱蜗杆传动

6.2.1　普通圆柱蜗杆传动的主要参数

1. 蜗杆头数z_1、蜗轮齿数z_2和传动比i

1）蜗杆头数z_1，即为蜗杆螺旋线的数目。较少的蜗杆头数（如：单头蜗杆）可以实现较大的传动比，但传动效率较低；蜗杆头数越多，传动效率越高。蜗杆的头数一般取$z_1=1\sim6$，通常蜗杆头数取为1、2、4、6。当传动比大于40或要求自锁时取$z_1=1$；当传动功率较大时，为提高传动效率z_1取较大值，但蜗杆头数过多，加工精度难以保证。

2）蜗轮的齿数一般取$z_2=27\sim80$。z_2过少将产生根切；z_2过大，蜗轮直径增大，与之相啮合的蜗杆长度增加，刚度减小。

3）蜗杆传动的传动比i等于蜗杆转速与蜗轮转速之比。当蜗杆回转一周时，蜗轮被蜗杆推动转过z_1个齿（或z_1/z_2周），因此传动比为

$$i=\frac{n_1}{n_2}=\frac{z_2}{z_1} \tag{6-1}$$

式中，n_1、n_2分别为蜗杆和蜗轮的转速（r/min）。

在蜗杆传动设计中，传动比i的公称值按下列数值选取：5、7.5、10、12.5、15、20、25、30、40、50、60、70、80。其中，10、20、40、80为基本传动比，应优先选用。z_1、z_2可根据传动比i按表6-1选取。

表6-1　z_1 和 z_2 的推荐值

传动比 i	7~8	9~13	14~24	25~27	28~40	>40
z_1	4	3~4	2~3	2~3	1~2	1
z_2	28~32	27~52	28~72	50~81	28~80	>40

2. 模数 m 和压力角 α

为了加工方便，规定在中间平面上的参数符合标准值。所以蜗杆的轴向模数 m_{a1} 等于蜗轮的端面模数 m_{t2} 为标准值（见表6-2），蜗杆的轴向压力角 α_{a1} 等于蜗轮的端面压力角 α_{t2} 为标准值。蜗杆传动的正确啮合条件为：蜗杆的轴向模数和压力角分别等于蜗轮的端面模数和压力角，且蜗轮的分度圆柱螺旋角 β 与蜗杆分度圆柱导程角 γ 等值且方向相同，即

$$m_{a1}=m_{t2}=m \tag{6-2}$$

$$\alpha_{a1}=\alpha_{t2}=\alpha=20°$$

$$\gamma=\beta$$

3. 蜗杆的分度圆直径 d_1、导程角 γ 和直径系数 q

在切制蜗轮轮齿时，所用滚刀的几何参数必须与蜗杆相同，故 d_1 不同的蜗杆，必须采用不同直径的滚刀。为了减少滚刀的号数，便于刀具标准化，将蜗杆分度圆直径 d_1 定为标准值（见表6-2），即对应于每一标准模数 m 规定了一定数量的蜗杆分度圆直径 d_1，并把 d_1 与 m 的比值称为蜗杆的直径系数 q，即

$$q=\frac{d_1}{m} \tag{6-3}$$

在蜗杆直径系数 q、蜗杆头数 z_1 选定以后，蜗杆分度圆导程角 γ（见图6-5）可表示为

$$\tan\gamma=\frac{z_1 p_{a1}}{\pi d_1}=\frac{z_1 m}{d_1}=\frac{z_1}{q} \tag{6-4}$$

式中，p_{a1} 为蜗杆轴向齿距（mm）；d_1 为蜗杆分度圆直径（mm）。

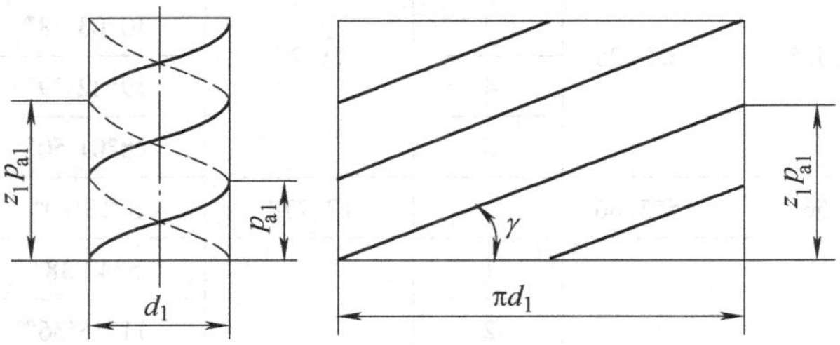

图6-5　蜗杆的导程角

对动力传动，为提高效率应采用较大的 γ 值，即采用多头蜗杆；对要求具有自锁性能的传动，应采用 $\gamma<3°30''$的蜗杆传动，此时蜗杆的头数为1。

从式（6-2）和式（6-3）可知，当 m 一定时，q 值增大，则蜗杆直径 d_1 增大，蜗杆的刚度及强度相应提高，因此 m 较小时，q 选较大值；又因 $\tan\gamma=z_1/q$，当 q 取小值时，γ 增大，效率 η 随之提高，故在蜗杆轴刚度允许的情况下，应尽可能选较小的 q 值。具体匹配见表6-2。

表 6-2 普通圆柱蜗杆基本尺寸和参数及其与蜗轮参数的匹配

中心距 a /mm	模数 m /mm	分度圆直径 d_1/mm	m^2d_1 /mm^3	蜗杆头数 z_1	直径系数 q	分度圆导程角 γ	蜗轮齿数 z_2	变位系数 x_2
40 50	1	18	18	1	18.00	3°10′47″	62 82	0 0
40	1.25	20	31.25	1	16.00	3°34′35″	49	−0.500
50 63	1.25	22.4	35	1	17.92	3°11′38″	62 82	+0.040 +0.044
50	1.6	20	51.2	1 2 4	12.5	4°34′26″ 9°05′25″ 17°4′41″	51	−0.050
63 80	1.6	28	71.68	1	17.50	3°16′14″	61 82	+0.125 +1.250
40 (50) (63)	2	22.4	89.6	1 2 4 6	11.2	5°06′08″ 10°07′29″ 19°39′14″ 28°10′43″	29 (39) (51)	−0.100 (−0.100) (+0.400)
80 100	2	35.5	142	1	17.75	3°13′28″	62 82	+0.125
50 (63) (80)	2.5	28	175	1 2 4 6	11.2	5°06′08″ 10°07′29″ 19°39′14″ 28°10′43″	29 (39) (53)	−0.100 (+0.100) (−0.100)
100	2.5	45	281.5	1	18.00	3°10′47″	62	0
63 (80) (100)	3.15	35.5	352.25	1 2 4 6	11.27	5°04′15″ 10°03′48″ 19°32′29″ 28°01′50″	29 (39) (53)	−0.1349 (+0.2619) (−0.3889)
125	3.15	56	555.66	1	17.778	3°13′10″	62	−0.2063
80 (100) (125)	4	40	640	1 2 4 6	10.00	5°42′38″ 11°18′36″ 21°48′05″ 30°57′50″	31 (41) (51)	−0.500 (−0.500) (+0.750)
160	4	71	1136	1	17.75	3°13′28″	62	+0.125
100 (125) (160) (180)	5	50	1250	1 2 4 6	10.00	5°42′38″ 11°18′36″ 21°48′05″ 30°57′50″	31 (41) (53) (61)	−0.500 (−0.500) (+0.500) (+0.500)
200	5	90	2250	1	18.00	3°10′47″	60	0

（续）

中心距 a /mm	模数 m /mm	分度圆直径 d_1/mm	m^2d_1 /mm³	蜗杆头数 z_1	直径系数 q	分度圆导程角 γ	蜗轮齿数 z_2	变位系数 x_2
125 (160) (180) (200)	6.3	63	2500.47	1	10.00	5°42′38″	31 (41) (48) (53)	−0.6587 (−0.1032) (−0.4286) (+0.2460)
				2		11°18′36″		
				4		21°48′05″		
				6		30°57′50″		
250		112	4445.28	1	17.778	3°13′10″	61	+0.2937
160 (200) (225) (250)	8	80	5129	1	10.00	5°42′38″	31 (41) (47) (52)	−0.500 (−0.500) (−0.375) (+0.250)
				2		11°18′36″		
				4		21°48′05″		
				6		30°57′50″		

4. 中心距 a

蜗杆传动中，当蜗杆节圆与蜗轮分度圆相切时称为标准传动，其中心距 a 为

$$a=\frac{1}{2}(d_1+d_2)=\frac{m}{2}(q+z_2) \tag{6-5}$$

渐开线齿轮啮合时，具有中心距可分性的特点，因此对于渐开线齿轮传动的中心距偏差要求不太严格。对于蜗杆传动，因为蜗轮除了中间平面上是渐开线齿形外，与中间平面平行的其他截面上，齿廓不是渐开线齿形，因此没有中心距可分性的特点，故对蜗杆传动的中心距偏差要求比较严格，不仅在安装精度规范中规定了传动中心距的极限偏差，而且在蜗轮精度规范中还规定了滚刀切制蜗轮时的加工中心距的极限偏差。

6.2.2 普通圆柱蜗杆传动的几何尺寸计算

标准阿基米德圆柱蜗杆传动主要几何尺寸计算公式见表 6-3。

表 6-3　标准阿基米德蜗杆传动的几何尺寸计算

名　称	计算公式	
	蜗　杆	蜗　轮
齿顶高和齿根高	$h_{a1}=h_{a2}=h_a^*m, h_{f1}=h_{f2}=(h_a^*+c^*)m=1.2m$	
分度圆直径	$d_1=mq$	$d_2=mz_2$
齿顶圆直径	$d_{a1}=m(q+2)$	$d_{a2}=m(z_2+2)$
齿根圆直径	$d_{f1}=m(q-2.4)$	$d_{f2}=m(z_2-2.4)$
顶隙	$c=0.2m$	
蜗杆轴向齿距　蜗轮端面齿距	$p_{a1}=p_{t2}=\pi m$	
蜗杆分度圆导程角 γ 蜗轮分度圆螺旋角 β	$\gamma=\arctan(z_1/q)$	$\beta=\gamma$
中心距	$a=\frac{m}{2}(q+z_2)$	

（续）

名　称	计算公式	
	蜗　杆	蜗　轮
蜗杆螺纹部分长度 蜗轮齿顶圆弧半径	$z_1=1、2, L\geqslant(11+0.06z_2)m$ $z_1=3、4, L\geqslant(12.5+0.09z_2)m$	$r_{a2}=a-\frac{1}{2}d_{a2}$
蜗轮外圆直径		$z_1=1, d_{e2}\leqslant d_{a2}+2m$ $z_1=2、3, d_{e2}\leqslant d_{a2}+1.5m$ $z_1=4\sim6, d_{e2}\leqslant d_{a2}+m$
蜗轮轮缘宽度		$z_1=1、2, b\leqslant0.75d_{a1}$ $z_1=4\sim6, b\leqslant0.67d_{a1}$

注：齿顶高系数 $h_a^*=1$；顶隙系数 $c^*=0.2$。

6.3　蜗杆、蜗轮的结构

蜗杆常和轴制作成一体，称为蜗杆轴，如图 6-6a 所示（只有 $d_f/d\geqslant1.7$ 时才采用蜗杆齿圈套装在轴上的形式）。车制蜗杆需有退刀槽，$d=d_{f1}-(2\sim4)$mm，故刚性较差；铣削蜗杆无退刀槽时 d 可大于 d_{f1}，如图 6-6b 所示，刚性较好。

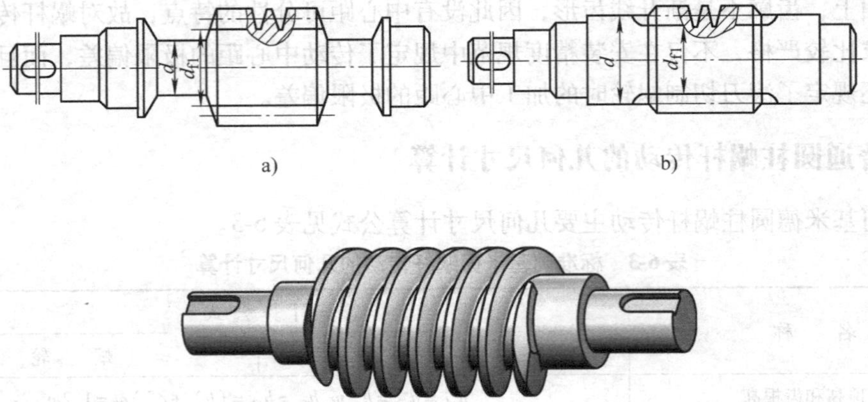

图 6-6　蜗杆的结构

蜗轮结构分为整体式和组合式两种，如图 6-7 所示。图 6-7a 所示的整体式蜗轮用于铸铁蜗轮及直径小于 100mm 的青铜蜗轮。图 6-7b、c、d 均为组合式结构，其中，图 6-7b 所示为齿圈式蜗轮，轮芯用铸铁或铸钢制造，齿圈用青铜材料制造，两者采用过盈配合 H7/s6 或 H7/r6，并沿配合面安装 4 ~ 6 个螺钉，该结构用于中等尺寸而且工作温度变化较小的场合；图 6-7c 所示为螺栓联结式蜗轮，齿圈和轮芯用普通螺栓或铰制孔螺栓连接，常用于尺寸较大的蜗轮；图 6-7d 所示为镶铸式蜗轮，将青铜轮缘铸在铸铁轮芯上然后切齿，适用于中等尺寸批量生产的蜗轮。

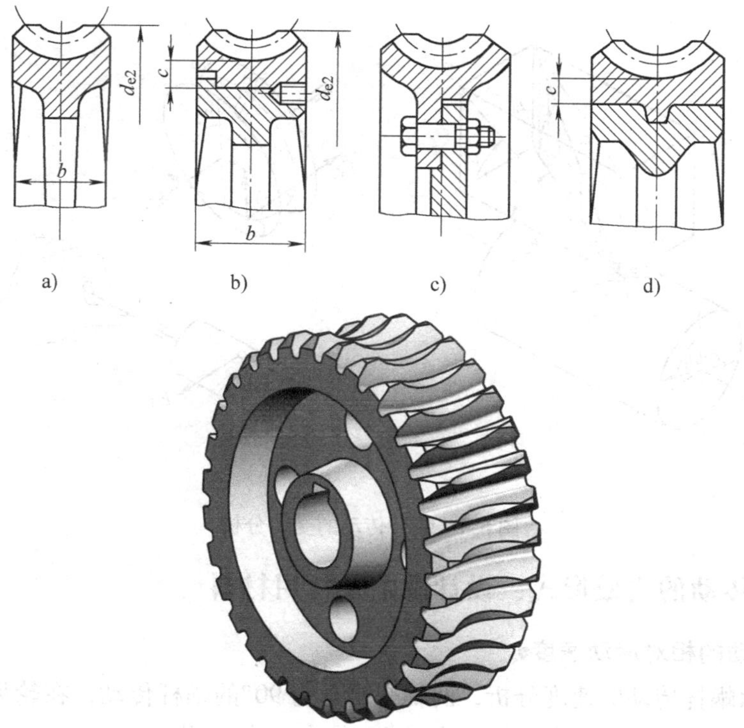

图 6-7　蜗轮的结构

6.4　蜗杆传动强度计算

6.4.1　蜗杆传动的受力分析

蜗杆传动受力分析与斜齿圆柱齿轮的受力分析相似，齿面上的法向力 F_n 可分解为三个相互垂直的分力：圆周力 F_t、轴向力 F_a 和径向力 F_r，如图 6-8 所示。蜗杆为主动件，轴向力 F_{a1} 的方向由左、右手螺旋定则确定。如图 6-8 右旋蜗杆，用右手四指指向蜗杆转向，拇指所指方向就是轴向力 F_{a1} 的方向。圆周力 F_{t1} 与主动蜗杆转向相反；径向力 F_{r1} 指向蜗杆中心。蜗轮受力方向，由 F_{t1} 与 F_{a2}、F_{a1} 与 F_{t2}、F_{r1} 与 F_{r2} 的作用力与反作用力关系确定。各力的大小可按下列各式计算

$$F_{t1} = F_{a2} = \frac{2T_1}{d_1} \tag{6-6}$$

$$F_{a1} = F_{t2} = \frac{2T_2}{d_2} \tag{6-7}$$

$$F_{r1} = F_{r2} = F_{t2}\tan\alpha \tag{6-8}$$

$$T_2 = T_1 i\eta \tag{6-9}$$

式中，T_1、T_2 分别为作用在蜗杆和蜗轮上的转矩（N · mm）；d_1、d_2 分别为蜗杆、蜗轮的分度圆直径（mm）；η 为蜗杆传动的总效率。

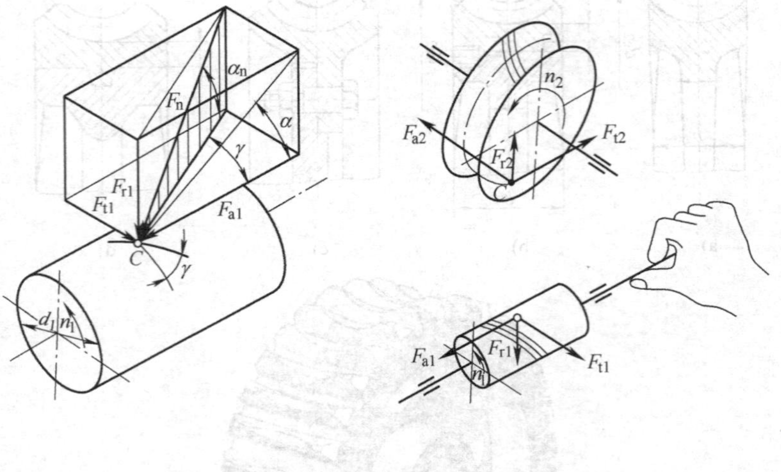

图 6-8　蜗杆传动的受力分析

6.4.2　蜗杆传动的失效形式、设计准则及常用材料

1. 蜗杆传动的相对滑动速度v_s

图 6-9 所示蜗杆传动的速度分析，两轴交错角为 90°的蜗杆传动，在轮齿节点 C 处，蜗杆的圆周速度 v_1 和蜗轮的圆周速度 v_2 也成 90°夹角，所以蜗杆与蜗轮啮合传动时，齿廓间沿蜗杆齿面螺旋线方向有较大的滑动速度 v_s，其大小为

$$v_s = \sqrt{v_1^2 + v_2^2} = \frac{v_1}{\cos\gamma} = \frac{\pi d_1 n_1}{60 \times 1000\cos\gamma} \tag{6-10}$$

式中，d_1 为蜗杆的分度圆直径（mm）；n_1 为蜗杆的转速（r/min）；v_1 和 v_2 分别为蜗杆和蜗轮的圆周速度（m/s）；γ 为蜗杆分度圆柱上的导程角。

从式（6-10）可知，蜗杆、蜗轮间的相对滑动速度 v_s 较大，即 $v_s > v_1 > v_2$，对齿面的润滑情况、齿面的失效形式、发热及传动效率都有很大的影响。

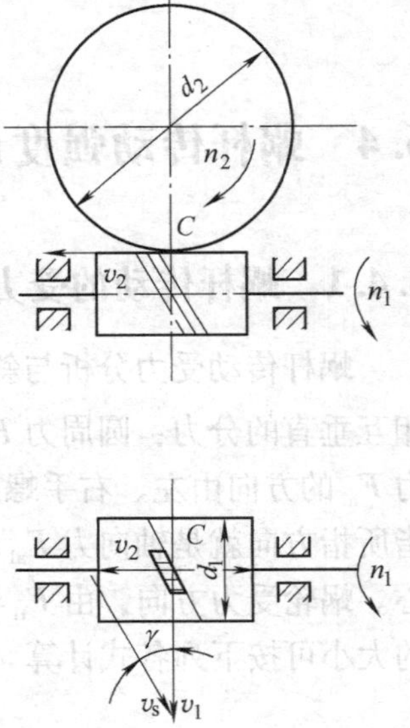

图 6-9　蜗杆传动的速度分析

2. 蜗杆传动的失效形式和设计准则

蜗杆传动的失效形式与齿轮传动相似，也有轮齿折断、齿面点蚀、齿面磨损和胶合等，但由于蜗杆、蜗轮的齿廓间相对滑动速度较大、发热量大，而效率低，因此传动的主要失效形式为胶合、磨损和点蚀。由于蜗杆的齿是连续的螺旋线，且蜗杆的强度高于蜗轮，因而失效多发生在蜗轮轮齿上。在闭式传动中，蜗轮的主要失效形式是胶合与点蚀；在开式传动中，蜗轮的主要失效形式是磨损。而轮齿的弯曲折断很少发生。

综上所述，蜗杆传动的设计准则为：闭式蜗杆传动按齿面接触疲劳强度设计，并校核齿根弯曲疲劳强度，为避免发生胶合失效还必须进行热平衡计算；对开式蜗杆传动，通常只需按齿根弯曲疲劳强度设计。实践证明，闭式蜗杆传动，当载荷平稳无冲击时，蜗轮轮齿因弯曲强度不足而失效的情况多发生于齿数 $z_2 > 80 \sim 100$ 时，所以在齿数少于以上数值时，弯曲强度校核可不予考虑。

3. 蜗杆、蜗轮的材料选择

根据蜗杆传动的主要失效形式可知，蜗杆和蜗轮材料不仅要求有足够的强度，更重要的是要具有良好的减摩性、耐磨性、嵌藏性、顺应性、抗胶合能力以及良好的工艺性和跑合性。

蜗杆一般用碳钢或合金钢制造，要求齿面光洁并且有较高的硬度。对高速重载传动，蜗杆材料常采用15Cr、20Cr、20CrMnTi等，经渗碳淬火，表面硬度56~62HRC，表面经磨削。对中速中载传动，蜗杆材料可用45、40Cr、35SiMn等，表面淬火，表面硬度45~55HRC，表面磨削。对速度不高，载荷不大的传动，蜗杆材料可用45钢调质或正火处理，调质硬度220~270HBW。

蜗轮材料可参考相对滑动速度 v_s 来选择。常用的材料为铸造锡青铜（ZCuSn10P1、ZCuSn5Pb5Zn5）、铸造铝铁青铜（ZCuAl10Fe3）及灰铸铁（如HT150、HT200）。锡青铜抗胶合性、耐磨性好，易加工，允许的滑动速度 v_s 高，但强度较低，价格较贵，用于滑动速度 $v_s \geqslant 3\text{m/s}$；铝青铜减摩性和抗胶合性比锡青铜差，但强度高，价格便宜，一般用于 $v_s \leqslant 4\text{m/s}$ 的传动；灰铸铁用于 $v_s \leqslant 2\text{m/s}$ 的低速、轻载的传动中。为了防止变形，常对蜗轮进行时效处理。

6.4.3 蜗轮齿面接触疲劳强度计算

蜗轮齿面接触疲劳强度计算与斜齿轮相似，以赫兹公式为计算基础，按节点处的啮合条件计算齿面接触应力，可推出对钢制蜗杆与青铜蜗轮或铸铁蜗轮校核公式如下

$$\sigma_H = 520\sqrt{\frac{KT_2}{d_1 d_2^2}} = 520\sqrt{\frac{KT_2}{m^2 d_1 z_2^2}} \leqslant [\sigma_H] \tag{6-11}$$

设计公式为

$$m^2 d_1 \geqslant KT_2\left(\frac{520}{z_2[\sigma_H]}\right)^2 \tag{6-12}$$

式中，T_2 为蜗轮轴的转矩（N·mm）；K 为载荷系数，取 $K=1\sim1.5$，当载荷平稳相对滑动速度较小时（$v_s<3\text{m/s}$）取较小值，反之取较大值，严重冲击时取 $K=1.5$；$[\sigma_H]$为蜗轮材料的许用接触应力（MPa）。

当蜗轮材料为锡青铜（$\sigma_b<300\text{MPa}$）时，其主要失效形式为疲劳点蚀，故按式$[\sigma_H]=Z_N[\sigma_{H0}]$算出许用接触应力的值，式中，$[\sigma_{H0}]$ 为蜗轮材料的基本许用接触应力，从表6-4中查出；Z_N 为寿命系数，$Z_N=\sqrt[8]{\frac{10^7}{N}}$，其中应力循环次数 $N=60jn_2L_h$，此处 n_2 为蜗轮转速（r/min）；L_h 为工作寿命（h）；j 为蜗轮每转一转，每个轮齿啮合的次数。

注：当 $N=10^7$ 时，$K_N=1$；当 $N>25\times10^7$ 取 $N=25\times10^7$，$N<2.6\times10^5$ 取 $N=2.6\times10^5$。

当蜗轮的材料为铝青铜或铸铁（$\sigma_b>300\text{MPa}$）时，蜗轮的主要失效形式为胶合，许用应力与应力循环次数无关，其值见表6-5。

表 6-4　锡青铜蜗轮的基本许用接触应力 $[\sigma_{H0}]$ ($N=10^7$)　（单位：MPa）

蜗轮材料	铸造方法	适用速度范围	蜗杆齿面硬度	
			≤45HRC	>45HRC
铸锡磷青铜 ZCuSn10P1	砂型铸造	≤12m/s	177	196
	冷模铸造	≤25m/s	196	216
铸锡锌铅青铜 ZCuSn5Pb5Zn5	砂型铸造	≤10m/s	108	127
	冷模铸造	≤12m/s	132	147

表 6-5　铸铝青铜及铸铁蜗轮的许用接触应力 $[\sigma_H]$　（单位：MPa）

蜗轮材料	蜗杆材料	滑动速度 v_s/(m/s)						
		0.5	1	2	3	4	6	8
ZCuAl10Fe3	淬火钢	240	226	206	176	157	118	88
ZCuSu5Pb5Zn	淬火钢	210	196	176	147	132	93	74
HT150；HT200	渗碳钢	127	113	88	—	—	—	—
HT150	调质钢	108	88	69	—	—	—	—

6.4.4　蜗轮轮齿弯曲疲劳强度计算

在闭式蜗杆传动中，蜗轮轮齿的弯曲疲劳强度所限定的承载能力，大多超过齿面接触疲劳强度和热平衡计算所限定的承载能力，故不必进行弯曲疲劳强度计算。只有在开式蜗杆传动、受强烈冲击的传动中或蜗轮采用脆性材料时，齿根弯曲疲劳强度计算才有意义。

由于蜗轮轮齿的形状复杂，所以很难精确计算齿根的弯曲应力，通常按斜齿圆柱齿轮的计算方法近似计算，但蜗轮轮齿的弯曲强度高于斜齿轮轮齿。

将蜗轮的有关参数代入斜齿轮齿根弯曲强度的校核公式为

$$\sigma_F=\frac{1.53KT_2}{d_1d_2m}Y_{Fa2}Y_\beta\leqslant[\sigma_F] \tag{6-13}$$

设计公式为

$$m^2d_1\geqslant\frac{1.53KT_2}{z_2[\sigma_F]}Y_{Fa2}Y_\beta \tag{6-14}$$

式中，Y_{Fa2}为蜗轮的齿形系数，按蜗轮的齿数z_2查表6-6；Y_β为螺旋角影响系数，$Y_\beta=1-\frac{\gamma}{140°}$；$[\sigma_F]$为蜗轮材料的许用应力（MPa），其计算公式为$[\sigma_F]=[\sigma_F]'K_{FN}$，其中$[\sigma_F]'$为基本许用应力（MPa），查表6-7；$K_{FN}$为寿命系数，$K_{FN}=\sqrt[9]{\frac{10^6}{N}}$，其中应力循环次数$N$计算方法同前，当$N>25\times10^7$时，取$N=25\times10^7$，当$N<10^5$时，取$N=10^5$；其余符号的意义和单位同前。

表 6-6　蜗轮的齿形系数 Y_{Fa2} ($\alpha=20°$，$h_a^*=1$)

z_2	10	11	12	13	14	15	16	17	18	19	20	22	24	26
Y_{F2}	4.55	4.14	3.70	3.55	3.34	3.22	3.07	2.96	2.89	2.82	2.76	2.66	2.57	2.51
z_2	28	30	35	40	45	50	60	70	80	90	100	150	200	300
Y_{F2}	2.48	2.44	2.36	2.32	2.27	2.24	2.20	2.17	2.14	2.12	2.10	2.07	2.04	2.04

表 6-7　蜗轮材料的基本许用应力 $[\sigma_F]$ $(N=10^6)$　（单位：MPa）

蜗轮材料及铸造方法	单侧工作	双侧工作
铸锡磷青铜(ZCuSnP1),砂模铸造	40	29
铸锡磷青铜(ZCuSnP1),金属模铸造	56	40
铸锡锌铅青铜(ZCuSn5Pb5Zn5),砂模铸造	26	22
铸锡锌铅青铜(ZCuSn5Pb5Zn5),金属模铸造	32	26
铸铝铁青铜(ZCuAl10Fe3),砂模铸造	80	57
灰铸铁(HT150),砂模铸造	40	28

6.5　蜗杆传动的效率、润滑和热平衡计算

1. 蜗杆传动的效率

闭式蜗杆传动的总效率 η 包括三方面因素：啮合效率 η_1、搅油效率 η_2、轴承效率 η_3。蜗杆蜗轮啮合效率计算公式为

$$\eta_1=\frac{\tan\gamma}{\tan(\gamma+\rho_v)} \tag{6-15}$$

总效率

$$\eta=\eta_1\eta_2\eta_3 \tag{6-16}$$

啮合效率 η_1 是总效率的主要部分，通常取 $\eta_2\eta_3=0.95\sim0.97$，故有

$$\eta=(0.95\sim0.97)\frac{\tan\gamma}{\tan(\gamma+\rho_v)} \tag{6-17}$$

式中，γ 为蜗杆螺旋升角（导程角）；ρ_v 为当量摩擦角，$\rho_v=\arctan f_v$（见表 6-8）。

表 6-8　当量摩擦因数 f_v 和当量摩擦角 ρ_v

蜗轮材料	锡青铜				铝青铜		灰铸铁			
蜗杆齿面硬度	≥45HRC		<45HRC		≥45HRC		≥45HRC		<45HRC	
滑动速度 v_s/(m/s)	f_v	ρ_v	f_v	ρ_v	f_v	ρ_v	f_v	ρ_v	f_v	ρ_v
0.01	0.110	6°17′	0.120	6°51′	0.180	10°12′	0.018	10°12′	0.190	10°45′
0.05	0.090	5°09′	0.100	5°43′	0.140	7°58′	0.140	7°58′	0.160	9°05′
0.10	0.080	4°34′	0.090	5°09′	0.130	7°24′	0.130	7°24′	0.140	7°58′
0.25	0.065	3°43′	0.075	4°17′	0.100	5°43′	0.100	5°43′	0.120	6°51′
0.50	0.055	3°09′	0.065	3°43′	0.090	5°09′	0.090	5°09′	0.100	5°43′
1.00	0.045	2°35′	0.055	3°09′	0.070	4°00′	0.070	4°00′	0.090	5°09′
1.50	0.040	2°17′	0.050	2°52′	0.065	3°43′	0.065	3°43′	0.080	4°34′
2.00	0.035	2°00′	0.045	2°35′	0.055	3°09′	0.055	3°09′	0.070	4°00′
2.50	0.030	1°43′	0.040	2°17′	0.050	2°52′				
3.00	0.028	1°36′	0.035	2°00′	0.045	2°35′				
4.00	0.024	1°22′	0.031	1°47′	0.040	2°17′				
5.00	0.022	1°16′	0.029	1°40′	0.035	2°00′				
8.00	0.018	1°02′	0.026	1°29′	0.030	1°43′				
10.0	0.016	0°55′	0.024	1°22′						
15.0	0.014	0°48′	0.020	1°09′						
24.0	0.013	0°45′								

在初步计算时，蜗杆的传动效率可近似取表 6-9 数值。开式传动：$z_1=1$、2，$\eta=0.60\sim0.70$。

表 6-9　闭式蜗杆传动效率

z_1	1	2	4	6
η	0.7 ~ 0.75	0.75 ~ 0.82	0.82 ~ 0.92	0.86 ~ 0.95

2. 蜗杆传动的润滑

如果蜗杆传动润滑不良，则将使传动效率显著降低，使用寿命缩短。因此，润滑对蜗杆传动特别重要，通常采用粘度较大的润滑油，为提高其抗胶合能力，可加入油性添加剂以提高油膜的刚度，但青铜蜗轮不允许采用活性大的油性添加剂，以免被腐蚀。

闭式蜗杆传动的润滑油粘度和润滑方法可参考表 6-10 选择。开式传动则采用粘度较高的齿轮油或润滑脂进行润滑。闭式蜗杆传动用油池润滑，在 $v_s \leqslant 5$m/s 时常采用蜗杆下置式，浸油深度约为一个齿高，但油面不得超过蜗杆轴承的最低滚动体中心，如图 6-10a、图 6-10b 所示；$v_s > 5$m/s 时常用上置式，如图 6-10c 所示。

表 6-10　蜗杆传动的润滑油粘度及润滑方法

滑动速度 v_s/(m/s)	<1	<2.5	<5	>5 ~ 10	>10 ~ 15	>15 ~ 25	>25
工作条件	重载	重载	中载	—	—	—	—
运动粘度 ν_{40}/cSt	900	500	350	220	150	100	80
润滑方法	浸油			浸油或喷油	喷油润滑油压/MPa		
					0.7	2	3

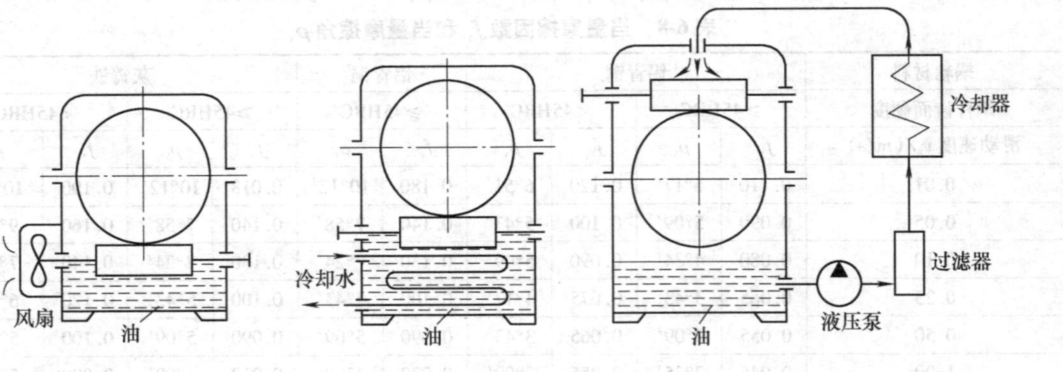

图 6-10　蜗杆传动的散热方法

a）风扇冷却　b）冷却水循环　c）压力喷油润滑

3. 蜗杆传动的热平衡计算

蜗杆传动中，由于相对滑动速度 v_s 大，摩擦损耗的功率也就比较大，故效率较低。在工作过程中，损耗的功率变为热能，如果箱体散热条件不好，则温度将上升很高，使润滑油变稀，从而更容易引起蜗轮的胶合损坏。因此。对于连续工作的闭式蜗杆传动要进行热平衡计算。

蜗杆传动中，摩擦消耗的功所转化成的热量为

$$Q_1 = 1000P_1(1-\eta) \tag{6-18}$$

式中，P_1 为蜗杆传动的输入功率（kW）；η 为蜗杆传动的效率。

另一方面，自然冷却时单位时间内经箱体外壁散逸到周围空气中的热量为

$$Q_2 = K_S A(t_1 - t_0) \tag{6-19}$$

式中，K_S 为散热系数，可取 $K_S=(8\sim17)\text{W/m}^2℃$，通风良好时取大值；$A$ 为散热面积（m^2）；t_1 为箱体内的油温，一般取许用油温 $[t_1]=60\sim80℃$，最高不超过 90℃；t_0 为周围空气的温度，通常取 $t_0=20℃$。

按热平衡条件 $Q_1=Q_2$，可得工作条件下的油温为

$$t_1 = \frac{1000(1-\eta)P_1}{K_S A} + t_0 \leqslant [t_1] \tag{6-20}$$

若工作温度超过许用温度，可采用下列措施：

1）在蜗杆轴上装风扇（见图 6-10a），提高散热系数，此时 $K_S \approx 20\sim28\text{W/m}^2℃$。

2）在箱体壳外铸出散热片，增加散热面积 A。

3）加冷却装置，在箱体油池内装蛇形冷却管（见图 6-10b）或用循环油冷却（见图 6-10c）。

例 6-1　设计用于带式运输机的一级闭式蜗杆传动。蜗杆轴输入功率 $P_1=4\text{kW}$，转速 $n=960\text{r/min}$，传动比 $i=20$，连续单向运转，载荷平稳，一班制，预期寿命 10 年。

解　设计计算见下表。

计 算 项 目	计算与说明	计 算 结 果
1. 选择材料确定许用应力	1. 选择材料 蜗杆：45 钢，表面淬火 45 ~ 50HRC 蜗轮：ZCuSn10P1 砂模铸造 2. 确定许用应力 $[\sigma_{H0}]=200\text{MPa}$（见表 6-4） $n_2=\frac{n_1}{i}=\frac{960}{20}\text{r/min}=48\text{r/min}$ $L_h=8\times300\times10\text{h}=24000\text{h}$ $N=60\times n_2\times L_h=60\times48\times24000\text{r}=6.9\times10^7\text{r}$ $Z_N=\sqrt[8]{\frac{10^7}{N}}=\sqrt[8]{\frac{10^7}{6.9\times10^7}}\approx0.79$ $[\sigma_H]=Z_N[\sigma_{0H}]\approx200\times0.79\text{MPa}=158\text{MPa}$	$[\sigma_H]=158\text{MPa}$ 蜗杆 45 钢表面淬火 45 ~ 50HRC；蜗轮 ZCuSn10P1 砂模铸造
2. 确定 z_1、z_2	$z_1=2$（见表 6-1），$z_2=i\times z_1=20\times2=40$	$z_1=2$，$z_2=40$
3. 计算蜗轮转矩 T_2	$T_2=9.55\times10^6(P_1\eta/n_2)$ $=9.55\times10^6(4\times0.8/48)\text{N}\cdot\text{mm}=6.37\times10^5\text{N}\cdot\text{mm}$ （取 $\eta=0.8$）	$T_2=6.37\times10^5\text{N}\cdot\text{mm}$

（续）

计 算 项 目		计算与说明	计 算 结 果
4. 按齿面接触疲劳强度计算		$K=1.1$（工作载荷稳定，速度较低） $m^2d_1 \geqslant KT_2\left(\dfrac{520}{z_2[\sigma_H]}\right)^2$ $=1.1\times 6.37\times 10^5\left(\dfrac{520}{40\times 158}\right)^2 \text{mm}^3$ $=4744\text{mm}^3$ 由表 6-2 取 $m^2d=5129\text{mm}^3$ 得 $m=8\text{mm}, q=10, d_1=80\text{mm}$ $d_2=mz_2=8\times 40\text{mm}=320\text{mm}$ $\gamma=\arctan(z_1m/d_1)=\arctan(2\times 8/80)=11.31°$	$m=8\text{mm}$ $q=10$ $d_1=80\text{mm}$ $d_2=320\text{mm}$ $\gamma=11.31°$
5. 验算传动效率 η		$v_1=\pi d_1n_1/(60\times 1000)$ $=3.14\times 80\times 960/(60\times 1000)\text{m/s}\approx 4.02\text{m/s}$ $v_s=v_1/\cos\gamma=4.02/\cos 11.31°\text{m/s}\approx 4.10\text{m/s}$ 查表 6-8 得：$\rho_v=1.36°$ $\eta=(0.95\sim 0.97)\dfrac{\tan\gamma}{\tan(\gamma+\rho_v)}$ $=(0.95\sim 0.97)\dfrac{\tan 11.31°}{\tan(11.31°+1.36°)}$ $=0.85\sim 0.86$	$\eta=0.85\sim 0.86$ 与初估值 $\eta=0.8$ 相近
6. 几何尺寸计算（见表 6-3）	蜗杆	$d_1=80\text{mm}$ $d_{a1}=m(q+2)=8(10+2)\text{mm}=96\text{mm}$ $d_{f1}=m(q-2.4)=8(10-2.4)\text{mm}=60.8\text{mm}$ $p_{a1}=\pi m=3.14\times 8\text{mm}=25.12\text{mm}$ $L\geqslant(11+0.06z_2)m=(11+0.06\times 40)\times 8\text{mm}\approx 107\text{mm}$	$d_1=80\text{mm}$ $d_{a1}=96\text{mm}$ $d_{f1}=60.8\text{mm}$ $p_{a1}=25.12\text{mm}$ $L\geqslant 107\text{mm}$
	蜗轮	$d_2=mz_2=8\times 40\text{mm}=320\text{mm}$ $d_{a2}=m(z_2+2)=8(40+2)\text{mm}=336\text{mm}$ $d_{f2}=m(z_2-2.4)=8(40-2.4)\text{mm}=300.8\text{mm}$ $d_{e2}=d_{a2}+1.5m=336+1.5\times 8\text{mm}=348\text{mm}$ $b\leqslant 0.75d_{a1}=0.75\times 96\text{mm}=72\text{mm}$	$d_2=320\text{mm}$ $d_{a2}=336\text{mm}$ $d_{f2}=300.8\text{mm}$ $d_{e2}=348\text{mm}$ $b\leqslant 72\text{mm}$
	中心距	$a=m(q+z_2)/2=8(10+40)/2\text{mm}=200\text{mm}$	$a=200\text{mm}$
7. 热平衡计算		取 $t_0=20℃, t_1=65℃, K_S=14\text{W/m}^2℃$ $A=\dfrac{1000(1-\eta)P_1}{K_S(t_1-t_0)}$ $=\dfrac{1000(1-0.85)\times 4}{14(65-20)}\text{m}^2\approx 0.95\text{m}^2$	所需散热面积 $A\approx 0.95\text{m}^2$
8. 结构设计，绘制工作图		（略）	

课 堂 任 务

【任务描述】

在精压机机组中，闭式蜗杆传动用于板链式输送机。载荷具有轻微冲击，两班制工作，单向传动，传动比 $i=29$，蜗杆传动的功率 $P=2.97\text{kW}$，蜗杆转速 $n_1=710\text{r/min}$。

【任务要求】

依据上述数据设计蜗杆传动，包含选择蜗杆传动的材料和热处理方法、制造精度、许用应力，确定其主要参数及几何尺寸、结构尺寸，校核其传动效率，并进行热平衡计算。

【任务提示】

蜗杆传动的设计计算，实际上是针对强度较弱的蜗轮轮齿的强度进行的；一般对其进行齿面接触疲劳强度设计，而轮齿的齿根弯曲疲劳强度只是在特殊条件小才进行计算。

思考题和习题

6-1　蜗杆传动有何特点，适用于什么场合？

6-2　蜗杆传动的模数和压力角是在哪个平面上定义的？蜗杆传动正确啮合的条件是什么？

6-3　如何选择蜗杆的头数 z_1、蜗轮的齿数 z_2？

6-4　设计蜗杆传动时如何确定蜗杆的分度圆直径 d_1 和模数 m？为什么要规定 m 和 d_1 的对应标准值？

6-5　蜗杆传动的失效形式是有哪几种？设计准则是什么？

6-6　蜗杆、蜗轮常用的材料有哪些？选择材料的主要依据是什么？

6-7　为什么蜗杆传动常采用青铜蜗轮而不采用钢制蜗轮？为什么青铜蜗轮常采用组合结构？

6-8　蜗杆传动的效率与哪些因素有关？对于动力用蜗杆传动，为提高其效率常采用什么措施？

6-9　为什么对连续工作的闭式蜗杆传动要进行热平衡计算？若蜗杆传动的温度过高应采取哪些措施？

6-10　如图 6-11 所示一提升机构传动简图，已知电动机的转向 n_1 及重物的运行方向。试确定：1）蜗杆 3 的旋向；2）在图 6-11 中标出各啮合点的受力方向。

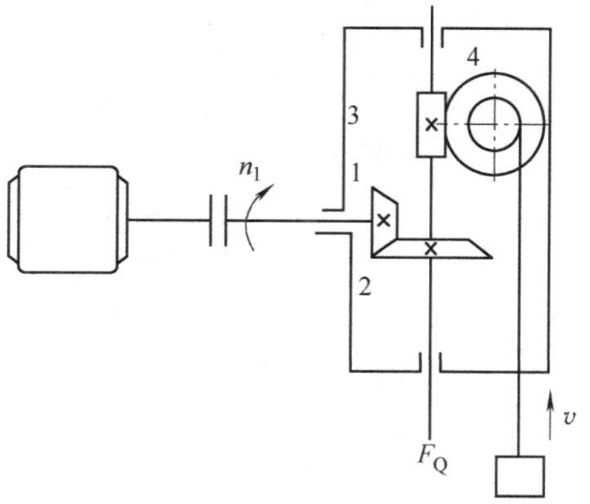

图 6-11　题 6-10 图

6-11　标出图 6-12 中未注明的蜗杆或蜗轮的旋向及转向（蜗杆为主动件），并绘出蜗杆和蜗轮啮合点作用力的方向。

6-12　已知一蜗杆减速器中蜗杆的参数为 $z_1=2$ 右旋，$d_{a1}=48\text{mm}$，$p_{a1}=12.56\text{mm}$，中心距 $a=100\text{mm}$。试计算蜗轮的几何尺寸（d_2、z_2、d_{a2}、d_{f2}、β）。

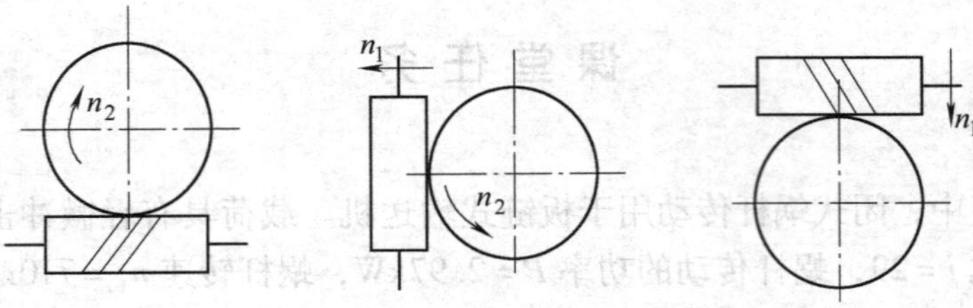

图 6-12　题 6-11 图

6-13　设计一电动机驱动的单级闭式蜗杆减速器。已知电动机功率 $P = 3\text{kW}$，转速 $n_1 = 1440\text{r/min}$，传动比 $i = 24$，载荷平稳，单向运转，预期寿命 $L_h = 15000\text{h}$。

第 7 章　轮 系 设 计

学 习 目 标

1. 了解各类轮系的组成和运动特点，学会判断一个已知轮系属于何种轮系。
2. 熟练掌握各种轮系传动比计算方法，学会确定主、从动轮的转向关系。
3. 了解各类轮系的功能，学会根据工作要求选择轮系的类型。

在实际机械中，为了获得较大的传动比，或者为了变速、换向等，经常需采用一系列互相啮合的齿轮组成机械传动系统。这种由一系列齿轮组成的机械传动系统称为轮系。本章只讨论轮系的传动比计算方法和轮系在机械传动中的功能。

7.1　轮系的分类

按照轮系运动时，各齿轮的轴线位置是否固定，将轮系分为定轴轮系和周转轮系两种基本类型。

1. 定轴轮系

当轮系运动时，所有齿轮的几何轴线均固定，这种轮系称为定轴轮系，如图 7-1 所示。

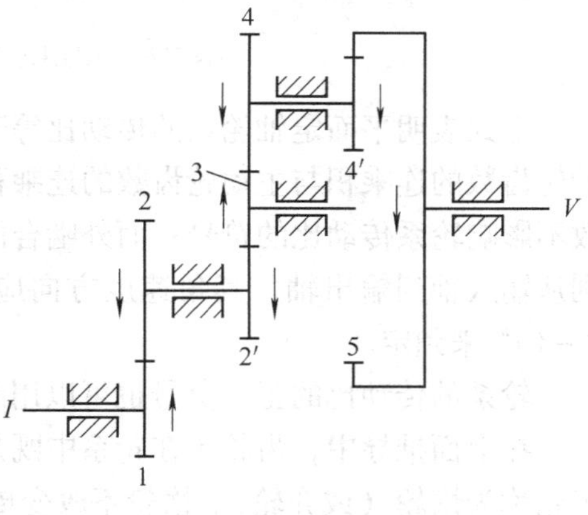

图 7-1　定轴轮系

2. 周转轮系

如图 7-2 所示，轮系运动时齿轮 2 的几何轴线 O_2 绕齿轮 1 的几何轴线 O_1 转动。这种至少有一个齿轮的几何轴线可绕另一齿轮的几何轴线转动的轮系称为周转轮系。

周转轮系根据其自由度的多少又可分为行星轮系和差动轮系。自由度为 1 的周转轮系称为行星轮系，如图 7-2a 所示；自由度为 2 的周转轮系称为差动轮系，如图 7-2b 所示。

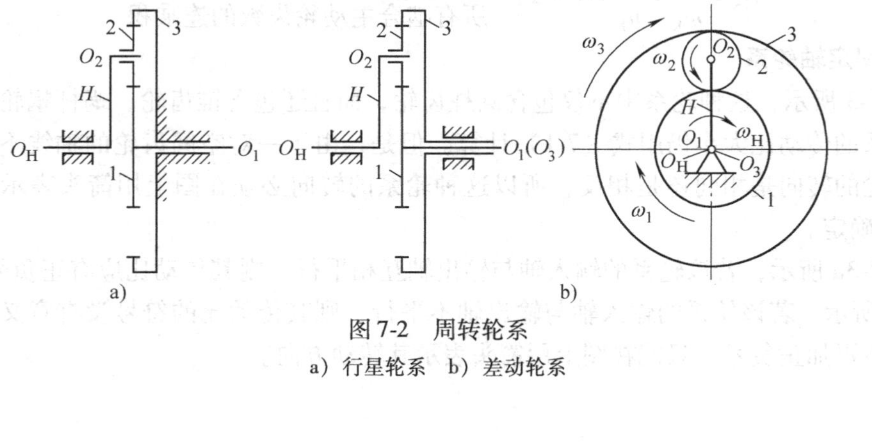

图 7-2　周转轮系

a）行星轮系　b）差动轮系

7.2 定轴轮系传动比计算

轮系的传动比是指轮系中输入轴与输出轴的角速度（或转速）之比。若 1 为轮系的输入轴，K 为轮系的输出轴，则其传动比 $i_{1K}=\omega_1/\omega_K=n_1/n_K$。

1. 平面定轴轮系

图 7-1 所示轮系由圆柱齿轮组成，各轮的轴线互相平行，因此它的传动比有正负之分。如果输入轴与输出轴转向相同，则传动比为正，反之为负。

设 I 是输入轴，V 是输出轴，各轮齿数分别为 z_1、z_2、$z_{2'}$、z_3、z_4、$z_{4'}$、z_5，各轮的角速度分别为 ω_1、ω_2、$\omega_{2'}$、ω_3、ω_4、$\omega_{4'}$、ω_5。那么各对齿轮的传动比大小为

$$i_{12}=\frac{\omega_1}{\omega_2}=-\frac{z_2}{z_1} \qquad i_{2'3}=\frac{\omega_{2'}}{\omega_3}=-\frac{z_3}{z_{2'}}$$

$$i_{34}=\frac{\omega_3}{\omega_4}=-\frac{z_4}{z_3} \qquad i_{4'5}=\frac{\omega_{4'}}{\omega_5}=\frac{z_5}{z_{4'}}$$

将以上各式两边分别相乘后得

$$i_{12}i_{2'3}i_{34}i_{4'5}=\frac{\omega_1\omega_{2'}\omega_3\omega_{4'}}{\omega_2\omega_3\omega_4\omega_5}=(-1)^3\frac{z_2z_3z_4z_5}{z_1z_{2'}z_3z_{4'}}=-\frac{z_2z_4z_5}{z_1z_{2'}z_{4'}}$$

但因 $\omega_2=\omega_{2'}$，$\omega_4=\omega_{4'}$，所以

$$i_{15}=i_{12}i_{2'3}i_{34}i_{4'5}=\frac{\omega_1\omega_{2'}\omega_3\omega_{4'}}{\omega_2\omega_3\omega_4\omega_5}=\frac{\omega_1}{\omega_5}=-\frac{z_2z_4z_5}{z_1z_{2'}z_{4'}}$$

上式表明平面定轴轮系的传动比等于各级传动比的连乘积，其值等于各对啮合齿轮中从动轮齿数的连乘积与主动轮齿数的连乘积之比。由于连接平行轴的内啮合两轮的转向相同，故不影响轮系传动比的符号；而外啮合两轮的转向相反，所以如果轮系中有 m 对外啮合时，则从输入轴到输出轴，其角速度方向应经过 m 次变号，因此这种轮系传动比的符号可用 $(-1)^m$ 来判定。

轮系的传动比的正、负号也可以用画箭头的方法来确定，如图 7-1 中的箭头。

在上面推导中，齿轮 3 在轮系中既是前对啮合的从动轮，又是后对啮合的主动轮，这种齿轮称为惰轮（或介轮）。惰轮不改变传动比的大小，但却能改变传动比的正、负号。

综上所述，将定轴轮系传动比的计算写成通式，即有

$$i_{1K}=\frac{\omega_1}{\omega_K}=\frac{n_1}{n_K}=(-1)^m\frac{\text{所有啮合从动轮齿数的连乘积}}{\text{所有啮合主动轮齿数的连乘积}} \tag{7-1}$$

2. 空间定轴轮系

如图 7-3 所示，这种轮系中不仅包含圆柱齿轮，而且还包含锥齿轮、蜗杆蜗轮等空间齿轮。该轮系的传动比大小仍用式（7-1）计算。但是，由于一对空间齿轮的轴线不平行，不能说其两轮的转向是相同还是相反，所以这种轮系的转向必须在图上用箭头表示而不能用 $(-1)^m$ 来确定。

如图 7-3a 所示，若该轮系的输入轴与输出轴互相平行，则其传动比应有正负号；反之，如图 7-3b 所示，若该轮系的输入轴与输出轴不平行，则其传动比的符号没有意义，故在计算公式中不再加正负号，只能在图上用箭头表示其转动方向。

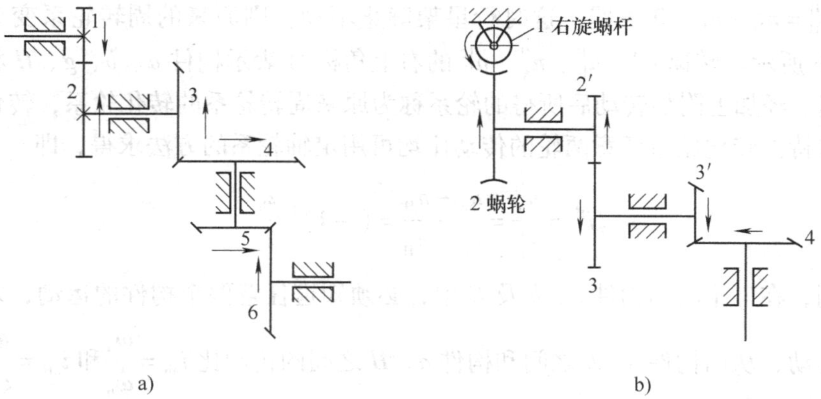

图 7-3 空间定轴轮系

7.3 周转轮系传动比计算

如图 7-4 所示为最常用的周转轮系的传动简图，齿轮 g 空套在构件 H 上，分别与外齿轮 a 和内齿轮 b 相啮合。传动时，齿轮 g 一方面绕自身的几何轴线 O_g 转动（自转），同时又随构件 H 绕固定的几何轴线 O 回转（公转），其运动和天上行星的运动类似，故称为行星轮。支持行星轮的构件 H 称为行星架（或转臂、系杆），几何轴线固定的齿轮 a 和 b 称为太阳轮（中心轮）。

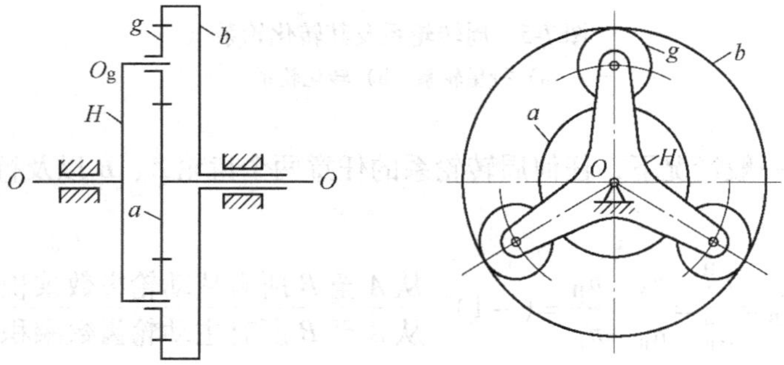

图 7-4 周转轮系组成

在周转轮系中，由于行星轮的运动是兼有自转和公转的复杂运动，因此，周转轮系各构件间的传动比不能直接引用定轴轮系传动比的公式来计算。为了解决周转轮系的传动比问题，可以想办法使行星架固定不动，将其转化为定轴轮系。由相对运动原理可知，给周转轮系加上一个附加的公共转动后，周转轮系各构件间的相对运动并不改变。设行星轮、太阳轮和行星架的绝对转速分别为 n_g、n_a、n_b 和 n_H。现在给该周转轮系加上一个公共转速 $-n_H$（公共转速与行星架 H 的转速 n_H 大小相等方向相反），则其各构件的转速见表 7-1。

表 7-1 各构件在转化前后的转速

构　件	原来的绝对转速	转化轮系各构件的转速	构　件	原来的绝对转速	转化轮系各构件的转速
中心轮 a	n_a	$n_a^H = n_a - n_H$	行星轮 g	n_g	$n_g^H = n_g - n_H$
中心轮 b	n_b	$n_b^H = n_b - n_H$	行星架 H	n_H	$n_H^H = n_H - n_H = 0$

上表中 $n_H^H = n_H - n_H = 0$ 表明，这时行星架静止不动，则原来的周转轮系变为定轴轮系了，如图 7-5b 所示。转速 n_a^H、n_b^H、n_g^H、n_H^H 的右上角标 H 表示构件 a、b、g、H 相对于构件 H 的相对转速。经加上附加转动后所得的轮系称为原来周转轮系的转化轮系，转化轮系即可当定轴轮系看待。转化轮系任意两轮的传动比均可用定轴轮系的方法求得，即

$$i_{ab}^H = \frac{n_a^H}{n_b^H} = \frac{n_a - n_H}{n_b - n_H} = (-1)^1 \frac{z_b}{z_a}$$

上式表明，在三个活动构件 a、b 及 H 中，必须知道任意两个构件的运动，才能求出第三个构件的运动，从而构件 a、b 之间和构件 a、H 之间的传动比 $i_{ab} = \frac{\omega_a}{\omega_b}$ 和 $i_{aH} = \frac{\omega_a}{\omega_H}$ 便也完全确定了。

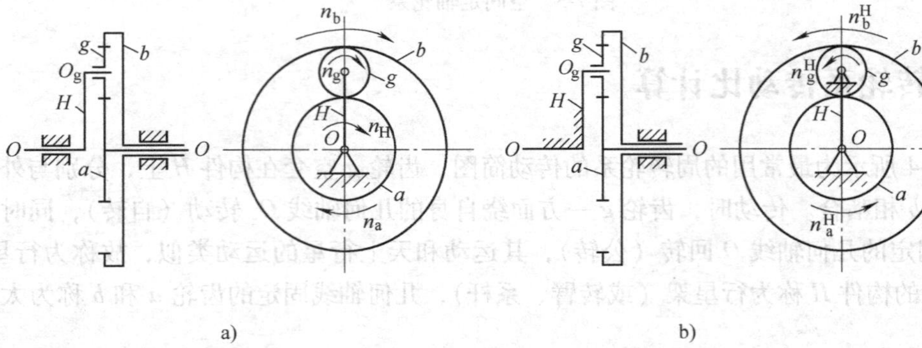

图 7-5　周转轮系及其转化轮系

a）行星轮系　b）转化轮系

综上所述，在一般情况下，任何周转轮系的任意两个齿轮 A、B 以及行星架 H 的转速之间的关系应为

$$i_{AB}^H = \frac{n_A^H}{n_B^H} = \frac{n_A - n_H}{n_B - n_H} = (-1)^m \frac{\text{从}A\text{至}B\text{所有从动轮齿数乘积}}{\text{从}A\text{至}B\text{所有主动轮齿数乘积}} \tag{7-2}$$

应用式（7-2）计算周转轮系传动比时，要注意以下几点：

1）式（7-2）只适用于齿轮 A、B 的轴线与行星架 H 的轴线平行的各构件之间的传动比计算。

2）n_A、n_B、n_H 三个量中需给定两个，并且假定某一转向为正，相反方向用负值代入计算。

上式也适用于由锥齿轮所组成的周转轮系，不过 AB 两个中心轮和行星架 H 的轴线必须互相平行，且其转化机构传动比 i_{AB}^H 的正、负号必须用画箭头的方法来决定。

对于行星轮系，由于它的一个太阳轮（例如齿轮 B）固定不动，所以由式（7-2）得

$$i_{AB}^H = \frac{n_A^H}{n_B^H} = \frac{n_A - n_H}{n_B - n_H} = \frac{n_A - n_H}{0 - n_H} = 1 - \frac{n_A}{n_H} = 1 - i_{AH} = \pm\frac{\text{所有从动轮齿数的连乘积}}{\text{所有主动轮齿数的连乘积}}$$

故

$$i_{AH} = 1 - i_{AB}^H \tag{7-3}$$

式（7-3）表明：活动齿轮 A 对行星架 H 的传动比等于1减去行星架 H 固定时活动齿轮 A 对原固定中心轮 B 的传动比。这个公式在解题时可以直接套用。

例7-1 如图7-6所示的周转轮系中，已知电动机转速 $n_1=300\text{r/min}$（逆时针转动）当 $z_1=17$，$z_3=85$，$z_2=z_2'$，求当 $n_3=0$ 和 $n_3=120\text{r/min}$（顺时针转动）时的 n_H。

解 分析传动关系。当构件 H 转动时，它推动齿轮2′在齿轮3上滚动，从而使齿轮2带动齿轮1。由此可知：双联齿轮2-2′为行星轮，1、3为太阳轮，H 为行星架，它们组成一个差动轮系。

利用传动比求解 n_H，由式（7-2）得

$$i_{13}^{H}=\frac{n_1-n_H}{n_3-n_H}=-\frac{z_2z_3}{z_1z_{2'}}$$

当 $n_3=0$ 时，则

$$\frac{300-n_H}{-n_H}=-\frac{85}{17}=-5$$

$$n_H=50\text{r/min}$$

当 $n_3=-120\text{r/min}$ 时，则

$$\frac{300-n_H}{-120-n_H}=-\frac{85}{17}=-5$$

$$n_H=-50\text{r/min}$$

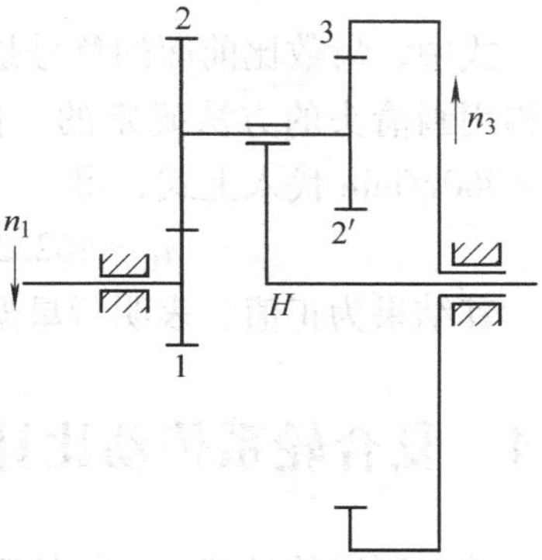

图7-6 差动轮系

其结果表明两种情况的转向相反。

例7-2 图7-7所示轮系中，已知 $z_1=100$，$z_2=101$，$z_2'=100$，$z_3=99$。试求传动比 i_{H1}。在上述已知条件中若 $z_1=99$，而其他齿数不变，求传动比 i_{H1}。

解 分析传动关系。当构件 H 转动时，它推动齿轮2′在固定齿轮3上滚动，从而使齿轮2带动齿轮1。由此可知：双联齿轮2-2′为行星轮，3为固定中心轮，1为活动中心轮，H 为行星架，它们组成一个行星轮系，于是由式（7-3）得

$$i_{1H}=1-i_{13}^{H}=1-\frac{z_2z_3}{z_1z_{2'}}=1-\frac{101\times99}{100\times100}=\frac{1}{10000}$$

所以 $$i_{H1}=\frac{1}{i_{1H}}=10000$$

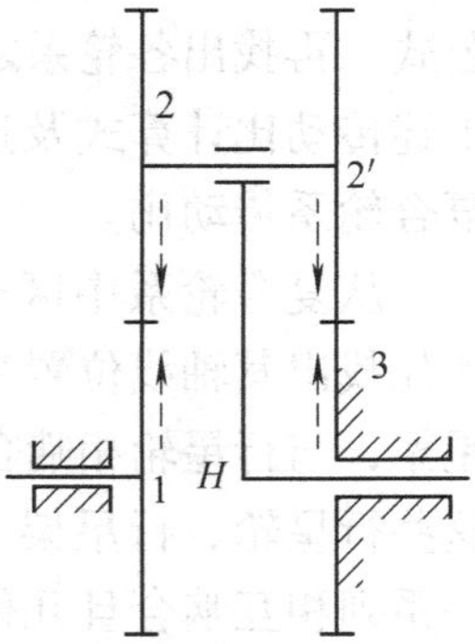

图7-7 行星轮系

n_1 与 n_H 转向相同。此例说明行星轮系可以采用较少的齿轮获得很大的传动比，并且比定轴轮系结构紧凑，轻便得多。但是传动比大时，它的效率又很低；且当齿轮1主动时，将产生自锁。故这种行星轮系多用于轻载下的运动传递或作为微调机构。

若取 $z_1=99$，则 $$i_{1H}=1-i_{13}^{H}=1-\frac{z_2z_3}{z_1z_{2'}}=1-\frac{101\times99}{99\times100}=-\frac{1}{100}$$

得 $$i_{H1}=\frac{1}{i_{1H}}=-100$$

由计算结果可知，n_1 与 n_H 转向相反。

比较两个计算结果可知，对于同一结构的行星轮系，当某一轮的齿数作较小变动，不仅可以导致从动轮转速的较大变化，甚至可以导致转向改变。

例 7-3 图 7-8 所示锥齿轮组成的行星轮系中，已知 $z_1=25$，$z_2=21$，$z_{2'}=32$，$z_3=41$，$n_1=960\text{r/min}$，求行星架 H 的转速 n_H。

解 分析传动关系。通过分析可知它们组成一个行星轮系，于是由式（7-3）得

$$i_{1H}=\frac{n_1}{n_H}=1-i_{13}^{H}=1-\left(-\frac{z_2z_3}{z_1z_{2'}}\right)=1+\frac{z_2z_3}{z_1z_{2'}}=1+\frac{21\times41}{25\times32}$$

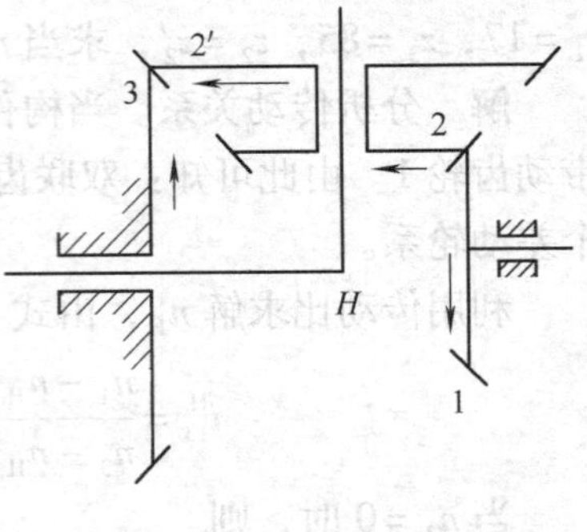

图 7-8 锥齿轮行星轮系

式中，齿数比前面的负号是由图 7-8 所示的机构的转化机构用画箭头的方法确定的，假设齿轮 1 的转向为正，将 $n_1=960\text{r/min}$ 代入上式，得

$$n_H=462.37\text{r/min}$$

其结果为正值，表明行星架 H 的转向与齿轮 1 的转向相同。

7.4 复合轮系传动比计算

前面所讲的是基本定轴轮系和基本周转轮系的传动比计算。在实际的传动机械中，还常将定轴轮系和周转轮系组合在一起使用，或将几个基本的周转轮系组合在一起使用。通常将这种复杂的轮系称为复合轮系。对复合轮系传动比的计算，显然不能简单地采用定轴轮系或周转轮系的传动比计算方法，而必须把它逐一地分解，区分复合轮系中包含哪几个基本轮系，分别列出定轴轮系部分和周转轮系部分的传动比计算公式，再找出各轮系之间连接构件的运动关系式，最后将上述传动比计算式及连接构件关系式联立求解，即可求出复合轮系传动比。

从复合轮系中区分定轴轮系和周转轮系的方法如下：首先找出其轴线位置变动的行星轮，支撑行星轮的便是行星架，与行星轮相啮合且几何轴线固定的齿轮即是太阳轮，这些行星轮、行星架、太阳轮组成一基本周转轮系。其余一系列相互啮合且几何轴线固定不变的齿轮，便是定轴轮系。

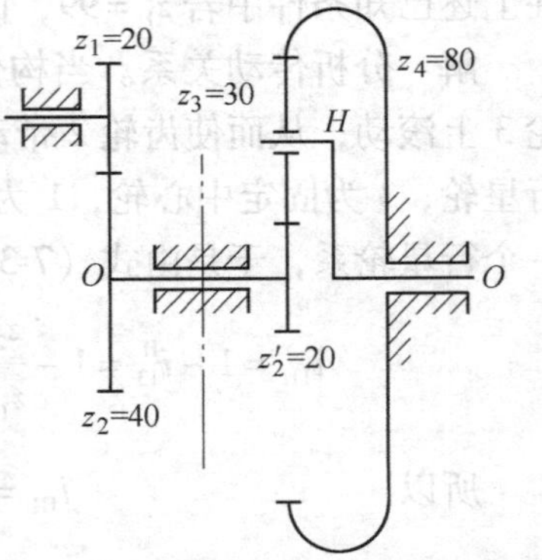

图 7-9 复合轮系

图 7-9 所示的轮系中，双点画线为分界线，左侧为定轴轮系，右侧为周转轮系（行星轮系）。分别利用前述知识列出两个轮系的传动比方程式，由齿轮 2 和齿轮 2′速度相等，联立求解方程式即可求出 i_{1H}。

定轴轮系 1-2 的传动比：$i_{12}=\dfrac{n_1}{n_2}=-\dfrac{z_2}{z_1}=-\dfrac{40}{20}=-2$

行星轮系 2′-3-4-H 的传动比：$i_{2'H}=\dfrac{n_{2'}}{n_H}=1-i_{2'4}^{H}=1+\dfrac{z_4}{z_{2'}}=1+\dfrac{80}{20}=5$

因为 $n_2=n_{2'}$ 所以 $i_{1H}=i_{12}i_{2'H}=(-2)\times5=-10$

例 7-4 如图 7-10 所示为电动卷扬机减速器，已知各轮齿数 $z_1=24$，$z_2=33$，$z_{2'}=21$，$z_3=78$，$z_{3'}=18$，$z_4=30$，$z_5=78$。试求其传动比 i_{15}。

解 （1）分解轮系，分析传动关系

双联齿轮 2-2′绕本身轴线转动的同时，又随轮 5 绕固定轴线传动，故轮 2-2′为行星轮，轮 5 为行星架（行星架不一定是杆状结构），轮 1 和轮 3 为太阳轮，它们一起组合成一个周转轮系（见图 7-11a）。分出周转轮系后，留下的轮 3′、轮 4、轮 5 为定轴轮系（见图 7-11b）。

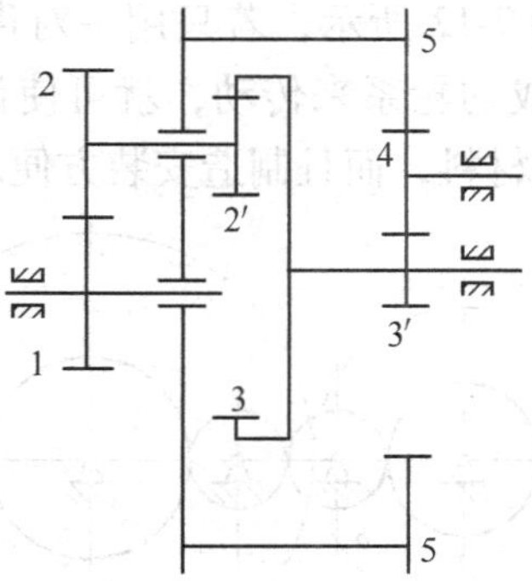

图 7-10

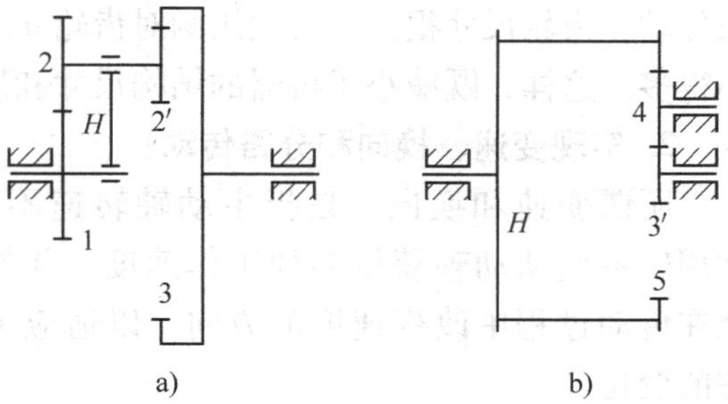

图 7-11

（2）列出各基本轮系传动比计算式

定轴轮系 3′-4-5-机架传动比

$$i_{53'}=\frac{n_5}{n_{3'}}=-\frac{z_{3'}}{z_5}$$

或

$$n_{3'}=-\frac{z_5}{z_{3'}}n_5 \tag{7-4}$$

周转轮系 1-2-2′-3-H(5)-机架传动比

$$i_{13}^{\mathrm{H}}=\frac{n_1-n_5}{n_3-n_5}=-\frac{z_2z_3}{z_1z_{2'}}$$

或

$$n_1=-\frac{z_2z_3}{z_1z_{2'}}(n_3-n_5)+n_5 \tag{7-5}$$

（3）根据组合关系联立式（7-4）和式（7-5）求解

由于 $n_3=n_{3'}$，将式（7-4）代入式（7-5）得

$$i_{15}=\frac{n_1}{n_5}=\left(1+\frac{z_5}{z_{3'}}\right)\frac{z_2z_3}{z_1z_{2'}}+1 \tag{7-6}$$

将各轮齿数代入式（7-6）后，得

$$i_{15}=\left(1+\frac{78}{18}\right)\times\frac{33\times78}{24\times21}+1=28.24$$

该复合轮系中的周转轮系本是自由度为 2 的差动轮系，但它的太阳轮 3 及行星架 5 被一定轴轮系封闭起来，保持一定的速比关系，从而整个轮系成了自由度为 1 的特殊的行星轮系，常称为封闭式行星轮系或回归轮系。

7.5 轮系的功用

在实际机械传动中，轮系得到了广泛的应用。为了在设计过程中设计出满足某种机械的需求，现将轮系的主要功能归纳如下：

1. 实现较远距离的传动

在齿轮传动中，当主、从动轴间的距离较远时，如图 7-12 所示，若只用一对齿轮 1、2 来传动，齿轮尺寸很大。若改用两对齿轮 *a*、*b*、*c*、*d* 组成的轮系来传动，就可使齿轮尺寸小得多。这样，既减小了机器的结构尺寸和质量，又节约材料，而且制造安装方便。

2. 实现变速、换向和分路传动

所谓变速和换向，是指主动轴转速不变时，利用轮系使从动轴获得多种工作速度，并能方便地在传动过程中改变速度的方向，以适应工件条件的变化。

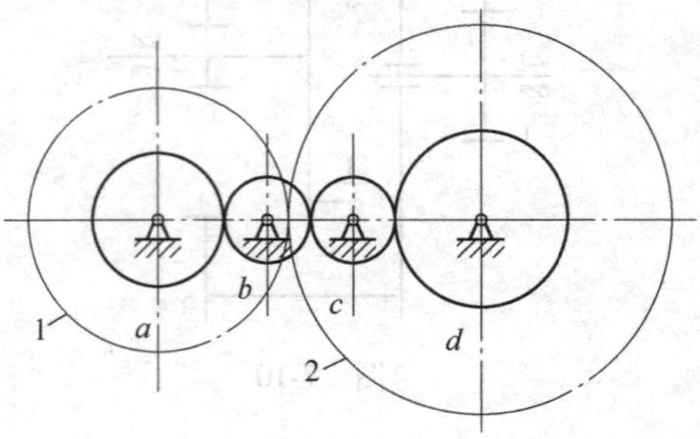

图 7-12　实现较远距离的齿轮传动

图 7-13 所示为汽车上常用的三轴四速变速器的传动示意图。在该定轴轮系中，利用滑移齿轮和离合器便可以获得四种不同的输出转速。图 7-12 中Ⅰ轴输入，Ⅱ轴输出。第一档：齿轮 5 与齿轮 6 相结合，其余脱开（低速档）；第二档：齿轮 3 与齿轮 4 相结合，其余脱开（中速档）；第三档：离合器 *A*、*B* 嵌合，其余脱开（高速档）；第四档：齿轮 6 与齿轮 8 相结合，*A*、*B* 脱开（倒车档）。变速、换向传动还广泛地应用在金属切削机床等设备上。

所谓分路传动，是指主动轴转速一定时，利用轮系将主动轴的一种转速同时传到几根从动轴上，获得所需的各种转速。

如图 7-14 所示的机械式钟表，动力源 *N* 通过定轴轮系 1-2 直接带动分针 *M*；同时，一路通过定轴轮系 2″-3-3′-4 带动时针 *H*；另一路通过定轴轮系 2′-5-5′-6 带动秒针 *S*，又通过定轴轮系 6′-7 驱动擒纵轮 *E*。只要正确确定各齿轮的齿数，就可以保证时针与分针、分针与秒针的传动比关系。

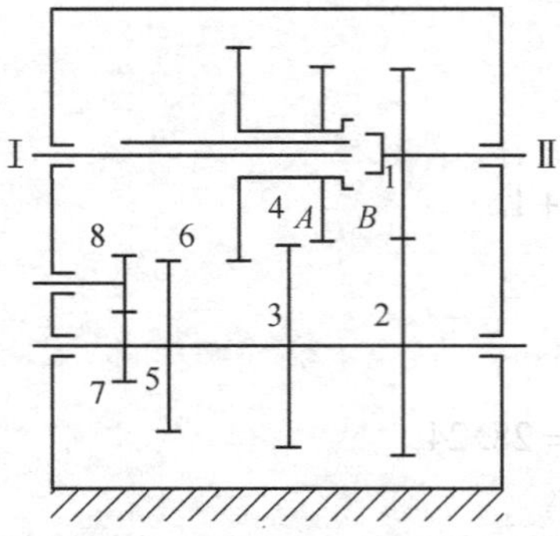

图 7-13　汽车变速器的传动示意图

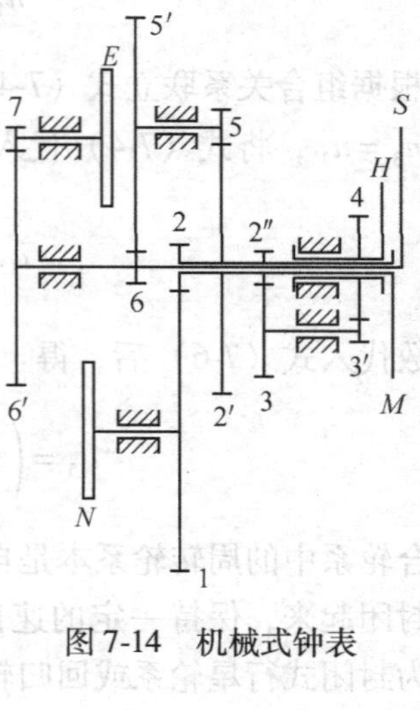

图 7-14　机械式钟表

3. 实现结构紧凑的大功率传动

在周转轮系中，多采用多个行星轮均匀分布在太阳轮四周的结构形式，如图7-15所示。这样，载荷由多对齿轮承受，可大大提高承载能力；又因行星轮均匀分布，可使行星轮因公转所产生的离心惯性力和各齿廓啮合处的径向分力得以平衡，从而大大改善受力状况。此外，采用内啮合又有效地利用了空间，加之其输入轴与输出轴共轴线，故可减小径向尺寸。因此，可在结构紧凑的条件下，实现大功率传动。

4. 运动的合成与分解

机械中采用具有两个自由度的差动轮系来实现运动的合成和分解，这是差动轮系独特的功用。7-16图所示的差动轮系有两个自由度，只有给定三个基本构件中任意两个的运动后，第三个基本构件的运动才能确定。这就是说，第三个基本构件的运动为另两个基本构件运动的合成。

假设太阳轮 a 和 b 转速确定，且 $z_a = z_b$，则 $i_{ab}^{H} = \frac{n_a - n_H}{n_b - n_H} = -\frac{z_b}{z_a} = -1$，可得

$$2n_H = n_a + n_b$$

上式说明，行星架转速的2倍是中心轮 a 和 b 转速的合成，因此这种轮系可用作加法机构。

如果以行星架 H 和太阳轮 b（或 a）作为主动件时，上式可以写成

$$n_a = 2n_H - n_b$$

上式说明，太阳轮 a 的转速是行星架转速的2倍与太阳轮 b 转速的差，因此这种轮系称为减法机构。差动轮系的这一性能，在机床、机械运算装置和补偿装置中得到广泛的应用。

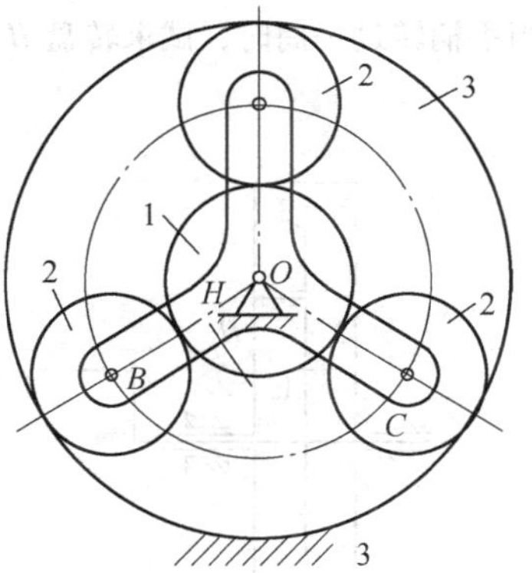

图7-15 实现结构紧凑大功率传动

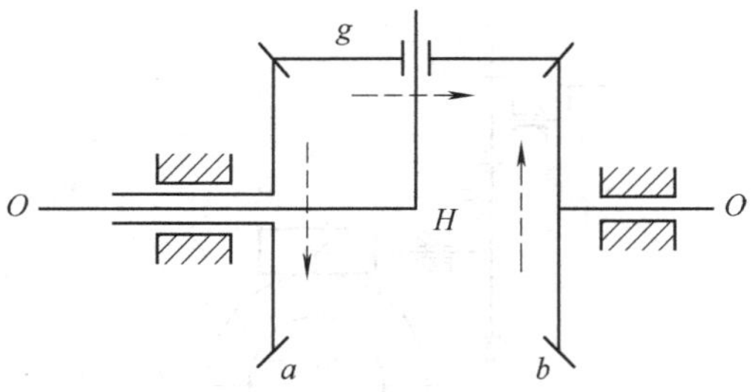

图7-16 差动轮系

5. 实现大传动比传动

一对齿轮传动的传动比不能很大，一般取 $i_{max} = 5 \sim 7$。采用定轴轮系或周转轮系均可获得大的传动比。若用定轴轮系来获得大传动比，则需要多级齿轮传动，致使传动装置的结构复杂和庞大；若采用蜗杆传动，则传动效率偏低。而采用周转轮系，则只需很少几个齿轮，就可获得很大的传动比，如例7-2的轮系。

思考题和习题

7-1　什么叫周转轮系的“转化机构”？它在周转轮系传动比中起什么作用？

7-2　什么是惰轮？它在轮系中起什么作用？

7-3　周转轮系中两轮传动比的正负号与该周转轮系转化机构中两轮传动比的正负号相同吗？为什么？

7-4　图 7-17 所示的轮系中，已知 $z_1 = z_{3'} = 20$，$z_3 = z_5 = 60$。试求该轮系的传动比 i_{15}。

7-5　图 7-18 所示的滚齿机传动系统中，已知 $z_1 = 15$，$z_{1'} = 15$，$z_2 = 35$，右旋蜗杆 $z_{4'} = 1$，$z_5 = 40$，$z_6 = 28$，A 为单线滚刀，B 为被切齿坯。现欲加工齿数为 64 的齿轮，试求齿轮 4 和齿轮 2′的齿数比。（提示：滚刀每转过一圈，被切齿轮应转过一个齿，即 $i_{AB} = n_A/n_B = 64$）

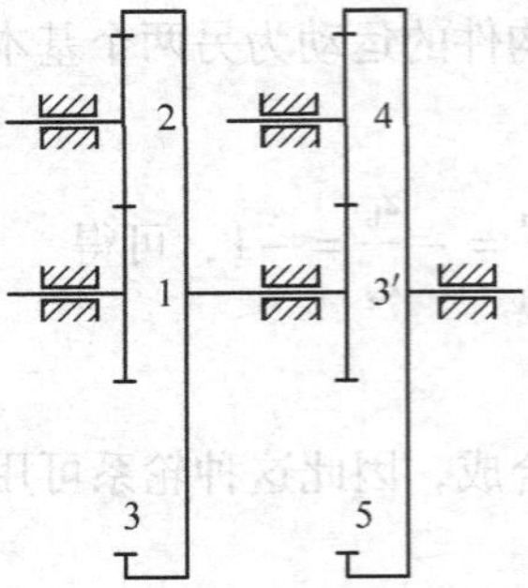

图 7-17　题 7-4 图

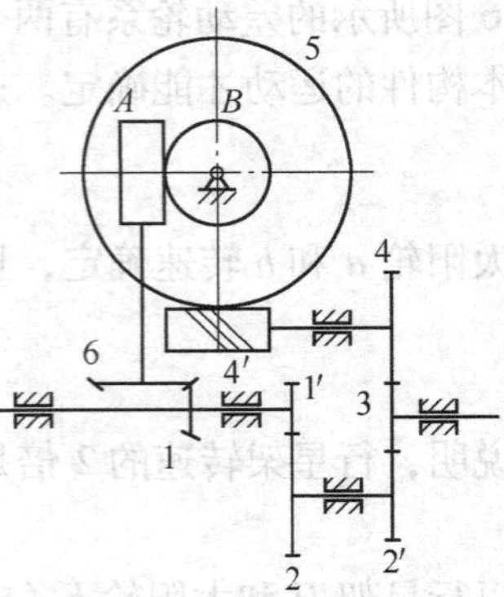

图 7-18　题 7-5 图

7-6　图 7-19 所示的轮系中，已知 $z_1 = 20$，$z_2 = 40$，蜗杆 $z_{2'} = 2$，$z_3 = 120$，鼓轮与蜗轮同轴，鼓轮直径 $D = 200\text{mm}$，手柄的转动半径 $r = 100\text{mm}$，当重物 G 重 30kN 时，试求作用在手柄上的圆周力（不考虑效率损失）。

7-7　如图 7-20 所示的轮系中，已知 $z_1 = z_2 = 17$，$z_3 = 51$，当手柄转过一周时，试求转盘 H 转过的角度。

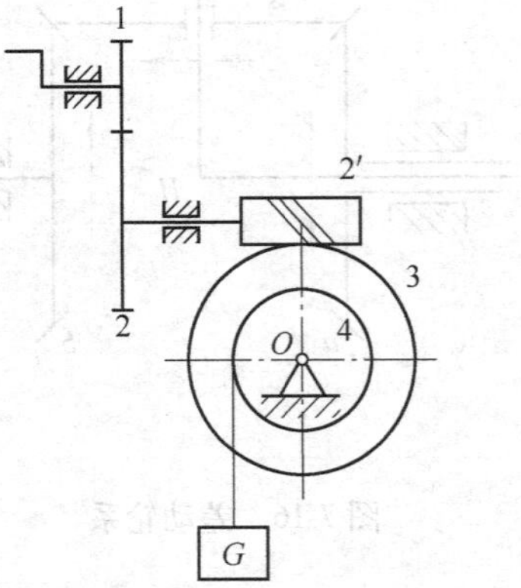

图 7-19　题 7-6 图

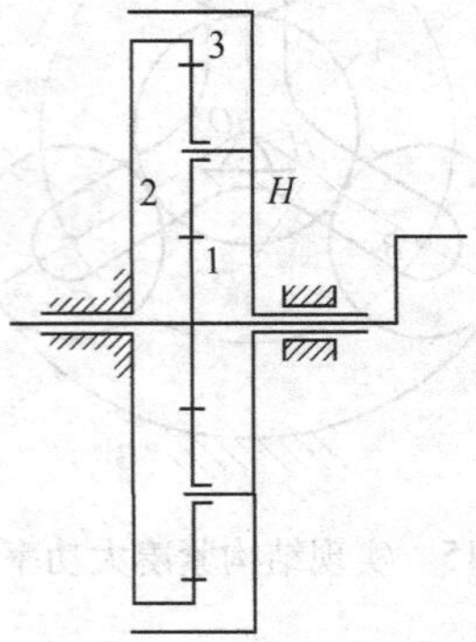

图 7-20　题 7-7 图

7-8　图 7-21 所示的轮系中，已知 $z_1 = 35$，$z_2 = 48$，$z_{2'} = 55$，$z_3 = 70$，$n_1 = 250\text{r/min}$，$n_3 = 100\text{r/min}$，方向如图 7-21 所示。试求行星架 H 的转速 n_H。

7-9　图 7-22 所示的轮系中，已知 $z_1 = 29$，$z_2 = 59$，$z_{2'} = 25$，$z_3 = 43$，齿轮 2、2′的轴线与齿轮 4 同轴。试求该轮系的传动比 i_{1H}。

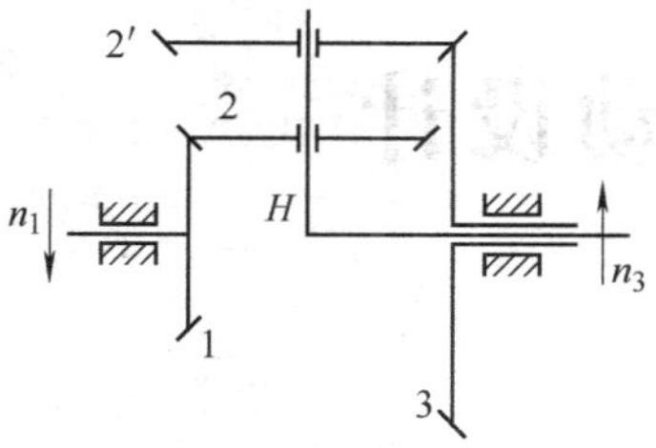

图7-21 题7-8图

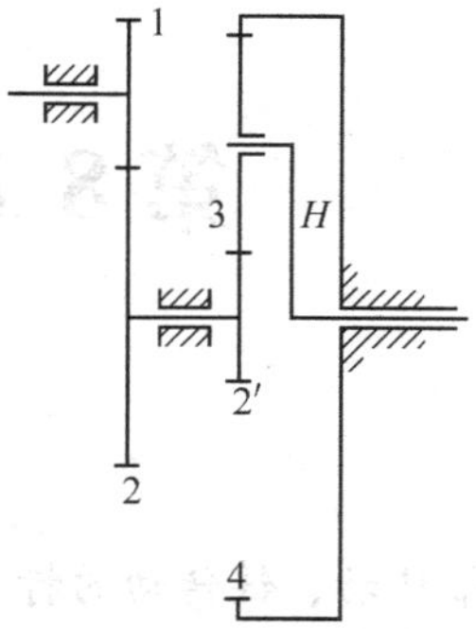

图7-22 题7-9图

7-10 图7-23所示的轮系中，已知$z_1=20$，$z_{1'}=50$，$z_2=30$，$z_{2'}=50$，$z_3=30$，$z_{3'}=20$，$z_4=100$，$z_5=60$。试求该轮系的传动比i_{14}。

7-11 图7-24所示双螺旋桨飞机的减速器中，已知$z_1=26$，$z_2=z_{2'}=20$，$z_4=30$，$z_5=z_{5'}=18$，齿轮1的转速$n_1=15000\text{r/min}$。试求螺旋桨P和Q的转速n_P、n_Q的大小和方向。

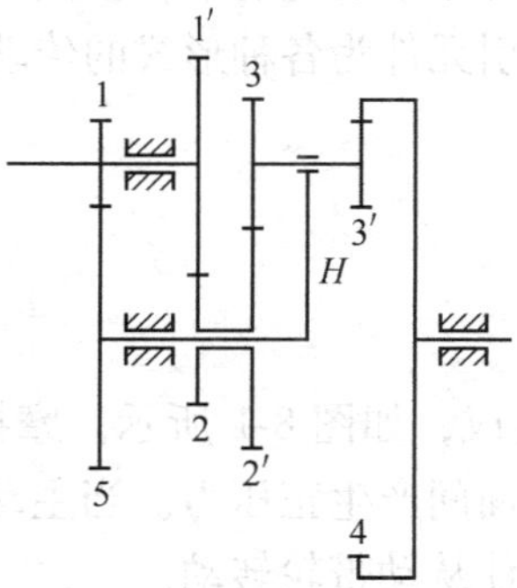

图7-23 题7-10图

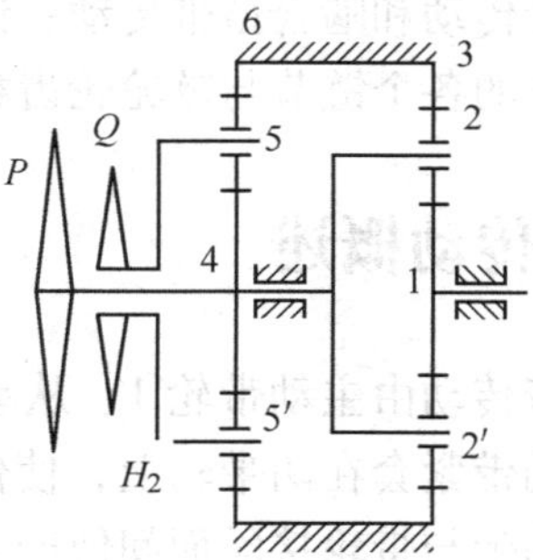

图7-24 题7-11图

第 8 章　挠性传动设计

学习目标

1. 了解带传动、链传动的特点、应用范围和类型。

2. 掌握普通 V 带传动和链传动的设计计算，学会根据工作要求和已知条件，正确选择传动类型，并借助图表和手册进行带和链传动传动设计。

3. 掌握带传动和链传动的受力分析和传动性能。

挠性传动主要包括带传动和链传动。它们都是通过挠性曳引元件，在两个或多个传动轮之间传递运动和动力。带传动中所用的挠性曳引元件为各种形式的传动带，按其工作原理分为摩擦型带传动和啮合型带传动；链传动中所用的挠性曳引元件为各种形式的传动链，链传动通过链条的各个链节与链轮轮齿相互啮合实现传动。

8.1　带传动概述

摩擦带传动由主动带轮 1、从动带轮 2 和挠性带 3 组成，如图 8-1 所示。摩擦带传动，安装时传动带紧套在两带轮上，使传动带和带轮在接触表面间产生正压力。当主动带轮转动时，在传动带与带轮接触面间便产生摩擦力，通过传动带使从动带轮转动。

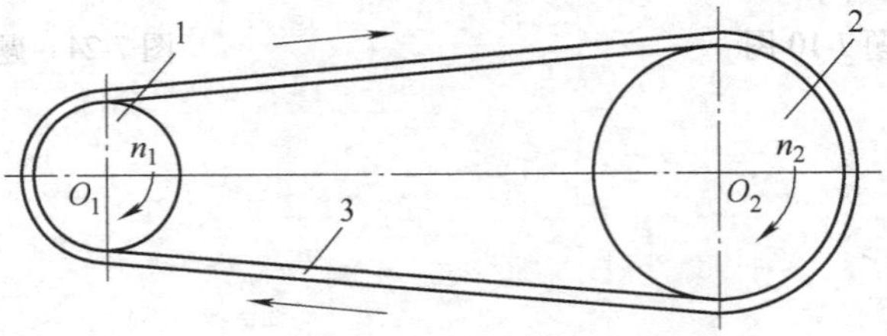

图 8-1　带传动示意图

1—主动带轮　2—从动带轮　3—挠性带

8.1.1　带传动的类型

摩擦带传动是依靠带与带轮之间的摩擦力传递运动的。按带的横截面形状不同可分为平带传动（见图 8-2a）、V 带传动（见图 8-2b）、圆形带传动（见图 8-2c）、多楔带传动（见图 8-2d）和齿形带（见图 8-2e）五种类型。

1）平带传动结构简单，传动效率高，带轮也容易制造，在传动中心距较大的情况下应用较多，平带也可适用于平行轴交叉传动和交错轴的半交叉传动。平带的横截面为扁平矩形（见图 8-2a），内表面与轮缘接触为工作面。常用的平带有普通平带（胶帆布带）、皮革平带和棉布带等，在高速传动中常使用麻织带和丝织带。其中以普通平带应用最广，它的规格可查阅相关的国家标准或手册。

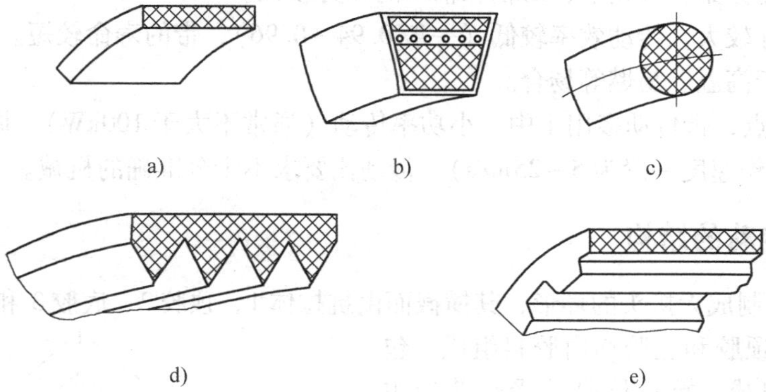

图 8-2　带的类型

a）平带　b）V 带　c）圆形带　d）多楔带　e）齿形带

2）V 带传动中，V 带的横截面为梯形，两侧面为工作面（见图 8-2b），工作时 V 带与带轮槽两侧面接触，在同样压力 F_Q 的作用下，V 带传动的摩擦力约为平带传动的三倍，故能传递较大的载荷。V 带传动允许的传动比大，结构紧凑，大多数 V 带已标准化。

3）圆形带的横截面为圆形（见图 8-2c），常用皮革或棉绳制成，只用于小功率传动。

4）多楔带传动中，多楔带是若干 V 带的组合（见图 8-2d），可避免多根 V 带长度不等，传力不均的缺点。主要用于传递功率较大同时要求结构紧凑的场合。

5）同步齿形带如图 8-2e 所示，属于啮合传动，齿形带传动依靠带轮上的齿与带上的齿啮合传递运动。与摩擦带传动比较，同步齿形带的带轮和传动带之间没有相对滑动，能够保证严格的传动比，如图 8-3 所示。

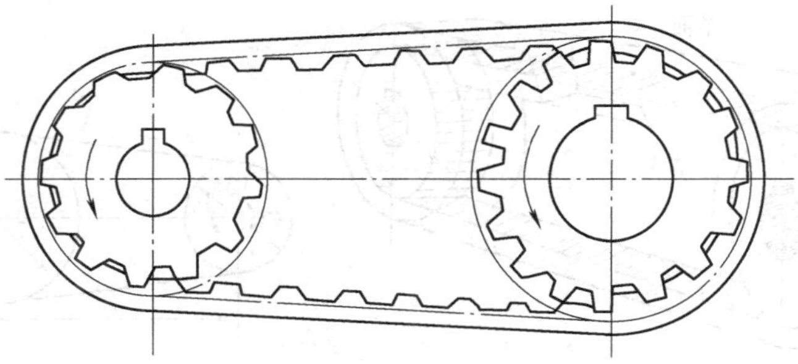

图 8-3　齿形带传动

8.1.2　带传动的特点

带传动具有以下优点：

1）结构简单，制造和安装的精度要求较低，使用维护方便。

2）适用于两轴中心距较大的场合。

3）胶带富有弹性，能缓冲吸振，传动平稳无噪声。

4）过载时可产生打滑，能防止薄弱零件的损坏，起安全保护作用。

带传动的主要缺点：

1）带在带轮上有相对滑动，传动比不恒定。

2）传动带需张紧在带轮上，对轴和轴承的压力较大。

3）外廓尺寸较大，传动效率较低（一般0.94～0.96），带的寿命较短。

4）不宜用于高温、易燃等场合。

根据上述特点，带传动多用于中、小功率传动（通常不大于100kW）、原动机输出轴的第一级传动（工作速度一般为5～25m/s）、传动比要求不十分准确的机械。

8.1.3　V带传动的结构

标准V带都制成无接头的环形，其横截面由抗拉体1、顶胶2、底胶3和包布层4构成，如图8-4所示。顶胶和底胶均由胶料组成，包布层由胶帆布组成，抗拉体是承受载荷的主体，分为帘布结构（由胶帘布组成）和线绳结构（由胶线绳组成）两种。帘布结构抗拉强度高，一般用途的V带多采用这种结构。线绳结构比较柔软，弯曲疲劳强度较好，但抗拉强度低，常用于载荷不大、直径较小的带轮和转速较高的场合。

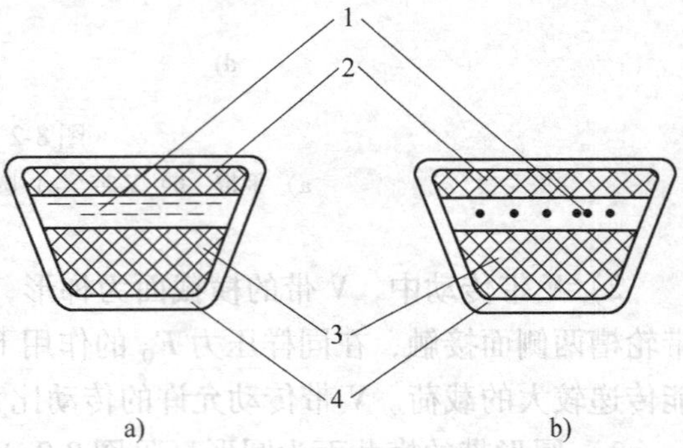

图8-4　V带剖面结构

a）帘布结构　b）线绳结构

1—抗拉体　2—顶胶　3—底胶　4—包布层

V带在规定张紧力下弯绕在带轮上时，外层受拉伸变长，内层受压缩变短，两层之间存在一长度不变的中性层，沿中性层形成的面称为节面，如图8-5所示。节面的宽度称为节宽b_p。节面的周长为带的基准长度L_d。普通V带和SP型窄V带为基准宽度制传动用带。

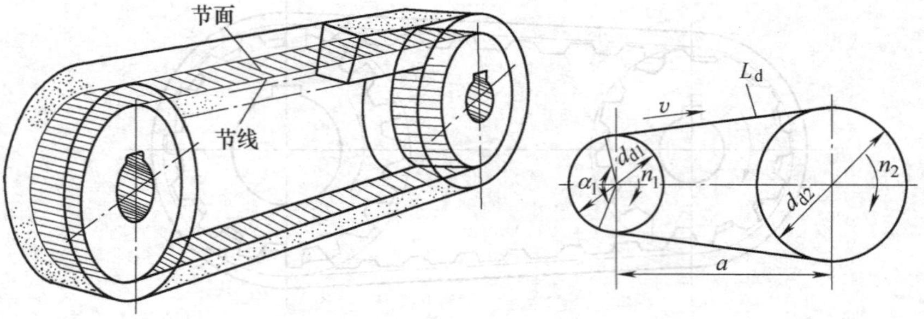

图8-5　V带的节面和节线

按GB/T 11544—1997规定，普通V带根据截面尺寸由小到大分为Y、Z、A、B、C、D、E七种；窄V带分为SPZ、SPA、SPB、SPC四种。带的截面尺寸见表8-1，基准长度系列见表8-2。窄V带的抗拉体采用高强度绳芯，能承受较大的预紧力，当带高与普通V带相同时，其带宽较普通V带小约1/3，而承载能力可提高1.5～2.5倍，在传递相同功率时，带轮宽度和直径可减小，费用比普通V带降低20%～40%，故应用日趋广泛。V带的型号和标准长度都压印在胶带的外表面上，以供识别和选用。例如，B2240　GB/T 11544—1997，表示B型V带，带的基准长度为2240mm。

表 8-1　普通 V 带和窄 V 带的截面尺寸（GB/T 11544—1997）　（单位：mm）

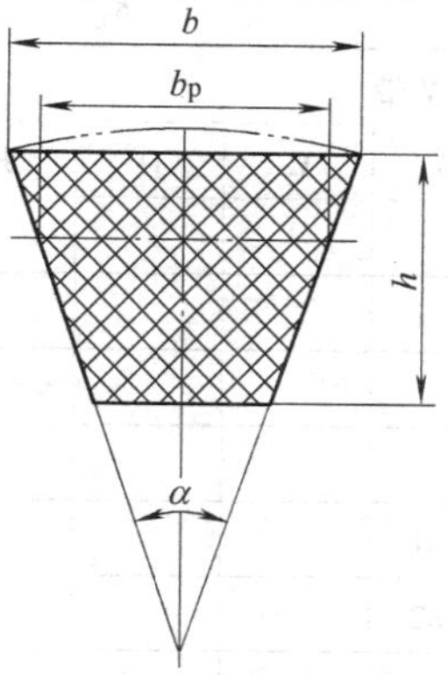

规定表记：型号为 SPA 型基准长度为 1250mm 的窄 V 带

标记示例：SPA1250　GB/T 11544—1997

截　型		节宽 b_p	顶宽 b	高度 h	楔角 α
普通 V 带	Y	5.3	6.0	4.0	40°
	Z	8.5	10.0	6.0	
	A	11.0	13.0	8.0	
	B	14.0	17.0	11.0	
	C	19.0	22.0	14.0	
	D	27.0	32.0	19.0	
	E	32.0	38.0	23.0	
窄 V 带	SPZ	8.0	10.0	8.0	40°
	SPA	11.0	13.0	10.0	
	SPB	14.0	17.0	14.0	
	SPC	19.0	22.0	18.0	

表 8-2　普通 V 带基准长度 L_d 及带长修正系数 K_L（摘自 GB/T 13575.1—2008）

基准带长 L_d/mm	K_L										
	普通 V 带							窄 V 带			
	Y	Z	A	B	C	D	E	SPZ	SPA	SPB	SPC
200	0.81										
224	0.82										
250	0.84										
280	0.87										
315	0.89										
355	0.92										
400	0.96	0.87									
450	1.00	0.89									
500	1.02	0.91									

（续）

基准带长 L_d/mm	K_L										
	普通 V 带							窄 V 带			
	Y	Z	A	B	C	D	E	SPZ	SPA	SPB	SPC
560		0.94									
630		0.96	0.81					0.82			
710		0.99	0.82					0.84			
800		1.00	0.85					0.86	0.81		
900		1.03	0.87	0.81				0.88	0.83		
1000		1.06	0.89	0.82				0.90	0.85		
1120		1.08	0.91	0.85				0.93	0.87		
1250		1.11	0.93	0.87				0.94	0.89	0.82	
1400		1.14	0.96	0.89				0.96	0.91	0.84	
1600		1.16	0.99	0.91	0.84			1.00	0.93	0.86	
1800		1.18	1.01	0.93	0.85			1.01	0.95	0.88	
2000			1.03	0.96	0.88			1.02	0.96	0.90	0.81
2240			1.06	0.99	0.91			1.05	0.98	0.92	0.83
2500			1.09	1.01	0.93			1.07	1.00	0.94	0.86
2800			1.11	1.03	0.95	0.83		1.09	1.02	0.96	0.88
3150			1.13	1.06	0.97	0.86		1.11	1.04	0.98	0.90
3550			1.17	1.09	0.98	0.89		1.13	1.06	1.00	0.92
4000			1.19	1.13	1.02	0.91			1.08	1.02	0.94
4500				1.15	1.04	0.93	0.90		1.09	1.04	0.96
5000				1.18	1.07	0.96	0.92			1.06	0.98
5600					1.09	0.98	0.95			1.08	1.00
6300					1.12	1.0	0.97			1.10	1.02

8.2 带传动的基本理论

8.2.1 带传动的受力分析

带以一定的预紧力套在带轮上，静止时带轮两边的拉力相等，均为预紧力 F_0，如图 8-6a 所示。负载转动时，由于带与带轮接触面摩擦力的作用，带轮上主动轮的一边被拉紧，称为紧边，紧边的拉力由 F_0 增加到 F_1；另一边被放松，称为松边，拉力由 F_0 降至 F_2，如图 8-6b 所示。紧边与松边拉力的差值（$F_1 - F_2$）等于接触面间摩擦力的总和 F_f，即为带传动中起传递力矩作用的拉力，称为有效拉力 F，即

$$F = F_f = F_1 - F_2 \tag{8-1}$$

若带传递功率为 P(kW)、带速为 v(m/s)，则有效拉力为

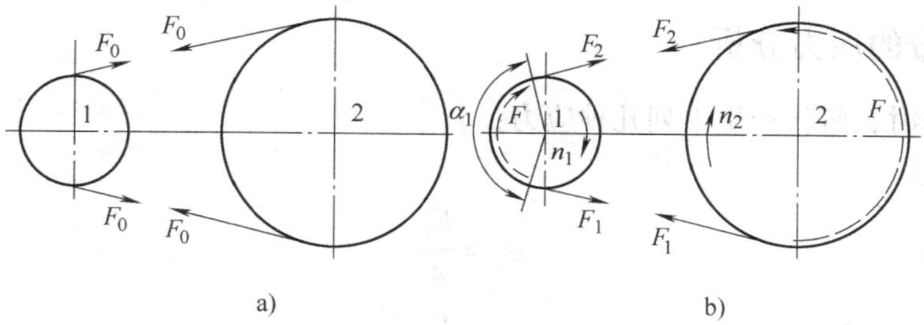

图 8-6　带传动的受力分析

$$F = \frac{1000P}{v} \tag{8-2}$$

如果近似的认为工作前、后胶带总长不变，则带的紧边拉力增量应等于松边拉力的减少量 $F_1 - F_0 = F_0 - F_2$，即

$$F_1 + F_2 = 2F_0 \tag{8-3}$$

由式（8-1）、式（8-3）得

$$\left.\begin{aligned} F_1 &= F_0 + F/2 \\ F_2 &= F_0 - F/2 \end{aligned}\right\} \tag{8-4}$$

若带速不变，则带传动所传递的功率 P 取决于带与带轮间的摩擦力 F_f。在一定条件下，当 F_f 达到极限摩擦力 F_{flim}时，带的紧边拉力 F_1 与松边拉力 F_2 的关系可用柔韧体摩擦的欧拉公式表示

$$\frac{F_1}{F_2} = e^{f\alpha} \tag{8-5}$$

式中，e 为自然对数的底；f 为带与带轮间当量摩擦因数；α 为带与带轮上的包角（rad）。

由式（8-1）~式（8-5）可得

$$F_{flim} = 2F_0 \frac{e^{f\alpha} - 1}{e^{f\alpha} + 1} = F_1\left(1 - \frac{1}{e^{f\alpha}}\right) \tag{8-6}$$

或

$$F_1 = F \frac{e^{f\alpha}}{e^{f\alpha} - 1} \tag{8-7}$$

或

$$F_2 = F \frac{1}{e^{f\alpha} - 1} \tag{8-8}$$

带在正常传动情况下，必须使有效圆周力 $F < F_{flim}$。由式（8-6）可知，F_{flim}与下列因素有关：

（1）初拉力 F_0　F_{flim}与 F_0 成正比。F_0 越大，带与带轮之间的正压力越大，传动时的摩擦力就越大。若 F_0 过小，则带的传动能力不能充分发挥，容易发生打滑。但 F_0 过大，带的寿命降低，轴和轴承受力大。

（2）包角 α　α 越大，F_{flim}也越大。因为 α 增加，带与带轮接触弧间摩擦力总和增加，从而可提高传递载荷能力。

（3）摩擦因数 f　f 越大，F_{flim}也越大。摩擦因数与带和带轮材料、表面状况、工作环境等条件有关。

8.2.2　传动带的应力分析

带传动工作时，带将产生下列几种应力：

（1）拉应力

紧边拉应力
$$\sigma_1 = \frac{F_1}{A} \tag{8-9}$$

松边拉应力
$$\sigma_2 = \frac{F_2}{A} \tag{8-10}$$

式中，A 为带的横剖面面积（mm^2）；σ_1、σ_2 为紧边和松边的拉应力（MPa）；F_1、F_2 为紧边和松边的拉力（N）。

（2）离心拉应力　当带运动时，带上每一质点都受离心力作用。离心力对带产生的离心拉力为 $F_c = qv^2$，它产生的离心拉应力 σ_c 在带的所有横剖面上都是相等的。

$$\sigma_c = \frac{F_c}{A} = \frac{qv^2}{A} \tag{8-11}$$

式中，q 为传动带线密度（kg/m）；v 为带速（m/s）。

（3）弯曲应力　带绕在带轮上时，由于弯曲而产生弯曲应力 σ_b。根据材料力学公式有

$$\sigma_b = \frac{2Ey}{d_d} \tag{8-12}$$

式中，E 为带的弹性模量（MPa）；d_d 为带轮的基准直径（mm），对于 V 带轮来说，基准直径就是与所配用的 V 带节宽 b_p 相对应的带轮直径，以 d_d 表示（简称为带轮直径）；y 为带的中性层到最外层的距离（mm）。

由式（8-12）可知，带轮的基准直径越小，带越厚，带的弯曲应力越大。

由图 8-7 所示的带的每个横剖面上的应力分布情况可知，带中可能产生的最大瞬时应力出现在带的紧边开始绕上小带轮处。此处的最大应力可近似表示为

$$\sigma_{max} \approx \sigma_1 + \sigma_{b1} + \sigma_c \tag{8-13}$$

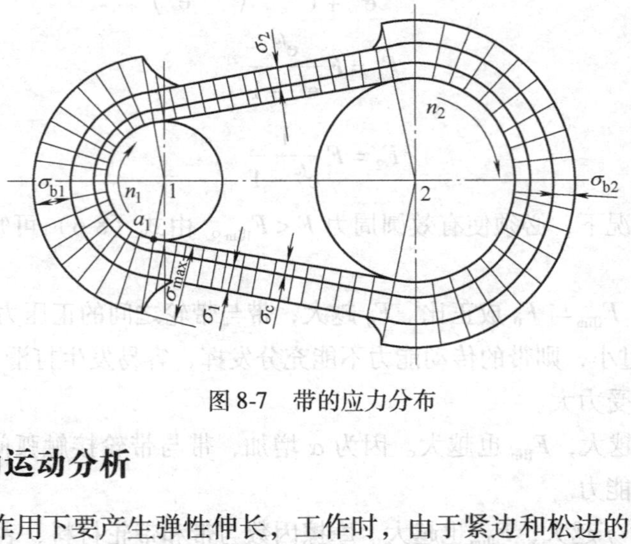

图 8-7　带的应力分布

8.2.3　带传动的运动分析

传动带在拉力作用下要产生弹性伸长，工作时，由于紧边和松边的拉力不同，因而弹性伸长量也不同。如图 8-8 所示，带从紧边 a 点转到松边 c 点的过程中，拉力由 F_1 逐渐减小

到 F_2，使得弹性伸长量随之逐渐减少，因而带沿主动轮的运动是一面绕进一面向后收缩。而带轮是刚性体，不产生变形，所以主动轮的圆周速度 v_1 大于带的圆周速度 v，这就说明带在绕经主动轮的过程中，在带与主动轮之间发生了相对滑动。相对滑动现象也要发生在从动轮上，根据同样的分析，带的速度 v 大于从动轮的圆周速度 v_2。这种由于带的弹性变形而引起的带与带轮间的微小相对滑动，称为弹性滑动。弹性滑动使从动轮的圆周速度 v_2 低于主动轮的圆周速度 v_1。

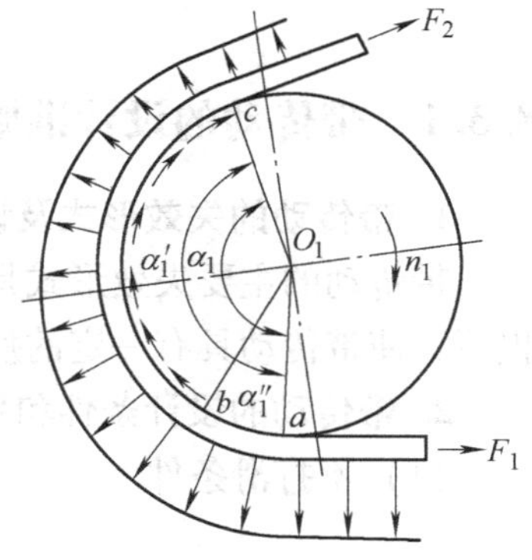

图 8-8　带传动的弹性滑动

通常将从动轮与主动轮圆周速度的相对降低率称为滑动率，用 ε 来表示，即

$$\varepsilon = \frac{v_1 - v_2}{v_1} \times 100\% \tag{8-14}$$

式中，v_1、v_2 为主动轮和从动轮圆周速度(m/s)。可由下式求得

$$v_1 = \frac{\pi d_{d1} n_1}{60 \times 1000}$$

$$v_2 = \frac{\pi d_{d2} n_2}{60 \times 1000}$$

式中，d_{d1}、d_{d2} 为主动轮和从动轮的基准直径（mm）；n_1、n_2 为主动轮和从动轮的转速（r/min）。

因此，带传动的传动比 i 和转速 n_2 应为

$$i = \frac{n_1}{n_2} = \frac{d_{d2}}{d_{d1}(1-\varepsilon)} \tag{8-15}$$

$$d_{d2} = i d_{d1}(1-\varepsilon) \quad 或 \quad n_2 = n_1(1-\varepsilon)\frac{d_{d1}}{d_{d2}} \tag{8-16}$$

对于 V 带传动，式中的 d_{d1}、d_{d2} 为主、从动轮基准直径。

带传动的滑动率 ε 通常为 1% ~2%，数值很小，在一般计算中可不考虑。此时传动比计算公式可简化为

$$i = \frac{n_1}{n_2} = \frac{d_{d2}}{d_{d1}} \tag{8-17}$$

带传动由于存在有滑动率，所以其传动比不准确，故只能用于传动比要求不十分准确的场合。在带传动中，由于摩擦力使带的两边发生不同程度的拉伸变形，既然摩擦力是带传动所必需的，所以弹性滑动是带传动的固有特性，是不可避免的，只能设法降低。弹性滑动会降低传动效率，使带的温度升高，加快带的磨损，同时由于引起从动轮圆周速度的损失，故不能保证恒定的传动比。

当外载较小时，弹性滑动只发生在带即将由主、从动轮离开的一段弧上。传递外载增大时，有效拉力随之加大，弹性滑动区域也随之扩大，当有效拉力达到或超过某一极限值时，带与小带轮在整个接触弧上的摩擦力达到极限，若外载继续增加，带将沿整个接触弧滑动，这种现象称为打滑。此时主动轮还在转动，但从动轮转速急剧下降，带迅速磨损、发热而损坏，使传动失效，所以必须避免打滑。但是，当带传动所传递的功率突然增大而超过设计功率时，这种打滑可以起到过载保护的作用。

8.3 普通 V 带传动设计

8.3.1 带传动的设计准则和单根 V 带的额定功率

1. 带传动的失效形式及设计准则

带传动的主要失效形式是打滑和疲劳破坏。故带传动的设计准则为：在保证不打滑的前提下，使带传动具有一定的疲劳强度和寿命。

2. 带传动的设计条件和单根 V 带的基本额定功率 P_0

（1）不打滑条件

$$F=\frac{1000P}{v}\leqslant F_1\left(1-\frac{1}{e^{f\alpha}}\right)$$

（2）疲劳强度条件

$$\sigma_{max}=\sigma_1+\sigma_{b1}+\sigma_c\leqslant[\sigma] \quad 或 \quad \sigma_1=\frac{F_1}{A}\leqslant[\sigma]-\sigma_c-\sigma_{b1}$$

经推导可同时满足上述两个条件的单根 V 带所能传递的额定功率为

$$P_0=\frac{Fv}{1000}=([\sigma]-\sigma_{b1}-\sigma_c)(1-1/e^{f_v\alpha})Av/1000 \tag{8-18}$$

式中，P_0 单位为 kW，v 为带速（m/s）。

在特定带长、传动比（$i=1$、$\alpha=180°$）以及在载荷平稳条件下，通过疲劳试验测得带的许用应力 $[\sigma]$ 后，代入式（8-18）便可求出特定条件下的单根 V 带的基本额定功率 P_0 值，见表 8-3。

表 8-3 包角 $\alpha=180°$、特定带长、工作平稳情况下，单根 V 带的额定功率 P_0

（单位：kW）

型号	小带轮直径 d_{d1} /mm	小带轮转速 n_1/(r/min)												
		200	400	700	800	950	1200	1450	1600	2000	2400	2800	3200	3600
Z	56	—	0.06	0.11	0.12	0.14	0.17	0.19	0.20	0.25	0.30	0.33	0.35	0.37
	63	—	0.08	0.13	0.15	0.18	0.22	0.25	0.27	0.32	0.37	0.41	0.45	0.47
	71	—	0.09	0.17	0.20	0.23	0.27	0.30	0.33	0.39	0.46	0.50	0.54	0.58
	80	—	0.14	0.20	0.22	0.26	0.30	0.35	0.39	0.44	0.50	0.56	0.61	0.64
	90	—	0.14	0.22	0.24	0.28	0.33	0.36	0.40	0.48	0.54	0.60	0.64	0.68
A	75	0.16	0.26	0.40	0.45	0.51	0.60	0.68	0.73	0.84	0.92	1.00	1.04	1.08
	90	0.22	0.39	0.61	0.68	0.77	0.93	1.07	1.15	1.34	1.50	1.64	1.75	1.83
	100	0.26	0.47	0.74	0.83	0.95	1.14	1.32	1.42	1.66	1.87	2.05	2.19	2.28
	112	0.31	0.56	0.90	1.00	1.15	1.39	1.61	1.74	2.04	2.30	2.51	2.68	2.78
	125	0.37	0.67	1.07	1.19	1.37	1.66	1.92	2.07	2.44	2.74	2.98	3.16	3.26
	140	0.43	0.78	1.26	1.41	1.62	1.96	2.28	2.45	2.87	3.22	3.48	3.65	3.72
	160	0.51	0.94	1.51	1.69	1.95	2.36	2.73	2.94	3.42	3.80	4.06	4.19	4.17

（续）

型号	小带轮直径 d_{d1} /mm	小带轮转速 n_1/(r/min)												
		200	400	700	800	950	1200	1450	1600	2000	2400	2800	3200	3600
B	125	0.48	0.84	1.30	1.44	1.64	1.93	2.19	2.33	2.64	2.85	2.96	2.94	2.80
	140	0.59	1.05	1.64	1.82	2.08	2.47	2.82	3.00	3.42	3.70	3.85	3.83	3.63
	160	0.74	1.32	2.09	2.32	2.66	3.17	3.62	3.86	4.40	4.75	4.89	4.80	4.46
	180	0.88	1.59	2.53	2.81	3.22	3.85	4.39	4.68	5.30	5.67	5.76	5.52	4.92
	200	1.02	1.85	2.96	3.30	3.77	4.50	5.13	5.46	6.13	6.47	6.43	5.95	4.98
	224	1.19	2.17	3.47	3.86	4.42	5.26	5.97	6.33	7.02	7.25	6.95	6.05	4.47

型号	小带轮直径 d_{d1} /mm	小带轮转速 n_1/(r/min)												
		100	200	300	400	500	600	700	950	1200	1450	1600	1800	2000
C	200	—	1.39	1.92	2.41	2.87	3.30	3.80	4.58	5.29	5.84	6.07	6.28	6.34
	224	—	1.70	2.37	2.99	3.58	4.12	4.78	5.78	6.71	7.45	7.75	8.00	8.06
	250	—	2.03	2.85	3.62	4.33	5.00	5.82	7.04	8.21	9.04	9.38	9.63	9.62
	280	—	2.42	3.40	4.32	5.19	6.00	6.99	8.49	9.81	10.72	11.06	11.22	11.04
	315	—	2.86	4.04	5.14	6.17	7.14	9.34	10.05	11.53	12.46	12.72	12.67	12.14
	400	—	3.91	5.54	7.06	8.52	9.82	11.52	13.48	15.04	15.53	15.24	14.08	11.95
D	355	3.01	5.31	7.35	9.24	10.90	12.39	14.04	17.25	16.77	15.63	—	—	—
	400	3.66	6.52	9.13	11.45	13.55	15.42	17.58	21.20	20.15	18.31	—	—	—
	450	4.37	7.90	11.02	13.85	16.40	18.67	21.12	24.84	22.02	19.59	—	—	—
	500	5.08	9.21	12.88	16.20	19.17	21.78	24.52	26.71	23.59	18.88	—	—	—
	560	5.91	10.76	15.07	18.95	22.38	25.32	28.28	29.67	22.58	15.13	—	—	—
E	500	6.21	10.86	14.96	18.55	21.65	24.21	26.21	28.32	25.53	—	—	—	—
	560	7.32	13.09	18.10	22.49	26.25	29.30	31.59	33.40	28.49	—	—	—	—
	630	8.75	15.65	21.69	26.95	31.36	34.83	37.26	37.92	29.17	—	—	—	—
	710	10.31	18.52	25.69	31.83	36.85	40.58	42.87	41.02	25.91	—	—	—	—
	800	12.05	21.70	30.05	37.05	42.53	46.26	47.96	41.59	16.46	—	—	—	—

型号	小带轮直径 d_{d1} /mm	小带轮转速 n_1/(r/min)												
		200	400	730	800	980	1200	1460	1600	2000	2400	2800	3200	3600
SPZ	63	0.20	0.35	0.56	0.60	0.70	0.81	0.93	1.00	1.17	1.32	1.45	1.56	1.66
	71	0.25	0.44	0.72	0.78	0.92	1.08	1.25	1.35	1.59	1.81	2.00	2.18	2.33
	75	0.28	0.49	0.79	0.87	1.02	1.21	1.41	1.52	1.79	2.04	2.27	2.48	2.65
	80	0.31	0.55	0.88	0.99	1.15	1.38	1.60	1.73	2.05	2.34	2.61	2.85	3.06
	90	0.37	0.67	1.12	1.21	1.44	1.70	1.98	2.14	2.55	2.93	3.26	3.57	3.84
	100	0.43	0.79	1.33	1.44	1.70	2.02	2.36	2.55	3.05	3.49	3.90	4.26	4.58
SPA	90	0.43	0.75	1.21	1.30	1.52	1.76	2.02	2.16	2.49	2.77	3.00	3.16	3.26
	100	0.53	0.94	1.54	1.65	1.93	2.27	2.61	2.80	3.27	3.67	3.99	4.25	4.42

（续）

型号	小带轮直径 d_{d1} /mm	小带轮转速 n_1/(r/min)												
		200	400	730	800	980	1200	1460	1600	2000	2400	2800	3200	3600
SPA	112	0.64	1.16	1.91	2.07	2.44	2.86	3.31	3.57	4.18	4.71	5.15	5.49	5.72
	125	0.77	1.40	2.33	2.52	2.98	3.5	4.06	4.38	5.15	5.80	6.34	6.76	7.03
	140	0.92	1.68	2.81	3.03	3.58	4.23	4.91	5.29	6.22	7.01	7.64	8.11	8.39
	160	1.11	2.04	3.42	3.70	4.38	5.17	6.01	6.47	7.60	8.53	9.24	9.72	9.94
SPB	140	1.08	1.92	3.13	3.35	3.92	4.55	5.21	5.54	6.31	6.86	7.15	—	—
	160	1.37	2.47	4.06	4.37	5.13	5.98	6.89	7.33	8.38	9.13	9.52	—	—
	180	1.65	3.01	4.99	5.37	6.31	7.38	8.50	9.05	10.34	11.21	11.62	—	—
	200	1.94	3.54	5.88	6.35	7.47	8.74	10.07	10.70	12.18	13.11	13.41	—	—
	224	2.28	4.18	6.97	7.52	8.83	10.33	11.86	12.59	14.21	15.10	15.14	—	—
	250	2.64	4.86	8.11	8.75	10.27	11.99	13.72	14.51	16.19	16.89	16.44	—	—
SPC	224	2.90	5.19	8.38	8.99	10.39	11.89	13.26	13.81	14.58	—	—	—	—
	250	3.50	6.31	10.27	11.02	12.76	14.61	16.26	16.92	17.70	—	—	—	—
	280	4.18	7.59	12.40	13.31	15.40	17.60	19.49	20.20	20.75	—	—	—	—
	315	4.97	9.07	14.82	15.90	18.37	20.88	22.92	23.58	23.47	—	—	—	—
	355	5.87	10.72	17.50	18.76	21.55	24.34	26.32	26.80	25.37	—	—	—	—
	400	6.86	12.56	20.41	21.84	25.15	27.33	29.40	29.53	25.81	—	—	—	—

3. 单根 V 带的额定功率 $[P_0]$

单根 V 带的基本额定功率 P_0 是在规定的实验条件下得到的。实际工作条件下带传动的传动比、V 带长度和带轮包角与实验条件不同，因此，需要对单根 V 带的基本额定功率 P_0 予以修正，从而得到单根 V 带的额定功率 $[P_0]$

$$[P_0]=(P_0+\Delta P_0)K_\alpha K_L \tag{8-19}$$

式中，ΔP_0 为 $i>1$ 时单根 V 带的额定功率增量（kW），可查表 8-4；K_α 为包角不等于 180° 时的修正系数，可查表 8-5；K_L 为当带长不等于特定带长时的修正系数，参见表 8-2。

表 8-4　考虑 $i\neq1$ 时，单根 V 带的额定功率增量 ΔP_0　　（单位：kW）

带型	传动比 i	小带轮转速 n_1/(r/min)									
		400	700	800	950	1200	1450	1600	2000	2400	2800
Z	1.00~1.01	0.00	0.00	0.00	0.00	0.00	0.00	0.00	0.00	0.00	0.00
	1.02~1.04	0.00	0.00	0.00	0.00	0.00	0.00	0.01	0.01	0.01	0.01
	1.05~1.08	0.00	0.00	0.00	0.00	0.01	0.01	0.01	0.01	0.02	0.02
	1.09~1.12	0.00	0.00	0.00	0.01	0.01	0.01	0.01	0.02	0.02	0.02
	1.13~1.18	0.00	0.00	0.01	0.01	0.01	0.01	0.01	0.02	0.02	0.03
	1.19~1.24	0.00	0.00	0.01	0.01	0.01	0.02	0.02	0.02	0.03	0.03
	1.25~1.34	0.00	0.01	0.01	0.01	0.02	0.02	0.02	0.02	0.03	0.03

（续）

带型	传动比 i	小带轮转速 n_1/(r/min)									
		400	700	800	950	1200	1450	1600	2000	2400	2800
Z	1.35~1.50	0.00	0.01	0.01	0.02	0.02	0.02	0.02	0.03	0.03	0.04
	1.51~1.99	0.01	0.01	0.02	0.02	0.02	0.02	0.03	0.03	0.04	0.04
	≥2.00	0.01	0.02	0.02	0.02	0.03	0.03	0.03	0.04	0.04	0.04
A	1.00~1.01	0.00	0.00	0.00	0.00	0.00	0.00	0.00	0.00	0.00	0.00
	1.02~1.04	0.01	0.01	0.01	0.01	0.02	0.02	0.02	0.03	0.03	0.04
	1.05~1.08	0.01	0.02	0.02	0.03	0.03	0.04	0.04	0.06	0.07	0.08
	1.09~1.12	0.02	0.03	0.03	0.04	0.05	0.06	0.06	0.08	0.10	0.11
	1.13~1.18	0.02	0.04	0.04	0.05	0.07	0.09	0.09	0.11	0.13	0.15
	1.19~1.24	0.03	0.05	0.05	0.06	0.08	0.09	0.11	0.13	0.16	0.19
	1.25~1.34	0.03	0.06	0.06	0.07	0.10	0.11	0.13	0.16	0.19	0.23
	1.35~1.50	0.04	0.07	0.08	0.08	0.11	0.13	0.15	0.19	0.23	0.26
	1.51~1.99	0.04	0.08	0.09	0.10	0.13	0.15	0.17	0.22	0.26	0.30
	≥2.00	0.05	0.09	0.10	0.11	0.15	0.17	0.19	0.24	0.29	0.34
B	1.00~1.01	0.00	0.00	0.00	0.00	0.00	0.00	0.00	0.00	0.00	0.00
	1.02~1.04	0.01	0.02	0.03	0.03	0.04	0.05	0.06	0.07	0.08	0.10
	1.05~1.08	0.03	0.05	0.06	0.07	0.08	0.10	0.11	0.14	0.17	0.20
	1.09~1.12	0.04	0.07	0.08	0.10	0.13	0.15	0.17	0.21	0.25	0.29
	1.13~1.18	0.06	0.10	0.11	0.13	0.17	0.20	0.23	0.28	0.34	0.39
	1.19~1.24	0.07	0.12	0.14	0.17	0.71	0.25	0.28	0.35	0.42	0.49
	1.25~1.34	0.08	0.15	0.17	0.20	0.25	0.31	0.34	0.42	0.51	0.59
	1.35~1.50	0.10	0.17	0.20	0.23	0.30	0.36	0.39	0.49	0.59	0.69
	1.51~1.99	0.11	0.20	0.23	0.26	0.34	0.40	0.45	0.56	0.68	0.79
	≥2.00	0.13	0.22	0.25	0.30	0.38	0.46	0.51	0.63	0.76	0.89
C	1.00~1.01	0.00	0.00	0.00	0.00	0.00	0.00	0.00	0.00	0.00	0.00
	1.02~1.04	0.04	0.07	0.08	0.09	0.12	0.14	0.16	0.20	0.23	0.27
	1.05~1.08	0.08	0.14	0.16	0.19	0.24	0.28	0.31	0.39	0.47	0.55
	1.09~1.12	0.12	0.21	0.23	0.27	0.35	0.42	0.47	0.59	0.70	0.82
	1.13~1.18	0.16	0.27	0.31	0.37	0.47	0.58	0.63	0.78	0.94	1.10
	1.19~1.24	0.20	0.34	0.39	0.47	0.59	0.71	0.78	0.98	1.18	1.37
	1.25~1.34	0.23	0.41	0.47	0.56	0.70	0.85	0.94	1.17	1.41	1.64
	1.35~1.50	0.27	0.48	0.55	0.65	0.82	0.99	1.10	1.37	1.65	1.92
	1.51~1.99	0.31	0.55	0.63	0.74	0.94	1.14	1.25	1.57	1.88	2.19
	≥2.00	0.35	0.62	0.71	0.83	1.06	1.27	1.41	1.76	2.12	2.47
D	1.00~1.01	0.00	0.00	0.00	0.00	0.00	0.00	0.00	—	—	—
	1.02~1.04	0.14	0.24	0.28	0.33	0.42	0.51	0.56	—	—	—

（续）

带型	传动比 i	小带轮转速 n_1/(r/min)									
		400	700	800	950	1200	1450	1600	2000	2400	2800
D	1.05～1.08	0.28	0.49	0.56	0.66	0.84	1.01	1.11	—	—	—
	1.09～1.12	0.42	0.73	0.83	0.99	1.25	1.51	1.67	—	—	—
	1.13～1.18	0.56	0.97	1.11	1.32	1.67	2.02	2.23	—	—	—
	1.19～1.24	0.70	1.22	1.39	1.60	2.09	2.52	2.78	—	—	—
	1.25～1.34	0.83	1.46	1.67	1.92	2.50	3.02	3.33	—	—	—
	1.35～1.50	0.97	1.70	1.95	2.31	2.92	3.52	3.89	—	—	—
	1.51～1.99	1.11	1.95	2.22	2.64	3.34	4.03	4.45	—	—	—
	≥2.00	1.25	2.19	2.50	2.97	3.75	4.53	5.00	—	—	—

表 8-5　小带轮的包角修正系数 K_α

包角 α_1	180°	175°	170°	165°	160°	155°	150°	145°	140°	135°	130°	125°	120°	110°	100°	90°
K_α	1	0.99	0.98	0.96	0.95	0.93	0.92	0.91	0.89	0.88	0.86	0.84	0.82	0.78	0.74	0.69

8.3.2　带传动的设计计算

1. 已知条件和设计内容

设计 V 带传动的原始数据为：带传递的功率 P，转速 n_1、n_2（或传动比 i），外廓尺寸的要求和传动的工作情况等。

设计内容有：确定带的型号、长度、根数、传动中心距、带轮直径以及带轮结构尺寸，计算作用在轴上的压轴力，设计张紧及防护装置等。

2. 设计步骤和方法

（1）确定计算功率 P_C　计算功率是根据带传递的功率 P 和带的工作条件而确定的

$$P_C = K_A P \tag{8-20}$$

式中，P_C 为计算功率（kW）；P 为带所需传递的功率（kW）；K_A 为工况系数，见表 8-6。

表 8-6　工况系数 K_A

载荷性质	工 作 机	原动机					
		空、轻载起动			重载起动		
		每天工作小时数/h					
		<10	10～16	>16	<10	10～16	>16
载荷变动微小	液体搅拌机、通风机和鼓风机(≤7.5kW)、离心式水泵和压缩机、轻型输送机	1.0	1.1	1.2	1.1	1.2	1.3
载荷变动小	带式输送机(不均匀负荷)、通风机(>7.5kW)、旋转式水泵和压缩机(非离心式)、发电机、金属切削机床、旋转筛、锯木机和木工机械	1.1	1.2	1.3	1.2	1.3	1.4
载荷变动较大	制砖机、斗式提升机、往复式水泵和压缩机、起重机、磨粉机、冲剪机床、旋转筛、纺织机械、重载输送机	1.2	1.3	1.4	1.4	1.5	1.6
载荷变动很大	破碎机(旋转式、颚式等)、磨碎机(球磨、棒磨、管磨)	1.3	1.4	1.5	1.5	1.6	1.8

注：1. 空轻载起动——电动机（交流起动、三角起动、直流并励）、四缸以上的内燃机、装有离心式离合器、液力联轴器的动力机。

2. 重载起动—电动机（联机交流起动、直流复励或串励）、四缸以下的内燃机。

3. 反复起动、正反转频繁、工作条件恶劣等场合，K_A 应乘以 1.2。

（2）选择 V 带的型号　根据设计功率 P_C 和主动轮转速 n_1 由图 8-9 或图 8-10 选择带的型号。

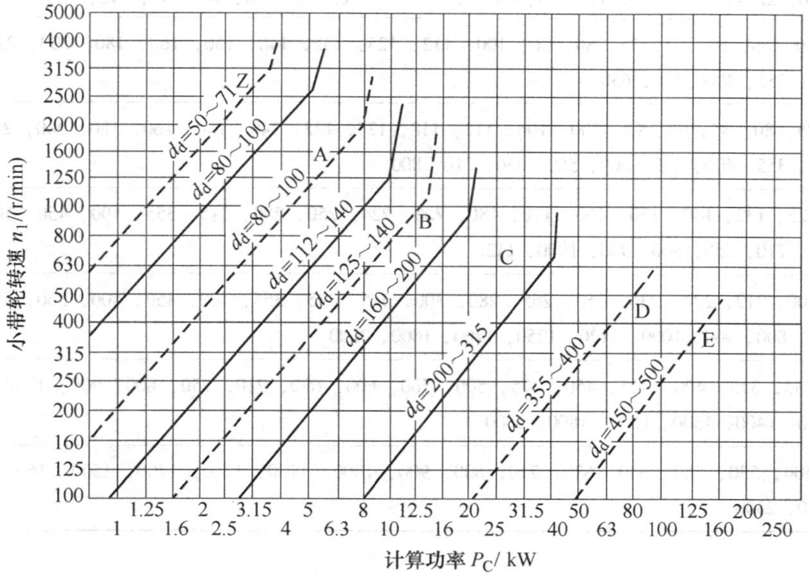

图 8-9　普通 V 带选型图

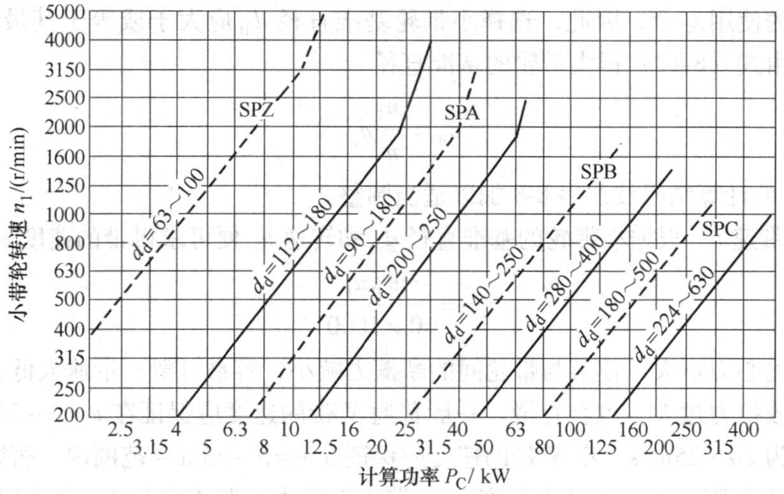

图 8-10　窄 V 带选型图

（3）确定带轮的基准直径 d_{d1} 和 d_{d2}　普通 V 带传动的国家标准规定了带轮的最小基准直径（见表 8-7）和带轮的基准直径系列（见表 8-8）。

表 8-7　V 带轮的最小基准直径　　（单位：mm）

型　号	Y	Z	SPZ	A	SPA	B	SPB	C	SPC	D	E
d_{dmin}	20	50	63	75	90	125	140	200	224	355	500

表 8-8　V 带轮的基准直径系列（摘自 GB/T 10412—2002）　（单位：mm）

带　型	基准直径 d_d
Y	20，22.4，25，8，31.5，35.5，40，45，50，56，63，71，80，90，100，112，125
Z(SPZ)	50，56，63，71，75，80，90，100，112，125，132，140，150，160，180，200，224，250，280，315，355，400，500，630
A(SPA)	75，80，85，90，95，100，106，112，118，125，132，140，150，160，180，200，224，250，280，315，355，400，450，500，560，630，710，800
B(SPB)	125，132，140，150，160，170，180，200，224，250，280，315，355，400，450，500，560，600，630，710，750，800，900，1000，1120
C(SPC)	200，212，224，236，250，265，280，300，315，335，355，400，450，500，560，600，630，710，750，800，900，1000，1120，1250，1400，1600，2000
D	355，375，400，425，450，475，500，560，600，630，710，750，800，900，1000，1060，1120，1250，1400，1500，1600，1800，2000
E	500，530，560，600，630，710，800，900，1000，1120，1250，1400，1500，1600，1800，2000，2240，2500

当其他条件不变时，带轮基准直径越小，带传动越紧凑，但带内的弯曲应力越大，导致带的疲劳强度下降，传动效率降低。随着 d_{d1} 增大则带的弯曲应力减小，从而可以提高承载能力和延长带的使用寿命，因此，选择小带轮基准直径 d_{d1} 应大于或等于其最小基准直径，并取标准值。由式（8-17）得大带轮的基准直径

$$d_{d2}=\frac{n_1}{n_2}d_{d1}$$

将上式 d_{d2} 的计算结果按照表 8-8 加以适当圆整。

（4）验算带速 v　根据小带轮的基准直径 d_{d1} 和转速 n_1 便可求得带的速度 v 为

$$v=\frac{\pi d_{d1}n_1}{60\times1000} \tag{8-21}$$

带速太高离心力增大，使带与带轮间的摩擦力减小，容易打滑；带速太低，传递功率一定时所需的有效拉力过大，也会打滑。一般普通 V 带的速度应保证在 $v=5\sim25\text{m/s}$ 范围内，最适宜的带速为 $20\sim25\text{m/s}$。窄 V 带的速度应保证在 $v=5\sim35\text{m/s}$ 范围内，否则重选 d_{d1}。

（5）确定中心距 a 和带的基准长度 L_d　带传动的中心距不宜过大，否则在带速较高时容易引起带颤动。但中心距也不能过小，因为：①中心距越小，带长就越短，在一定的带速下，单位时间内带的应力变化次数也越多，从而加速了带的疲劳破坏，缩短了带的寿命；②当传动比 i 较大时，中心距太小还会导致小带轮的包角过小，从而降低传动能力。因此，对于 V 带传动，可先结合传动布局的要求，按下式初选中心距 a_0

$$0.7(d_{d1}+d_{d2})\leqslant a_0\leqslant 2(d_{d1}+d_{d2}) \tag{8-22}$$

由带传动的几何关系，可得带的基准长度计算公式

$$L_0=2a_0+\frac{\pi}{2}(d_{d1}+d_{d2})+\frac{(d_{d2}-d_{d1})^2}{4a_0} \tag{8-23}$$

按 L_0 查表 8-2 得相近的 V 带的基准长度 L_d，再按下式近似计算实际中心距

$$a \approx a_0 + \frac{L_d - L_0}{2} \tag{8-24}$$

当采用改变中心距方法进行安装调整和补偿初拉力时，其中心距的变化范围为

$$\begin{cases} a_{max} = a + 0.030L_d \\ a_{min} = a - 0.015L_d \end{cases} \tag{8-25}$$

（6）验算小带轮包角 α_1

$$\alpha_1 \approx 180° - \frac{d_{d2} - d_{d1}}{a} \times 57.3° \geqslant 90° \sim 120° \tag{8-26}$$

α_1 与传动比 i 有关，i 越大，（$d_{d2} - d_{d1}$）差值越大，则 α_1 越小。所以 V 带传动的传动比一般小于 7，推荐值为 2 ~ 5。

（7）确定带的根数

$$z \geqslant \frac{P_C}{[P_0]} = \frac{P_C}{(P_0 + \Delta P_0)K_\alpha K_L} \tag{8-27}$$

为了使各根 V 带受力均匀，带的根数不宜过多，一般应少于 10 根。否则应改选带轮基准直径或改选带型，重新设计。

（8）确定初拉力 F_0　初拉力 F_0 小，带传动的传动能力小，易出现打滑。F_0 过大，则带的寿命低，对轴及轴承的压力大。一般认为，既能发挥带的传动能力，又能保证带的寿命的单根 V 带的初拉力应为

$$F_0 = \frac{500P_C}{zv}\left(\frac{2.5}{K_\alpha} - 1\right) + qv^2 \tag{8-28}$$

（9）计算压轴力 F_P　为了设计轴和轴承，应计算 V 带对轴的压轴力 F_P（图 8-11），可近似按 V 带两边的初拉力 F_0 的合力计算，即

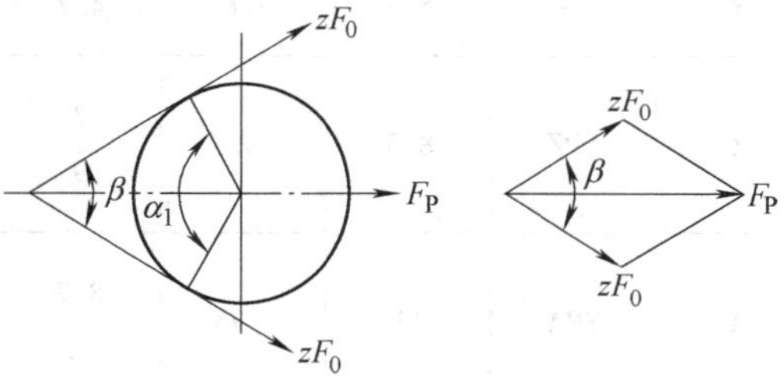

图 8-11　带传动作用在轴上的压力

$$F_P = 2zF_0\sin(\alpha_1/2) \tag{8-29}$$

式中，α_1 为小带轮的包角。

8.4　V 带轮结构设计

V 带轮的设计内容包含：根据带轮的基准直径和带轮转速等已知条件，确定带轮材料、结构形式，轮槽、轮辐和轮毂的几何尺寸、公差和表面粗糙度以及相关的技术要求。

设计要求包含带轮结构合理、易于制造、重量轻、质量分布均匀（以避免带轮转动时发生振动），并具有足够的强度和刚度。

制造 V 带轮的材料可采用灰铸铁、钢、铝合金或工程塑料，以灰铸铁应用最为广泛。当带速 $v \leqslant 25$m/s 时，采用 HT150；$v > 25 \sim 30$m/s 时采用 HT200；速度更高的带轮可采用球墨铸铁或铸钢，也可采用钢板冲压后焊接带轮；小功率传动可采用铸铝或工程塑料。

带轮由轮缘、轮辐、轮毂三部分组成。轮缘是带轮安装传动带的外缘环形部分。V 带轮轮缘制有与带的根数、型号相对应的轮槽，轮槽截面尺寸见表 8-9，轮 毂是带轮与轴相配的包围轴的部分。轮缘与轮毂之间的相连部分称为轮辐。

表 8-9　普通 V 带和窄 V 带轮槽截面尺寸（基准宽度制）（GB/T 10412—2002）

（单位：mm）

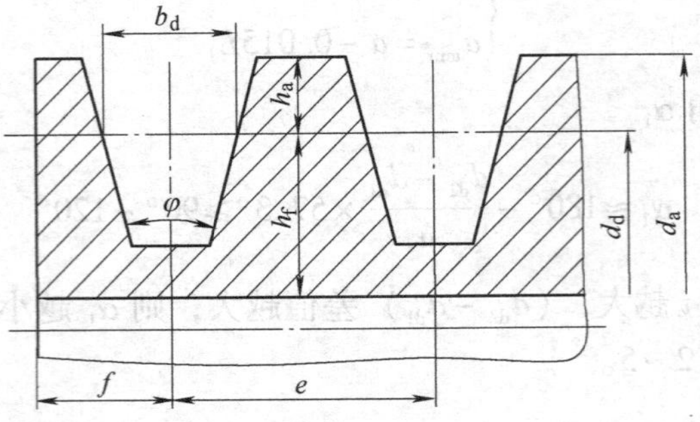

模型		基准宽度 b_d	h_{amin}	h_{fmin}	e	f	带轮槽角 φ，±0.5°			
							38°	36°	34°	32°
普通 V 带	窄 V 带						基准直径 d_{dmin}			
Y	—	5.3	1.6	4.7	8 ±0.3	6	—	>60	—	≤60
Z	SPZ	8.5	2	7 9	12 ±0.3	7	>80	—	≤80	—
A	SPA	11	2.75	8.7 11	15 ±0.3	9	>118	—	≤118	—
B	SPB	14	3.5	10.8 14	19 ±0.4	11.5	>190	—	≤190	—
C	SPC	19	4.8	14.3 19	22.5 ±0.5	16	>315	—	≤315	—
D	—	27	8.1	19.9	37 ±0.6	23	>475	≤475	—	—
E	—	32	9.6	23.4	44.5 ±0.7	28	>600	≤600	—	—

V 带轮按轮辐结构不同分为四种形式，如图 8-12 所示。

带轮基准直径 $d_d \leqslant (2.5 \sim 3)d$（$d$ 为带轮轴直径）时可采用实心带轮（见图 8-12a）；$d_d \leqslant 300$mm 时可采用腹板式（见图 8-12b）或孔板式带轮（见图 8-12c）；$d_d > 300$mm 时可采用轮辐式带轮（见图 8-12d）。

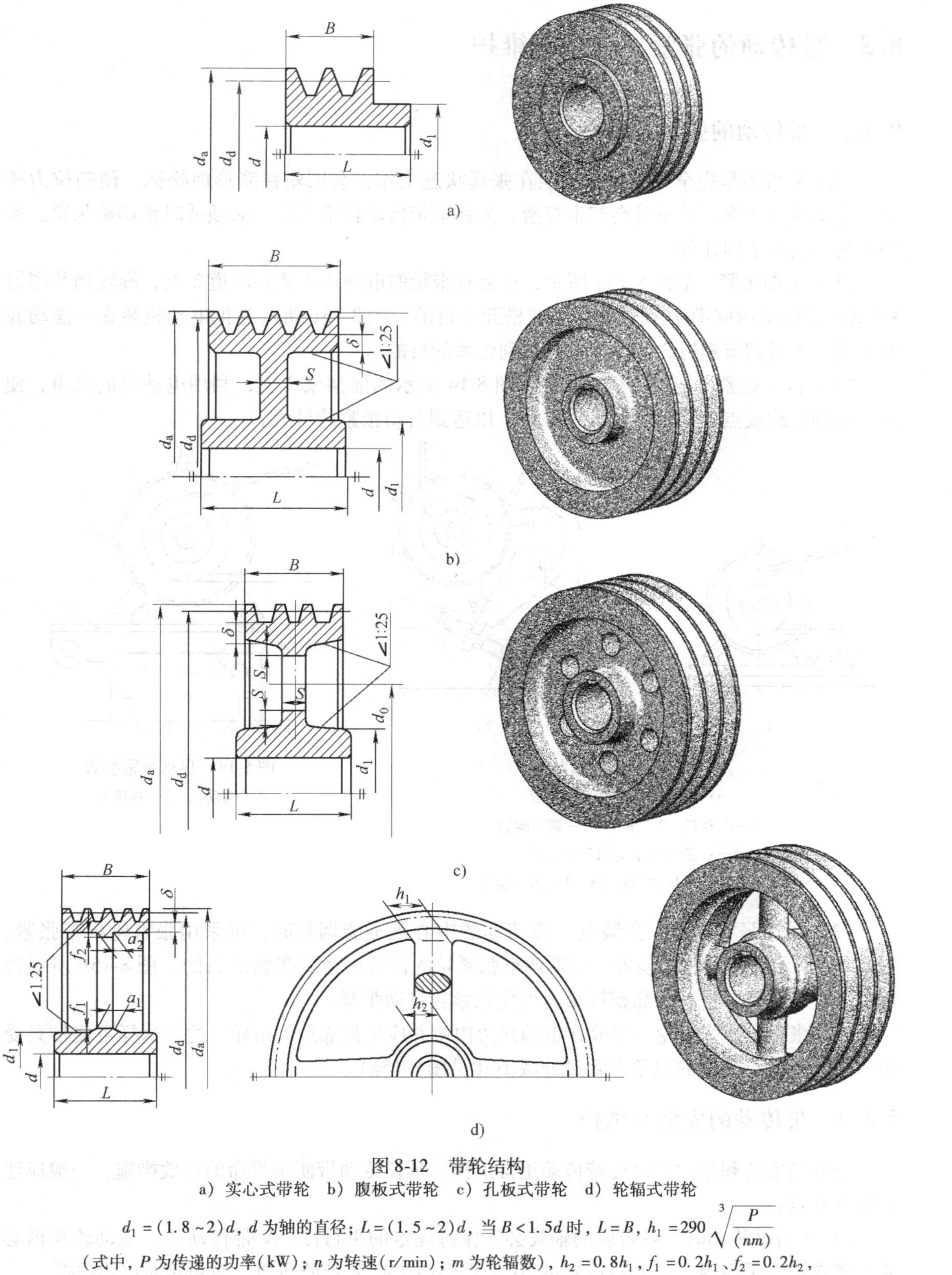

图 8-12　带轮结构

a）实心式带轮　b）腹板式带轮　c）孔板式带轮　d）轮辐式带轮

$d_1=(1.8\sim2)d$，d 为轴的直径；$L=(1.5\sim2)d$，当 $B<1.5d$ 时，$L=B$，$h_1=290\sqrt[3]{\dfrac{P}{(nm)}}$（式中，$P$ 为传递的功率(kW)；n 为转速(r/min)；m 为轮辐数），$h_2=0.8h_1$，$f_1=0.2h_1$、$f_2=0.2h_2$，$a_1=0.4h_1$、$a_2=0.8a_1$，$d_0=0.5[(d_d-2h_f-2\delta)+d_1]$，$s=\left(\dfrac{1}{7}\sim\dfrac{1}{4}\right)B$

8.5　带传动的张紧、安装与维护

8.5.1　带传动的张紧与调整

普通 V 带不是完全弹性体，长期在张紧状态工作，会因塑性变形而松弛，使初拉力减小、传动能力下降，严重时会产生打滑。为保证带传动正常工作，必须适时地调整张紧。常用张紧方法有下列几种。

（1）定期张紧　如图 8-13a 所示，将装有带轮的电动机 1 装在滑道 2 上，旋转调节螺钉 3 以增大或减小中心距从而达到张紧或松开的目的。图 8-13b 所示为把电动机装在一摆动底座 2 上，通过调节螺钉 3 调节中心距达到张紧的目的。

（2）自动张紧　把电动机 1 装在如图 8-14 所示的摇摆架 2 上，利用电动机的自重，使电动机轴心绕铰点 A 摆动，拉大中心距，以达到自动张紧的目的。

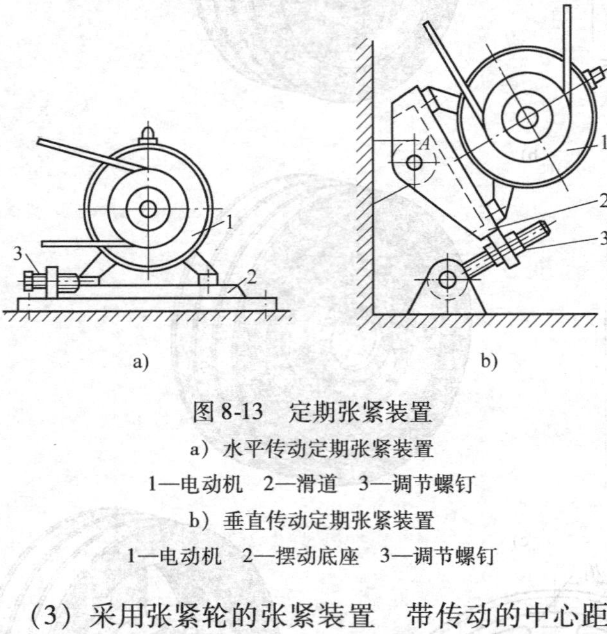

图 8-13　定期张紧装置

a）水平传动定期张紧装置

1—电动机　2—滑道　3—调节螺钉

b）垂直传动定期张紧装置

1—电动机　2—摆动底座　3—调节螺钉

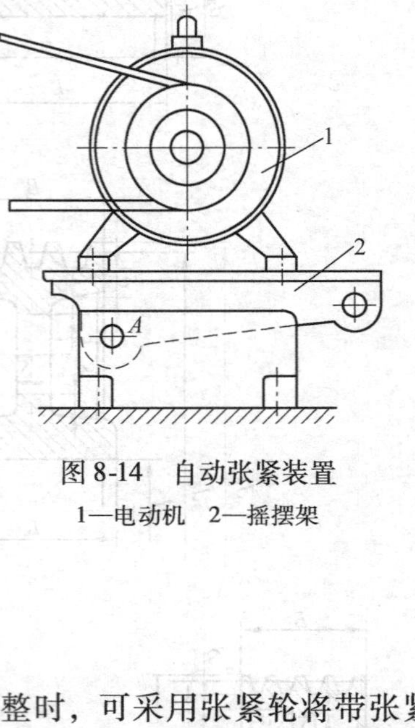

图 8-14　自动张紧装置

1—电动机　2—摇摆架

（3）采用张紧轮的张紧装置　带传动的中心距不能调整时，可采用张紧轮将带张紧。图 8-15a 所示为定期张紧装置，定期调整张紧轮的位置可达到张紧的目的。图 8-15b 所示为摆锤式自动张紧装置，依靠摆锤重力可使张紧轮自动张紧。

V 带张紧时，张紧轮一般放在带的松边内侧并应尽量靠近大带轮一边，这样可使带只受单向弯曲，且小带轮的包角不致过分减小（见图 8-15a）。

8.5.2　带传动的安装与维护

正确的安装和维护是保证带传动正常工作、延长传动带使用寿命的有效措施，一般应注意以下几点：

1）平行轴传动时，各带轮的轴线必须保持规定的平行度。V 带传动主、从动轮轮槽必须调整在同一平面内，误差不得超过 20′，否则会引起 V 带的扭曲，使两侧面过早磨损。

2）套装带时不得强行撬入，应先将中心距缩小，将带套在带轮上，再逐渐调大中心距拉紧带，直至所加测试力 G 满足规定的挠度 $y=1.6a/100$ 为止。

3）多根 V 带传动时，为避免各根 V 带载荷分布不均，带的配组公差（请参阅有关手册）应在规定的范围内。

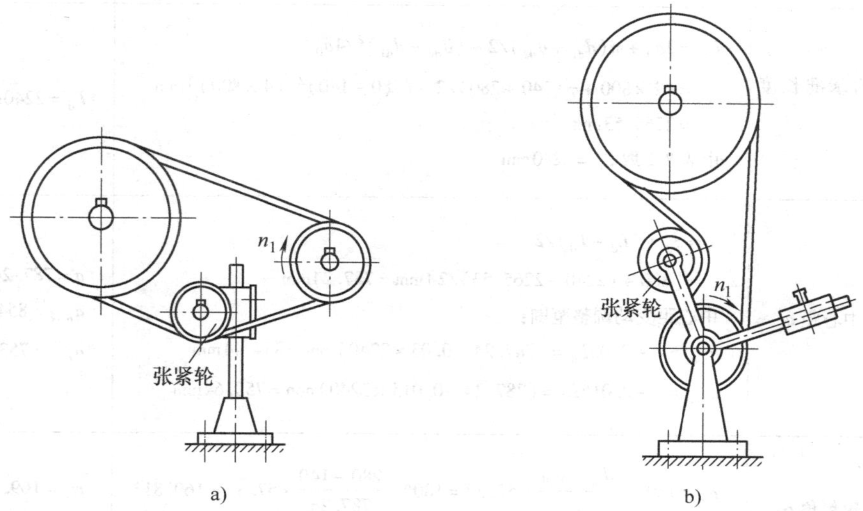

图 8-15　张紧轮的布置

4）对带传动应定期检查及时调整，发现损坏的 V 带应及时更换，新旧带、普通 V 带和窄 V 带、不同规格的 V 带均不能混合使用。

5）带传动装置必须安装安全防护罩。这样既可防止绞伤人，又可以防止灰尘、油及其他杂物飞溅到带上影响传动。

例 8-1　设计某机床上电动机与主轴箱的 V 带传动。已知：电动机额定功率 $P=7.5\text{kW}$，转速 $n_1=1440\text{r/min}$，传动比 $i_{12}=2$，中心距 a 约为 800mm，三班制工作，开式传动。

解　设计计算过程见下表。

计算项目	计算与说明	计算结果
1. 确定设计功率 P_C	由表 8-6 取工况系数 $K_A=1.3$ 得 $P_C=1.3\times7.5\text{kW}=9.75\text{kW}$	$P_C=9.75\text{kW}$
2. 选择带型号	根据 $P_C=9.75\text{kW}, n_1=1440\text{r/min}$， 由图 8-9 选 A 型 V 带	选 A 型 V 带
3. 确定小带轮基准直径 d_{d1}	由图 8-9、表 8-7、表 8-8 取 $d_{d1}=140\text{mm}$	$d_{d1}=140\text{mm}$
4. 确定大带轮基准直径 d_{d2}	$d_{d2}=i_{12}d_{d1}=2\times140\text{mm}=280\text{mm}$ 由表 8-8 取 $d_{d2}=280\text{mm}$	$d_{d2}=280\text{mm}$
5. 验算带速 v	$v=\pi d_{d1}n_1/(60\times1000)$ $=3.14\times140\times1440/(60\times1000)\text{m/s}=10.55\text{m/s}$ $5\text{m/s}<v<25\text{m/s}$ 符合要求	$v=10.55\text{m/s}$ 符合要求

（续）

计算项目	计算与说明	计算结果
6. 初定中心距 a_0	按要求取 $a_0=800\text{mm}$ 符合 $0.7(d_{d1}+d_{d2})\leqslant a_0\leqslant 2(d_{d1}+d_{d2})$	$a_0=800\text{mm}$
7. 确定带的基准长度 L_d	$L_0=2a_0+\pi(d_{d1}+d_{d2})/2+(d_{d2}-d_{d1})^2/4a_0$ $=[2\times800+\pi(140+280)/2+(280-140)^2/(4\times800)]\text{mm}$ $=2265.53\text{mm}$ 由表 8-2 取 $L_d=2240\text{mm}$	$L_d=2240\text{mm}$
8. 确定实际中心距 a	$a\approx a_0+(L_d-L_0)/2$ $=[800+(2240-2265.53)/2]\text{mm}=787.24\text{mm}$ 中心距变动调整范围： $a_{max}=a+0.03L_d=(787.24+0.03\times2240)\text{mm}=854.44\text{mm}$ $a_{min}=a-0.015L_d=(787.24-0.015\times2240)\text{mm}=753.64\text{mm}$	$a=787.24\text{mm}$ $a_{max}=854.44\text{mm}$ $a_{min}=753.64\text{mm}$
9. 验算小带轮包角 α_1	$\alpha_1=180^\circ-\dfrac{d_{d2}-d_{d1}}{a}\times57.3^\circ=180^\circ-\dfrac{280-140}{787.24}\times57.3^\circ=169.81^\circ$ $\alpha_1>120^\circ$合格	$\alpha_1=169.81^\circ$ 合格
10. 确定单根 V 带的额定功率 P_0	根据 $d_{d1}=140\text{mm}, n_1=1440\text{r/min}$ 由表 8-3 查得 A 型带 $P_0=2.27\text{kW}$	$P_0=2.27\text{kW}$
11. 确定额定功率增量 ΔP_0	由表 8-4 查得 $\Delta P_0=0.17\text{kW}$	$\Delta P_0=0.17\text{kW}$
12. 确定 V 带根数 z	$z\geqslant\dfrac{P_C}{(P_0+\Delta P_0)K_\alpha K_L}$ 由表 8-5 查得 $K_\alpha\approx0.98$ 由表 8-2 查得 $K_L=1.06$ $z\geqslant\dfrac{9.75}{(2.27+0.17)\times0.98\times1.06}=3.85$ 取 $z=4$ 根	$z=4$ 根
13. 确定单根 V 带的初拉力 F_0	$F_0=500\dfrac{P_C}{zv}\left(\dfrac{2.5}{K_\alpha}-1\right)+qv^2$ $=\left[500\dfrac{9.75}{4\times10.55}\left(\dfrac{2.5}{0.98}-1\right)+0.11\times10.55^2\right]\text{N}$ $\approx191.42\text{N}$	$F_0=191.42\text{N}$
14. 计算带对轴的压力 F_P	$F_P=2zF_0\sin(\alpha_1/2)=[2\times4\times191.42\times\sin(169.81/2)]\text{N}$ $\approx1525.31\text{N}$	$F_P=1525.31\text{N}$
15. 确定带轮结构并绘制工作图	（略）	

8.6　链传动概述

链传动是以链条作为挠性曳引元件的一种啮合传动。图 8-16 所示链传动由主动链轮 1、从动链轮 2 和绕在链轮上并与链轮啮合的链条 3 组成。链传动能在较大的轴距间进行传动，结构简单、耐用、易维护，在工程领域中得到广泛应用。

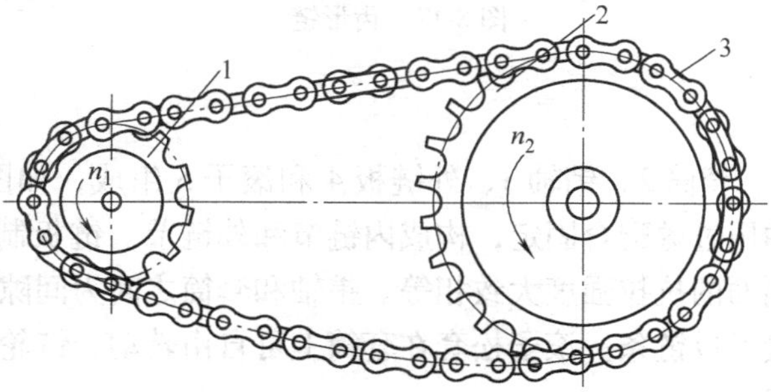

图 8-16　链传动

1—主动链轮　2—从动链轮　3—链条

8.6.1　链传动的特点和应用

与摩擦型带传动相比，链传动有以下优点：由于是啮合传动，链与链轮间没有滑动现象，故能保持平均传动比恒定不变；链条安装时不需要初拉力，故工作时作用在轴上的力较带传动小；链条本身强度高，能传递较大的圆周力，故在同样的条件下，链传动装置整体尺寸小，结构紧凑；能在温度高、潮湿和尘垢多的环境下工作。

与齿轮传动比较，链传动的优点：容易安装，成本低廉，能实现远距离传动，结构轻便；但瞬时速度不恒定，瞬时传动比不恒定，传动效率较低。

链传动的主要缺点：只能实现平行轴间链轮的同向传动；工作时不能保证恒定的瞬时传动比，噪声和振动较大；对制造和安装的精度要求较带传动高；磨损后易跳齿；不宜用在载荷变化很大、高速和急速反向的传动中。

由于链传动的这些特点，它常在两轴的中心距较大而又不宜用带传动或齿轮传动的场合中使用，例如自行车、矿山机械等。

通常链传动传递的功率 $P \leqslant 100\text{kW}$，中心距 $a \leqslant 6\text{m}$，传动比 $i \leqslant 8$，工作速度 $v \leqslant 15\text{m/s}$，广泛应用于农业机械、建筑工程机械、轻纺机械、石油机械等各种机械传动中。

8.6.2　链传动的类型

按照用途不同，链可分为起重链、运输链和传动链三大类。起重链主要用于起重机械中提升重物，其工作速度 $v \leqslant 0.25\text{m/s}$；运输链主要用于链式输送机中移动重物，其工作速度 $v \leqslant 4\text{m/s}$；传动链用于一般机械中传递运动和动力，通常工作速度 $v \leqslant 15\text{m/s}$。

传动链又可分为滚子链和齿形链等类型。齿形链是利用特定齿形的链片和链轮相啮合来实现传动的，如图 8-17 所示。齿形链传动平稳，噪声很小，故又称无声链传动。齿形链允许的工作速度可达 40m/s，但制造成本高，重量大，故多用于高速或运动精度要求较高的场合。本书重点讨论滚子链传动。

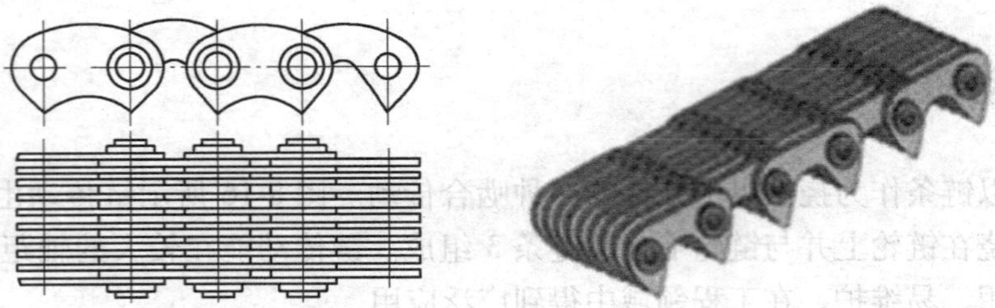

图 8-17　齿形链

8.6.3　滚子链

滚子链由内链板 1、套筒 2、销轴 3、外链板 4 和滚子 5 组成，如图 8-18 所示。内链板和套筒、外链板和销轴用过盈配合固定，构成内链节和外链节。链板制成“8”字形以减轻重量并保持链板各横剖面的抗拉强度大致相等。销轴和套筒之间为间隙配合，构成铰链，将若干内外链节依次铰接形成链条。滚子松套在套筒上可自由转动，链轮轮齿与链条滚子之间的摩擦主要是滚动摩擦。

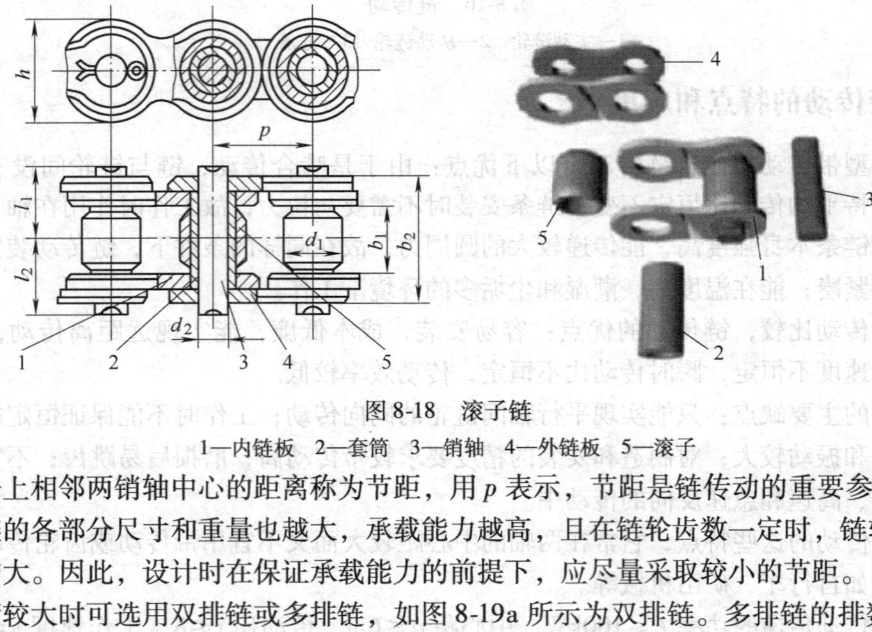

图 8-18　滚子链

1—内链板　2—套筒　3—销轴　4—外链板　5—滚子

链条上相邻两销轴中心的距离称为节距，用 p 表示，节距是链传动的重要参数。节距 p 越大，链的各部分尺寸和重量也越大，承载能力越高，且在链轮齿数一定时，链轮尺寸和重量随之增大。因此，设计时在保证承载能力的前提下，应尽量采取较小的节距。

载荷较大时可选用双排链或多排链，如图 8-19a 所示为双排链。多排链的排数一般不超过三排或四排，以免由于制造和安装误差的影响使各排链受载不均。

链条的长度用链节数表示，一般选用偶数链节，这样链的接头处可采用开口销（见图 8-19b）或弹簧卡片（见图 8-19c）来固定，前者用于大节距链，后者用于小节距链。当链节为奇数时，需采用过渡链节，如图 8-19d 所示。由于过渡链节的链板受附加弯矩的作用，一般应避免采用。

GB/T 1243—2006 规定滚子链分为 A、B 系列，其中 A 系列较为常用，其主要参数见表 8-10。表中链号和相应的国际标准号一致，链节距 $p = 链号 \times \frac{25.4}{16}\text{mm}$。

滚子链的标记为：[链号]—[排数]—[链节数] [标准号]。例如，16A-1-82 GB/T 1243—2006 表示：A 系列滚子链、节距为 25.4mm、单排、链节数为 82、制造标准 GB/T 1243—2006。

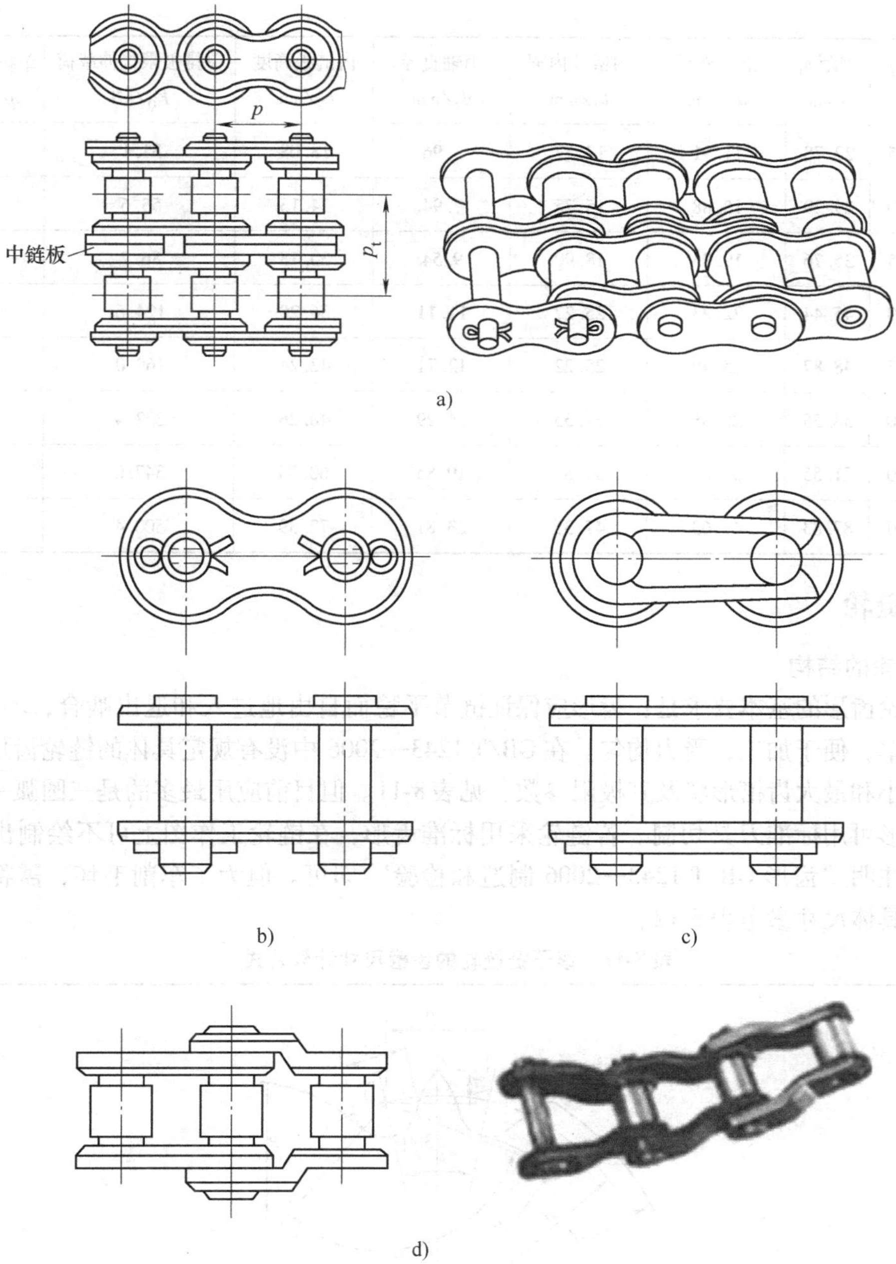

图 8-19　双排滚子链及滚子链接头形式

a）双排滚子链　b）开口销固定　c）弹簧卡片固定　d）过渡链节

表 8-10　传动用滚子链基本参数和尺寸（GB/T 1243—2006）

链号	节距 p /mm	排距 p_t /mm	滚子外径 d_1/mm	内链节内宽 b_1/mm	销轴直径 d_2/mm	内链板高度 h_2/mm	单排极限拉伸载荷 F_Q/kN	单排每米质量 q/(kg/m)
08A	12.70	14.38	7.92	7.85	3.98	12.07	13.8	0.60
10A	15.875	18.11	10.16	9.40	5.09	15.09	21.8	1.00

（续）

链号	节距 p /mm	排距 p_t /mm	滚子外径 d_1/mm	内链节内宽 b_1/mm	销轴直径 d_2/mm	内链板高度 h_2/mm	单排极限拉伸载荷 F_Q/kN	单排每米质量 q/(kg/m)
12A	19.05	22.78	11.91	12.57	5.96	18.08	31.1	1.50
16A	25.40	29.29	15.88	15.75	7.94	24.13	55.6	2.60
20A	31.75	35.76	19.05	18.90	9.54	30.18	86.7	3.80
24A	38.10	45.44	22.23	25.22	11.11	36.20	124.6	5.60
28A	44.45	48.87	25.40	25.22	12.71	42.24	169.0	7.50
32A	50.80	58.55	28.58	31.55	14.29	48.26	222.4	10.10
40A	63.50	71.55	39.68	37.85	19.85	60.33	347.0	16.10
48A	76.20	87.83	47.63	47.35	23.81	72.39	500.4	22.60

8.6.4 链轮

1. 链轮的结构

对链轮齿形的基本要求是：齿形应保证链节平稳而自由地进入和退出啮合，不易脱链，且形状简单，便于加工，受力均匀。在 GB/T 1243—2006 中没有规定具体的链轮齿形，仅仅规定了最小和最大齿槽形状及其极限参数，见表 8-11。但目前应用最多的是三圆弧一直线齿形，该齿形可用标准刀具切制。若链轮采用标准齿形，在链轮工作图上可不绘制出端面齿形，只需注明“齿形 GB/T 1243—2006 制造和检验”即可。但为了车削毛坯，需将轴面齿形画出，具体尺寸参考表 8-12。

表 8-11　滚子链链轮的齿槽尺寸计算公式

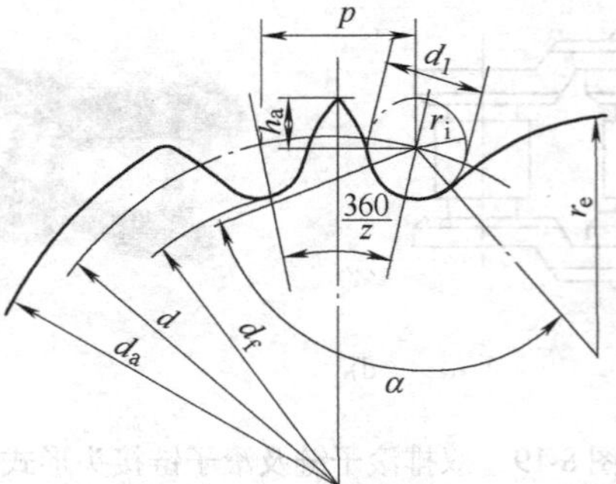

名　称	单　位	计算公式	
		最大齿槽形状	最小齿槽形状
齿面圆弧半径 r_e	mm	$r_{emin}=0.008d_1(z^2+180)$	$r_{emax}=0.12d_1(z+2)$
齿沟圆弧半径 r_i	mm	$r_{imax}=0.505d_1+0.069\times\sqrt[3]{d_1}$	$r_{imin}=0.505d_1$
齿沟角 α	（°）	$\alpha_{min}=120°-\dfrac{90°}{z}$	$\alpha_{max}=140°-\dfrac{90°}{z}$

注：链轮的实际齿槽形状，应在最大齿槽形状和最小齿槽形状范围内。

表 8-12　滚子链链轮轴向齿廓尺寸

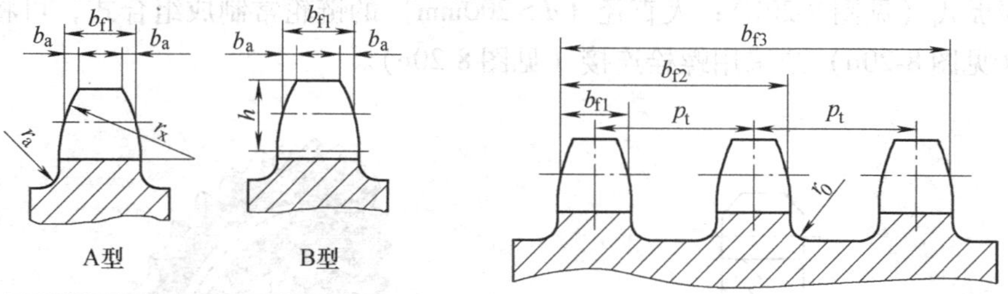

名称		代号	计算公式		备注
			$p \leqslant 12.7\text{mm}$	$p > 12.7\text{mm}$	
齿宽	单排	b_{f1}	$0.93b_1$	$0.95b_1$	$p>12.7\text{mm}$ 时，经制造厂同意，亦可使用 $p \leqslant 12.7\text{mm}$ 时的齿宽 b_1 内链节内宽，查表 8-10
	双排、三排		$0.91b_1$	$0.93b_1$	
	四排以上		$0.88b_1$	$0.93b_1$	
齿侧倒角		b_a	$b_{a公称}=0.06p$		适用于 081、083、084 规格链条
			$b_{a公称}=0.13p$		适用于其余 A 或 B 系列链条
齿侧半径		r_x	$r_{x公称}=p$		
齿全宽		b_{fm}	$b_{fm}=(m-1)p_t+b_{f1}$		m——排数
倒角深		h	$h=0.5p$		
圆角半径		r_a	$r_a \approx 0.04p$		

链轮的基本参数为：链轮的齿数 z、配用链条的节距 p、滚子外径 d_1 及排距 p_t。链轮的主要尺寸及计算公式见表 8-13。

表 8-13　滚子链链轮主要尺寸（GB/T 1243—2006）　（单位：mm）

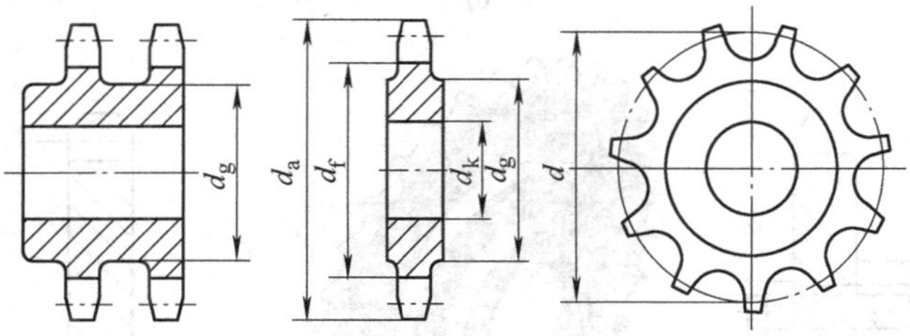

名称		符号	计算公式	说明
主要尺寸	分度圆直径	d	$d=p/\sin\dfrac{180^\circ}{z}$	
	齿顶圆直径	d_a	$d_{amax}=d+1.25p-d_1$ $d_{amin}=d+\left(1-\dfrac{1.6}{z}\right)p-d_1$	d_{amin} 和 d_{amax} 对于最小齿槽形状和最大齿槽形状均可应用。d_{amax} 受刀具限制
	齿根圆直径	d_f	$d_f=d-d_1$	
	齿高	h_a	$h_{amax}=\left(0.625+\dfrac{0.8}{z}\right)p-0.5d_1$ $h_{amin}=0.5(p-d_1)$	h_a 为节距多边形以上部分的齿高，用于绘制放大尺寸的齿槽形状（见表 8-11） h_{amax} 与 d_{amax} 对应 h_{amin} 与 d_{amin} 对应
	最大轴凸缘直径	d_g	$d_g=p\cot\dfrac{180^\circ}{z}-1.04h_2-0.76$	h_2——内链板高度，查表 8-10

注：d_a、d_g 值取整数，其他尺寸精确到 0.01mm。

链轮的结构如图 8-20 所示。直径小的链轮常制成实心式（见图 8-20a）；中等直径的链轮常制成辐板式（见图 8-20b）；大直径（$d>200$mm）的链轮常制成组合式，可将齿圈焊接在轮毂上（见图 8-20d）或采用螺栓连接（见图 8-20c）。

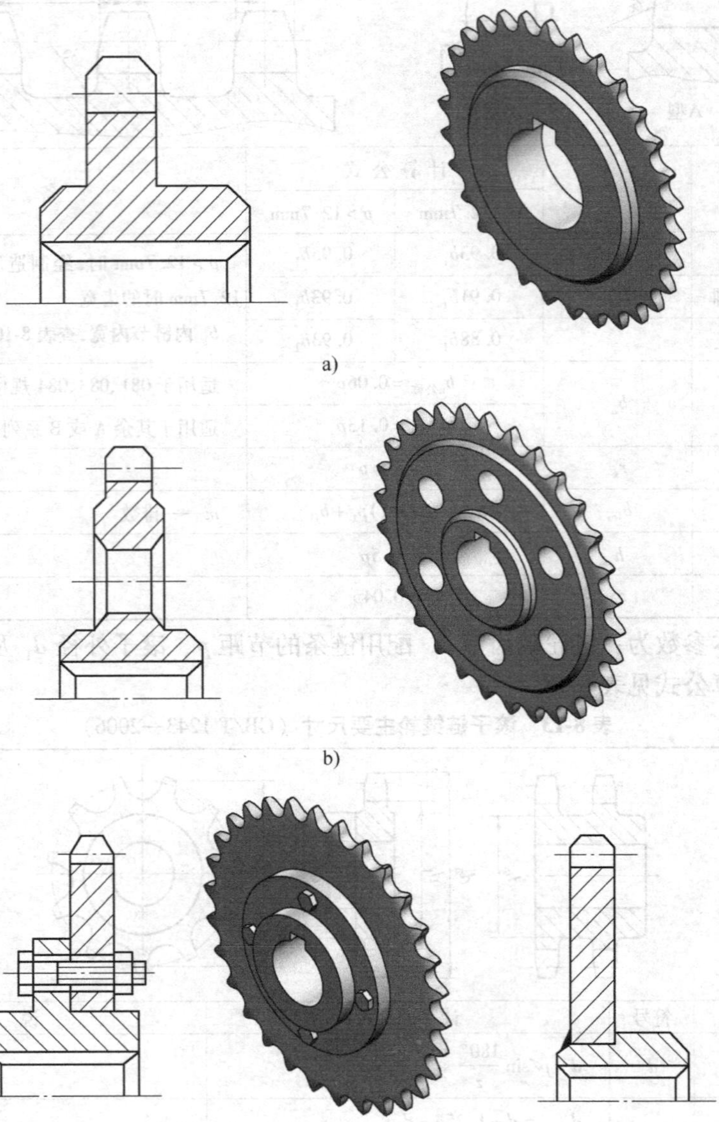

图 8-20　链轮结构

2. 链轮的材料

链轮的材料应有足够的强度和耐磨性，齿面要经过热处理。由于小链轮轮齿的啮合次数比大链轮轮齿的啮合次数多，受冲击也比较大，因此所用材料应优于大链轮。链轮所用材料及热处理工艺见表 8-14。

表 8-14　链轮材料及热处理

链轮材料	热处理	齿面硬度	应用范围
15、20	渗碳淬火、回火	50 ~ 60HRC	$z \leqslant 25$ 有冲击载荷的链轮
35	正火	160 ~ 200HBW	$z > 25$ 的主、从动链轮
45、50 45Mn、ZG310-570	淬火、回火	40 ~ 50HRC	无剧烈冲击振动和要求耐磨的主、从动链轮
15Cr、20Cr	渗碳淬火、回火	55 ~ 60HRC	$z < 30$ 传递较大功率的重要链轮
40Cr、35SiMn、35CrMo	淬火、回火	40 ~ 50HRC	要求强度较高又要求耐磨的重要链轮
Q235-A、Q275	焊接后退火	140HBW	中低速、功率不大的较大链轮
灰铸铁（不低于 HT200）	淬火、回火	260 ~ 280HBW	$z > 50$ 的从动链轮及外形复杂或强度要求一般的链轮
夹布胶木			$P < 6$kW、速度较高、要求传动平稳和噪声小的链轮

8.7　链传动工作情况分析

8.7.1　链传动的运动特性

链条绕上链轮后形成折线，因此链传动相当于一对多边形轮子之间的传动，如图 8-21 所示。多边形边长相当于链节距 p，边数相当于链轮的齿数 z。链轮每转过一周，链条就移动一个多边形周长 pz，当两链轮的转速分别为 n_1 和 n_2，齿数分别为 z_1、z_2 时，则链条的平均速度为

$$v = \frac{z_1 p n_1}{60 \times 1000} = \frac{z_2 p n_2}{60 \times 1000} \tag{8-30}$$

式中，p 的单位为 mm；v 的单位为 m/s。

链传动的平均传动比为

$$i_{12} = \frac{n_1}{n_2} = \frac{z_2}{z_1} \tag{8-31}$$

由上述两式求得链传动的链速和传动比都是平均值，且都为常数。但由于多边形效应，它们的瞬时速度和瞬时传动比都是周期性变化的。

如图 8-21 所示，设链的紧边（主动边）在传动时总处于水平位置，图 8-21a 中铰链已进入啮合。主动轮以角速度 ω_1 回转，其圆周速度 $v_1 = r_1\omega_1$，将其分解为沿链条前进方向的分速度 v 和垂直方向的分速度 v'，则

$$v = v_1\cos\beta_1 = r_1\omega_1\cos\beta_1 \tag{8-32}$$

$$v' = v_1\sin\beta_1 = r_1\omega_1\sin\beta_1 \tag{8-33}$$

式中，β_1 为主动轮上铰链 A 的圆周速度方向与链条前进方向的夹角。

当链节依次进入啮合时，β_1 角在 $\pm\dfrac{180^\circ}{z_1}$ 范围内变动，从而引起链速 v 相应作周期性变

化。$\beta_1=\pm\frac{180°}{z_1}$时，图 8-21b 和图 8-21d 所示链速最小，$v_{min}=r_1\omega_1\cos\left(\frac{180°}{z_1}\right)$；当 $\beta_1=0°$时，图 8-21c 所示链速最大，$v_{max}=r_1\omega_1$。故即使 ω_1 为常数，链轮每送走一个链节，其链速 v 也经历“最小—最大—最小”的周期性变化。同理，链条在垂直方向的速度 v' 也作周期性变化，使链条上下抖动。

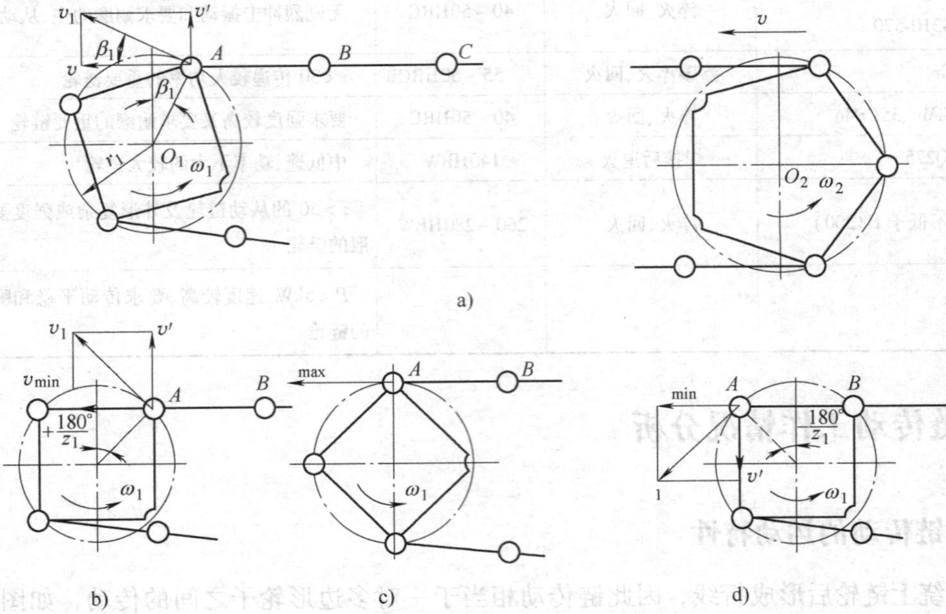

图 8-21　链传动运动分析

用同样的方法对从动轮进行分析可知，从动轮角速度 ω_2 也是变化的，即

$$\omega_2=\frac{v}{r_2\cos\beta_2}=\frac{r_1\omega_1\cos\beta_1}{r_2\cos\beta_2}$$

式中，β_2 为从动轮上铰链 A 的圆周速度方向与链条前进方向的夹角。

故链传动的瞬时传动比为

$$i=\frac{\omega_1}{\omega_2}=\frac{r_2\cos\beta_2}{r_1\cos\beta_1} \tag{8-34}$$

在传动过程中，由于 $\beta_1(\beta_2)$ 在 $\pm\frac{180°}{z_1}\left(\pm\frac{180°}{z_2}\right)$内不断变化，所以即使 ω_1 为常数，ω_2 也是周期性变化的。可见链传动的瞬时传动比是变化的。链传动的传动比变化与链条绕在链轮上的多边形特征有关，故将以上现象称为链传动的多边形效应。

链速和传动比的变化使链传动中产生加速度，从而产生附加动载荷，引起冲击振动。链轮齿数越少，节距越大，转速越高，动载荷都将越大。为减小动载荷和运动的不均匀性，链传动应尽量选取较多的齿数 z_1 和较小的节距 p。链传动不适合高速传动，一般链速控制在允许的范围内变化。

8.7.2　链传动的受力分析

链传动在安装时，应使链条受到一定的张紧力。张紧力是通过使链条保持适当的垂度所产生的悬垂拉力来获得的。链传动张紧的目的主要是使松边不致过松，以免出现链条的不正常啮合、跳齿或脱链。因为链传动为啮合传动，所以与带传动相比，链传动所需的张紧力要小得多。

链传动在工作时，存在紧边拉力和松边拉力。如果不计传动中的动载荷，则紧边拉力 F_1 和松边拉力 F_2 分别为

$$F_1 = F_e + F_c + F_f \tag{8-35}$$

$$F_2 = F_c + F_f \tag{8-36}$$

式中，F_e 为有效圆周力（N）；F_c 为离心拉力（N）；F_f 为悬垂拉力（N）。

有效圆周力为

$$F_e = 1000\,\frac{P}{v} \tag{8-37}$$

式中，P 为传递的功率（kW）；v 为链速（m/s）。

离心拉力为

$$F_c = qv^2 \tag{8-38}$$

式中，q 为链条单位长度的质量（kg/m）。

悬垂拉力 F_f 可采用求悬垂拉力的方法近似计算，即

$$F_f = Kqga \tag{8-39}$$

式中，a 为链传动的中心距（mm）；g 为重力加速度，$g = 9.81\text{m/s}^2$；K 为垂度系数，其值与两链轮轴线与水平面的倾斜角 β 有关，垂直布置时 $K = 1$，水平布置时 $K = 7$，倾斜布置时，当 $\beta = 30°$ 时 $K = 6$，当 $\beta = 60°$ 时 $K = 4$，当 $\beta = 75°$ 时 $K = 2.5$。

8.8　滚子链传动设计

8.8.1　滚子链传动的失效形式

由于链条的强度比链轮的强度低，故一般链传动的失效主要是链条失效，其失效形式主要有以下几种：

1. 链的疲劳破坏

链传动紧边和松边拉力不等，因此链条工作时，链条反复经受变载荷作用，经一定的应力循环后，链板发生疲劳断裂。在正常润滑条件下，链板的疲劳强度是决定链传动承载能力的主要因素。

2. 链条铰链磨损

销轴和套筒既要承受较大的压力，又要产生相对转动，必然引起磨损，使链条节距增加，链条总长度增加，极易产生跳齿和脱链。这种失效形式，一般发生在润滑密封不良的开式传动中。

3. 销轴和套筒的胶合

链速过高时，销轴和套筒的工作表面由于摩擦产生瞬时高温，使两摩擦表面相互粘结，并在相对运动中将较软的金属撕下，这种现象称为胶合。链传动的极限速度受到胶合的限制。

4. 套筒、滚子冲击疲劳破坏

在中、高速闭式链传动中，滚子、套筒和销轴会反复多次地啮合冲击，而发生冲击疲劳破坏或在经常起动、制动、反转的链传动中，由于过载造成冲击破坏。

5. 链条的静力拉断

在低速（$v<0.6\text{m/s}$）重载或突然过载时，载荷超过链条的静强度，链条将被拉断。

8.8.2 链传动的额定功率

链传动的工作能力受到链条各种失效形式的限制。通过试验可获得图 8-22 所示的单排滚子链的极限功率曲线，图中阴影部分 5 为实际使用的功率。若润滑不良及工作情况恶劣，磨损将很严重，其极限功率大幅度下降，如图 8-22 中虚线 6 所示。

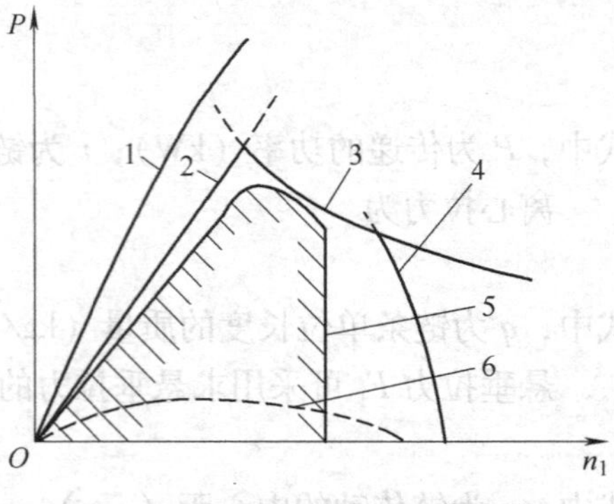

图 8-22　滚子链的极限功率曲线

1—铰链磨损强度极限　2—链板疲劳强度极限　3—套筒与滚子冲击疲劳强度极限　4—销轴与套筒胶合极限　5—额定功率曲线　6—润滑不良、工作条件恶劣等情况下的功率曲线

由图 8-22 可见：在润滑良好、中等速度下，链传动的承载能力主要取决于链板的疲劳强度；随着转速的增加，链传动的动载荷增大，传动能力主要取决于滚子和套筒的冲击疲劳强度；当转速很高时，胶合将限制链传动的承载能力。

为了保证链传动工作的可靠性，通常采用额定功率来限制链传动的实际工作能力。典型额定功率曲线如图 8-23 所示，其实验条件为：主动链轮和从动链轮安装在水平平行轴上；主动链轮齿数 $z_1=19$；链条长 $L_p=100$ 节；传动减速比 $i=3$；满负荷连续运转寿命为 15000h；两轮端面共面；无过渡链节的单排滚子链；工作温度在 $-5°C \sim 70°C$ 之间；平稳运转；采用推荐的润滑方式润滑（见图 8-24）。

链传动的工作条件与实验条件不同时，额定功率应予以修正。修正时考虑的方面包括：工作情况、主动链轮齿数、链传动的排数等。

若链传动不能按推荐的方式润滑时，图 8-23 中规定的额定功率 P_0 应降低，取下列数值：当 $v \leqslant 1.5\text{m/s}$ 时，额定功率取 $(0.3 \sim 0.6)P_0$；当 $1.5\text{m/s}<v<7\text{m/s}$ 时，额定功率取 $(0.15 \sim 0.3)P_0$；当 $v>7\text{m/s}$ 润滑不良时，传动不可靠，不宜采用。

若要求实际工作寿命低于 15000h 时，可按有限寿命设计，此时允许传递的功率高些。

8.8.3 链传动设计

链传动设计计算的原始条件为：传动的工作情况；原动机、工作机的种类；传递的功率 P；主、从动轮的转速 n_1、n_2 或传动比 i；中心距大小（大致要求）；传动的布置等。

链传动设计计算内容包括：链条的型号、节距、排数和节数；链轮的齿数、尺寸、结构和材料；中心距 a；作用在轴上的力 F_Q 等。

链传动的设计步骤和方法如下：

1. 选择链轮的齿数 z_1、z_2

为减少运动的不均匀性和动载荷，小链轮的齿数不宜过少，通常 $z_{\min}=17$（链速极低时最少可到 9），可按链速由表 8-15 选取 z_1。大轮齿数 $z_2=iz_1$，z_2 不宜过多，z_2 过多不仅使传动的尺寸和重量增加，而且链节伸长后易出现跳齿和脱链现象，通常 $z_{2\max} < 120$。

为使链条磨损均匀，一般链节数 L_p 为偶数，链轮齿数为奇数。

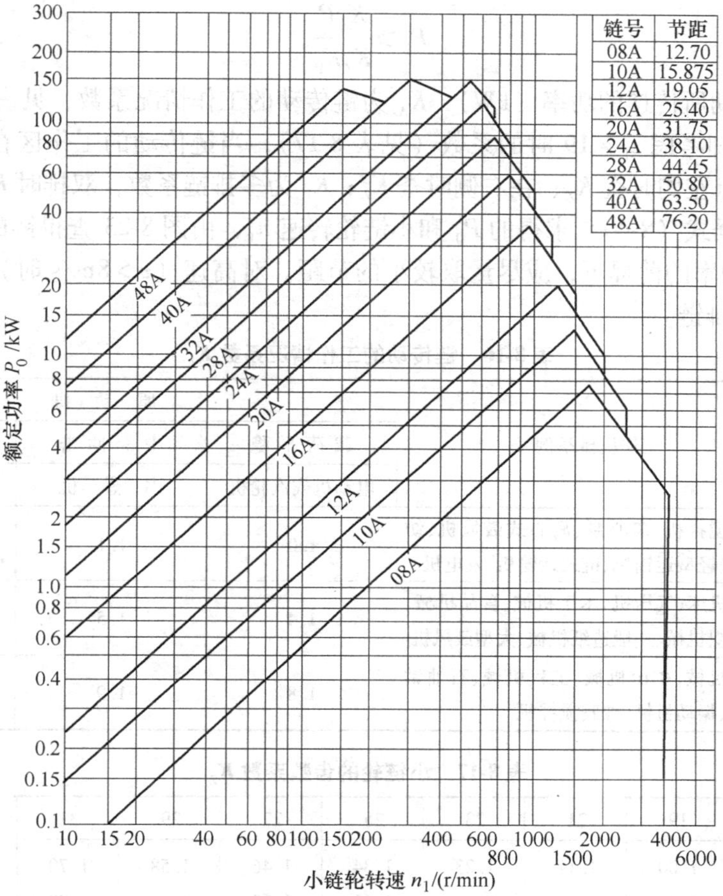

图 8-23　典型额定功率曲线

表 8-15　滚子链传动的主动轮齿数 z_1

链速 v/(m/s)	0.6 ~ 3	3 ~ 8	>8
z_1	≥15 ~ 17	≥19 ~ 21	≥23

注：优先选用 17、19、21、23、25、28、38、57、76、95、114。

传动比过大，链条在小链轮上的包角就会过小，参与啮合的齿数减少，每个轮齿承受的载荷增大，加速轮齿的磨损，且易出现跳齿和脱链现象。一般传动比 $i \leqslant 7$，常取 $i = 2.0 \sim 3.5$。

2. 初定中心距 a_0

中心距 a 小，结构紧凑，但链节数少，当链速一定时，单位时间内每一链节的应力循环次数增多，加快了疲劳和磨损。中心距 a 大，链节数多，使用寿命长，但结构尺寸增大。当中心距过大时，会使链条松边垂度过大，发生颤动，使传动平稳性下降。一般取：$a_0 = (30 \sim 50)p$，最大取 $a_{\max} = 80p$。采用张紧装置时 a_0 可大于 $80p$。

3. 确定链的型号和链节距 p

链节距越大，承载能力越大，但动载荷大，传动平稳性差，噪声大，且传动尺寸也大，所以在设计时，应尽量选择小节距的链条，高速重载时可采用小节距的多排链。

单排链传动的额定功率 P_0 应按下式确定

$$P_0 \geqslant \frac{K_A P}{K_Z K_P} \tag{8-40}$$

式中，P 为链传动所传递的功率（kW）；K_A 为链传动的工作情况系数，见表 8-16；K_Z 为小链轮齿数系数，即考虑 $z_1 \neq 19$ 时的系数（见表 8-17），当链传动的工作区在额定功率曲线（见图 8-23）顶点左侧时查 K_Z、在右侧时查 K_Z'；K_P 为多排链系数，双排时 $K_P = 1.75$，三排时 $K_P = 2.5$。根据式（8-40）求得的 P_0 和小链轮转速 n_1，由图 8-23 查得链的型号以及节距 p。在满足传动功率的前提下，应尽量取较小的节距。对高速（$v > 8\text{m/s}$ 时）重载的链传动可选取小节距多排链。

表 8-16　链传动的工作情况系数 K_A

载荷种类	工作机械举例	原动机		
		载荷平稳	中等冲击	较大冲击
		电动机或汽轮机	内燃机	少于 6 缸内燃机
载荷平稳	液体搅拌机、离心泵、离心式鼓风机、纺织机械、轻型运输机、链式运输机、发电机	1.0	1.1	1.3
中等冲击	一般机床、气压机、木工机械、食品机械、印染纺织机械、一般造纸机械、大型鼓风机	1.4	1.5	1.7
较大冲击	锻压机械、矿山机械、工程机械、石油钻井机械、振动机械、橡胶搅拌机	1.8	1.9	2.1

表 8-17　小链轮的齿数系数 K_Z

z_1	17	19	21	23	25	27	29	31	33	35
K_Z	0.887	1.00	1.11	1.23	1.34	1.46	1.58	1.70	1.82	1.93
K_Z'	0.846	1.00	1.16	1.33	1.51	1.69	1.89	2.08	2.29	2.50

4. 确定链条节数 L_p 和中心距 a

初选中心距 $a_0 = (30 \sim 50)p$，按下式计算链节数 L_p

$$L_p = \frac{2a_0}{p} + \frac{z_2 + z_1}{2} + \frac{p}{a_0}\left(\frac{z_2 - z_1}{2\pi}\right)^2 \tag{8-41}$$

L_p 应圆整为相近的整数，并尽可能取偶数。根据圆整的链节数 L_p 求实际中心距 a

$$a = \frac{p}{4}\left[\left(L_p - \frac{z_2 + z_1}{2}\right) + \sqrt{\left(L_p - \frac{z_2 + z_1}{2}\right)^2 - 8\left(\frac{z_2 - z_1}{2\pi}\right)^2}\right] \tag{8-42}$$

为使链条松边具有合理的垂度，以利链与链轮顺利啮合，安装时应使实际中心距较理论中心距 a 小 2 ~ 5mm。

5. 校核链速 v，确定润滑方式

平均链速由式（8-30）计算

$$v = \frac{n_1 z_1 p}{60 \times 1000}$$

根据链速 v 由图 8-24 确定润滑方式。

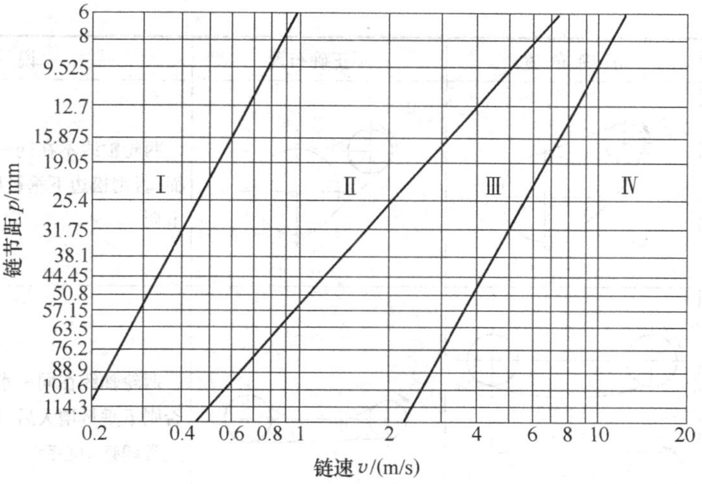

图 8-24 推荐使用的润滑方式

Ⅰ—人工定期润滑 Ⅱ—滴油润滑 Ⅲ—油浴或飞溅润滑 Ⅳ—压力喷油润滑

6. 计算链传动作用在轴上的压轴力 F_Q

压轴力按下式计算

$$F_Q=(1.2\sim1.3)F_t=1000(1.2\sim1.3)P/v \tag{8-43}$$

式中，F_t 为链所承受的圆周力（N）。

8.9 链传动的布置、张紧和润滑

1. 链传动的布置

链传动的布置是否合理，对传动的工作质量和使用寿命都有较大的影响。链传动合理布置的原则是：

1）两链轮的回转平面必须在同一铅垂平面内（一般不允许在水平平面或倾斜平面内），以免脱链和不正常磨损。

2）两轮中心连线最好水平布置或中心连线与水平线夹角在 45°以下。尽量避免铅垂布置，以免链条磨损后与下面的链轮啮合不良。

3）一般应使紧边在上，松边在下，以免松边在上时，因下垂量过大而发生链条与链轮的干涉。

链传动的具体布置情况可参考表 8-18。

表 8-18 链传动的布置

传动参数	正确布置	不正确布置	说明
$i=2\sim3$ $a=(30\sim50)p$ （i 与 a 较佳场合）	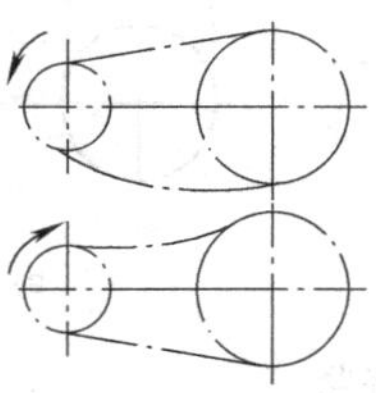		两轮轴线在同一水平面，紧边在上、在下都可以，但在上好些

（续）

传动参数	正确布置	不正确布置	说　明
$i>2$ $a<30p$ （i 大 a 小场合）	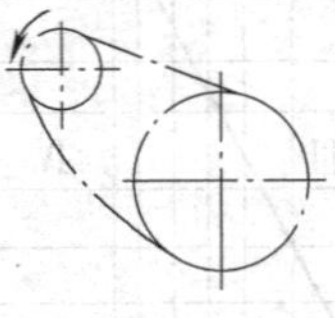	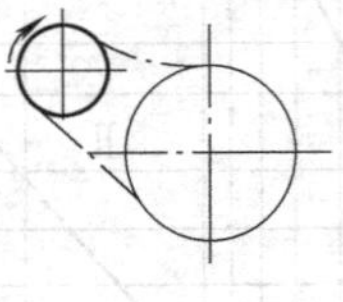	两轮轴线不在同一水平面，松边应在下面，否则松边下垂量增大后，链条易与链轮卡死
$i<1.5$ $a>60p$ （i 小 a 大场合）	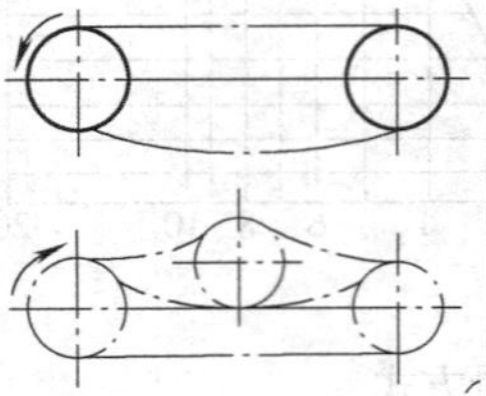	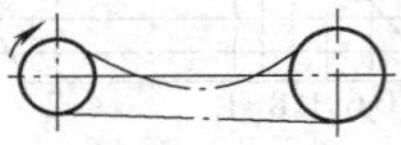	两轮轴线在同一水平面，松边应在下面，否则下垂量增大后，松边会与紧边相碰，需经常调整中心距
i、a 任意	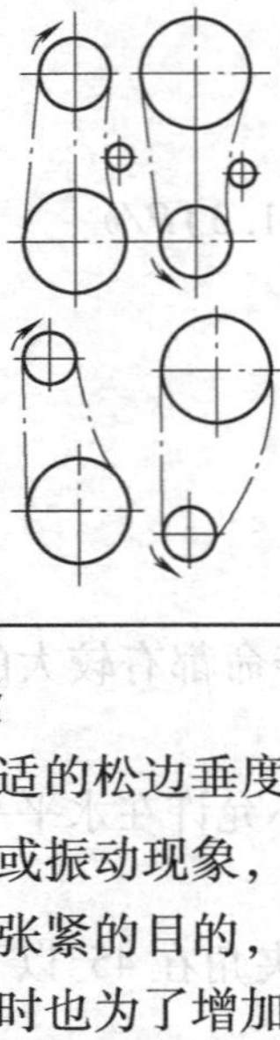	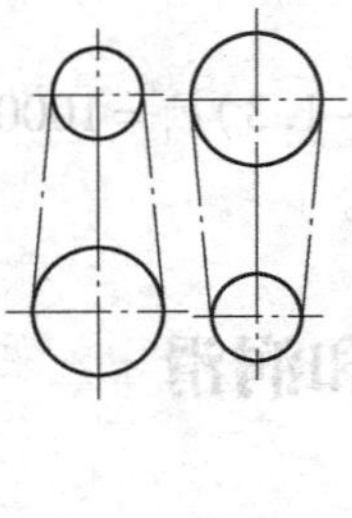	避免中心线铅垂，同时应采用： 1）中心距可调 2）有张紧装置

2. 链传动的张紧

链传动工作时合适的松边垂度一般为：$f_L=(0.01\sim0.02)a$，a 为传动中心距。若垂度过大，将引起啮合不良或振动现象，同时链节磨损后会伸长，为了补偿链条磨损后的伸长，所以必须张紧。链传动张紧的目的，主要是为了避免在链条的松边垂度过大时产生啮合不良和链条的振动现象，同时也为了增加链条与链轮的啮合包角。最常见的张紧方法是调整中心距法。当中心距不可调整时，可采用拆去 1 ~ 2 个链节的方法进行张紧或设置张紧轮。张紧轮常位于松边，如图 8-25 所示。张紧轮可以是链轮也可以是滚轮，其直径与小链轮相近。

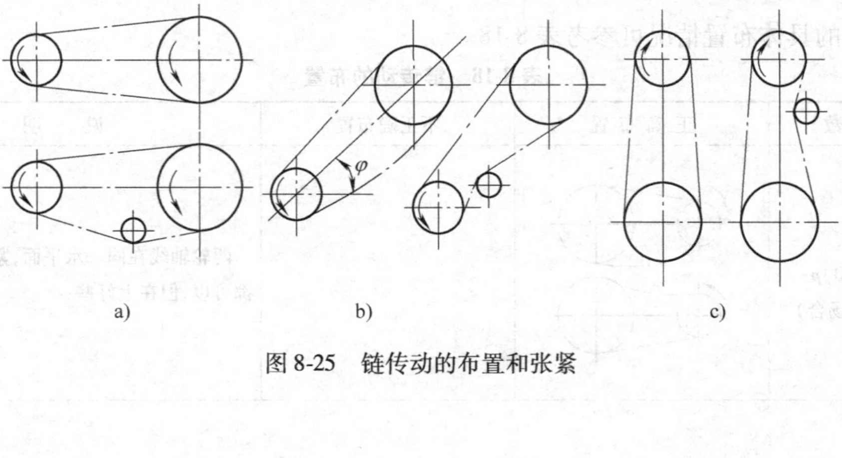

a)　　b)　　c)

图 8-25　链传动的布置和张紧

3. 链传动的润滑

良好的润滑能减小链传动的摩擦和磨损，缓和冲击，帮助散热，是链传动正常工作的必要条件。如前所述，在选择链条型号时已选定链传动的润滑方式（见图 8-24），具体的润滑装置如图 8-26 所示。图 8-26a 为油刷或油壶人工定期润滑；图 8-26b 为滴油润滑，用油杯通过油管将油滴入松边链条元件各摩擦面间；图 8-26c 为链浸入油池的油浴润滑；图 8-26d 为飞溅润滑，由甩油轮将油甩起进行润滑；图 8-26e 为压力润滑，润滑油由油泵经油管喷在链条上，循环的润滑油还可起冷却作用。

润滑油应加于松边，因为松边面间压力较小，便于润滑油的渗入。润滑油推荐用 L-AN32、L-AN46 和 L-AN68 号全损耗系统用油。为了安全与防尘，链传动应装防护罩。

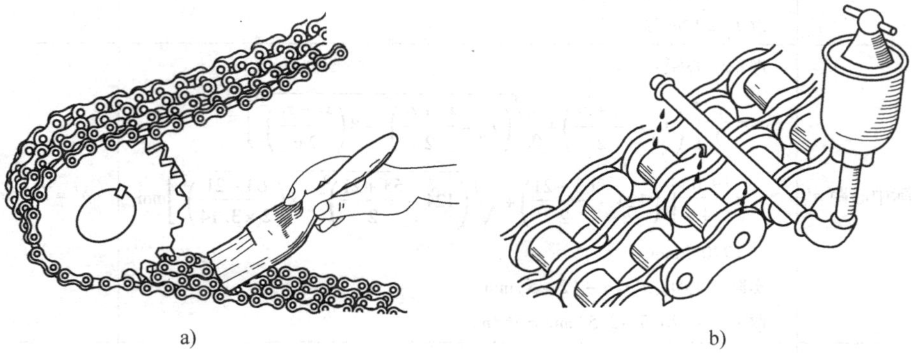

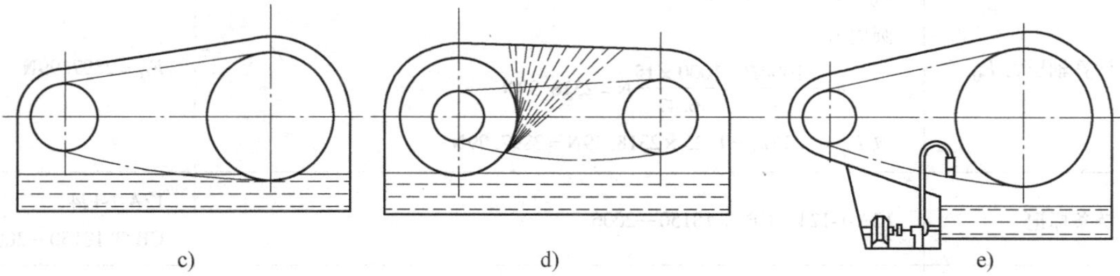

图 8-26　链传动的润滑

例 8-2　试设计一链式运输机的滚子链传动。已知：传递功率 $P=15\text{kW}$，电动机转速 $n_1=970\text{r/min}$，速比 $i=3$，载荷平稳。

解　设计计算见下表。

计算项目	计算与说明	计算结果
1. 确定链轮的齿数 z_1、z_2	假定 $v=3\sim 8\text{m/s}$ 查表 8-15，取 $z_1=21$ $z_2=iz_1=3\times 21=63<120$	$z_1=21$ $z_2=63$
2. 初定中心距 a_0	取 $a_0=40p$	$a_0=40p$
3. 确定链号	查表 8-16，得 $K_A=1$；查表 8-17，得 $K_Z=1.11$；$K_P=1$ 则 $P_0\geqslant\dfrac{K_AP}{K_ZK_P}=\dfrac{1\times 15}{1.11\times 1}\text{kW}=13.51\text{kW}$ 根据 P_0 和 n_1 查图 8-23，选用 12A 号链条 $p=19.05\text{mm}$	链号 12A $p=19.05\text{mm}$

（续）

计算项目	计算与说明	计算结果
4. 验算链速确定润滑方式	$v=\frac{n_1 z_1 p}{60\times1000}=\frac{970\times21\times19.05}{60\times1000}$m/s = 6.47m/s 符合原假设，由图 8-24 可知，应采用油浴或飞溅润滑	v = 6.47m/s 采用油浴或飞溅润滑
5. 确定链条节数 L_p	$L_p=\frac{2a_0}{p}+\frac{z_2+z_1}{2}+\frac{p}{a_0}\left(\frac{z_2-z_1}{2\pi}\right)^2$ $=\frac{2\times40p}{p}+\frac{63+21}{2}+\frac{p}{40p}\left(\frac{63-21}{2\times3.14}\right)^2$ $=123.13$ 取 $L_p=124$ 节	$L_p=124$ 节
6. 确定实际中心距 a'	理论中心距： $a=\frac{p}{4}\left[\left(L_p-\frac{z_2+z_1}{2}\right)+\sqrt{\left(L_p-\frac{z_2+z_1}{2}\right)^2-8\left(\frac{z_2-z_1}{2\pi}\right)^2}\right]$ $=\frac{19.05}{4}\left[\left(124-\frac{63+21}{2}\right)+\sqrt{\left(124-\frac{63+21}{2}\right)^2-8\left(\frac{63-21}{2\times3.14}\right)^2}\right]$mm $=770.5$mm 实际中心距：$a'=a-(2\sim5)$mm 取 $a'=(770.5-2.5)$mm = 768mm	a' = 768mm
7. 计算轴压力 F_Q	$F_Q=(1.2\sim1.3)Ft$ 圆周力： $F_t=\frac{1000P}{v}=\frac{1000\times15}{6.47}$N = 2318.39N 取 $F_Q=1.25F_t=1.25\times2318.39$N = 2897.99N	F_Q = 2897.99N
8. 链条标记	12A-1-124　GB/T 18150—2006	12A-1-124 GB/T 18150—2006
9. 计算链轮尺寸	$d_1=\frac{p}{\sin(180°/z_1)}=\frac{19.05}{\sin(180°/21)}$mm = 127.82mm $d_2=\frac{p}{\sin(180°/z_2)}=\frac{19.05}{\sin(180°/63)}$mm = 382.18mm	d_1 = 127.82mm d_2 = 382.18mm
10. 绘制链轮工作图	其他尺寸计算和链轮工作图略	

课 堂 任 务

任务 1

【任务描述】

在精压机机组中，V 带传动用于主机曲柄压力机，载荷变动较大，一班制工作，通过计算确定原动件为 Y 系列异步电动机驱动，传递功率 $P=7.5$kW，主动带轮转速 $n_1=1440$r/min，传动比 $i=2.6$。

【任务要求】

依据上述数据设计带的型号、确定长度 L、根数 z，传动中心距 a、带轮基准直径及结构尺寸等。

任务 2

【任务描述】

在精压机机组中，套筒滚子链传动用于顶出机构的传动系统中，由减速机低速轴通过一对锥齿轮把动力传给一根立轴，立轴上安装小链轮，其转速 $n_1=90\text{r/min}$，大链轮与顶出凸轮制作成一体，转速 $n_2=45\text{r/min}$，大链轮所需传递的功率 $P=0.5\text{kW}$，考虑润滑不良，按 2kW 计算，载荷变动较大，一班制工作，链传动中心距不应小于 1000mm，要求中心距可调整。

【任务要求】

依据上述数据设计链的型号、确定长度 L、传动中心距 a、链轮基准直径及结构尺寸等。

思考题和习题

8-1　普通 V 带传动和平带传动相比，有什么优缺点？

8-2　普通 V 带由哪几部分组成？各部分的作用是什么？

8-3　带传动中，弹性滑动是怎样产生的？会造成什么后果？

8-4　带传动中，打滑是怎样产生的？打滑的有利、有害方面各是什么？

8-5　带传动为什么必须张紧？常用的张紧装置有哪些？

8-6　带传动工作时，带上所受应力有哪几种？如何分布？最大应力在何处？

8-7　带传动的主要失效形式是什么？带传动设计的主要依据是什么？

8-8　套筒滚子链由哪几部分组成？标记方法是什么？

8-9　链传动节距的大小对传递载荷及运动的不均匀性方面有何影响？应怎样选择节距？

8-10　链轮齿数对链传动的运动有何影响？应怎样选择齿数？

8-11　如何确定链传动的润滑方式？

8-12　机床电动机和主轴箱之间为窄 V 带传动，电动机转速 $n_1=1440\text{r/min}$，主轴箱负载为 4.0kW，带轮基准直径 $d_{d1}=90\text{mm}$，$d_{d2}=250\text{mm}$，传动中心距 $a=527\text{mm}$，预紧力按规定条件确定，每天工作 16h。试确定该传动所需窄 V 带的型号和根数。

8-13　一 V 带传动传递的功率 $P=7.5\text{kW}$，带速 $v=10\text{m/s}$，测得紧边拉力是松边拉力的 2 倍，即 $F_1=2F_2$。试求紧边拉力 F_1、有效拉力 F_e 和预紧力 F_0。

8-14　现设计一带式输送机的传动部分，该传动部分由普通 V 带传动和齿轮传动组成。齿轮传动采用标准齿轮减速器。原动机为电动机，额定功率 $P=11\text{kW}$，转速 $n_l=1460\text{r/min}$，减速器输入轴转速为 400r/min，允许传动比误差为 ±5%，该输送机每天工作 16h。试设计此普通 V 带传动，并选定带轮结构形式与材料。

8-15　图 8-27 所示为 V 带传动的张紧方案。试指出其不合理之处，并改正。

8-16　已知一链传动设备，小链轮的分度圆直径 $d_1=77.16\text{mm}$，转速 $n_1=300\text{r/min}$，传递的功率 $P=1\text{kW}$。求作用在链轮轴上的压力。

8-17　一单排套筒滚子链传动，已知链条型号为 12A，小链轮齿数为 $z_1=19$，转速 $n_1=750\text{r/min}$，速度比 $i=3$，中心距 $a\approx760\text{mm}$，原动机为电动机，工作机为轻型运输机。试计算：1）链的节数；2）链条能传递的最大功率；3）链条能传递的最大圆周力。

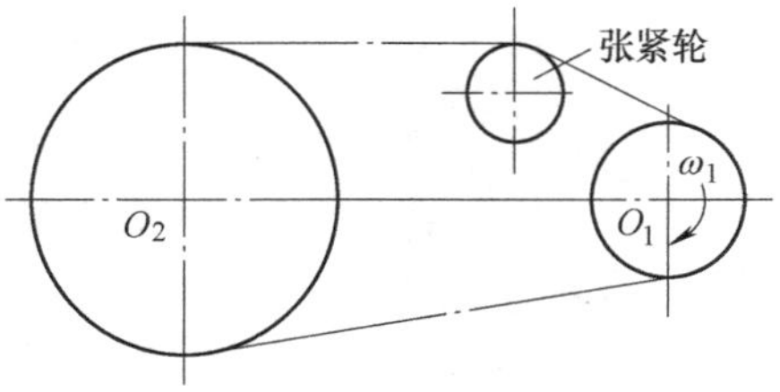

图 8-27　题 8-15 图

8-18　试设计一链式输送机中的链传动。已知：传递功率 $P=10\text{kW}$，链轮转速 $n_1=970\text{r/min}$、$n_2=330\text{r/min}$，载荷平稳。

8-19　单排滚子链传动，主动链轮转速 $n_1=600\text{r/min}$，齿数 $z_1=21$，从动链轮齿数 $z_2=105$，中心距 $a=910\text{mm}$，该链的节距 $p=25.4\text{mm}$，工况系数 $K_A=1.2$。试求链传动所允许传递的功率 P。

8-20　一链号为16A的滚子链传动，主动轮齿数 $z_1=17$，链轮转速 $n_1=730\text{r/min}$，中心距 $a=600\text{mm}$。求平均链速 v 以及瞬时链速的最大值 v_{max} 和最小值 v_{min}。

第9章　螺旋传动设计

学习目标

1. 了解螺旋传动的类型和特点。
2. 掌握螺旋传动的设计计算。

9.1　螺旋传动概述

螺旋传动由螺杆（也称丝杠或螺旋）和螺母组成，主要用来将旋转运动转变为直线运动，同时传递运动和动力。

1. 螺旋传动按用途和受力情况分类

（1）传力螺旋　它是以传递动力为主，主要以较小的转矩产生较大的轴向力，如螺旋起重器、摩擦压力机的螺旋传动等，通常具有自锁性。

（2）传导螺旋　它是以传递运动为主，要求具有较高的传动精度，如车床切削螺纹的丝杠及进给螺旋等。

（3）调整螺旋　它主要用来调整和固定零件间的相互位置，如车床尾座螺旋等。

2. 螺旋传动按其摩擦性质分类

（1）滑动螺旋　螺旋副作相对运动时产生滑动摩擦的螺旋称为滑动螺旋。这种螺旋传动一般采用梯形螺纹，单向受力传动时亦可采用锯齿形螺纹，次要场合则可采用矩形螺纹。滑动螺旋传动主要特点是结构简单、运转平稳无噪声、便于制造、易于实现自锁，但传动效率较低（一般为30%～40%）、摩擦和磨损较大。

（2）滚动螺旋　螺旋副作相对运动时产生滚动摩擦的螺旋称为滚动螺旋。其结构特点如图9-1所示，将螺杆与螺母的螺纹凹处做成钢球的滚道，滚道内放满钢球，当螺杆转动时，钢球一个接一个沿滚道循环滚动，螺旋副构件间形成滚动摩擦。其特点为：摩擦阻力

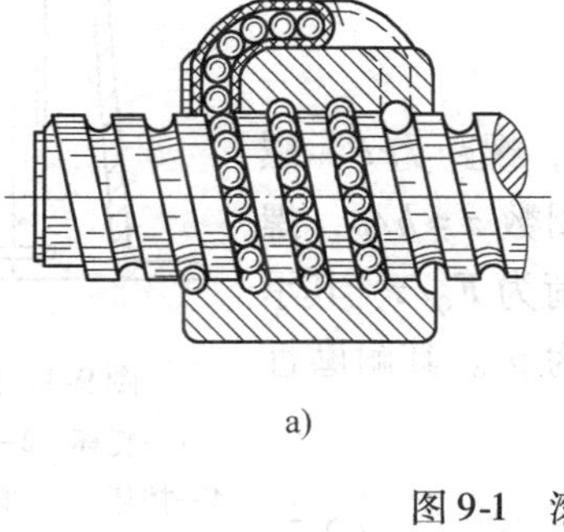

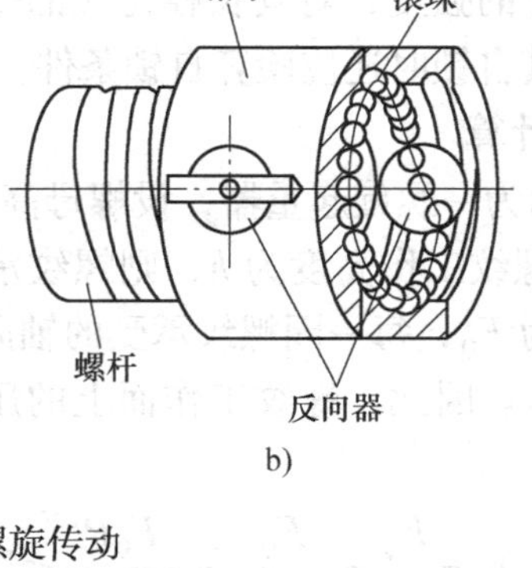

图9-1　滚动螺旋传动

a）外循环式　b）内循环式

小、效率高、运转平稳，但结构复杂、制造困难、成本高。它多用于汽车和拖拉机的转向机构、数控精密机床及飞机起落架的控制机构中。

在调整螺旋中，有时要求当主动件转动时，从动件作微量移动（如镗刀杆微调装置），此时可采用差动螺旋。图 9-2 所示为差动螺旋工作原理图，螺杆 1 的 A 段螺距为 P_A，B 段螺距为 P_B 且 $P_A > P_B$。当两段螺旋的旋向相同时，如转动螺杆 1 转过 φ 角，螺杆 1 相对于螺母 3 前移 L_A，则螺母 2 相对于螺杆 1 后移 L_B，因此螺母 2 相对螺母 3 前移了

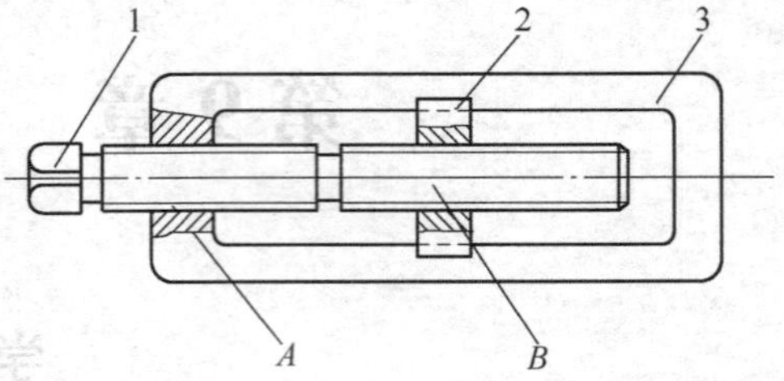

图 9-2　差动螺旋工作原理图
1—螺杆　2、3—螺母

$$L = L_A - L_B = (P_A - P_B)\frac{\varphi}{2\pi} \tag{9-1}$$

当相差很小时，可以使 L 很小，从而达到微调的目的。

反之，如 L_A 和 L_B 两段螺旋的旋向相反，则

$$L = L_A + L_B = (P_A + P_B)\frac{\varphi}{2\pi} \tag{9-2}$$

螺母 2 将作快速移动。螺旋拉紧器就是一实例。

9.2　滑动螺旋传动的设计计算

螺杆要具有足够的强度、较高的耐磨性和良好的工艺性，一般采用 45 或 50 钢，较重要的螺杆可采用 40Cr 等合金钢。

螺母应具有较低的摩擦因数和较高的耐磨性，一般可选用铸造青铜，如 ZCuSn10P1、ZCuSn5Pb5Zn5 及 ZCuAl10Fe3，低速时可采用耐磨铸铁。

滑动螺旋传动主要承受转矩和轴向力，其主要失效形式是螺纹的磨损。因此，通常先根据耐磨性条件，计算出螺杆的直径和螺母高度，然后依照标准确定螺旋的各主要参数，最后对可能发生的其他失效逐一进行校核。对传力螺旋需校核螺杆强度和螺母螺纹牙的强度，对其长径比大的受压螺旋要校核其稳定性，当要求其自锁时还应验算自锁条件。

1. 耐磨性计算

图 9-3 所示为一螺旋起重器，设螺母高为 H，螺距为 P，螺纹中径为 d_2，螺纹工作高度为 h，则螺纹承载圈数 $z = h/p$，螺旋总轴向载荷为 F_Q，每一圈螺纹承受的轴向载荷为 F_Q/z，其承载面积 $A = \pi d_2 h$。因此，螺纹工作面上的压强为 p_c。其耐磨性条件为

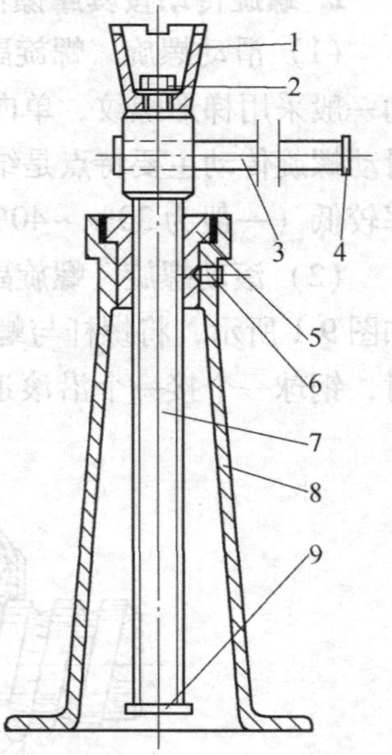

图 9-3　螺旋起重器
1—托杯　2—螺钉　3—手柄
4—挡环　5—螺母　6—紧定螺钉
7—螺杆　8—底座　9—挡环

$$p_c = \frac{F_Q}{zA} = \frac{F_Q}{z\pi d_2 h} = \frac{F_Q P}{\pi d_2 h H} \leqslant [p_c] \tag{9-3}$$

设 $\psi = H/d_2$，则 $H = \psi d_2$，带入上式并整理后可得

$$d_2 \geqslant \sqrt{\frac{F_Q P}{\pi h \psi [p_c]}} \tag{9-4}$$

对于梯形和矩形螺纹，$h = 0.5P$，则

$$d_2 \geqslant 0.8\sqrt{\frac{F_Q}{\psi [p_c]}} \tag{9-5}$$

式中，$[p_c]$为许用压强，可查表 9-1；ψ 值一般取为 1.2 ~ 3.5，整体螺母取小值，剖分螺母取大值。

由（9-5）式求到螺纹中径后，查有关手册按标准选取相应的公称直径 d、小径 d_1 和螺距 P 等。

计算螺母高 $H = \psi d_2$，螺母螺纹圈数 $z = H/P$，由于螺纹各圈载荷不均匀，一般要求 $z \leqslant 10$。

表 9-1　螺旋副的许用压强 $[p_c]$

螺杆-螺母的材料	滑动速度/(m/min)	许用压强$[p_c]$/MPa
钢-青铜	低速	18 ~ 25
	≤3.0	11 ~ 18
	6 ~ 12	7 ~ 10
	>15	1 ~ 2
淬火钢-青铜	6 ~ 12	10 ~ 13
钢-铸铁	<2.4	13 ~ 18
	6 ~ 12	4 ~ 7

注：当 $\psi < 2.5$ 时，$[p_c]$值可提高 20%；若为剖分螺母时，则$[p_c]$值应降低 15% ~ 20%。

2. 螺母螺牙的强度校核

在轴向载荷 F_Q 的作用下，螺牙可能在根部发生剪断或弯断，由于螺母材料的强度低于螺杆，故只需校核螺母螺牙的强度。

如图 9-4 所示，将一圈螺母的螺纹沿根部大径 D 处展开，并将它看作宽度为 πD 的悬臂梁，在 $h/2$ 处作用载荷 F_Q/z，则螺牙危险剖面 a—a 的剪切强度条件为

$$\tau = \frac{F_Q}{\pi D b z} \leqslant [\tau] \tag{9-6}$$

螺牙危险剖面 a—a 的弯曲强度条件为

$$\sigma_b = \frac{M}{W} = \frac{\dfrac{F_Q}{z} \cdot \dfrac{h}{2}}{\dfrac{\pi D b^2}{6}} = \frac{3F_Q h}{\pi D b^2 z} \leqslant [\sigma_b] \tag{9-7}$$

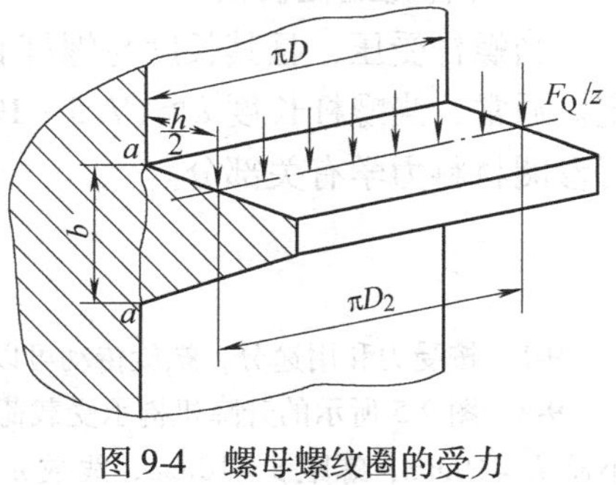

图 9-4　螺母螺纹圈的受力

式中，b 为螺牙根部厚度（mm），梯形螺纹 $b = 0.65P$，P 为螺纹螺距（mm）；$[\tau]$、$[\sigma_b]$ 分别为螺母材料的许用切应力和许用弯曲应力，见表 9-2。

表 9-2 滑动螺旋副的许用应力 （单位：MPa）

螺旋副的材料		$[\sigma_b]$	$[\tau]$	$[\sigma]$
螺母	青铜	40 ~ 60	30 ~ 40	
	铸铁	45 ~ 55	40	
	钢	$(1.0 \sim 1.5)[\sigma]$	$0.6[\sigma]$	
螺杆	钢			$\frac{\sigma_s}{3 \sim 5}$ σ_s 为材料的屈服极限

3. 螺杆的强度校核

螺杆工作时承受轴向压力（或拉力）F_Q，又受螺纹力矩 T 的扭转作用。螺杆危险剖面上既有压缩（或拉伸）应力，又有扭转切应力。因此，螺杆剖面上是正应力与切应力的复合应力状态。

按第四强度理论，其危险截面的强度条件为

$$\sigma_e = \sqrt{\sigma^2 + 3\tau^2} = \sqrt{\left(\frac{F_Q}{\frac{\pi}{4}d_1^2}\right)^2 + 3\left(\frac{T}{0.2d_1^3}\right)^2} \leqslant [\sigma] \tag{9-8}$$

式中，T 为螺纹力矩（N · mm）；σ_e 为危险截面的当量应力（MPa）；$[\sigma]$为螺杆许用应力，见表 9-2，d_1 为外螺纹小径（mm）。

4. 验算自锁条件

对于有自锁要求的螺旋传动，要验算是否满足自锁条件，即螺纹升角 φ 是否小于或等于当量摩擦角 ρ_v。

$$\varphi = \arctan\frac{s}{\pi d_2} = \arctan\frac{nP}{\pi d_2} \tag{9-9}$$

$$\rho_v = \arctan\frac{f}{\cos\beta} \tag{9-10}$$

式中，s 为导程（mm）；n 为线数；P 为螺距（mm）；β 为工作面牙型斜角；f 为摩擦因数，钢对青铜 $f \approx 0.1$，钢对铸铁 $f \approx 0.12 \sim 0.15$。

通常摩擦因数 f 的值不稳定，故在验算自锁时，为可靠起见，φ 应比 ρ_v 小 1°以上。

5. 螺杆稳定性校核

当螺杆受压，且其长度与螺杆直径比（长径比）较大时，可能产生纵向弯曲，失去稳定。通常，当螺杆长度 $L \geqslant (7.5 \sim 10)d_1$（$d_l$ 为螺杆小径）时，要进行稳定性验算，其内容可参阅材料力学有关部分。

思考题和习题

9-1 按受力和用途分，螺旋传动可以分为几类？各自有什么特点？

9-2 图 9-5 所示的升降机构承受载荷 F_a 为 100kN，采用梯形螺纹，其大径 $d = 70$mm，中径 $d_2 = 65$mm，小径 $d_1 = 60$mm，螺距 $p = 10$mm，线数 $n = 4$，螺杆材料为 45 钢，螺母材料为青铜，螺纹间摩擦因数 $f =$

0.1。支承面采用推力球轴承，升降台的上、下移动处采用导向滚轮，他们的摩擦阻力近似为零。试计算：1）工作台稳定上升时的效率。2）稳定上升时加于螺杆上的力矩。3）欲使工作台在载荷 F_a 作用下等速下降，是否需要制动装置？加于螺杆上的制动力矩应为多少？4）验算此螺旋的耐磨性、强度及稳定性，并判断此螺旋能否自锁。

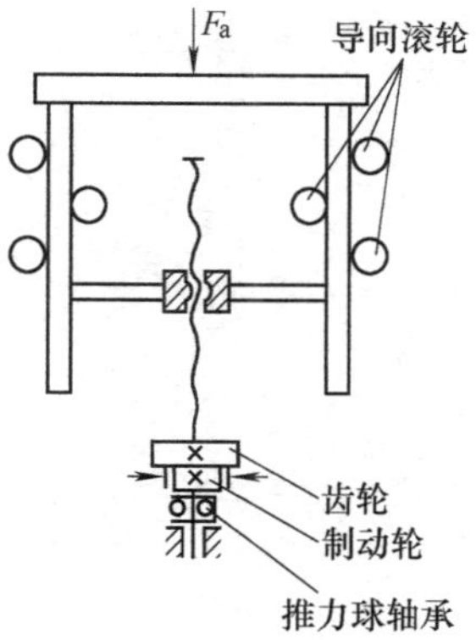

图 9-5　题图 9-2

第三篇　机件的连接设计

在机器的设计和制造中，为了降低制造、安装、维修和运输费用，以及尽可能减轻机器重量，节约贵重金属，降低生产成本和提高劳动生产率，在一部机器中经常使用不同的材料来制造不同的零件，然后通过一定的方式和手段把这些零件连接成一个整体，来实现预期的性能要求。因此，作为一个工程技术人员，无论从事哪一个行业的工作，都必须了解机械中常用的各种连接方法、特点和应用情况，掌握一定的常用连接的设计准则和方法，熟悉各种常用连接零件的类型、结构与使用条件。

常用的机械连接方法分类如下：

- 机械连接
  - 机械动连接
  - 机械静连接
    - 不可拆卸连接
      - 铆接
      - 焊接
      - 胶接
    - 可拆卸连接
      - 销连接
      - 螺纹连接
      - 键及无键连接

除以上的连接方式外，常用的还有过盈配合连接。

机械动连接：被连接的各个零部件之间可以有相对位置变化，例如前面所介绍的各类运动副。

机械静连接：被连接起来的各个零部件之间的位置固定，不允许产生相对运动的连接。

机械静连接是本章介绍的主要内容，而螺纹连接是机械中应用最为广泛的静连接方式之一，它具有结构简单、工作可靠、装拆方便、形式多样、能满足各种要求等优点。

第 10 章　螺纹连接设计

学习目标

1. 了解螺纹连接及其零件的结构和类型。
2. 了解螺纹连接的预紧和防松。
3. 能根据实际情况进行螺纹连接设计，掌握螺纹连接的受力分析和强度计算。

10.1　螺纹

10.1.1　螺纹形成原理及主要参数

如图 10-1 所示，将一倾斜角为 ψ_1 的直线绕在直径为 d_1 的圆柱体上，在该圆柱体上便可形成一条螺旋线，取一平面图形，如三角形，令其一边 ab 与圆柱体的母线重合，并使该平面图形始终通过圆柱体的轴线，沿螺旋线移动，三角形的另两边 ac 和 bc 即在该圆柱体上形成螺纹。

图 10-2 所示为圆柱螺纹的主要几何参数，该图是 GB/T 196—2003 标准化的螺纹牙型图。

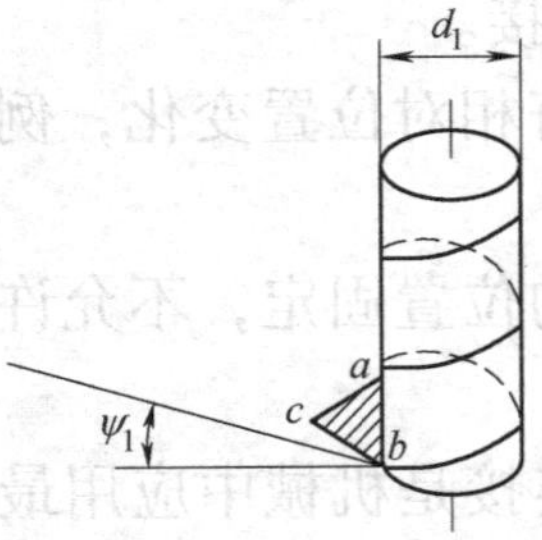

图 10-1　螺纹的形成

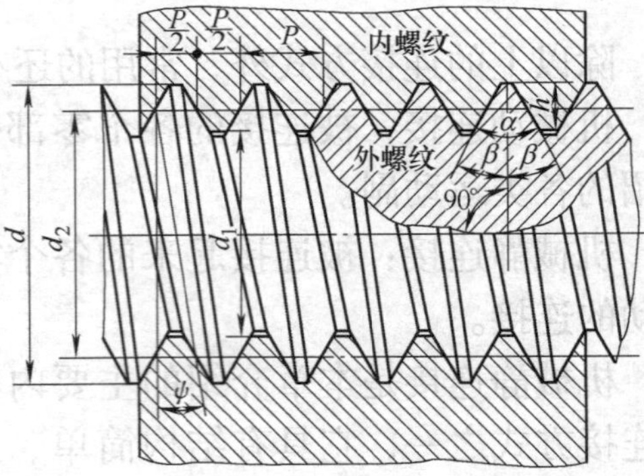

图 10-2　圆柱螺纹的主要几何参数

（1）大径 d（D）　螺纹的最大直径，在标准中也称作公称直径。

（2）中径 d_2（D_2）　通过螺纹轴向剖面内牙型上的沟槽和凸起宽度相等处的假想圆柱面的直径，近似等于螺纹的平均直径，是确定螺纹几何参数的直径。

（3）小径 d_1（D_1）　即螺纹的最小直径，在强度计算中常作为危险剖面的计算直径。

（4）螺距 P　螺纹相邻两牙在中径上对应两点的轴向距离。

（5）导程 S　同一螺旋线上的相邻两牙在中径线上对应两点间的轴向距离。对于单线螺纹 $S=P$；对于多线螺纹 $S=nP$

（6）线数 n　螺纹的螺旋线数量。

（7）螺纹升角 ψ　中径 d_2 圆柱上，螺旋线的切线与垂直于螺纹轴线的平面的夹角。

（8）牙型角 α　螺纹牙型两侧边的夹角。

（9）螺纹的工作高度 h　表示内外螺纹沿径向的接触高度。

凡是牙型、大径和螺距符合国家标准的螺纹都称为标准螺纹。对于螺纹几何参数值的规定，国际上和国内都已经标准化。规定的值不同，形成的螺纹就会不同，需要时可以查阅相关的手册和国家标准。

10.1.2　螺纹的分类

螺纹有外螺纹和内螺纹之分，它们共同组成螺旋副，起连接作用的螺纹称为连接螺纹；起传动作用的螺纹称为传动螺纹。螺纹根据其母体形状可分为圆柱螺纹和圆锥螺纹两类，圆锥螺纹主要用于管螺纹连接，圆柱螺纹用于一般连接和传动。螺纹又有米制和寸制（螺距以每英寸牙数表示）之分，我国除管螺纹保留寸制外，都采用米制螺纹。按照牙型的不同螺纹又分为普通螺纹、管螺纹、矩形螺纹、梯形螺纹和锯齿形螺纹。其中除矩形螺纹外都已经标准化，标准螺纹的基本尺寸可查阅有关标准。常用螺纹的类型、特点和应用见表 10-1。

表 10-1　常用螺纹的类型、特点和应用

螺纹类型		牙型图	特点和应用
连接螺纹	普通螺纹	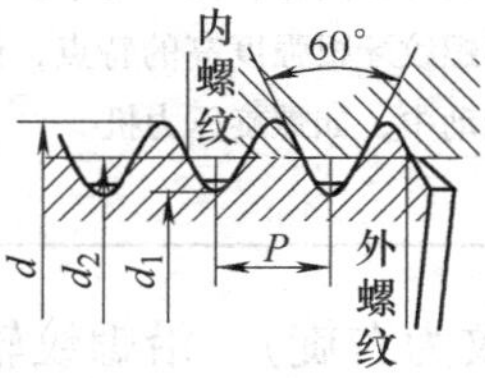	牙型为等边三角形，牙型角 $\alpha=60°$，牙型代号为 M。内外螺纹旋合后留有径向间隙。外螺纹牙根允许有较大的圆角，以减小应力集中。同一公称直径按螺距大小，分为粗牙和细牙。细牙螺纹的牙型与粗牙相似，但螺距小，升角小，自锁性较好，强度高，因牙细不耐磨，容易滑扣。一般连接多用粗牙螺纹，细牙螺纹常用于细小零件、薄壁管件或受冲击、振动和变载荷的连接中，也可作为微调机构的调整螺纹
	55°非密封管螺纹	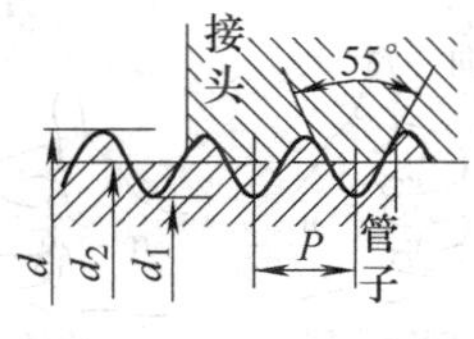	牙型为等腰三角形，牙型角 $\alpha=55°$，牙型代号为 G。牙顶有较大的圆角，内外螺纹旋合后无径向间隙，管螺纹为英制细牙螺纹，其公称直径为管子的外螺纹大径。适用于管接头、旋塞、阀门及附件。若要求连接后具有密封性，可压紧被连接件螺纹外的密封面，也可在密封面间添加密封物
	55°螺纹密封管螺纹	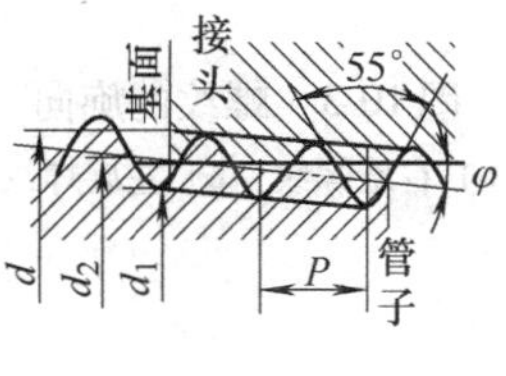	牙型为等腰三角形，牙型角 $\alpha=55°$，牙顶有较大的圆角，螺纹分布在锥度为 1:16（$\varphi=1°47'24''$）的圆锥管壁上。它包括圆锥内螺纹与圆锥外螺纹和圆柱内螺纹与圆锥外螺纹两种连接形式。螺纹旋合后，利用本身的变形就可以保证连接的紧密性，不需要任何填料，密封简单。适用于管子、管接头、旋塞、阀门和其他螺纹连接的附件
	米制锥螺纹	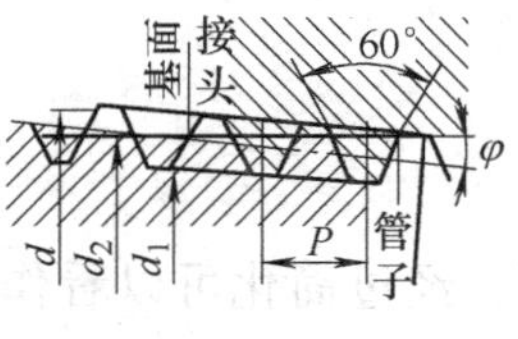	牙型角 $\alpha=60°$，螺纹牙顶为平顶，螺纹分布在锥度为 1:16（$\varphi=1°47'24''$）的圆锥管壁上。用于气体或液体管路系统依靠螺纹密封的连接螺纹（水、煤气管道用管螺纹除外）

（续）

螺纹类型		牙型图	特点和应用
传动螺纹	矩形螺纹	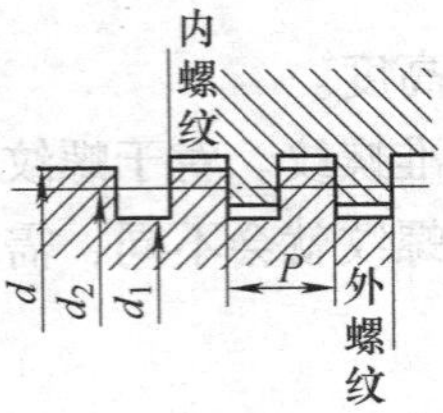	牙型为正方形，牙型角 $\alpha=0°$，其传动效率较其他螺纹高，但牙根强度弱，螺旋副磨损后，间隙难以修复和补偿，传动精度降低。为了便于铣、磨削加工，可制成 $\alpha=10°$ 的牙型角。矩形螺纹尚未标准化，推荐尺寸：$d=\frac{5}{4}d_1$，$P=\frac{1}{4}d_1$。目前已逐渐被梯形螺纹所代替
	梯形螺纹	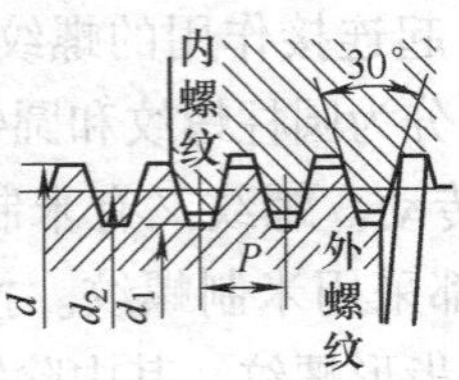	牙型为等腰梯形，牙型角 $\alpha=30°$。牙型代号为 Tr，内外螺纹以锥面贴紧不易松动。与矩形螺纹相比，传动效率略低，但工艺性好，牙根强度高，对中性好。如用剖分螺母，还可以调整间隙。梯形螺纹是最常用的传动螺纹
	锯齿形螺纹	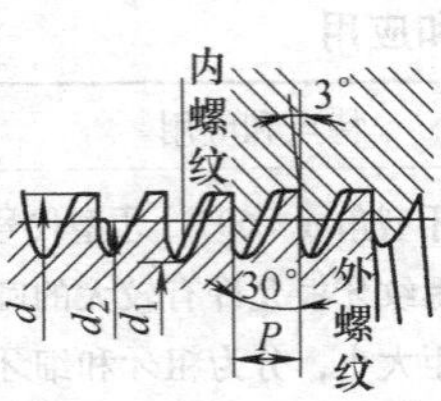	牙型为不等腰梯形，工作面的牙侧角为 3°，牙型代号为 B。非工作面的牙侧角为 30°。外螺纹牙根有较大的圆角，以减小应力集中。内、外螺纹旋合后，大径处无间隙，便于对中。这种螺纹兼有矩形螺纹传动效率高、梯形螺纹牙根强度高的特点，但只能用于单向受力的螺纹连接或螺旋传动中，如螺旋压力机

另外，螺纹可以根据需要制成左旋或右旋（通常螺纹为右旋）。沿螺纹轴线方向看，螺旋线自下而上向右倾斜为右旋（见图 10-3a），向左倾斜为左旋（见图 10-3b）。左旋螺纹的标准紧固件通常制有左旋标记。

要注意：在实际工作中，特别是从事维修行业时要注意一些进口机器中螺纹的单位制。

除机械制造中常用的标准螺纹外，还有适用于某些特殊行业的专用螺纹，如圆弧形螺纹，多用于排污设备、水闸闸门的传动螺旋和玻璃器皿的瓶口螺旋等，在需要的时候可以查阅有关的专用标准。

图 10-3　螺纹的旋向

a）右旋螺纹　b）左旋螺纹

10.2　螺旋副的受力分析、效率和自锁

1. 矩形螺纹

螺旋副是由外螺纹（螺杆）和内螺纹组成的运动副，经过简化可以看作推动滑块（重

物）沿螺纹表面运动，如图 10-4a 所示。将矩形螺纹沿中径 d_2 处展开，得一倾斜角为 ψ（即螺纹升角）的斜面，斜面上的滑块代表螺母，螺母和螺杆的相对运动可以看作滑块在斜面上的运动。图 10-4b 所示为滑块在斜面上上升时的受力图。F_Q 为轴向载荷，F 相当于旋转螺母时作用在螺纹中径上的水平推力，F_N 为法向反力，摩擦力 $F_f = fF_N$，f 为摩擦因数，F_R 为 F_N 与 F_f 的合力，ρ 为 F_R 与 F_N 的夹角，称为摩擦角，$\rho = \arctan f$。

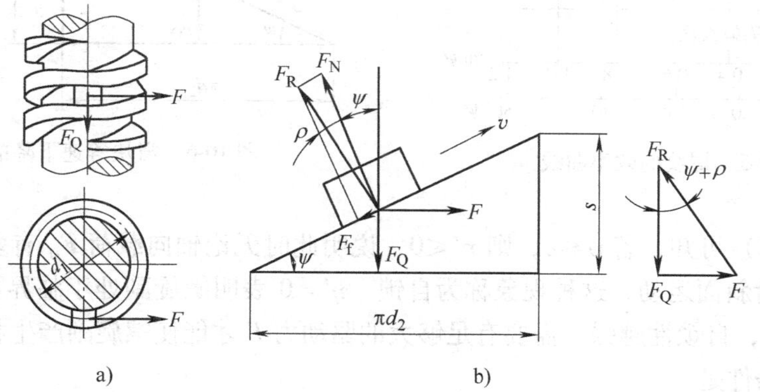

图 10-4　螺纹受力分析

根据平衡条件作力封闭图得

$$F = F_Q \tan(\psi + \rho) \tag{10-1}$$

所以，转动螺纹所需的转矩为

$$T_1 = F\frac{d_2}{2} = \frac{F_Q d_2}{2}\tan(\psi + \rho) \tag{10-2}$$

式中，d_2 为螺纹中径（mm），F_Q 为轴向载荷（N）。

螺母旋转一周所需的输入功为 $W_1 = 2\pi T_1$，此时螺母上升一个导程 P_h，其有效功为 $W_2 = F_Q P_h$。因此螺旋副的效率为

$$\eta = \frac{W_2}{W_1} = \frac{F_Q P_h}{2\pi T_1} = \frac{F_Q \pi d_2 \tan\psi}{2\pi \frac{F_Q d_2}{2}\tan(\psi + \rho)} = \frac{\tan\psi}{\tan(\psi + \rho)} \tag{10-3}$$

将效率公式绘制成曲线，如图 10-5 所示，可见当 $\psi \approx 40°$时效率最高，但过大的升角会导致制造困难，并且由曲线图可以看出：当 $\psi > 25°$之后，效率的增加不明显，所以通常取 ψ 不超过 25°。

当滑块沿斜面等速下降时，摩擦力向上，轴向载荷 F_Q 变成驱动滑块等速下滑的驱动力，F 为阻碍滑块下降的支持力，由如图 10-6 所示的力封闭图可知：

$$F = F_Q \tan(\psi - \rho) \tag{10-4}$$

当转动一周时，输入功率为 $W_1 = F_Q P_h$，输出功率为 $W_2 = F\pi d_2$，此时螺旋副的效率为

$$\eta' = \frac{\tan(\psi - \rho)}{\tan\psi} \tag{10-5}$$

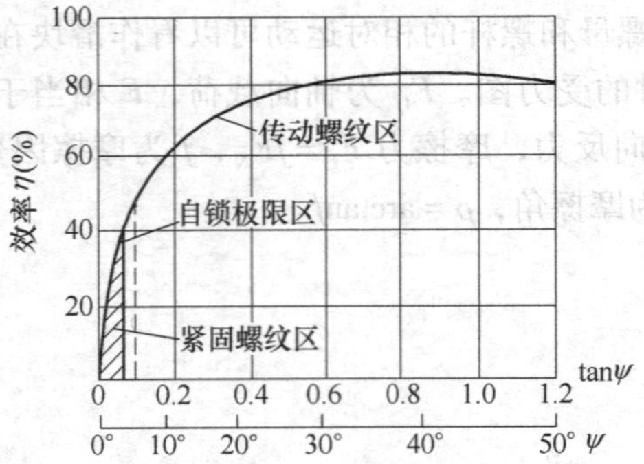

图 10-5　螺纹的效率曲线

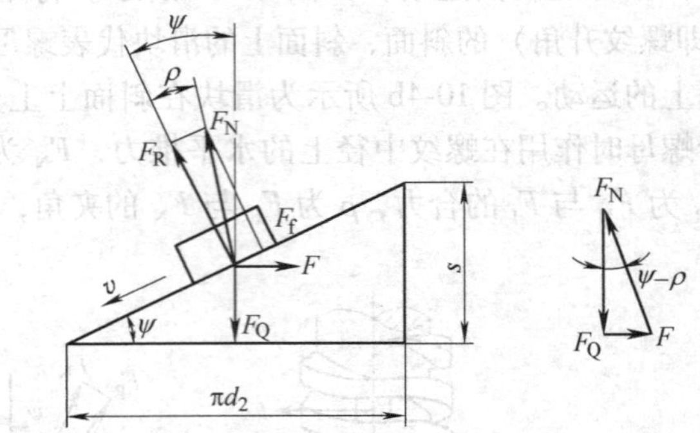

图 10-6　滑块等速下降的力分析

由式（10-5）可知，若 $\psi \leqslant \rho$，则 $\eta' \leqslant 0$，说明此时无论轴向载荷 F_Q 有多大，滑块（即螺母）都不能沿斜面运动，这种现象称为自锁。$\eta' = 0$ 表明螺旋副处于临界自锁状态。$\eta' < 0$ 时，其值越小，自锁性越强，需要有足够大的驱动力 F 才能使螺旋副产生相对运动。所以螺旋副的自锁条件是

$$\psi \leqslant \rho \tag{10-6}$$

2. 非矩形螺纹

非矩形螺纹是指牙型角 $\alpha \neq 0°$ 的三角形螺纹、梯形螺纹和锯齿形螺纹等。

如果忽略螺纹升角的影响，在相同的轴向载荷 F_Q 的作用下，非矩形螺旋副中的法向力比较大，如图 10-7 所示。

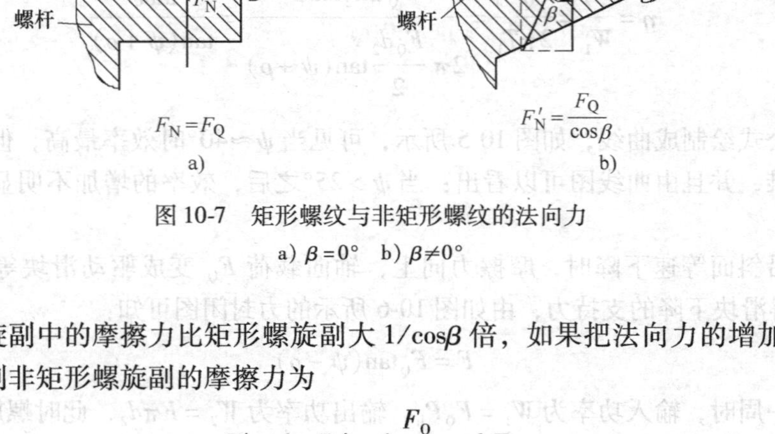

图 10-7　矩形螺纹与非矩形螺纹的法向力

a) $\beta = 0°$　b) $\beta \neq 0°$

非矩形螺旋副中的摩擦力比矩形螺旋副大 $1/\cos\beta$ 倍，如果把法向力的增加想象成摩擦因数的增加，则非矩形螺旋副的摩擦力为

$$F'_f = f \cdot F'_N = f \frac{F_Q}{\cos\beta} = f_v F_Q \tag{10-7}$$

式中，f_v 称为当量摩擦系数，$f_v = \dfrac{f}{\cos\beta} = \tan\rho_v$，$\rho_v$ 称为当量摩擦角。

将式（10-2）、式（10-3）、式（10-6）中的f、ρ 用f_v、ρ_v 代替，可得非矩形螺纹副各力的关系和效率公式：

螺纹力矩
$$T_1 = \frac{F_Q d_2}{2}\tan(\psi + \rho_v) \tag{10-8}$$

螺旋副效率
$$\eta = \frac{\tan\psi}{\tan(\psi + \rho_v)} \tag{10-9}$$

螺旋副自锁条件
$$\psi \leqslant \rho_v \tag{10-10}$$

由此可知：在其他条件相同的情况下，牙型角越大螺旋副的效率就越低，自锁性能就越好。所以三角螺纹多用于紧固连接（利用其自锁性），其他螺纹用于传动以提高传动效率。

10.3　螺纹连接的基本类型

螺栓连接、双头螺柱连接、螺钉连接和紧定螺钉连接是螺纹连接常用的四种基本类型。它们的结构、特点和应用见表10-2。设计时可按被连接件的强度、装拆次数及被连接件的厚度、结构尺寸等具体条件选用。螺纹连接件如螺栓、双头螺柱、螺钉、紧定螺钉、螺母、垫圈以及其他防松零件等大多已经标准化，设计时可按螺纹公称直径从标准中选用。

表10-2　螺纹连接的基本类型、特点和应用

<table>
<tr><th>类型</th><th>结构图</th><th>尺寸关系</th><th>特点及应用</th></tr>
<tr><td rowspan="2">螺栓连接</td><td>普通螺栓连接
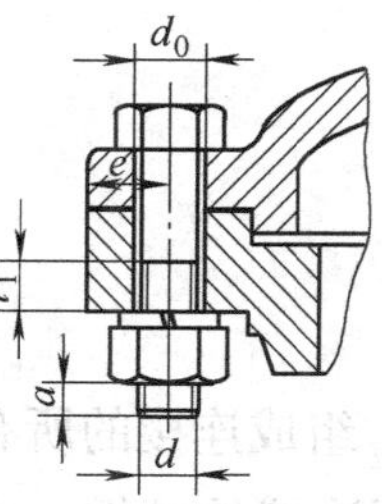</td><td rowspan="2">螺纹余留长度 l_1 为
静载荷 $l_1 \geqslant$（0.3～0.5）d
变载荷 $l_1 \geqslant 0.75\ d$
冲击载荷或弯曲载荷 $l_1 \geqslant d$
铰制孔用螺栓连接 $l_1 \approx d$
螺纹伸出长度 $a \approx (0.2 \sim 0.3)d$
螺栓轴线到被连接件边缘的距离 $e = d +$（3～6）mm
通孔直径普通螺栓 $d_0 \approx 1.1d$
铰制孔螺栓的 d_0 查有关标准</td><td>孔和杆之间留有间隙，可以补偿各孔之间的位置误差，且加工简单，装拆方便，所以得到广泛的应用。通常用于被连接件不太厚和便于加工通孔的场合。通孔的大小不能随意，应该根据装配精度查机械设计手册确定</td></tr>
<tr><td>铰制孔螺栓连接
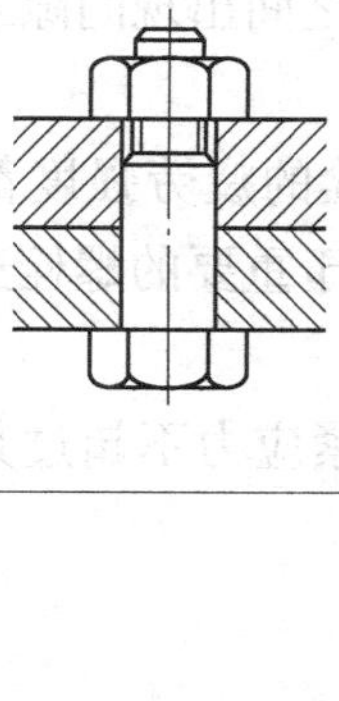</td><td>多采用基孔制过渡配合，如 H7/m6，H7/n6等。螺杆与通孔加工精度高。由于孔与杆之间是过渡配合，具有定位作用，可以承受横向载荷，但是加工成本高</td></tr>
</table>

（续）

类型	结构图	尺寸关系	特点及应用
双头螺柱连接	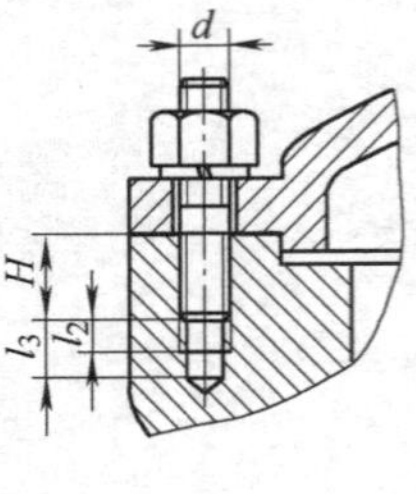		用于被连接件之一较厚而不宜制成通孔，或受到空间位置尺寸限制，而又需要经常拆卸时。这种连接拆卸时，只需要把螺母拧下即可，而螺柱留在原位，以免因多次拆卸使内螺纹损坏（磨损失效）
螺钉连接	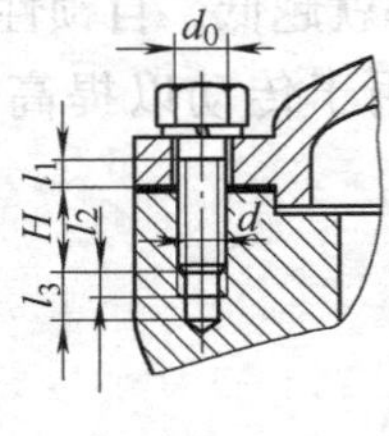	螺纹拧入深度 H 为： 钢或青铜 $H=d$ 铸铁 $H=(1.25\sim1.5)\ d$ 铝合金 $H=(1.5\sim2.5)\ d$ 螺纹孔深度： $l_2=(2-2.5)\ P$ 钻孔深度： $H+l_3=H+l_2+(0.5+1)\ d$	这种连接主要用在空间位置受到限制，而且连接不需要经常拆卸的地方 在一个被连接件上加工有螺纹孔，装配时螺钉直接旋入螺纹孔中，不需要螺母
紧定螺钉连接	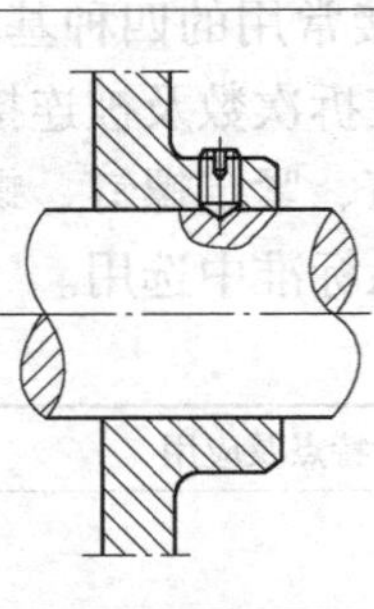		这种连接主要用来固定被连接件的相对位置，传递扭矩。为了防止轴向窜动加设紧定螺钉。当然，也可以传递较小的力或扭矩

10.4 螺纹连接的预紧和放松

1. 螺纹连接的预紧

大多数螺栓连接在安装时都需要拧紧螺母，使各个接合面贴合，组成连接的所有零件都产生一定的弹性变形（螺栓伸长、被连接件压缩），从而有效地保证连接的可靠。这样，各零件在承受工作载荷前就受到了力的作用，这种方式称为预紧。这个预加的作用力就称为预紧力。

预紧的目的：增强连接的紧密性、可靠性，防止受载后被连接件之间出现间隙或发生相对滑移。

经验证明：选用适当较大的预紧力，对螺栓连接的可靠性及螺栓的疲劳强度都是有利的，但过大的预紧力会使紧固件在装配或偶尔过载时断裂。因此，对于重要的螺栓连接，在装配时需要控制预紧力。

对于一般连接用的钢制螺栓，其连接预紧力 F_0 作用下产生的预紧应力不超过其材料屈

服极限 σ_s 的 80%，可以按下面推荐的关系式确定。

碳素钢螺栓：
$$F_0 \leqslant (0.6 \sim 0.7)\sigma_s A_1$$

合金钢螺栓：
$$F_0 \leqslant (0.5 \sim 0.6)\sigma_s A_1 \tag{10-11}$$

式中，A_1 为螺栓的危险剖面面积，$A_1 \approx \pi d_1^2/4$。

预紧力的具体数值应该根据载荷性质、连接刚度等具体的工作条件来确定。对于重要的螺栓连接，应在图样上作为技术条件注明预紧力矩，以便在装配时保证。

在装配时，预紧力是借助于测力矩扳手或定力矩扳手控制的，如图 10-8、图 10-9 所示，通过控制拧紧力矩来间接保证预紧力。

预紧力矩由两部分组成：螺纹副的摩擦力矩 T_1；螺母和螺钉头与支承面间的摩擦力矩 T_2。

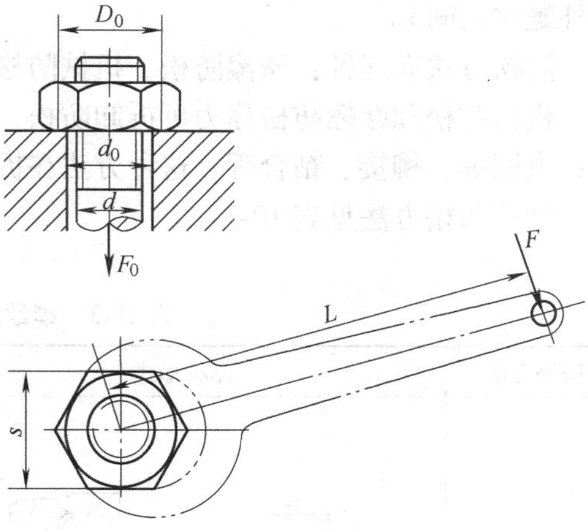

图 10-8 螺纹紧固件的预紧

预紧力矩的计算公式为

$$T = \frac{1}{2}d_2 F_0 \tan(\psi + \rho_v) + \frac{1}{3}f_c F_0 \frac{D_0^3 - d_0^3}{D_0^2 - d_0^2} \tag{10-12}$$

式中，F_0 为预紧力（N）；ψ 为螺纹升角；ρ_v 为螺旋副的当量摩擦角；D_0、d_0 为支承面环形带的外径、内径（mm）；d_2 为螺纹中径（mm）；f_c 为支承面间的摩擦因数。

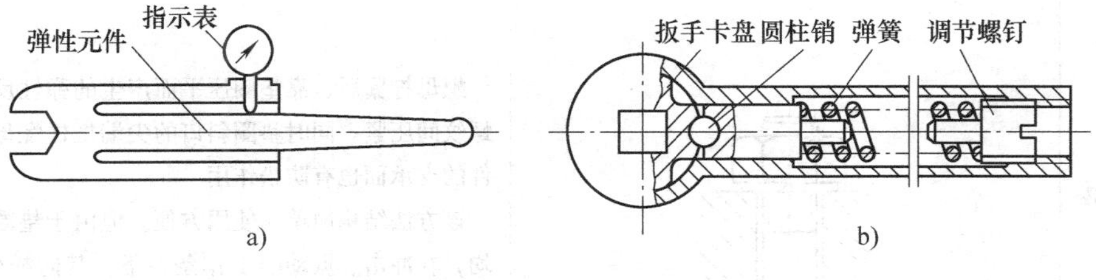

图 10-9 测力矩扳手与定力矩扳手

a）测力矩扳手 b）定力矩扳手

对于 d 为 10～64mm 的常用粗牙普通钢制螺栓，上式可近似简化为

$$T = 0.2F_0 d \tag{10-13}$$

对于只靠经验而不加严格控制预紧力的重要螺栓，例如，压力容器、输气、输油管道等连接螺栓，不宜采用小于 M12～M16 的紧固件。

2. 螺纹连接的防松

机械中连接的失效（松脱），轻者会造成工作不正常，重者要引起严重事故。因此，螺纹连接的防松是工程设计中必须考虑的问题之一。

一般来说，连接螺纹具有一定的自锁性，在静载荷条件下并不会自动松脱。但是，由于连接的工作条件是千变万化的，各不相同的具体实际场合都不可避免地存在冲击、振动、变载荷作用。在这些工况条件下，螺纹副之间的摩擦力会出现瞬时消失或减小的现象；同时在高温或温度变化比较大的场合，材料会发生蠕变和应力松弛，也会使摩擦力减小。在多次的作用下，就会造成连接的逐渐松脱。

防松的本质：就是防止螺纹副的相对转动，也就是螺栓与螺母间的相对转动（内螺纹与外螺纹之间）。

防松方法有三种：摩擦防松、机械防松和永久防松。

机械防松和摩擦防松称为可拆卸防松，而永久防松称为不可拆卸防松。常用的永久防松有：点固焊、铆接、粘合等。这种方法在拆卸时大多要破坏螺纹紧固件，无法重复使用。

常用防松方法见表 10-3。

表 10-3　螺纹连接常用的防松方法

防松方法		结构形式	特点和应用
	对顶螺母	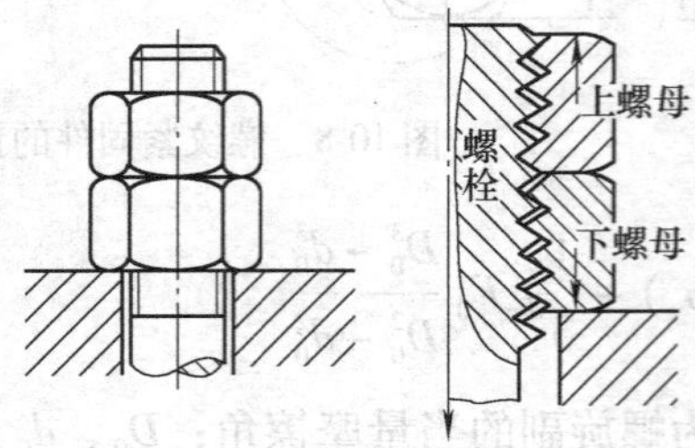	两螺母对顶拧紧后，使旋合螺纹间始终受到附加的压力和摩擦力的作用。工作载荷有变动时，该摩擦力仍然存在。旋合螺纹间的接触情况如图所示，下螺母螺纹牙受力较小，其高度可小些，但为了防止装错，两螺母的高度取成相等为宜 该方法结构简单，适用于平稳、低速和重载的固定装置上的连接
摩擦防松	弹簧垫圈	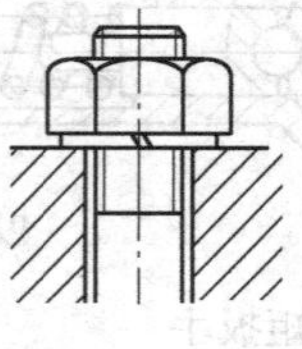	螺母拧紧后，靠垫圈压平而产生的弹性反力使旋合螺纹间压紧。同时垫圈斜口的尖端抵住螺母与被连接件的支承面也有防松作用 该方法结构简单，使用方便。但由于垫圈的弹力不均，在冲击、振动的工作条件下，其防松效果较差，一般用于不重要的连接
	自锁螺母	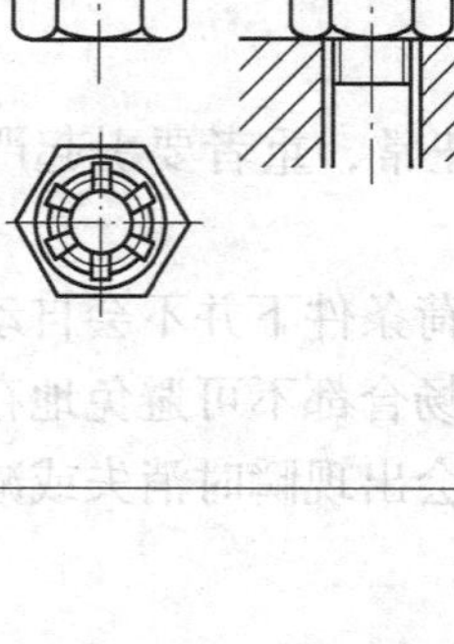	螺母一端制成非圆形收口或开缝后径向收口。当螺母拧紧后，收口胀开，利用收口的弹力使旋合螺纹间压紧 该方法结构简单，防松可靠，可多次装拆而不降低防松性能

（续）

防松方法		结构形式	特点和应用
机械防松	开口销与六角开槽螺母	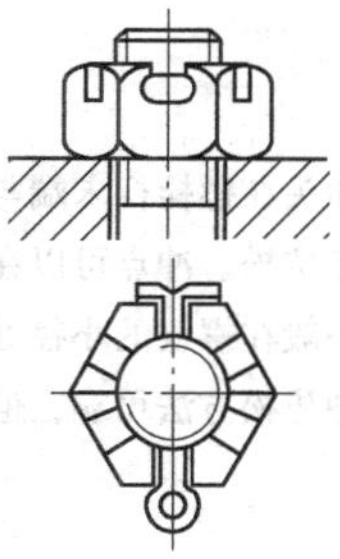	六角开槽螺母拧紧后，将开口销穿入螺栓尾部小孔和螺母的槽内，并将开口销尾部掰开与螺母侧面贴紧。也可用普通螺母代替六角开槽螺母，但需拧紧螺母后再配钻销孔 该方法适用于受较大冲击、振动的高速机械中运动部件的连接
	止动垫圈	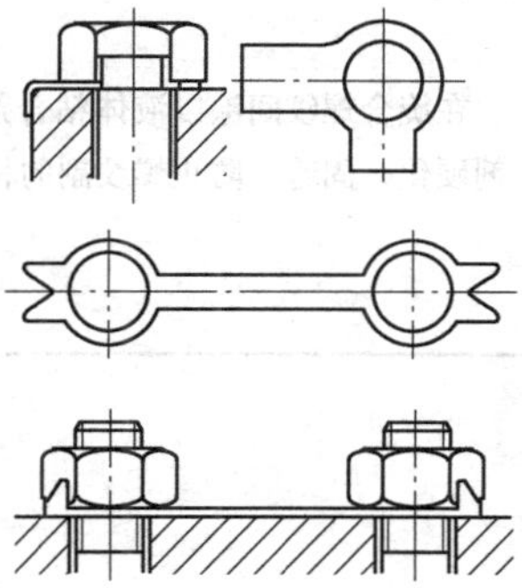	螺母拧紧后，将单耳或双耳止动垫圈分别向螺母和被连接件的侧面折弯贴紧，即可将螺母锁住。若两个螺栓需要双连锁紧时，可采用双连止动垫圈，使两个螺母相互制动 该方法结构简单，使用方便，防松可靠
	串联钢丝	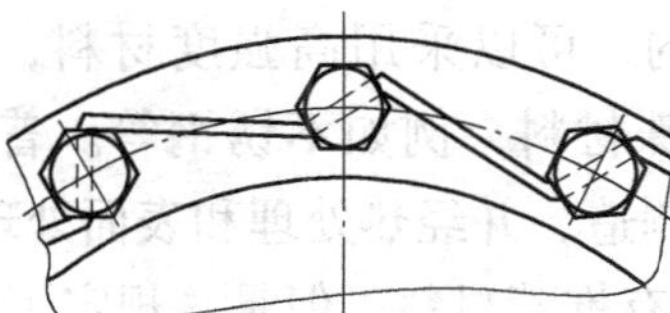 a)正确 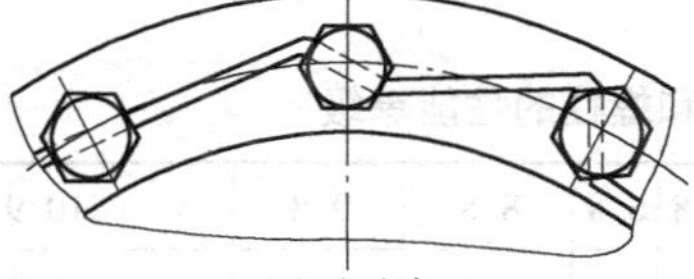 b)不正确	用低碳钢丝穿入各螺钉头部的孔内，将各螺钉串联起来，使其相互制动。使用时必须注意钢丝的穿入方向（上图正确，下图错误） 该方法适用于螺栓组连接，防松可靠，但装拆不便
永久防松	铆合	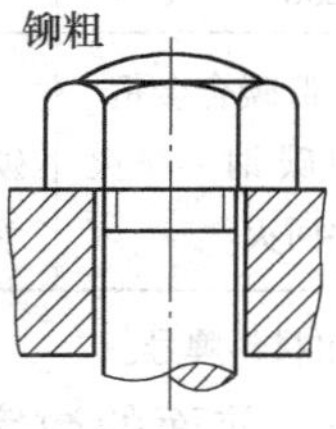	螺栓杆末端外露长度为（1～1.5）P（螺距），当螺母拧紧后把螺栓末端伸出部分铆死 这种防松方法可靠，但拆卸后连接件不能重复使用

（续）

防松方法		结构形式	特点和应用
永久防松	冲点	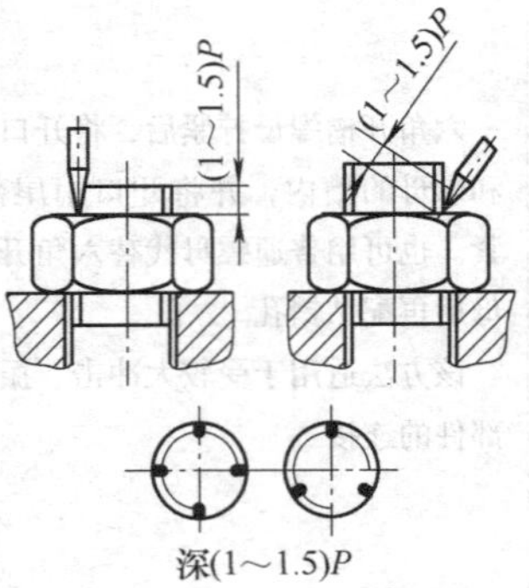	用冲头在螺栓杆末端与螺母的旋合缝处打冲点，利用冲点防松。冲点可以在端面，也可以在侧面，冲点中心一般在螺纹的小径处。 这种防松方法可靠，但拆卸后连接件也不能再使用
	涂粘合剂	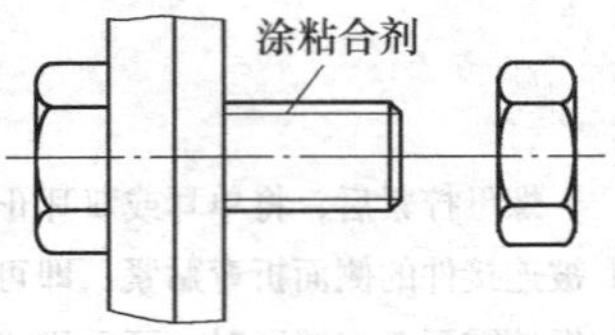	在旋合螺纹间涂以液体粘合剂，拧紧螺母后，粘合剂硬化、固着，防止螺纹副的相对运动

10.5　螺纹紧固件的材料及许用应力

1. 螺纹紧固件的材料

螺纹紧固件的材料是多种多样的，以满足不同行业不同用途的需要，常用的有：Q215、Q235、10、35 和 45 钢，对于承受冲击、振动的，可以采用高强度材料，如 15Cr、40Cr、30CrMnSi 等，用作其他特殊用途的可以采用特殊材料，例如不锈钢等。普通垫圈的材料，推荐用 Q235、15 钢、35 钢，弹簧垫圈用 65Mn 制造，并经热处理和表面处理。

国家标准中对材料的使用无硬性的规定，只有推荐材料。但是，规定了必须达到的性能等级，见表 10-4。

表 10-4　螺栓、螺钉和螺柱的性能等级

性能等级（标记）	3.6	4.6	4.8	5.6	5.8	6.8	8.8	9.8	10.9	12.9
抗拉强度 σ_b/MPa	300	400		500		600	800	900	1000	1200
屈服强度 σ_s（或 $\sigma_{0.2}$）/MPa	180	240	320	300	400	480	640	720	900	1000
硬度 HBW_{min}	90	114	124	147	152	181	238	276	304	360
推荐材料	低碳钢	低碳钢或中碳钢					低碳合金钢、中碳钢，淬火并回火		中碳钢，低、中碳合金钢，合金钢，淬火并回火	合金钢淬火并回火

注：规定性能等级的螺栓、螺母在图样中只标出性能等级，不应标出材料牌号。

其性能等级由两部分数字组成，利用小数点分开。前面的数字表示公称抗拉强度的

1/100；后面的数字表示屈服强度 σ_s 或 $\sigma_{0.2}$ 与公称抗拉强度 σ_b 的比值的 10 倍。

在机械设计中，一般要给出所选择紧固件的性能等级国家标准号，列于明细表中，便于统计采购。

2. 许用应力

螺纹连接件的许用应力与载荷性质（静、变载荷）、装配情况（松连接或紧连接）以及螺纹连接件的材料、结构尺寸等因素有关。螺纹连接件的许用拉应力按照下式确定

$$[\sigma] = \frac{\sigma_s}{S} \tag{10-14}$$

螺纹连接件的许用切应力 $[\tau]$ 和许用挤压应力 $[\sigma_P]$ 分别按照下式确定

$$[\tau] = \frac{\sigma_s}{S_\tau} \tag{10-15}$$

$$[\sigma_P] = \frac{\sigma_s}{S_P}\text{（被连接件为钢）} \tag{10-16}$$

$$[\sigma_P] = \frac{\sigma_b}{S_P}\text{（被连接件为铸铁）} \tag{10-17}$$

式中，σ_s、σ_b 分别为螺纹连接件材料的屈服强度和抗拉强度，见表 10-4，常用铸铁连接件的 σ_b 可取 200～250MPa；

S 为安全系数，可以根据其公称直径结合载荷性质、连接类型和材料在表 10-5 中选择。

表 10-5　螺纹连接的安全系数 S

<table>
<tr><td colspan="3">受载类型</td><td colspan="4">静载荷</td><td colspan="4">变载荷</td></tr>
<tr><td colspan="3">松螺栓连接</td><td colspan="8">1.2～1.7</td></tr>
<tr><td rowspan="5">紧螺栓连接</td><td rowspan="4">受轴向力及横向载荷的普通螺栓连接</td><td rowspan="3">不控制预紧力的计算</td><td></td><td>M6～M16</td><td>M16～M30</td><td>M30～M60</td><td></td><td>M6～M16</td><td>M16～M30</td><td>M30～M60</td></tr>
<tr><td>碳钢</td><td>5～4</td><td>4～2.5</td><td>2.5～2</td><td>碳钢</td><td>12.5～8.5</td><td>8.5</td><td>8.5～12.5</td></tr>
<tr><td>合金钢</td><td>5.7～5</td><td>5～3.4</td><td>3.4～3</td><td>合金钢</td><td>10～6.8</td><td>6.8</td><td>6.8～10</td></tr>
<tr><td>控制预紧力的计算</td><td colspan="4">1.2～1.5</td><td colspan="4">1.2～1.5</td></tr>
<tr><td colspan="2">铰制孔用螺栓连接</td><td colspan="4">钢：$S_\tau=2.5$，$S_P=1.25$
铸铁：$S_P=2.0\sim2.5$</td><td colspan="4">钢：$S_\tau=3.5\sim5.0$，$S_P=1.5$
铸铁：$S_P=2.5\sim3.0$</td></tr>
</table>

10.6　螺纹连接的强度计算

10.6.1　螺纹连接的失效形式及设计准则

对于重要的螺栓连接应该进行强度计算。螺纹连接的主要失效形式有三类：①拉断；②剪断；③对于铰制孔连接出现孔或螺栓挤压变形。一般来说这三类失效形式是不会同时发生的。

进行螺栓连接强度计算的第一步是进行载荷分析，确定其中受载最大的螺栓及载荷大

小，然后根据失效可能的发生形式选择不同的方法进行计算。

在轴向载荷的作用下，螺栓的失效形式为螺栓拉断。根据统计分析，在静载荷条件下，除少数由于严重过载失效外，螺栓连接很少发生破坏，但在变载荷条件下，螺栓则易发生疲劳断裂。图10-10所示显示了疲劳断裂常发生的部位及所占的比例。因此，螺栓连接强度计算的目的，主要是依据载荷的性质、连接的类型来确定螺栓所受的力，然后按相应的强度条件计算螺纹小径或校核其强度。

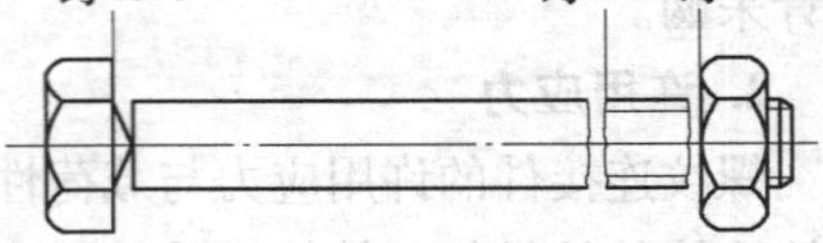

图 10-10　受拉螺栓断裂部位统计

10.6.2　受轴向载荷的螺栓连接

1. 松螺栓连接的强度计算

松螺栓连接，螺母、螺栓和被连接件不需要拧紧，在承受工作载荷前，连接螺栓是不受力的，典型的结构如图10-11所示的起重机吊钩。

该螺栓连接在外载荷 F 作用下其强度条件为

$$\sigma = \frac{F}{\frac{1}{4}\pi d_1^2} \leqslant [\sigma] \text{ 或 } d_1 \geqslant \sqrt{\frac{4F}{\pi[\sigma]}} \tag{10-18}$$

式中，d_1 为螺纹的小径（mm）；F 为作用在螺栓上的轴向拉力（N）；$[\sigma]$ 为许用拉应力（MPa）。

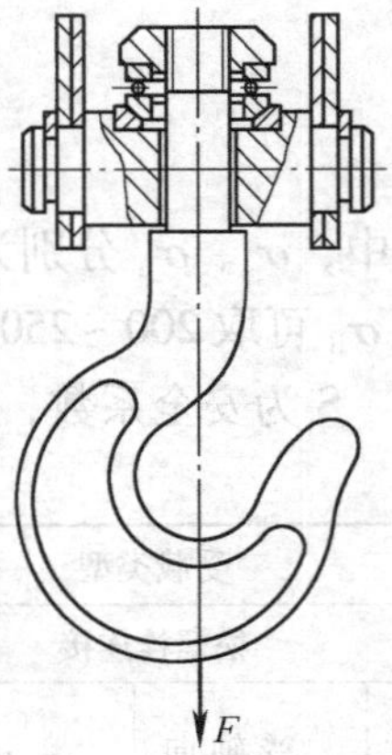

图 10-11　起重吊钩的松螺栓连接

2. 紧螺栓连接的强度计算

（1）只受预紧力作用的紧螺栓连接　紧螺栓连接装配时需将螺母拧紧。在拧紧力矩作用下，螺栓不仅受预紧力 F_0 产生的拉应力作用，同时还受螺纹力矩 T_1 产生的扭转切应力 τ_T 的作用，因此螺栓处于受拉伸和扭转的复合应力状态。故应力的计算应综合考虑 F_0 产生的拉应力和摩擦力矩产生的切应力 τ_T，对M10～M64普通螺纹，取 $\tau_T = 0.5\sigma$，采用第四强度理论来计算其合成应力 σ_{ca}，$\sigma_{ca} = \sqrt{\sigma^2 + 3\tau_T^2} \approx 1.3\sigma$，因此，对紧螺栓连接的强度计算，只要将预紧力增加30%以考虑扭转切应力的影响即可。故螺栓螺纹部分的强度条件为

$$\sigma_{ca} = \frac{1.3F_0}{\frac{\pi}{4}d_1^2} \leqslant [\sigma] \tag{10-19}$$

式中，F_0 为螺栓所受的预紧力（N）；其余符号意义及单位同前。

（2）受预紧力和轴向载荷的紧螺栓连接　受轴向载荷的紧螺栓连接是工程上使用最多的一种连接方式。这时，必须同时考虑预紧力和外载荷对连接的综合影响。图10-12所示为螺栓连接的预紧和工作的全过程中螺栓与被连接件受力变形过程的结构示意图（注意：为了说明问题，图中的尺寸有些夸张）。

当螺栓未拧紧时，螺栓和被连接件都处于自然状态，如图10-12a所示。当施加预紧力 F_0 后，螺母拧紧，螺栓杆对应于 F_0 伸长 λ_b，被连接件在 F_0 的作用下产生压缩变形量为

λ_m，如图 10-12b 所示。当连接上作用有工作拉力 F 时，螺栓杆将继续伸长，其增量为 $\Delta\lambda$，总伸长量为 $\lambda_b+\Delta\lambda$。被连接件因压力减小而产生部分弹性恢复，其压缩变形的恢复量也应该等于 $\Delta\lambda$，总压缩量等于 $\lambda_m-\Delta\lambda$。此时被连接件上的压缩力由 F_0 减至 F_1，F_1 称为残余预紧力。

上述螺栓和被连接件的受力与变形关系还可以用线图表示，如图 10-13 所示。

由图可以看出，螺栓杆上所受的总拉力 F_2 可用下面的关系式表示：

$$F_2=F_0+\Delta F \text{ 或 } F_2=F_1+F \tag{10-20}$$

可以看出，螺栓杆和被连接件的变形是彼此相关的，作用在螺栓上的总拉力 F_2 并不等于预紧力和工作拉力之和，而等于残余预紧力与工作拉力之和，这一点计算中要特别注意。

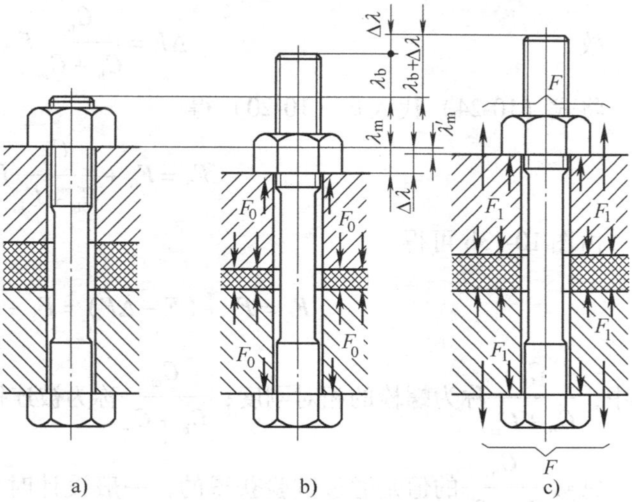

图 10-12　单个螺栓连接受力变形图

a）螺母未拧紧　b）螺母已拧紧　c）已承受工作载荷

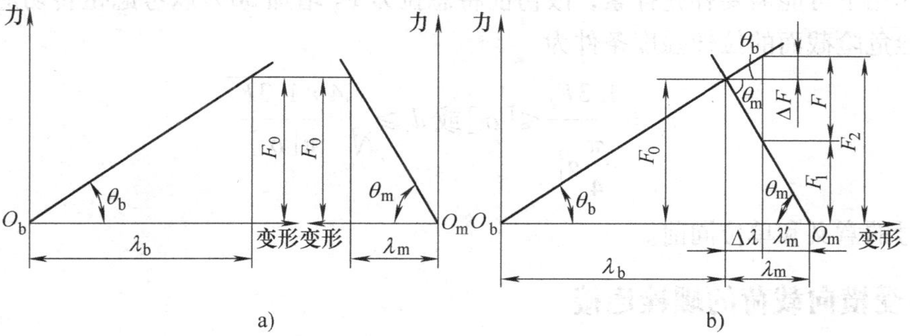

图 10-13　单个螺栓连接受力变形线图

对于残余预紧力 F_1，一般按螺栓连接要求或重要程度由经验选取，都必须使 $F_1>0$。可按下面推荐值选用：一般连接，工作载荷稳定，$F_1=(0.2\sim0.6)F$；一般连接，工作载荷不稳定，$F_1=(0.6\sim1.0)F$；要求有密封性的连接，$F_1=(1.5\sim1.8)F$；地脚螺栓连接，$F_1\geqslant F$。

螺栓的总拉力、预紧力与残余预紧力的关系，可由图 10-13 的几何关系推出。

由图 10-13a 可得

$$\frac{F_0}{\lambda_b}=\tan\theta_b=C_b;\frac{F_0}{\lambda_m}=\tan\theta_m=C_m \tag{10-21}$$

式中，C_b、C_m 分别称为螺栓和被连接件的刚度，均为定值。

同样，由几何关系可导出下面的关系式

$$\Delta F=\Delta\lambda\tan\theta_b=\Delta\lambda C_b;F-\Delta F=\Delta\lambda\tan\theta_m=\Delta\lambda C_m \tag{10-22}$$

所以得到

$$\frac{\Delta F}{F-\Delta F}=\frac{C_b}{C_m} \tag{10-23}$$

故

$$\Delta F=\frac{C_b}{C_b+C_m}F \tag{10-24}$$

将式（10-24）代入式（10-20）得

$$F_2=F_0+\frac{C_b}{C_b+C_m}F \tag{10-25}$$

由图 10-13b 可得

$$F_0=F_1+(F-\Delta F)=F_1+\frac{C_m}{C_b+C_m}F \tag{10-26}$$

式中，$\frac{C_b}{C_b+C_m}$称为螺栓的相对刚度；$\frac{C_m}{C_b+C_m}$称为被连接件的相对刚度。

常数$\frac{C_b}{C_b+C_m}$的值是通过试验获得的，一般设计时，根据垫片材料选取：金属垫片（或无垫片）取 0.2～0.3；皮革垫片取 0.7；铜皮石棉垫片取 0.8；橡胶垫片取 0.9。

理论计算和工程实际是有差别的，为了保证可靠预紧，在求得 F_2 以后，考虑到螺栓在总拉力的作用下可能需要补充拧紧，故仿前将总拉力 F_2 增加 30% 以考虑扭转切应力等的影响，则螺栓危险截面的拉伸强度条件为

$$\sigma_{ca}=\frac{1.3F_2}{\frac{\pi}{4}d_1^2}\leqslant[\sigma] \text{或} d_1\geqslant\sqrt{\frac{4\times1.3F_2}{\pi[\sigma]}} \tag{10-27}$$

式中各符号的意义和单位同前。

10.6.3　受横向载荷的螺栓连接

承受横向载荷的螺栓连接方式有两类：普通螺栓连接和铰制孔螺栓连接。

对于这两类连接方式，其对应的失效方式是不同的。对于普通螺栓连接来说，如果两连接接合面间发生相对滑移即被视为失效；而铰制孔螺栓连接依靠的是螺栓受挤压的强度，其失效主要是压溃破坏和剪切破坏。

图 10-14 所示为普通螺栓连接，强度的计算准则为：预紧力的大小要使接合面上不产生相对滑移。根据式（10-19）螺栓的强度计算条件进行计算，即

$$\sigma_{ca}=\frac{1.3F_0}{\frac{\pi}{4}d_1^2}\leqslant[\sigma]$$

这种靠摩擦力抵抗工作载荷的紧螺栓连接，要求保持较大的预紧力，为了使接合面不滑移，所需的预紧力必须满足 $F_0\geqslant\frac{F}{f}$。f 为接合面间的摩擦因数，根据材质的不同而变化，若 $f=0.2$，则

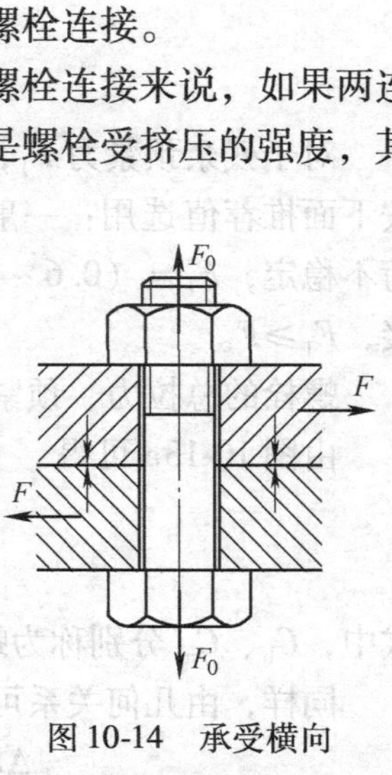

图 10-14　承受横向载荷的普通螺栓连接

$F_0>5F$，这样会使螺栓的结构尺寸增加。此外，在振动、冲击或变载荷条件下，由于f的变动，将使连接的可靠性降低，有可能出现松脱。为避免这种缺陷，可以采用如图10-15所示的减载装置结构，利用键、套筒或销来承受横向工作的载荷，使得螺栓只用来保证连接，而不再承受工作载荷，因此预紧力不需要很大。这种装置的连接强度是按减载零件（键、套筒或销）的剪切、挤压强度条件进行计算。

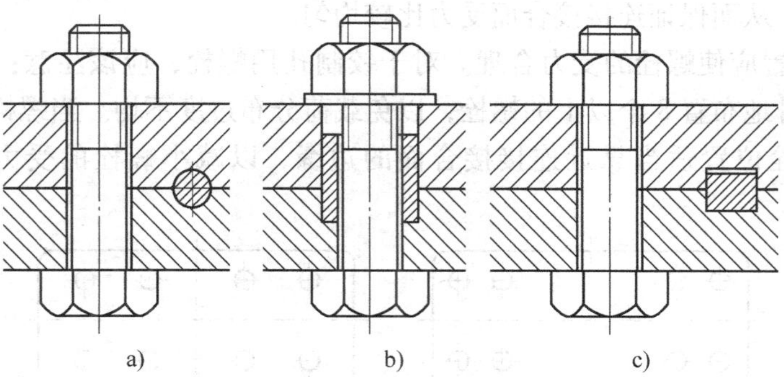

图10-15　承受横向载荷的减载零件

a）减载销　b）减载套筒　c）减载键

图10-16所示为承受横向载荷的铰制孔螺栓连接，因为螺栓杆与孔壁之间没有间隙，当承受横向载荷时，接触表面受挤压，在连接接合面处，螺栓杆则承受剪切。因此，应该对螺栓杆与孔壁配合面的挤压强度和螺杆横剖面的剪切强度进行验算。强度条件为

$$\sigma_P=\frac{F}{d_0L_{min}}\leqslant[\sigma_P] \quad (10\text{-}28)$$

$$\tau=\frac{F}{\frac{\pi}{4}d_0^2}\leqslant[\tau] \quad (10\text{-}29)$$

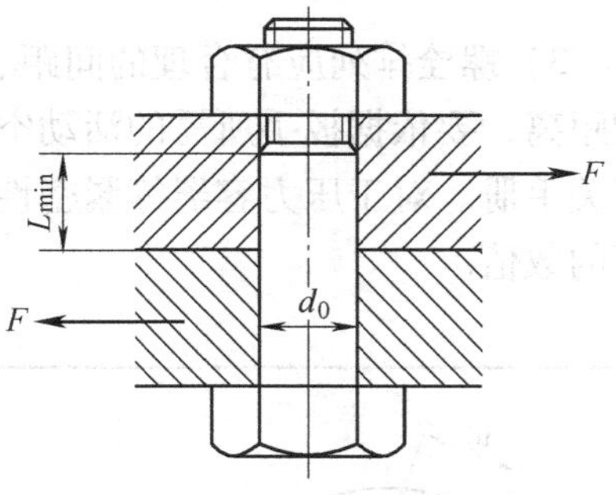

图10-16　承受横向载荷的铰制孔螺栓连接

式中，F为螺栓所受横向载荷（N）；d_0为螺杆与孔壁配合部分的直径（mm）；L_{min}为螺栓杆与被连接件孔壁受挤压面的最小高度（mm），一般$L_{min}\geqslant1.25d_0$；$[\sigma_P]$为螺栓或孔壁材料的许用挤压应力（MPa）。$[\tau]$为螺栓材料的许用切应力（MPa）。

10.7　螺栓组连接的设计

10.7.1　螺栓组连接的结构设计

在工程上，单独利用一个螺栓来实现连接的情况并不多见，基本上都是由几个螺栓按适当的规律排列起来，共同完成和实现一个连接任务，称为螺栓组。以下简要介绍螺栓组结构设计的原则和应该注意的问题。

要注意：这里针对螺栓组的设计方法和原则对其他的螺纹连接同样适用。

如何尽可能地使各个螺栓接近均匀地承担外载，是设计、安装螺栓组的主要问题，合理地布置同一组内的螺栓的位置起着关键的作用。通过实践发现，在进行螺栓组结构设计时应该考虑以下几个方面的问题：

1）连接接合面的几何形状通常都设计成轴对称的简单几何形状，如圆形、环形、矩形、三角形等。这样不但便于加工制造，而且便于对称布置螺栓，使螺栓组的对称中心和连接接合面的形心重合，从而保证连接接合面受力比较均匀。

2）螺栓的布置应使螺栓的受力合理。对于铰制孔用螺栓，应该注意：不要在平行于工作载荷的方向成排地布置 8 个以上的螺栓，以免载荷分布过度不均。当螺栓连接承受弯矩或转矩时，应使螺栓位置适当靠近连接接合面的边缘，以减小螺栓的受力，如图 10-17 所示。

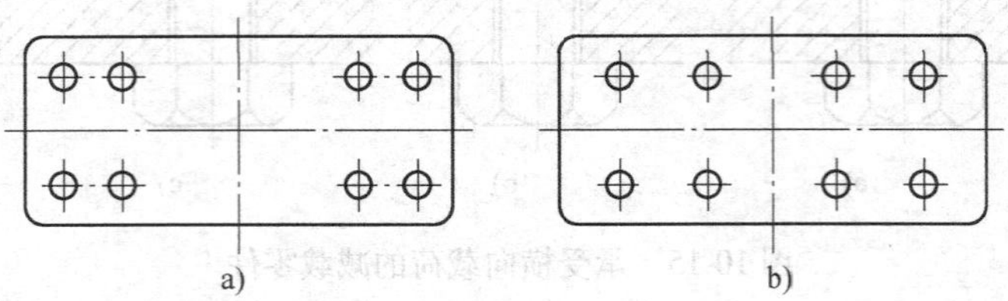

a)　　　　　　　　　　　　　　b)

图 10-17　接合面受弯矩或转矩时螺栓的布置

a）合理　b）不合理

3）螺栓排列应有合理的间距、边距，在布置螺栓时，螺栓中心线与机体壁、螺栓之间的距离，要依据扳手所需的活动空间大小和连接的密封性要求来决定。扳手空间尺寸可查阅有关手册。对于压力容器等紧密性要求较高的重要连接，螺栓间距 t_0 不得大于表 10-6 所推荐的数值。

表 10-6　螺栓间距 t_0

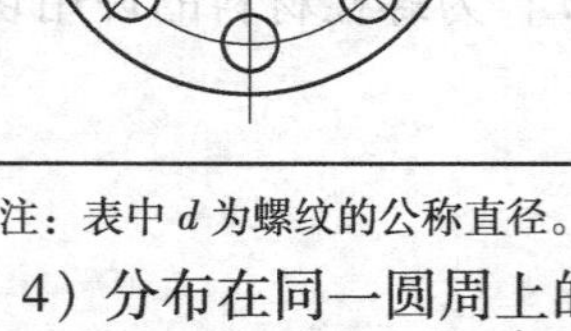

工作压力/MPa					
≤1.6	>1.6～4	>4～10	>10～16	>16～20	>20～30
t_0					
$7d$	$5.5d$	$4.5d$	$4d$	$3.5d$	$3d$

注：表中 d 为螺纹的公称直径。

4）分布在同一圆周上的螺栓数应取为 4、6、8、12 等偶数，以便在圆周上钻孔时的分度和画线。在通用机械中，为简化设计、制造，对同一螺栓组内的螺栓及配套件而言，不管受力的大小差异，应该选择同样材料、规格统一的标准的螺栓，以便于采购、管理和装配。

5）避免螺栓承受附加的弯曲载荷，由于制造和装配误差或设计不当，都会使螺栓承受偏心载荷。这时，螺栓不但受拉应力作用，而且还受附加弯曲应力作用。避免偏心载荷的方法是：尽量不采用钩头螺栓，螺母支撑面力求垂直于螺栓轴线，采用凸台（见图 10-18a）、沉头座（见图 10-18b）、斜垫圈（见图 10-18c）等都能达到此目的。

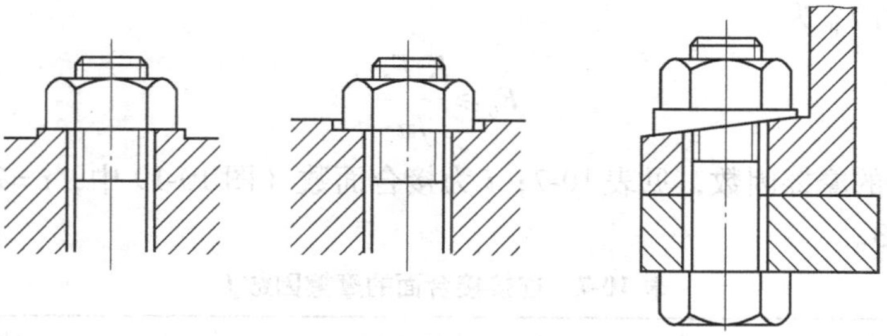

图 10-18　凸台、沉头座、斜垫圈的应用

螺栓组结构设计，除综合考虑上述因素之外，还包括根据连接的工作条件合理选择螺栓的防松装置。

10.7.2　螺栓组连接的受力分析

进行螺栓组连接受力分析的目的是根据连接的结构和受载情况，求出受力最大的螺栓及其所受的力，以便进行螺栓连接的强度计算。

为了简化计算，在分析螺栓组连接的受力时，假设所有螺栓的材料、直径、长度和预紧力均相同；螺栓组的对称中心与连接接合面的形心重合；受载后连接接合面仍保持为平面。下面针对几种典型的受载情况，分别加以讨论。

1. 受横向载荷的螺栓组连接

图 10-19 所示为由 4 个螺栓组成的受横向载荷的螺栓组连接。横向载荷的作用线与螺栓轴线垂直，并通过螺栓组的对称中心。当采用普通螺栓连接时（见图 10-19a），靠连接预紧后在接合面间产生的摩擦力来抵抗横向载荷；当采用铰制孔用螺栓连接时（见图 10-19b），靠螺栓杆受剪切和挤压来抵抗横向载荷。虽然两者的传力方式不同，但计算时可近似地认为，在横向总载荷 F_Σ 作用下，各螺栓所承担的工作载荷是均等的。因此，对于铰制孔用螺栓连接，每个螺栓所受的横向工作剪力为

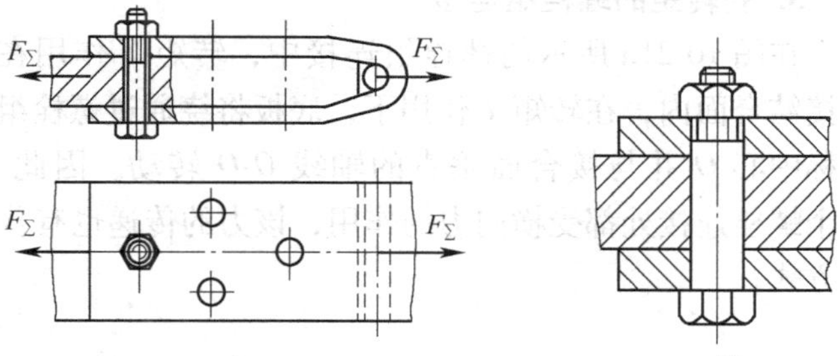

图 10-19　受横向载荷的螺栓组连接

$$F=\frac{F_\Sigma}{z} \tag{10-30}$$

式中，z 为螺栓数目。

对于普通螺栓连接，应保证连接预紧后，接合面所产生的最大摩擦力必须大于或等于横向载荷。

假设各螺栓所需的预紧力均为 F_0，螺栓数目为 z，则其平衡条件为

$$fF_0zi \geqslant K_S F_\Sigma$$

由此得预紧力 F_0 为

$$F_0 \geqslant \frac{K_S F_\Sigma}{fzi} \tag{10-31}$$

式中，f 为接合面的摩擦因数，见表 10-7；i 为接合面数（图 10-19 中，$i=2$）；K_S 为防滑系数，$K_S=1.1\sim1.3$。

表 10-7　连接接合面的摩擦因数 f

被连接件	接合面的表面状态	摩擦因数 f
钢或铸铁零件	干燥的加工面	0.10 ~ 0.16
	有油的加工面	0.06 ~ 0.10
钢结构件	轧制表面，钢丝刷清理浮锈	0.30 ~ 0.35
	涂富锌漆	0.35 ~ 0.40
	喷砂处理	0.45 ~ 0.55
铸铁对砖料、混凝土或木材	干燥表面	0.40 ~ 0.45

2. 受轴向载荷的螺栓组连接

如图 10-20 所示，压力容器盖所受的总轴向载荷 F_Σ 的作用线与螺栓轴线平行，并通过螺栓组的对称中心，因此，每个螺栓所受的轴向工作载荷 F 都相等。设螺栓数目为 z，则

$$F = \frac{F_\Sigma}{z} \tag{10-32}$$

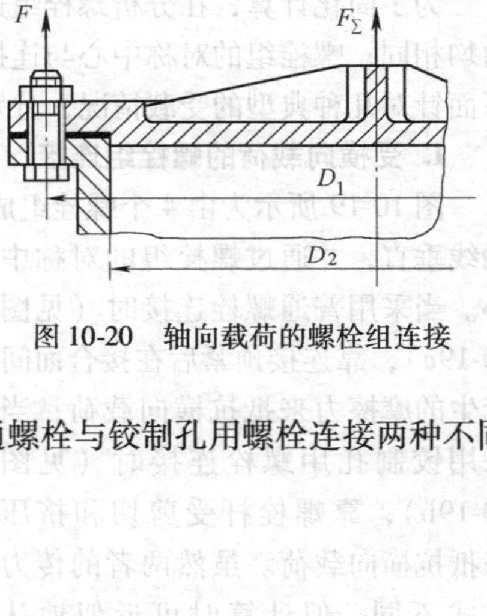

图 10-20　轴向载荷的螺栓组连接

3. 受转矩的螺栓组连接

在图 10-21a 所示的螺栓组连接中，转矩 T 作用在连接结合面内，在转矩 T 作用下，底板将绕通过螺栓组对称中心 O 并与接合面垂直的轴线 O-O 转动。因此，每个螺栓连接处都受横向力的作用，该力的传递也有普通螺栓与铰制孔用螺栓连接两种不同的方式。

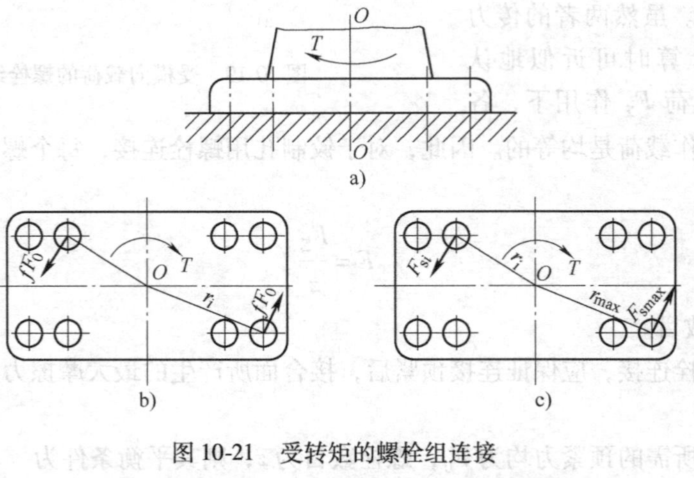

图 10-21　受转矩的螺栓组连接

a）连接受转矩 T　b）靠摩擦传力　c）靠剪切传力

当采用普通螺栓时，靠连接螺栓预紧后在接合面上所产生的摩擦力矩来传递转矩 T（见图 10-21b）。设各螺栓的预紧力均为 F_0，则各螺栓处产生的摩擦力 fF_0 相等，其方向与各螺栓的轴线到螺栓组对称中心 O 的连线相垂直。因此，接合面上摩擦传力的平衡条件应为

$$fF_0 \sum_{i=1}^{z} r_i = K_S T$$

由上式可得各螺栓所需的预紧力为

$$F_0 = \frac{K_S T}{f \sum_{i=1}^{z} r_i} \tag{10-33}$$

式中，r_i 为第 i 个螺栓的轴线到螺栓组对称中心 O 的距离；f、z 和 K_S 的含义同前。

当采用铰制孔用螺栓连接时，靠螺栓杆的剪切和挤压来传递转矩（见图 10-21c），各螺栓所受的横向工作剪切力 F_s 垂直于其轴线到螺栓组对称中心 O 的连线，由静力平衡条件可得

$$\sum_{i=1}^{z} F_{si} r_i = T \tag{10-34}$$

这是一个超静定问题。根据螺栓的变形协调条件，各螺栓的剪切变形量应与其轴线到螺栓组对称中心 O 的距离成正比，即距螺栓组对称中心 O 越远的螺栓的剪切变形量就越大。由于螺栓的直径和材料相同，故剪切变形量越大的螺栓，其所受的工作剪切力也越大。

设 r_i、r_{max} 分别为第 i 个螺栓和受力最大螺栓的轴线到螺栓组对称中心 O 的距离，F_{si}、F_{smax} 分别为第 i 个螺栓和受力最大螺栓的工作剪切力，则

$$\frac{F_{smax}}{r_{max}} = \frac{F_{si}}{r_i} \quad 或 \quad F_{si} = F_{smax}\frac{r_i}{r_{max}} \tag{10-35}$$

联立求解上述两式，即得到受力最大螺栓的工作剪切力为

$$F_{smax} = \frac{T r_{max}}{\sum_{i=1}^{z} r_i^2} \tag{10-36}$$

在螺栓组连接的实际应用中，螺栓组所受的外载荷往往是以上几种简单受力状态的不同组合，为此应根据具体情况进行分析，求得受力最大螺栓的工作载荷，然后再按单个螺栓连接进行强度计算。

10.8　提高螺栓连接强度的措施

螺栓连接的强度主要取决于螺栓强度，而影响螺栓强度的因素有许多。下面介绍一些常见的提高强度的措施。

1. 降低影响螺栓疲劳强度的应力幅

受轴向载荷的紧螺栓连接，在最小应力不变的条件小，应力幅越小，则螺栓越不容易发生疲劳破坏，连接的可靠性越高。当螺栓所受的工作拉力在 0 ~ F 之间变化，螺栓总拉力将

在 F_0 和 F_2 之间变化，由式（10-25）可知，在保持螺栓预紧力 F_0 不变的条件下，减小螺栓的刚度 C_b 或增大被连接件的刚度 C_m 都可减小螺栓的应力幅。

为了减小螺栓的刚度，可适当增加螺栓的长度，部分减小螺栓光杆部分的直径或采用空心的柔性螺栓，如图 10-22 所示的腰状螺栓和空心螺栓。

为了增大被连接件的刚度，可改变被连接件的结构和尺寸，还可在被连接件之间采用刚度较大的密封垫片；对有紧密要求时，不宜用软密封平垫片（见图 10-23a），应采用刚性较大的密封圈进行密封（见图 10-23b）。

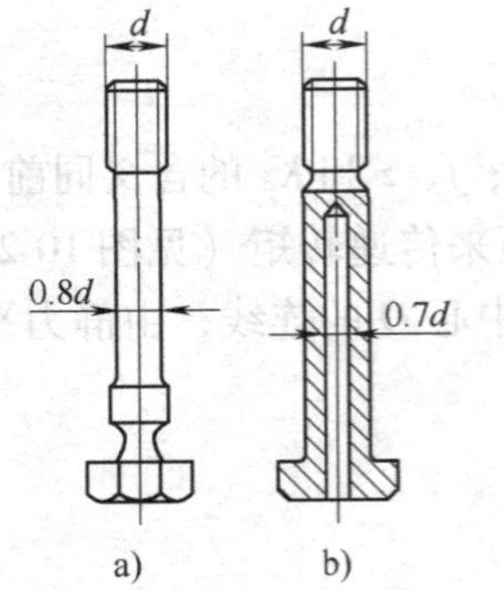

图 10-22　降低螺栓刚度的措施

a）腰状螺栓　b）空心螺栓

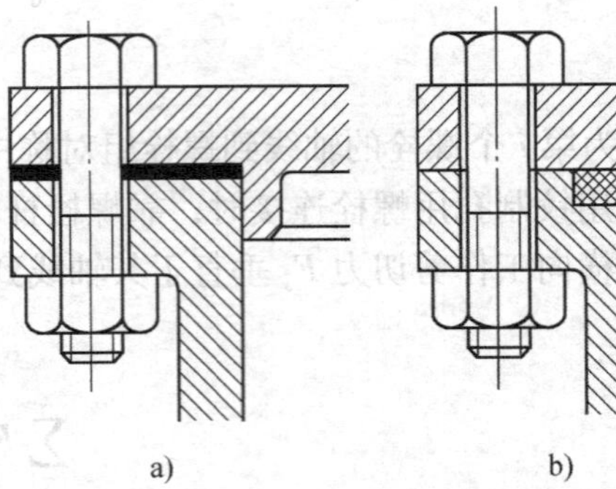

图 10-23　气缸密封元件

a）软垫片密封　b）密封圈密封

2. 改善螺牙上载荷分布不均的现象

受拉的普通螺栓连接，其螺栓所受的总拉力是通过螺牙传递的。当采用普通螺母时，即使制造和安装精度很高，但由于螺栓和螺母的刚度及变形性质不同，所以螺牙上的受力也就不同。当螺纹连接受载时，螺栓受拉，螺距增大；而螺母受压，螺距减小。因此，靠近支撑面的第一圈螺牙受力最大。试验证明：约有 1/3 的载荷集中在第一圈螺纹上，以后各圈递减，在第八圈以后螺纹几乎不承受载荷，如图 10-24 和图 10-25 所示。因此，采用增加螺母厚度并不能提高连接的强度。而采用悬置螺母（见图 10-26a）、环槽螺母（见图 10-26b）、内斜螺母（见图 10-26c）、内斜与环槽组合螺母（见图 10-26d）、钢丝螺套等方法可改善螺牙间的偏载现象。

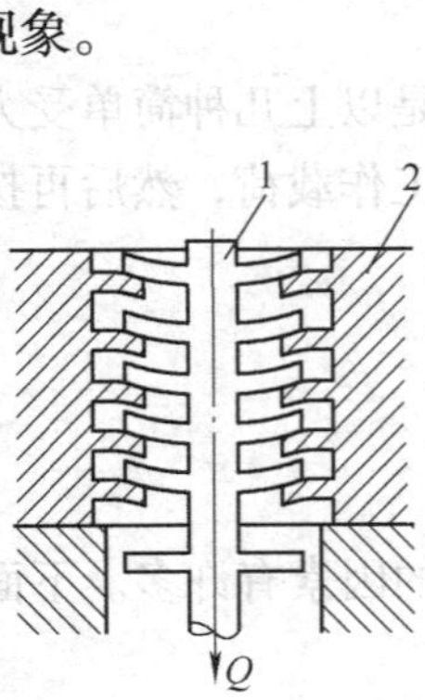

图 10-24　螺纹的变形

1—螺栓　2—螺母

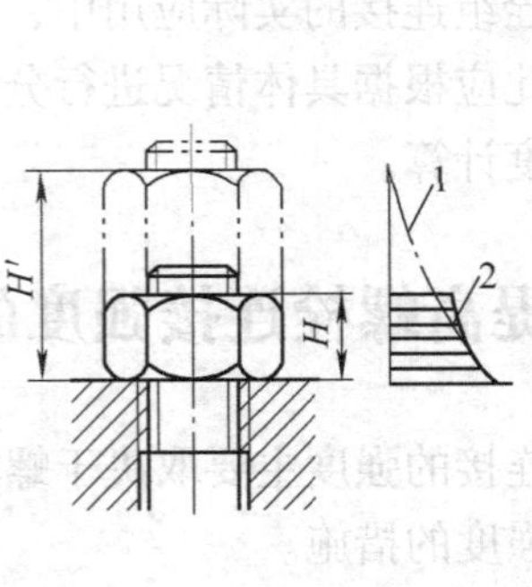

图 10-25　螺纹上的载荷分布

1—加厚螺母　2—普通螺母

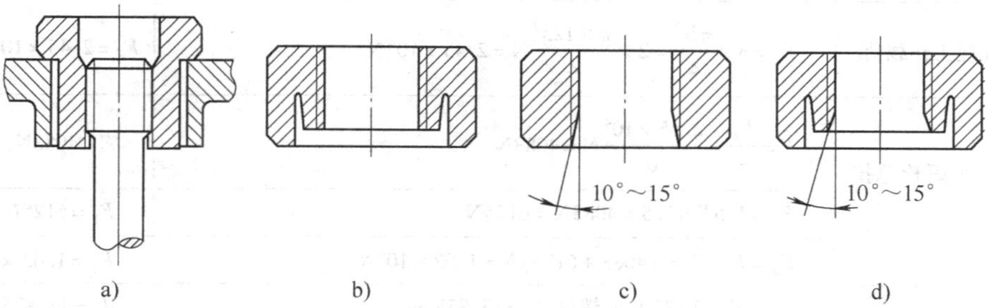

图 10-26　均载螺母
a）悬置螺母　b）环槽螺母　c）内斜螺母　d）内斜和环槽组合

3. 减小应力集中的影响

螺纹牙根、螺纹收尾、螺栓头与螺栓杆的过渡处都有应力集中，是产生断裂的危险部位。在截面过渡处采用较大的圆角（见图 10-27a)、卸载槽（见图 10-27b）以及螺纹收尾处采用退刀槽等方法都可以减少应力集中。

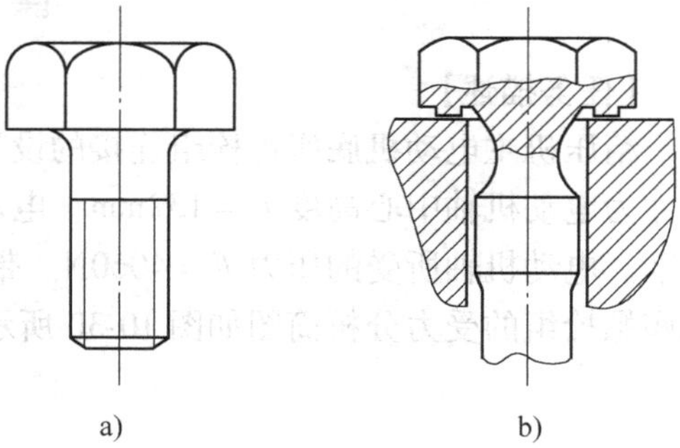

图 10-27　减小螺栓应力集中的方法
a）加大圆角　b）卸载槽

4. 采用合理的制造工艺

采用合理的制造工艺方法，也可以提高螺栓的疲劳强度，例如采用冷镦、滚压或利用氮化和氰化的热处理工艺，可以极大地提高螺栓的疲劳强度（滚压大约可以提高 30% ~40%，如果经过热处理再滚压甚至可以提高大约 70% ~ 100%）。图 10-28 所示为冷镦与滚压加工螺栓中的金属流线，材料纤维不被切断，金属流线的走向合理，而且有冷作硬化的效果。

例 10-1　一钢制液压缸，结构形式如 10-29 图所示，已知缸内油压 $p=2\text{MPa}$（静载），液压缸内径 $D_2=125\text{mm}$，缸盖用 6 个 M16 的螺栓连接在缸体上，螺栓材料的许用应力 $[\sigma]=100\text{MPa}$。根据连接的紧密性要求，取残余预紧力 $F_1=1.5F$。试校核该螺栓连接的强度。

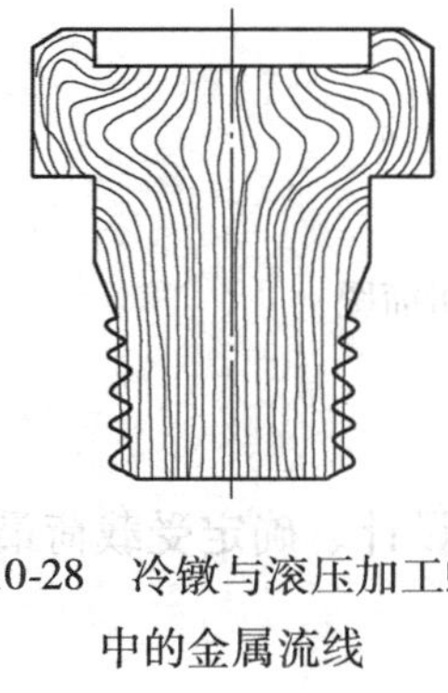

图 10-28　冷镦与滚压加工螺栓中的金属流线

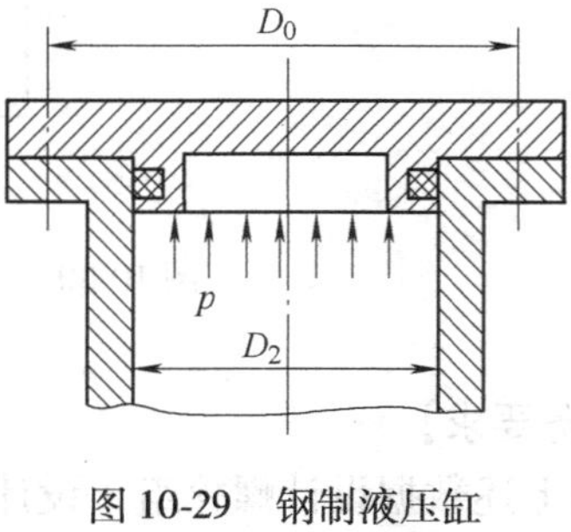

图 10-29　钢制液压缸

解　螺栓既受预紧力又受轴向工作载荷，计算步骤见下表。

计算项目	计算与说明	结　果
1. 计算螺栓工作载荷	$F_z = p \times \frac{\pi D^2}{4} = 2 \times \frac{\pi \times 125^2}{4}\text{N} = 2.45 \times 10^4\text{N}$	$F_z = 2.45 \times 10^4\text{N}$
2. 计算单个螺栓总拉力	$F = \frac{F_z}{z} = \frac{2.45 \times 10^4}{6}\text{N} = 4083\text{N}$	$F = 4083\text{N}$
	$F_1 = 1.5F = 1.5 \times 4083\text{N} = 6125\text{N}$	$F_1 = 6125\text{N}$
	$F_0 = F + F_1 = (4083 + 6125)\text{N} = 1.02 \times 10^4\text{N}$	$F_0 = 1.02 \times 10^4\text{N}$
3. 校核连接的强度	由标准查得 M16 的螺栓 $d_1 = 13.835\text{mm}$	$d_1 = 13.835\text{mm}$
	$\sigma_{ca} = \frac{4 \times 1.3F_2}{\pi d_1^{\ 2}} = \frac{4 \times 1.3 \times 1.02 \times 10^4}{\pi \times 13.835^2}\text{MPa} = 88.25\text{MPa}$	$\sigma_{ca} = 88.25\text{MPa}$
4. 结论	由于 $\sigma_{ca} < [\sigma]$，因此该螺栓连接可靠	强度够

课 堂 任 务

【任务描述】

精压机主电动机底座螺栓组连接的设计与计算，已知电动机型号为：Y132M-4，其基本尺寸为电动机轴中心高度 $H = 132\text{mm}$，电动机轴伸出长度为 $E = 80\text{mm}$，其他具体尺寸查阅标准。电动机轴所受的压力 $F = 4060\text{N}$。带与竖直方向成 30°，电动机水平安装，则电动机底座螺栓组的受力分析简图如图 10-30 所示。

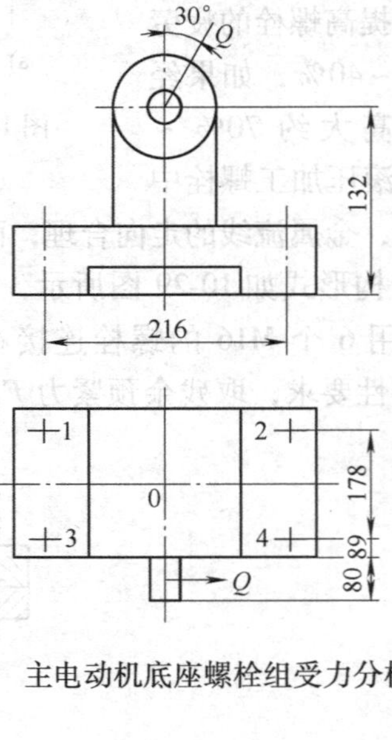

图 10-30　主电动机底座螺栓组受力分析简图

【任务要求】

依据上述数据设计螺栓组，设计内容包含：螺栓组结构设计、确定受载荷最大的单个螺栓、螺栓的最小直径、选择螺栓的型号等。

思考题和习题

10-1　试计算 M20、M20 × 1.5 螺纹的升角，并指出哪种螺纹的自锁性更好。

10-2　图10-31所示为一拉杆螺纹连接。已知拉杆所受载荷 $F=30\text{kN}$，载荷稳定，拉杆材料为Q235，拉杆螺栓性能等级4.6级。试确定计算此拉杆螺栓的公称直径。

10-3　如图10-32所示的连接由2个M20的螺栓组成，螺栓的性能等级为5.8级，安装时不控制预紧力，被连接件接合面的摩擦因数 $f=0.1$，可靠系数 $K_s=1.2$。试计算该连接许可传递的静载荷 F_R。

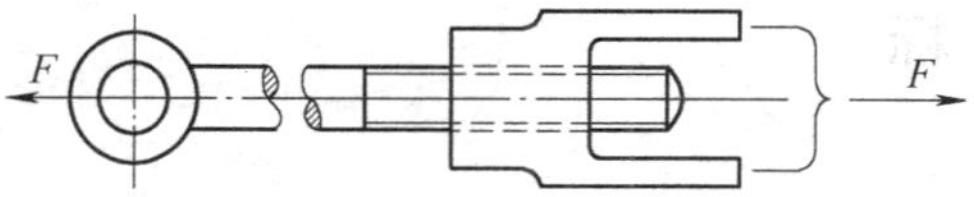

图10-31　题10-2图

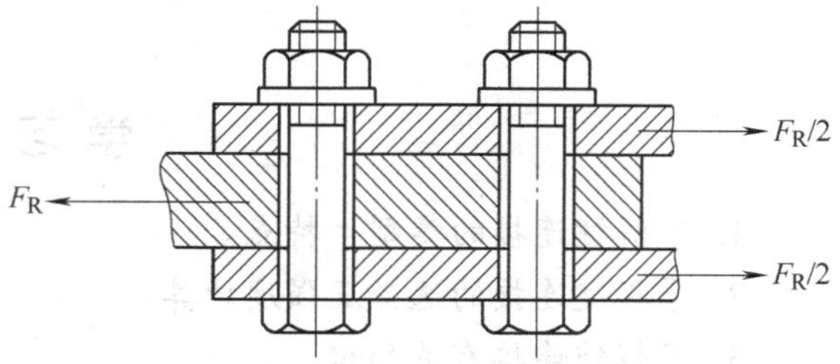

图10-32　题10-3图

10-4　如图10-33所示起重卷筒与大齿轮用双头螺柱连接，利用双头螺柱夹紧产生的摩擦力矩将转矩由齿轮传至卷筒。已知起重量 $W=50\text{kN}$，卷筒直径 $D=400\text{mm}$，8个螺柱均匀分布在直径 $D_0=500\text{mm}$ 的圆周上，螺柱材料为Q235，性能等级为4.6级，不控制预紧力，接合面的摩擦因数 $f=0.12$，可靠性系数 $K=1.2$。试计算所需螺柱的直径（提示：由于止口承受横向载荷，且卷筒右端有轴承支承，故计算时可不考虑螺栓组会受横向载荷及翻转力矩的作用）。

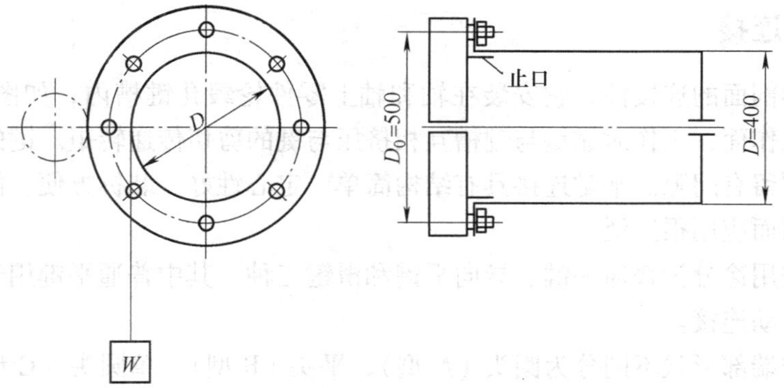

图10-33　题10-4图

10-5　用12″扳手拧紧M8的螺栓。已知螺栓材料为35钢，螺纹间摩擦因数 $f=0.1$，螺母与支承面间摩擦因数 $f_c=0.12$，手掌中心至螺栓轴线的距离 $l=240\text{mm}$。试问当手臂施力125N时，该螺栓所产生的拉应力为多少？螺栓会不会损坏？

10-6　一钢制液压缸如图10-34所示，油压 $p=3\text{MPa}$，液压缸内径 $D=160\text{mm}$。为保证气密性要求，螺柱间距 l 不得大于 $4.5d$（d 为螺柱大径）。试计算此液压缸的螺柱连接和螺柱分布圆直径 D_0。

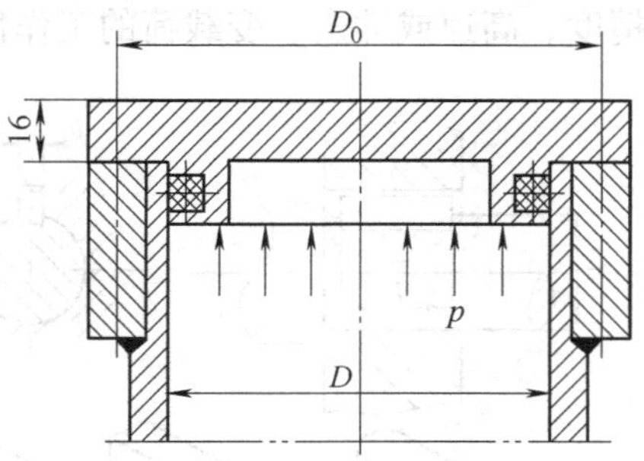

图10-34　题10-6图

第 11 章　键连接和销连接设计

学 习 目 标

1. 了解键连接的类型、特点。
2. 掌握键连接的选择及强度计算。
3. 了解销连接有关知识。

11.1　键连接设计

键是标准件，通常用来实现轴与轮毂之间的周向固定以传递转矩，有的还能实现轴上零件的轴向固定或轴向滑动的导向。键连接主要类型有平键、半圆键、楔键和切向键等，有关标准均可从《机械设计手册》中查得。

11.1.1　平键连接

平键是矩形剖面的连接件，它安装在轴和轴上零件轮毂孔键槽内，如图 11-1 所示。平键的两侧面是工作面，工作时靠键与键槽互相挤压与键的剪切传递转矩。键的上表面和轮毂的键槽底面间则留有间隙。平键连接具有结构简单、定心性好，装拆方便，能承受冲击或变载荷等优点，因而应用很广泛。

平键连接按用途分为普通平键、导向平键和滑键三种。其中普通平键用于静连接，导向平键和滑键用于动连接。

普通平键按端部形状不同分为圆头（A 型）、平头（B 型）、单圆头（C 型）三种。圆头键（见图 11-1a）和单圆头（见图 11-1c）键在轴上的键槽用面铣刀加工，方头键（见图 11-1b）在轴上的键槽用盘状铣刀加工。与方头键相比，圆头键在键槽中易于固定，但轴上键槽的应力集中较大。单圆头键常用于轴端。普通平键和键槽的尺寸见表 11-2。普通平键连接适用于高精度、高速或冲击、变载荷的工作情况。

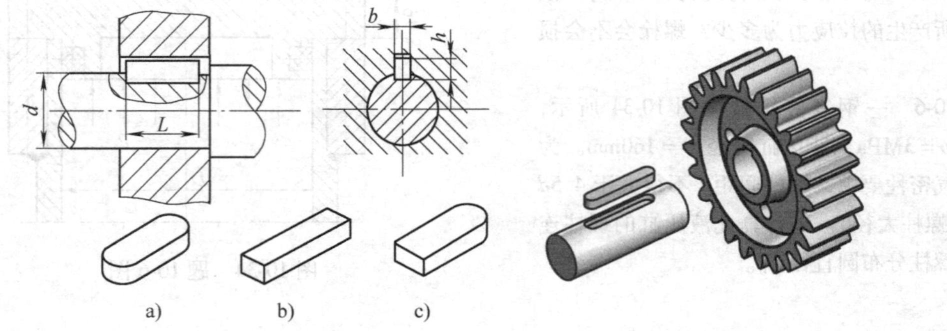

图 11-1　普通平键连接

导向平键（见图 11-2）由于键较长，需要用螺钉将键固定在键槽中。为了拆卸方便，在键上设置起键螺孔。

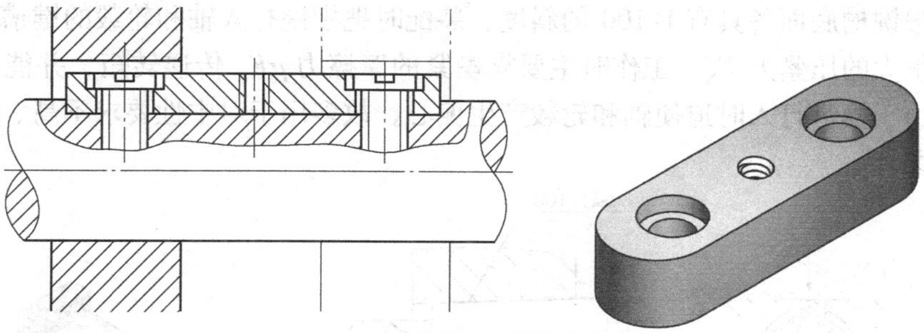

图 11-2　导向平键连接

滑键固定在轮毂上，如图 11-3 所示，与轮毂一起可沿轴上键槽移动。适用于轮毂沿轴向移动距离较长的场合。

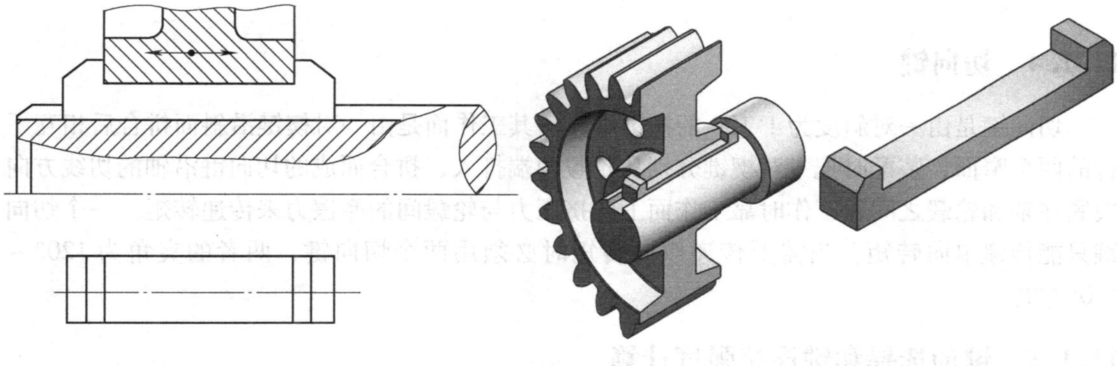

图 11-3　滑键连接

11.1.2　半圆键

半圆键也是以两侧面为工作面，用于静连接，如图 11-4 所示。半圆键能在轴上键槽中摆动，以适应轮毂键槽底面的倾斜，便于安装且有良好的自定位作用。缺点是轴上键槽较深，对轴的强度削弱较大，只适用于轻载连接，常用在锥形轴端与毂孔的连接中。

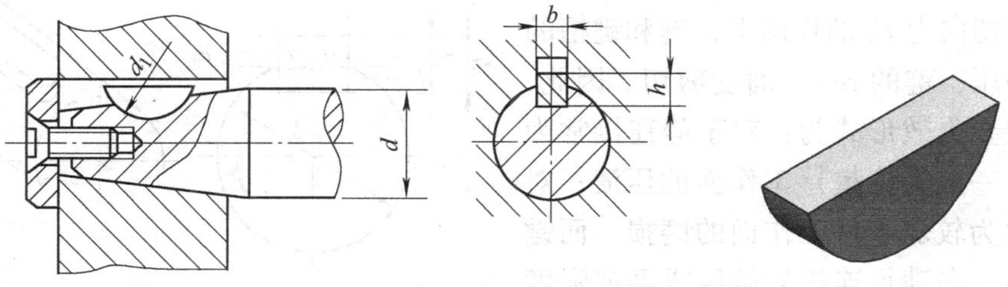

图 11-4　半圆键连接

11.1.3 楔键

楔键上、下面是工作面，如图 11-5 所示。常用的有普通楔键和钩头型楔键两种。键的上表面和轮毂键槽底面各具有 1∶100 的斜度，装配时把楔键打入轴和轮毂的键槽内，使在工作面上产生很大的压紧力 F_N。工作时主要靠楔紧的摩擦力 μF_N 传递转矩，并能承受单方向的轴向力。由于楔键打入时迫使轴和轮毂产生偏心，故多用于对中性要求不高、载荷平稳和转速较低的场合。

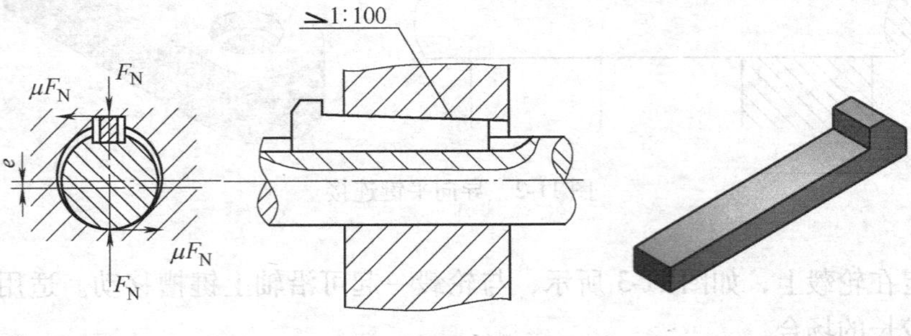

图 11-5　楔键连接

11.1.4 切向键

切向键是由一对斜度为 1∶100 的楔键组成。其工作面是由一对楔键沿斜面拼合后相互平行的两个窄面，装配时把一对楔键分别从轮毂两端打入，拼合而成的切向键沿轴的切线方向楔紧在轴和轮毂之间，工作时靠工作面上的挤压力与轮毂间的摩擦力来传递转矩。一个切向键只能传递单向转矩，当需要传递双向转矩时必须用两个切向键，两者的夹角为 120°～130°左右。

11.1.5 键的选择和键连接强度计算

1. 键的选择

键的类型选择主要应考虑键的工作条件、使用要求和各种键连接的特点。键的尺寸则按标准规格和强度要求来确定，键的主要尺寸为其截面尺寸，其值根据轴的直径 d 从表 11-2 中选择（普通平键的宽度 b 和高度 h）。键的长度 L 略小于轮毂的宽度（一般比轮毂宽度短 5～10mm），并符合表 11-2 中规定的长度系列。

2. 键连接强度校核

图 11-6 所示为普通平键连接的受力情况示意图。在切向力 F_t 的作用下，键和键槽的两侧面受挤压，键的 α—α 面受剪切。因此，键连接的主要失效形式为：对于静连接常为较弱零件（一般为轮毂）工作面的压溃；对于动连接常为较弱零件工作面的磨损。而键的剪切破坏，在满足连接的挤压或磨损强度条件下一般不会出现。

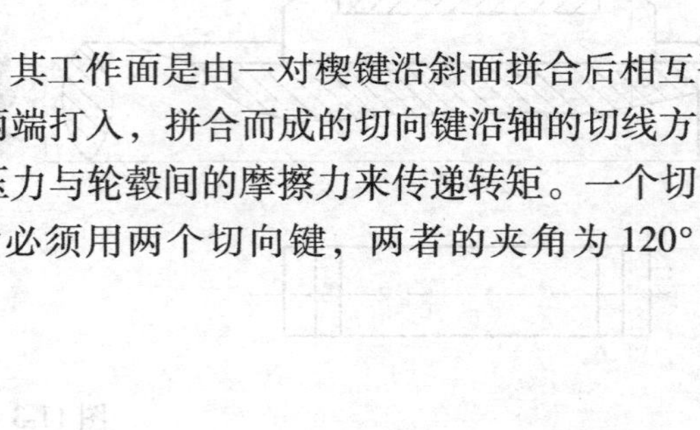

图 11-6　普通平键连接的受力情况示意图

假设载荷沿键长均匀分布，由图 11-6 可得平键连接的强度校核公式为

静连接
$$\sigma_p=\frac{2T\times10^3}{h'ld}\leqslant[\sigma_p] \tag{11-1}$$

动连接
$$p=\frac{2T\times10^3}{h'ld}\leqslant[p] \tag{11-2}$$

式中，σ_p 为挤压应力（MPa）；p 为压强（MPa）；T 为轴传递的转矩（N·m）；d 为轴的直径（mm）；h'为键与轮毂的接触高度，通常取 $h'=0.5h$（mm）；h 为键的高度（mm）；l 为键的工作长度（mm），A 型键 $l=L-b$，B 型键 $l=L$，C 型键 $l=L-0.5b$；$[\sigma_p]$ 为许用挤压应力（MPa），从表 11-1 查得；$[p]$ 为许用压强（MPa），从表 11-1 查得。

表 11-1　键连接的许用挤压应力和许用压强　（单位：MPa）

连接方式	轮毂材料	许用值	载荷性质		
			静载荷	轻微冲击	冲击
静连接	钢	$[\sigma_p]$	120～150	100～120	60～90
	铸铁		70～80	50～60	30～45
动连接	钢	$[p]$	50	40	30

注：动连接是指工作中键与被连接件间有相对滑动。如果滑动的被连接件表面经过淬火，则 $[p]$ 的值可提高 2～3 倍。

表 11-2　普通平键的主要尺寸　（单位：mm）

轴的直径 d	6～8	>8～10	>10～12	>12～17	>17～22	>22～30	>30～38	>38～44
键宽 $b\times$键高 h	2×2	3×3	4×4	5×5	6×6	8×7	10×8	12×8
轴的直径 d	>44～50	>50～58	>58～65	>65～75	>75～85	>85～95	>95～110	>110～130
键宽 $b\times$键高 h	14×9	16×10	18×11	20×12	22×14	25×14	28×16	32×18
键的长度系列 L	6，8，10，12，14，16，18，20，22，25，28，32，36，40，45，50，56，63，70，80，90，100，110，125，140，160，180，200，220，250，…							

其他键连接的设计过程和平键的设计过程类似，可参阅有关手册。

在进行键连接的强度校核后，如果强度不够，可采用双键。这时应考虑键的合理布置。两个平键最好布置在沿周向相隔 180°；两个半圆键应布置在轴的同一条母线上；两个楔键则应布置在沿周向相隔 90°～120°。考虑到两键上载荷分配的不均匀性，在强度校核中只按 1.5 个键计算。如果轮毂允许适当加长，也可相应地增加键的长度，以提高单键连接的承载能力。但由于传递转矩时键上载荷沿其长度分布不均，故键的长度不宜过大。当键的长度大于 $2.5d$ 时，其多出的长度实际上可认为并不承受载荷，故一般键长不宜超过（1.6～1.8）d。

例 11-1　一铸铁直齿圆柱齿轮用普通平键与钢轴连接，齿轮轮毂长为 90mm，安装齿轮处轴的直径为 $d=60$mm，该连接传递的转矩为 $T=500$N·m，工作有轻微冲击。试确定此键的型号和尺寸。

解　计算和说明见下表。

项　目	计算及说明	结　果
1. 选择键的类型和材料	选 A 型平键，键的材料为 45 钢	A 型平键 45 钢
2. 确定键的尺寸	由轴径 $d=60\text{mm}$、轮毂长 90mm，查表 11-2（键比轮毂宽度短）得：键宽 $b=18\text{mm}$，键高 $h=11\text{mm}$，键长 $L=80\text{mm}$	键宽 $b=18\text{mm}$， 键高 $h=11\text{mm}$， 键长 $L=80\text{mm}$ 键 18×11×80
3. 键的工作长度	$l=L-b=(80-18)\text{mm}=62\text{mm}$	$l=62\text{mm}$
4. 校核键连接的强度	$\sigma_p=\dfrac{2T\times10^3}{h'ld}=\dfrac{2\times500\times10^3}{0.5\times11\times62\times60}\text{MPa}=48.9\text{MPa}<[\sigma_p]$	$\sigma_p=48.9\text{MPa}$
5. 许用应力	查表 11-1 得 $[\sigma_p]=50\sim60\text{MPa}$	$[\sigma_p]=50\sim60\text{MPa}$
6. 结论	$\sigma_p<[\sigma_p]$ 强度够	强度够

11.2　花键连接设计

如图 11-7 所示，当轴、毂连接传递的载荷较大或对定心精度要求较高时，可采用花键连接。花键连接由花键轴和轮毂孔上的内花键齿组成。与平键连接相比，花键连接的齿对称布置，对中性、导向性、载荷分布的均匀性都较好，而且齿数多，接触面积大，承载能力高，广泛应用于轴毂动连接中。其缺点是加工花键需要专门设备，制造比较复杂，成本高。

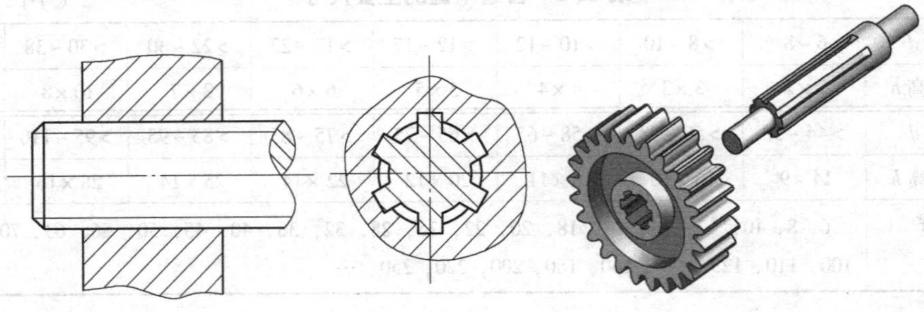

图 11-7　花键连接

花键连接按其齿形不同，可分为一般常用的矩形花键和强度高的渐开线花键。

1. 矩形花键

矩形花键（见图 11-8）已标准化，定心方式为小径定心，其具有加工工艺性好，稳定性高，加工精度易于保证的特点，并能采用热处理后进行磨削的工艺方案，使得花键能获得较高的加工精度，应用广泛。

2. 渐开线花键

渐开线花键（见图 11-9）两侧曲线为渐开线，分度圆压力角有 30°、45°两种。渐开线花键可以用制造齿轮的方法加工，工艺性较好，制造精度也较高，花键齿的根部强度大、应力集中小，易于定心，当传递的转矩较大且轴径也大时，宜采用渐开线花键连接。渐开线花键的定心方式为齿形定心，如图 11-9 所示。

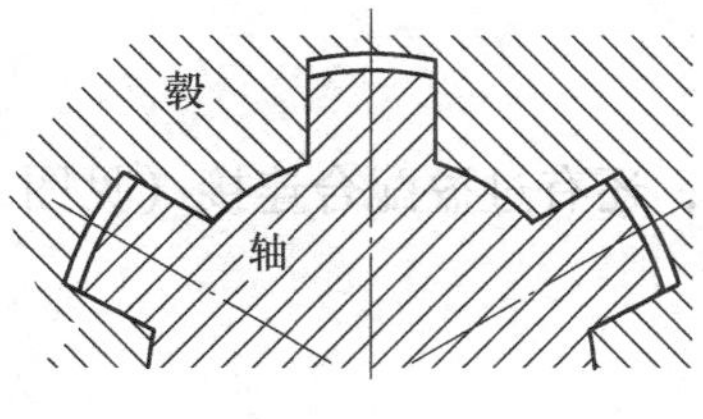

图 11-8　矩形花键

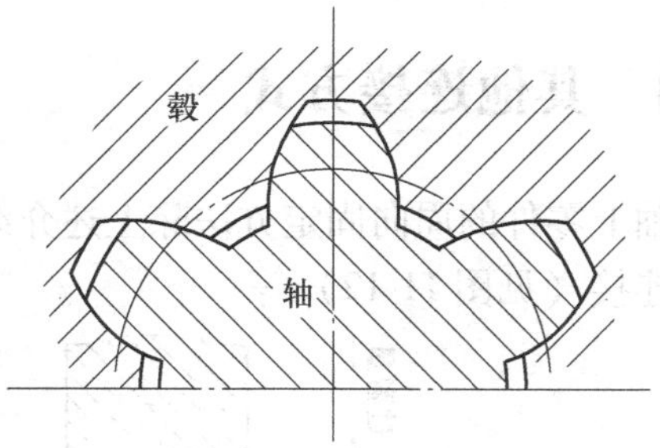

图 11-9　渐开线花键

11.3　销连接设计

销主要用来固定零件之间的相对位置，也可用于实现轴与轮毂或其他零件的连接，并传递不大的载荷，也可作为过载保护元件用于安全装置中。

销是标准件，选用时可查有关手册。销的类型有：圆柱销、圆锥销、开口销和槽销等。

（1）圆柱销（见图 11-10a）　圆柱销靠过盈配合固定在销孔中，经多次装拆会降低其定位精度和可靠性，故不宜多次拆装。

（2）圆锥销（见图 11-10b）　圆锥销具有 1∶50 的锥度，在受横向力时可以自锁。它安装方便，定位精度高，可多次装拆而不影响定位精度。

（3）开口销（见图 11-10c）　开口销装配时，将尾部分开，以防脱出。开口销除与销轴配用外，还常用于螺纹连接的防松装置中。

（4）槽销（见图 11-10d）　槽销上有碾压或模锻出的三条纵向沟槽，将槽销打入销孔后，由于材料的弹性使销挤紧在销孔中，不易松脱，因而能承受振动和变载荷。安装槽销的孔不需要铰制，加工便，可多次装拆。

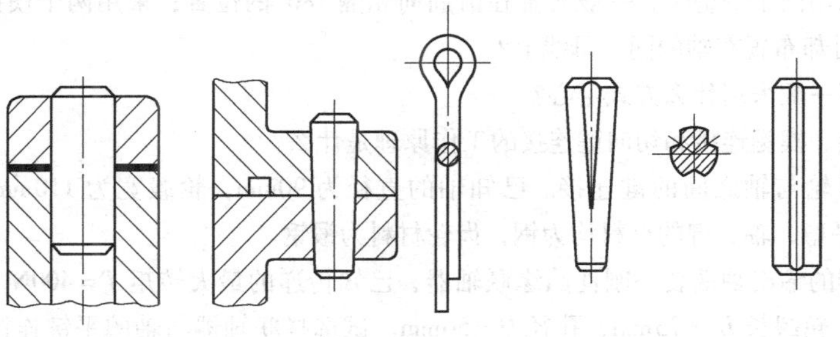

a)　　b)　　c)　　d)

图 11-10　销连接

a）圆柱销　b）圆锥销　c）开口销　d）槽销

设计销连接时，可先根据连接的结构特点和工作要求来选择销的类型、材料和尺寸，必要时再进行强度校核。

销的材料为 35 钢、45 钢，许用切应力和许用挤压应力可以查阅相关手册。

11.4　其他连接方式

轴上零件的周向固定方法除上述介绍的常用方法外，还有过盈配合连接（见图 11-11）、无键连接（见图 11-12）等。

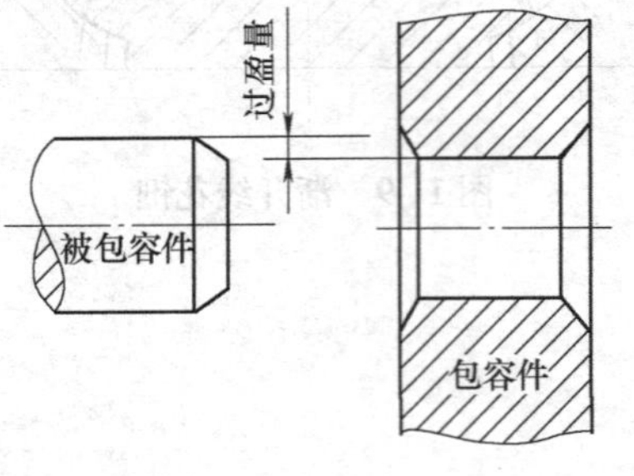

图 11-11　过盈配合连接

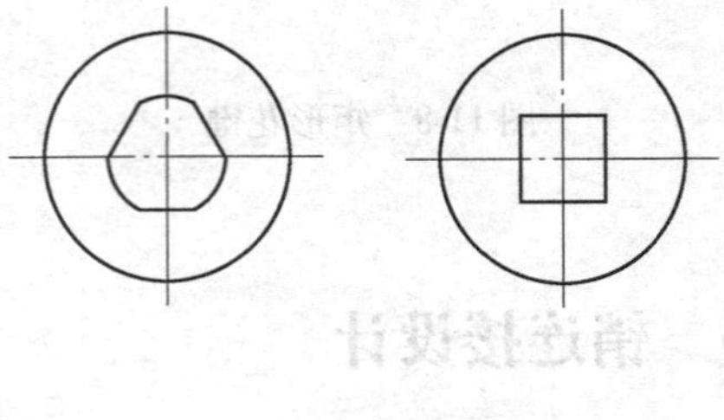

图 11-12　无键连接

课堂任务

【任务描述】

设计专用精压机大带轮与减速器输入轴的键连接。已知该轴受转矩 $T_1=119076.23\text{N}\cdot\text{mm}$，有冲击载荷，但传至此处已不大。轴段直径 $d_1=40\text{mm}$，带轮宽度 $l_1=48\text{mm}$，轴和键的材料均为 45 钢，带轮材料为铸铁。

【任务要求】

依据上述数据设计键连接，内容包含：键的类型、键的尺寸和键连接强度校核。

思考题和习题

11-1　为什么采用两个平键时，一般布置在沿周向相隔 180°的位置；采用两个楔键时相隔 120°左右；而采用两个半圆键时却布置在轴的同一母线上？

11-2　花键连接一般采用什么方式定心？

11-3　平键连接、楔键连接和切向键连接的工作原理是什么？

11-4　设计一齿轮与轴之间的键连接。已知轴的直径为 90mm，轮毂宽为 110mm，轴传递的转矩为 1800N · mm，载荷平稳，轴、键的材料均为钢，齿轮材料为锻钢。

11-5　一减速器的输出轴端装一刚性凸缘联轴器，已知传递的最大转矩 $T=400\text{N}\cdot\text{m}$（设为静载荷）。联轴器材料为铸铁，轮毂长 $L_1=75\text{mm}$，孔径 $D=50\text{mm}$。试选择联轴器与轴的平键连接的类型和尺寸，并校核其强度。

第四篇　轴系零部件设计

轴、轴承、联轴器、离合器和制动器等都是机械系统中传递回转运动的零部件，轴和轴承、联轴器、离合器、制动器等都有着紧密的联系，其性能也互有影响，故统称为轴系零部件。

本篇主要讨论轴、轴承、联轴器、离合器和制动器的选用、设计和计算。

第12章 滑动轴承设计

学习目标

1. 了解滑动轴承的特点和类型。
2. 能够根据所学知识设计滑动轴承的结构和选用轴承材料。
3. 掌握非液体摩擦滑动轴承的设计计算。

轴承是支承轴的部件，它可以保持轴的旋转精度，又可减少轴与支承之间的摩擦和磨损。按其工作时的摩擦性质可分为滑动摩擦轴承（简称滑动轴承）和滚动摩擦轴承（简称滚动轴承）两大类。滚动轴承由于摩擦因数小，起动阻力小，而且已经标准化，选用、润滑、维护都很方便，因此在一般机械中应用较广。

滑动轴承由于其具有的一些独特优点，使得它在某些不能、不便或使用滚动轴承没有优势的场合，仍占有重要地位，如在工作转速特高、特大冲击与振动、径向尺寸受到限制或必须剖分安装、以及需在水或腐蚀介质中工作等场合。因此，滑动轴承在轧钢机、汽轮机、内燃机、铁路机车及车辆、金属切削机床、航空发动机附件等机械中应用颇为广泛。本章讨论滑动轴承。

12.1 滑动轴承的类型

1. 滑动轴承按工作表面的摩擦状态分类

（1）液体摩擦滑动轴承（液体润滑滑动轴承）（见图12-1a） 在液体摩擦滑动轴承中，轴颈和轴承的工作表面被一层润滑油膜隔开，两零件之间没有直接接触，轴承的阻力只是润滑油分子之间的摩擦，所以摩擦因数很小，一般仅为0.001～0.008。这种轴承的寿命长、效率高，但是制造精度要求也高，并需要在一定的条件下才能实现液体摩擦。

（2）非液体摩擦滑动轴承（不完全液体润滑滑动轴承）（见图12-1b） 非液体摩擦滑动轴承的轴颈与轴承工作表面之间虽有润滑油的存在，但在表面局部凸起部分仍发生金属的直接接触。因此摩擦因数较大，一般为0.1～0.3，容易磨损，但结构简单，对制造精度和工作条件的要求不高，故此在机械中得到广泛使用。

（3）自润滑轴承 工作时不加润滑剂。

2. 按轴承承受的载荷方向分类

（1）径向滑动轴承 主要承受径向载荷 F_r（见图12-2a）。

（2）止推滑动轴承 主要承受轴向载荷 F_a（见图12-2b）。

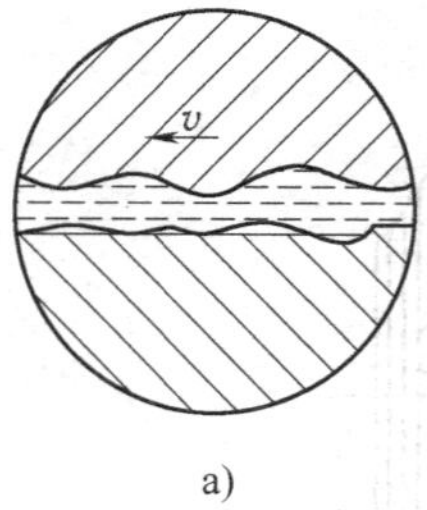

图 12-1 滑动轴承的摩擦状态
a）液体摩擦滑动轴承 b）非液体摩擦滑动轴承

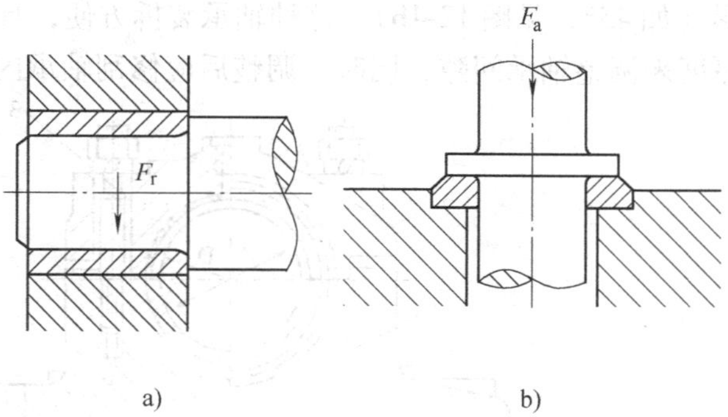

图 12-2 滑动轴承承受载荷的类型
a）径向滑动轴承 b）止推滑动轴承

12.2 滑动轴承的结构形式

12.2.1 径向滑动轴承

1. 整体式径向滑动轴承

如图 12-3 所示，整体式径向滑动轴承由轴承座、减摩材料制成的整体轴瓦等组成。轴承座上面有安装润滑油杯的螺纹孔。在轴套上开有油孔，并在轴套的内表面上开有油槽，这种轴承结构简单，成本低廉，但轴套磨损后，轴承间隙过大时无法调整；另外，只能从轴颈端部装拆，对于重量大的轴或具有中间轴颈的轴，装拆很不方便，甚至在结构上无法实现。所以这种轴承多用在低速、轻载或间歇性工作的机器中。

图 12-3 整体式径向滑动轴承

2. 剖分式径向滑动轴承

如图 12-4 所示，剖分式径向滑动轴承又称为对开式滑动轴承，由轴承座、轴承盖、剖分式轴瓦和双头螺柱等组成。轴承盖和轴承座的剖分面常做成阶梯形，以便对中和防止横向错动。轴承盖上部开有螺纹孔，用于安装油杯或油管。剖分式轴瓦由上、下两半组成，通常是下轴瓦承受载荷。为了节省贵重金属或其他需要，常在轴瓦内表面上贴附一层轴承衬。在轴瓦内壁非承载区的表面上开设有油槽，润滑油通过油孔和油槽流进轴承间隙。轴承剖分面最好与载荷方向近于垂直，多数轴承的剖分面是水平的（见图 12-4a），也有倾斜布置的情形（如 45°，见图 12-4b）。这种轴承装拆方便，且轴瓦磨损后，可以用减少剖分面处的垫片厚度来调整轴承间隙，同时，调整后应修刮轴承内孔。

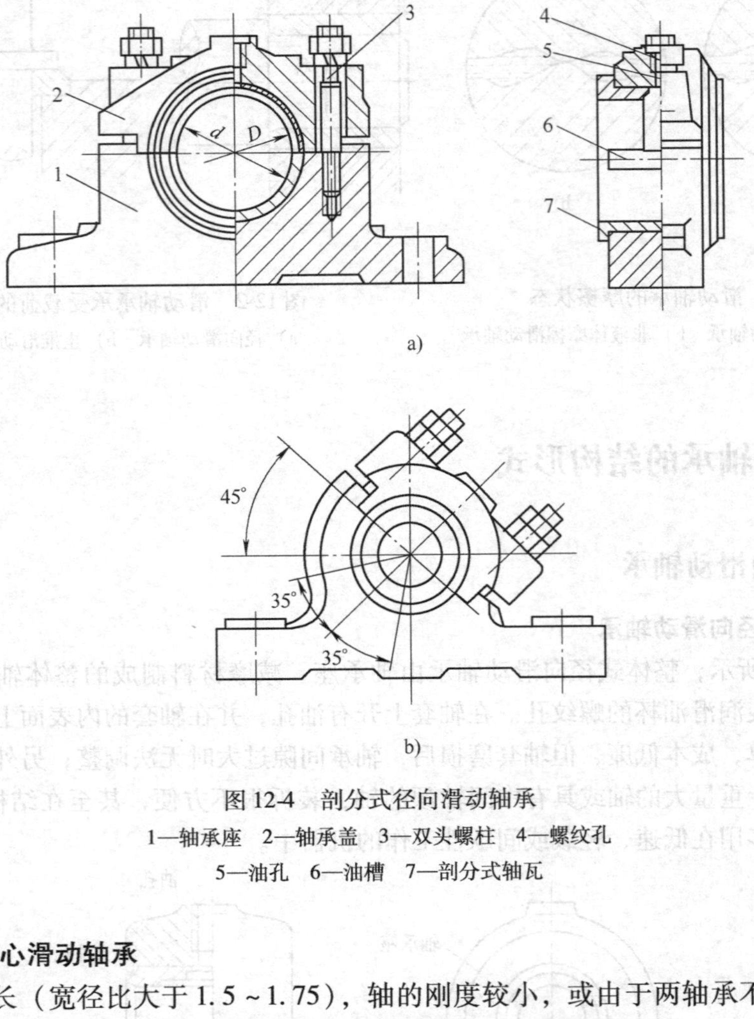

图 12-4　剖分式径向滑动轴承

1—轴承座　2—轴承盖　3—双头螺柱　4—螺纹孔　5—油孔　6—油槽　7—剖分式轴瓦

3. 自动调心滑动轴承

当轴颈较长（宽径比大于 1.5～1.75），轴的刚度较小，或由于两轴承不是安装在同一刚性机架上，同轴度较难保证时，都会造成轴瓦端部的局部接触不良，使轴瓦局部严重磨损，为此可采用能相对轴承自行调节轴线位置的滑动轴承，称为自动调心滑动轴承。如图 12-5 所示，调心滑动轴承的结构特点是轴瓦的外表面做成凸形球面，与轴承盖及轴承座上的凹形球面相配合，当轴变形时，轴瓦可随轴线自动调节位置，从而保证轴颈和轴瓦接触良好。

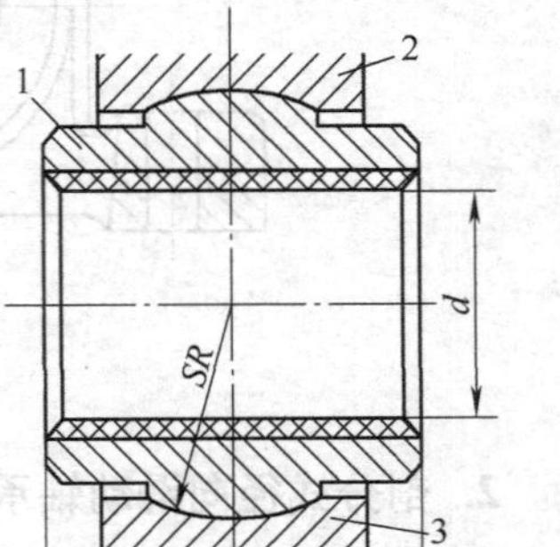

图 12-5　自动调心滑动轴承

1—轴瓦　2—轴承盖　3—轴承座

12.2.2　止推滑动轴承

轴主要承受轴向力时，应采用止推（推力）轴承来承受。止推面可以利用轴的端面，也可在轴的中段做出凸肩，常见的止推轴颈形状如图 12-6 所示。实心端面止推轴颈由于工作面上相对滑动速度不等，越靠近边缘处相对滑动速度越大，磨损越严重，会造成工作面上压强分布不均匀，所以极少采用，滑动工作端面通常采用环形端面。当载荷较大或双向载荷时，可采用多环轴颈。

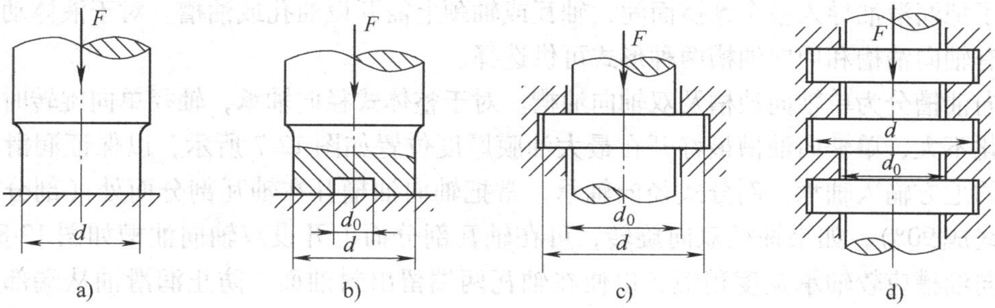

图 12-6　止推滑动轴承
a）实心端面轴颈　b）空心端面轴颈　c）环状轴颈　d）多环轴颈

12.2.3　轴瓦结构

轴瓦是滑动轴承中的重要零件，它的结构设计是否合理对轴承性能影响很大。轴瓦应具有一定的强度和刚度，在轴承中定位可靠，便于输入和分布润滑剂，容易散热，并且拆装方便。为此，轴瓦应在外形结构、定位、油槽开设和配合等方面采用不同的形式以适应不同的工作要求。

1. 轴瓦形式及构造

轴瓦是滑动轴承中直接与轴颈接触的重要零件，常用的轴瓦有整体式（见图 12-7）和剖分式（见图 12-8）两种。整体式轴瓦又称轴套，用于整体式滑动轴承；剖分式轴瓦用于剖分式滑动轴承。为了改善轴瓦表面的摩擦性能，可在轴瓦内表面浇注一层轴承合金等减摩材料（轴承衬）。为使轴承衬牢固地粘附在轴瓦的内表面上，常在轴瓦上预制出各种形式的沟槽，如图 12-9 所示，图 12-9a、b 用于钢制轴瓦，图 12-9c 用于青铜轴瓦。为使润滑油均布于轴瓦工作表面，在轴瓦的非承载区开设油孔和油槽，如图 12-7 所示。

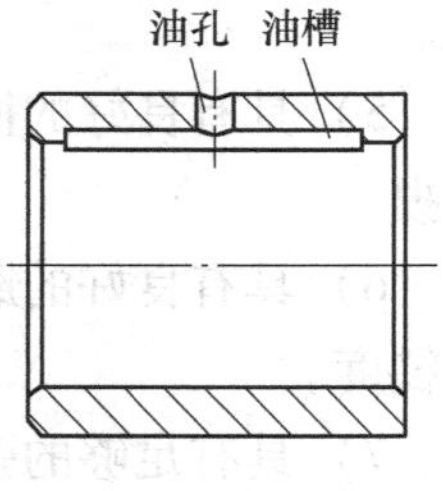

图 12-7　整体式轴瓦图

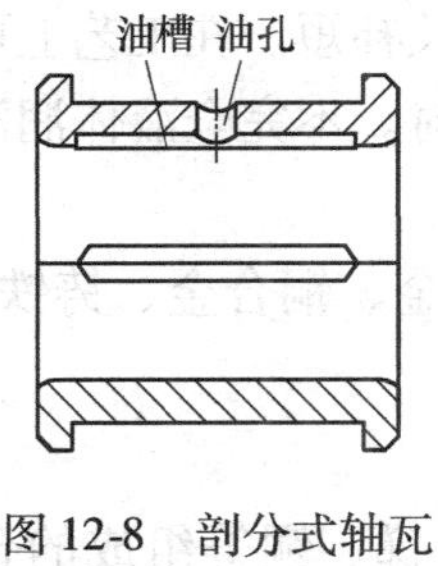

图 12-8　剖分式轴瓦

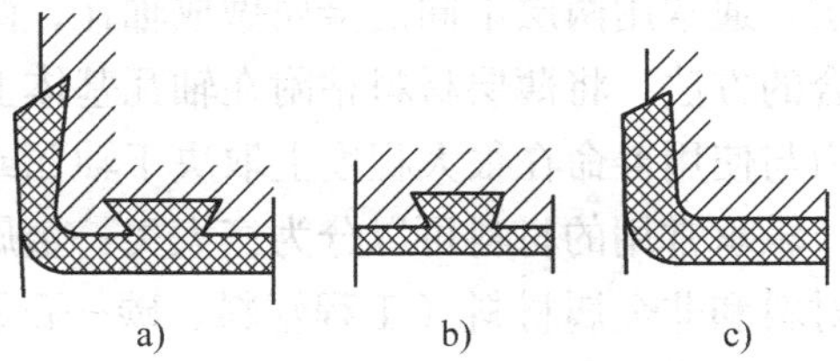

图 12-9　轴承衬

轴瓦和轴承座不允许有相对运动。为了防止轴瓦沿轴向和周向移动，可将其两端面做出凸缘来作轴向定位，也可用紧定螺钉或销钉将其固定在轴承座上，或在轴瓦剖分面上冲出定位唇以供定位用。

2. 油孔及油槽

为了把润滑油导入整个摩擦面间，轴瓦或轴颈上需开设油孔或油槽。对于液体动压径向轴承，有轴向油槽和周向油槽两种形式可供选择。

轴向油槽分为单轴向油槽及双轴向油槽。对于整体式径向轴承，轴径单向旋转时，载荷方向变化不大，单轴向油槽最好开在最大油膜厚度位置如图 12-7 所示，以保证润滑油从压力最小的地方输入轴承。剖分式径向轴承，常把轴向油槽开在轴瓦剖分面处（剖分面与载荷作用线成 90°），如果轴径双向旋转，可在轴瓦剖分面上开设双轴向油槽如图 12-8 所示，通常轴向油槽应较轴承宽度稍短，以便在轴瓦两端留出封油面，防止润滑油从端部大量流失。周向油槽适用于载荷方向变动范围超过 180°的场合，它常设在轴承宽度中部，把轴承分为两个独立部分；当宽度相同时，设有周向油槽轴承的承载能力低于设有轴向油槽的轴承。设计时，可以将油槽从非承载区延伸到承载区。油槽尺寸可查有关手册。

12.3 滑动轴承材料

轴瓦和轴承衬的材料统称为轴承材料。由于轴瓦是轴承中与轴颈直接接触的零件，对其材料的主要性能要求是：

1）具有良好的减摩性。材料要有较低的摩擦因数。

2）具有良好的耐磨性。材料要有高的抗磨性能。

3）具有良好的抗胶合性。材料要有好的耐热性和抗粘附性。

4）具有良好的摩擦顺应性。材料能通过表层弹塑性变形来补偿滑动表面初始配合不良。

5）具有良好的嵌入性。材料能容纳硬质颗粒嵌入，从而减轻滑动表面发生刮伤或磨粒磨损。

6）具有良好的磨合性。材料摩擦表面经过短期轻载运转后，易于形成相互吻合的表面粗糙度。

7）具有足够的强度和抗腐蚀能力。

8）具有良好的导热性、工艺性、经济性等。

工程实际中，没有一种轴承材料能够全面具备上述性能，应根据具体情况满足主要使用要求。通常用两层不同的金属做成轴瓦，两金属在性能上取长补短。在工艺上可以用浇铸或压合的方法，将薄层材料粘附在轴瓦基体上，并称其为轴承衬。不完全液体润滑轴承的工作能力与使用寿命在很大程度上取决于轴瓦或轴承衬的材料。

轴承常用的材料可以分为三大类：金属材料（如轴承合金、铜合金、铸铁等）、粉末冶金材料和非金属材料（工程塑料、碳—石墨等）。

1. 金属材料

（1）轴承合金　又称巴氏合金或白合金，是由锡、铅、锑、铜等组成的合金，常分为锡基和铅基轴承合金两种。它的减摩性、耐磨性、顺应性、嵌入性、磨合性都很好，但是价格昂贵，强度较低，因此常用作轴承衬材料。

（2）铜合金　是传统的轴瓦材料，品种很多，可以分为青铜和黄铜两类，由于青铜的减摩性和耐磨性比黄铜好，所以青铜是最常用的材料。常用的锡青铜强度高，减摩性和耐磨性都很好，适用于重载及中速场合。铅青铜具有较好的抗胶合能力且强度高，但顺应性和嵌入性稍差，一般用作轴承衬材料，适用于高速、重载轴承。铝青铜的强度及硬度较高，抗胶合能力较差，适用于低速、重载轴承。铸造黄铜减摩性不及青铜，但易于铸造和加工，常用于低速轴承。

（3）铸铁　主要有普通灰铸铁，加有镍、铬、钛等合金成分的耐磨灰铸铁和球墨铸铁。铸铁减摩性和耐磨性好，且价格低，但由于铸铁性脆、磨合性能差，故只适用于轻载、低速和不受冲击载荷的场合。

2. 粉末冶金材料

粉末冶金是用铁粉和石墨粉或铜粉和石墨粉调匀后，直接压制成轴瓦，然后在高温下烧结而成。若将其浸在润滑油中，使烧结微孔中充满润滑油，便成了含油轴承。常用作轴套，由于其韧性较小，只适用于轻载、低速，特别是加油不方便的场合。

3. 非金属材料

（1）工程塑料　工程塑料是应用最广泛的非金属材料，塑料轴承具有摩擦因数低，可塑性、磨合性好，耐磨、耐腐蚀，可以用水、油及化学溶液润滑等优点。但它的导热性差，膨胀系数较大，容易变形。

（2）碳-石墨　碳-石墨是电动机电刷的常用材料，也是不良环境中的轴承材料。碳-石墨是由不同量的碳和石墨构成的材料，石墨材料越多，材料越软，摩擦因数越小。

（3）橡胶　橡胶常用作轴承衬，它具有较大的弹性，能减轻振动使运转平稳，并可以用水润滑，常用于潜水泵、砂石清洗机、钻机等有泥沙的场合。

（4）木材　木材具有多孔质结构，可用填充剂来改善其性能。常用于灰尘极多的场合，例如用作建筑、农业中使用的带式输送机支撑滚子的滑动轴承。

常见金属轴承材料的使用性能见表 12-1。

表 12-1　常见金属轴承材料的使用性能

轴承材料		最大许用值			最高工作温度/℃	性能比较	备　注
		[p]/MPa	[v]/(m/s)	[pv]/(MPa·m/s)			
铸造锡基轴承合金	ZSnSb11Cu6	平稳载荷			150	摩擦因数小，抗胶合性良好，耐腐蚀，易磨合，变载荷下易疲劳	用于高速、重载下工作的重要轴承，如石油钻机
		25	80	20			
	ZSnSb8Cu4	冲击载荷					
		20	60	15			
铸造铅基轴承合金	ZPbSb16Sn16Cu2	15	12	10	150	各方面性能与锡锑轴承合金相近，但材料较脆，可作为锡锑轴承合金的代用品	用于中速、中载轴承，不宜受较大的冲击载荷，如机床、内燃机等
	ZPbSb15Sn5Cu3Cd2	5	8	5			
铸造锡青铜	ZCuSn10P1	15	10	15	280	熔点高，硬度高，承载能力、耐磨性、导热性均高于轴承合金，但可塑性差，不易磨合	用于中速、重载及受变载荷的轴承，如破碎机
	ZCuSn5Pb5Zn5	8	3	15			用于中速、中载的轴承

（续）

轴承材料		最大许用值			最高工作温度/℃	性能比较	备　注
		[p]/MPa	[v]/(m/s)	[pv]/(MPa·m/s)			
铸造铝青铜	ZCuAl10Fe3	15	4	12	280	硬度较高，抗胶合性能较差	用于润滑充分的低速、重载轴承，如重型机床

12.4　非液体摩擦滑动轴承的设计计算

12.4.1　主要失效形式

1. 磨粒磨损

进入轴承间隙的硬颗粒（如灰尘、砂粒等）有的嵌入轴承表面，有的游离于间隙中并随轴一起转动，它们都将对轴颈和轴承表面起研磨作用。在起动、停车或轴颈与轴承发生边缘接触时，将加剧轴承磨损，导致几何形状改变、精度丧失、轴承间隙加大，使轴承性能在预期寿命前急剧恶化而失效。

2. 刮伤

进入轴承间隙中的硬颗粒或轴颈表面粗糙的轮廓峰顶，在轴瓦上划出明显的线状伤痕，导致轴承因刮伤而失效。

3. 胶合

当轴承温升过高，载荷过大，油膜破裂时，或在润滑油供应不足条件下，轴颈和轴承的相对运动表面材料发生粘附和迁移，从而造成轴承损坏。胶合厉害时甚至可能导致相对运动中止。

4. 疲劳剥落

在载荷反复作用下，轴承表面出现与滑动方向垂直的疲劳裂纹，当裂纹向轴承衬与衬背结合面扩展后，造成轴承衬材料的剥落。它与轴承衬和衬背因结合不良或结合力不足造成轴承衬的剥落有些相似，但疲劳剥落周边不规则，结合不良造成的剥离则周边比较光滑。

5. 腐蚀

润滑剂在使用中不断氧化，所生成的酸性物质对轴承材料有腐蚀性，特别是铸造铜铅合金中的铅，易受腐蚀而形成点状的脱落。氧对锡基巴式合金的腐蚀，会使轴承表面形成一层由 SnO_2 和 SnO 混合组成的黑色硬质覆盖层，它能擦伤轴颈表面，并使轴承间隙变小。此外，硫对含银或含铜的轴承材料的腐蚀，润滑油中水分对含铜铅合金的腐蚀，都应加以注意。

12.4.2　设计计算

由于影响非液体摩擦滑动轴承承载能力的因素十分复杂，所以目前所采用的计算方法仍限于简化的条件性计算。

1. 径向滑动轴承的设计计算

设计时，通常已知轴承所受径向载荷 F_r、轴颈转速 n 及轴颈直径 d。轴承的设计是根据这些条件，选择类型、轴瓦材料，确定轴承宽度 B 并进行校核计算，对于非标准轴承还需要进行结构设计。

对于非液体摩擦滑动轴承，常取 $B=(0.8\sim1.5)d$；常用机械推荐值见表 12-2。如果选用标准滑动轴承座，则宽度 B 值可由有关标准或者手册中查出。

表 12-2　常用机械轴承宽径比 B/d 推荐值

机器种类	轴承	B/d	机器种类	轴承	B/d
汽车及航空发动机	曲轴主轴承	0.75～1.75	空气压缩机及往复式泵	主轴承	1.0～2.0
	连杆轴承	0.75～1.75		连杆轴承	1.0～1.25
	活塞销	1.5～2.2		活塞销	1.2～1.5
柴油机	曲轴主轴承	0.6～2.0	电动机	主轴承	0.6～1.5
	连杆轴承	0.6～1.5	机床	主轴承	0.8～1.2
	活塞销	1.5～2.0	冲、剪床	主轴承	1.0～2.0
铁路车辆	轮轴支承	0.8～2.0	起重设备		1.5～2.0
汽轮机	主轴承	0.4～1.2	齿轮减速器		1.0～2.0

（1）验算平均压强 p　为了保证润滑油不被过大的压力挤出，以免轴瓦发生过度磨损，应限制压强 p，p 值应满足下列条件

$$p=\frac{F_r}{Bd}\leqslant[p] \tag{12-1}$$

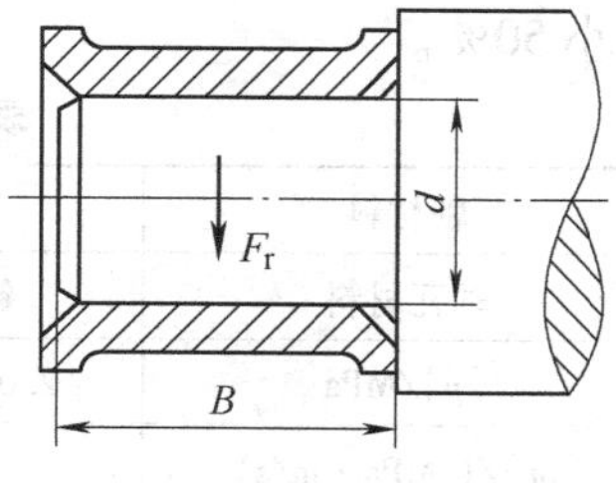

图 12-10　轴承的工作参数

式中，F_r 为轴承径向载荷（N）；d、B 为轴颈的直径和工作长度（mm），如图 12-10 所示；$[p]$ 为许用压强（MPa），由表 12-1 查取。

（2）验算 pv 值　对于载荷较大和速度较高的轴承，为了保证工作时不致因过度发热而产生胶合，还应限制轴承单位面积上的摩擦功耗 pv。因此 pv 直接反映了轴承温升。pv 值应满足下列条件

$$pv=\frac{F_r}{Bd}\times\frac{\pi dn}{60\times1000}\leqslant[pv] \tag{12-2}$$

式中，n 为轴颈转速（r/min）；$[pv]$ 为 pv 许用值（MPa · m/s），由表 12-1 查取。

（3）验算轴颈的滑动速度 v　对于压强 p 小的轴承，即使 p 和 pv 值验算合格，由于滑动速度过高，也会产生加速磨损而使轴承报废。因此，还要限制速度 v，速度 v 应满足下列条件

$$v=\frac{\pi dn}{60\times1000}\leqslant[v] \tag{12-3}$$

式中，$[v]$ 为许用滑动速度值（m/s），由表 12-1 查取。

在非液体摩擦滑动轴承中，轴承所选的材料和尺寸经验算合格后，根据不同的使用要求，为了保证一定的旋转精度必须合理选择轴承的配合，以保证一定的间隙，配合一般可选 H9/d9、H8/f7 或 H7/f6。

2. 止推滑动轴承的设计计算

止推滑动轴承的设计计算与径向滑动轴承的设计计算相似。

（1）验算平均压强 p

$$p=\frac{F}{\frac{\pi}{4}(d_2^2-d_1^2)z}\leqslant[p] \tag{12-4}$$

式中，F 为轴向载荷（N）；d_1、d_2 为轴环的内、外径（mm），一般取 $d_1=(0.4\sim0.6)d_2$，如图 12-11 所示；z 为轴环数；[p] 为许用压强（MPa），由表 12-3 查取，对于多环止推滑动轴承，由于制造和装配误差，使各支承面上所受的载荷不均匀，[p] 值应减小 50%。

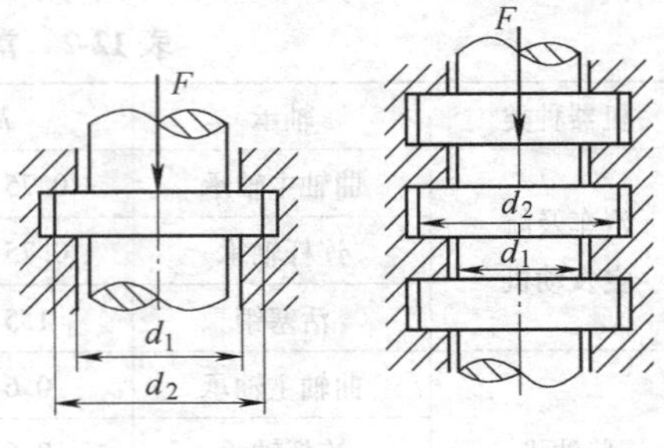

图　12-11

（2）验算 pv 值

$$pv\leqslant[pv] \tag{12-5}$$

式中，p 为平均压强（MPa）；v 为轴环的平均速度（m/s），$v=\frac{\pi dn}{60\times1000}$，其中：$d$ 为轴环平均直径（mm），$d=\frac{1}{2}(d_1+d_2)$；[pv] 为 pv 许用值（MPa · m/s），由表 12-3 查取，对于多环止推滑动轴承，由于制造和装配误差，使各支承面上所受的载荷不均匀，[pv] 值应减小 50%。

表 12-3　止推滑动轴承的 [p] 值和 [pv] 值

轴材料	未淬火钢			淬火钢	
轴瓦材料	铸铁	青铜	轴承合金	青铜	轴承合金
[p]/MPa	2.0~2.5	4.0~5.0	5.0~6.0	7.5~8.0	8.0~9.0
[pv]/(MPa · m/s)			1.0~2.5		

思考题和习题

12-1　根据结构特点，滑动轴承分哪几类？各有什么特点？

12-2　常用的轴瓦材料有哪几种？轴承合金为什么只能做轴承衬？

12-3　轴瓦上为什么要开油槽？开油槽时应注意哪些问题？

12-4　一止推轴承的环形承压面的内径 $d_0=50$mm，外径 $d=75$mm，许用平均压强 [p] $=0.52$MPa。求其能承受的最大轴向力。

12-5　有一非液体摩擦向心滑动轴承，轴颈直径 $d=60$mm，轴承宽度 $B=60$mm，轴瓦材料为 ZCuAl10Fe3。试求：

（1）当载荷 $F_r=36000$N、转速 $n=150$r/min 时，校核轴承是否满足非液体润滑轴承的使用条件。

（2）当载荷 $F_r=36000$N 时，轴的允许转速 n。

12-6　已知一支承起重机卷筒的非液体摩擦滑动轴承所受的径向载荷 $F_r=25000$N，轴径直径 $d=90$mm，宽径比 $B/d=1$，轴颈转速 $n=8$r/min。试选择该滑动轴承的材料。

第 13 章　滚动轴承设计

学习目标

1. 了解滚动轴承的结构、类型及其代号。
2. 掌握滚动轴承的选择方法，能对所选择的轴承进行寿命计算。
3. 掌握滚动轴承装置的设计方法。

滚动轴承是现代机器中广泛应用的通用部件之一。它主要依靠元件间的滚动接触来支承转动零件，具有摩擦阻力小、起动容易、效率高、轴向尺寸小、润滑简便等优点，因而在各种机械中得到了广泛应用。

滚动轴承大多已经标准化，并由专业企业大量生产。本章不是研究滚动轴承本身的设计，而是要求根据具体的工作条件正确选用轴承的类型和尺寸，并进行轴承组合设计。

13.1　概述

滚动轴承的基本结构如图 13-1 所示，由内圈、外圈、滚动体和保持架组成。内圈、外圈分别与轴颈及轴承座孔装配在一起。工作时，内外圈间产生相对转动。滚动体在内外圈间滚动，它使相对运动表面间的摩擦成为滚动摩擦。

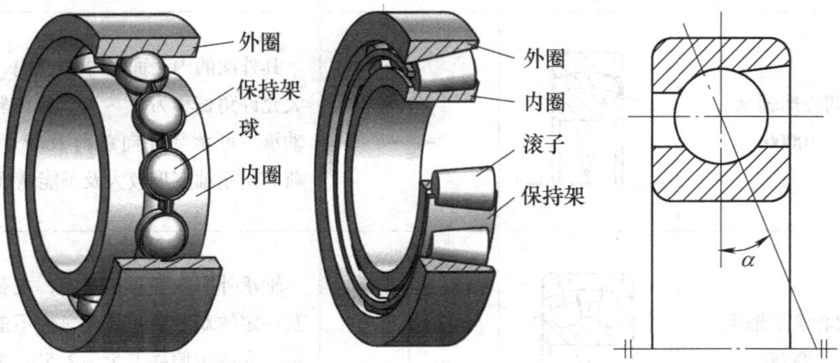

图 13-1　滚动轴承的基本结构

保持架的作用是使滚动体分布均匀，减少滚动体间的摩擦和磨损。保持架有实体结构和冲压结构，冲压保持架一般用低碳钢板冲压制成，它与滚动体间有较大的间隙。实体保持架常用铜合金、铝合金等非铁金属和塑料制成，有较好的定心作用。

滚动轴承的内、外圈和滚动体一般由高碳铬轴承钢或渗碳轴承钢制造，工作表面经过磨削和抛光，其硬度不低于 60HRC。

常见的滚动体如图 13-2 所示，有球（见图 13-2a）、圆柱滚子（见图 13-2b），圆锥滚子（见图 13-2c）、滚针滚子（见图 13-2d）和鼓形滚子（见图 13-2e）等。

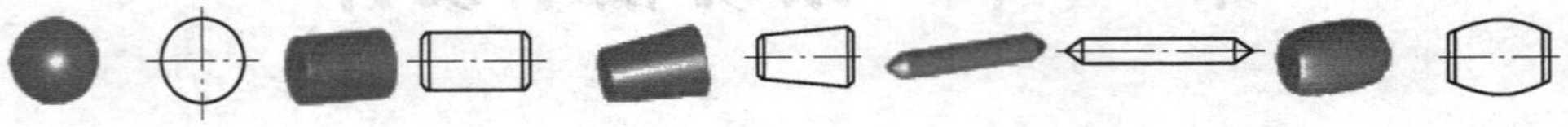

a)　　b)　　c)　　d)　　e)

图 13-2　滚动体形状

a）球　b）圆柱滚子　c）圆锥滚子　d）滚针滚子　e）鼓形滚子

13.2　滚动轴承的主要类型及代号

13.2.1　滚动轴承的主要类型、性能与特点

滚动体与外圈接触处的法线与垂直于轴承轴心线的平面之间的夹角称为公称接触角，简称接触角 α。接触角越大，轴承承受轴向载荷的能力也越大，它是滚动轴承的一个重要参数，如图 13-1c 所示。按轴承所能承受的载荷方向不同或接触角的不同可分为：向心轴承，$\alpha=0°$，主要承受径向载荷，如深沟球轴承、圆柱滚子轴承和滚针轴承等；推力轴承，$\alpha=90°$，主要承受轴向载荷，如推力球轴承等；向心推力轴承，$0°<\alpha<90°$，能同时承受径向载荷和轴向载荷，如角接触球轴承和圆锥滚子轴承等。

滚动轴承的类型很多，常用滚动轴承的主要类型和特性见表 13-1。

表 13-1　常用滚动轴承的主要类型和特性

类型代号	类型名称、结构代号	结构简图	承载方向	主要性能及应用
1	调心球轴承 10000	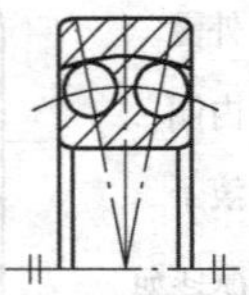		其外圈的内表面是球面，内、外圈轴线间最大允许角偏移为 2°～3°，极限转速低于深沟球轴承。可承受径向载荷及较小的双向轴向载荷。用于轴变形较大及不能精确对中的支承处
2	调心滚子轴承 20000	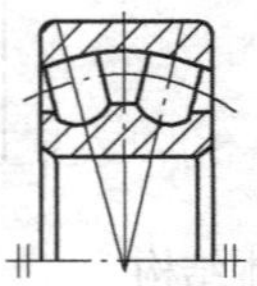		轴承外圈内表面是球面，主要承受径向载荷及一定的双向轴向载荷，但不能承受纯轴向载荷，允许角偏移 1.5°～2.5°。常用在长轴或受载荷作用后轴有较大变形及多支点的轴上
3	圆锥滚子轴承 30000 ($\alpha=10°\sim18°$) 30000B ($\alpha=27°\sim30°$)	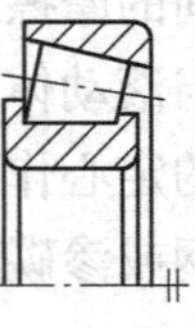	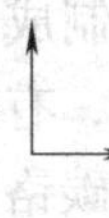	可同时承受较大的径向及轴向载荷。承受纯径向载荷时，会产生内部轴向力，使内、外圈有分离的趋势，因此这类轴承要成对使用。外圈可分离，装拆方便

（续）

类型代号	类型名称、结构代号	结构简图	承载方向	主要性能及应用
4	单向推力球轴承 51000	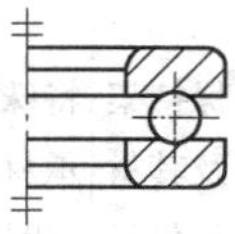		只能承受轴向载荷，而且载荷作用线必须与轴线相重合，不允许有角偏差，极限转速低
5	双向推力球轴承 52000	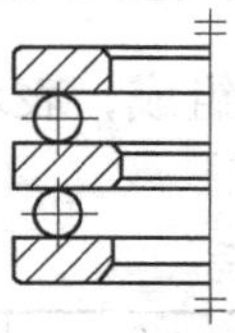		能承受双向轴向载荷。其余与推力轴承相同
6	深沟球轴承 60000	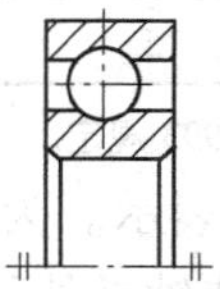		可承受径向载荷及一定的双向轴向载荷。内外圈轴线间允许最大角偏移为8′~16′
7	角接触球轴承 70000C（$\alpha=15°$） 70000AC（$\alpha=25°$） 70000B（$\alpha=40°$）	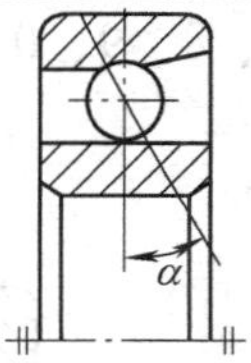		可同时承受径向及轴向载荷。承受轴向载荷的能力由接触角α的大小决定。由于存在接触角α，承受纯径向载荷时，会产生内部轴向力，使内、外圈有分离的趋势，因此这类轴承要成对使用，极限转速较高
N	圆柱滚子轴承 N0000	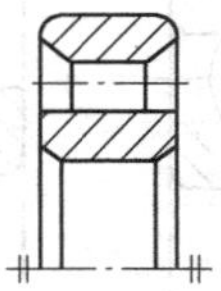		能承受较大的径向载荷，不能承受轴向载荷，极限转速也较高，但允许的角偏移很小，约2′~4′。设计时，要求轴的刚度大，对中性好
NA	滚针轴承 NA0000	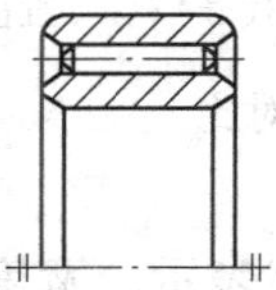		不能承受轴向载荷，不允许有角度偏斜，极限转速较低，结构紧凑。在内径相同的条件下，与其他轴承比较，其外径最小。适用于径向尺寸受限制的部件中

13.2.2　滚动轴承的代号

滚动轴承的种类很多，而各类轴承又有不同结构、尺寸和公差等级等，以便满足不同的使用场合。为了统一表征各类轴承的不同特点，便于组织生产、管理、选择和使用，国家标准GB/T 272—1993中规定了滚动轴承代号的表示方法。

滚动轴承代号由基本代号、前置代号和后置代号组成，用数字和字母等表示，轴承代号的构成见表13-2。

1. 基本代号

基本代号表示轴承的基本类型、结构和尺寸，是轴承代号的基础。它由轴承类型代号、尺寸系列代号、内径代号组成，排列方式见表 13-2。

表 13-2　滚动轴承代号的构成

前置代号	基本代号					后置代号							
轴承部件代号	五	四	三	二	一	内部结构代号	密封与防尘结构代号	保持架及其材料代号	特殊轴承材料代号	公差等级代号	游隙代号	多轴承配置代号	其他代号
	类型代号	尺寸系列代号		内径代号									
		宽度系列代号	直径系列代号										

（1）内径代号　由基本代号右起第一、二位数字组成，表示轴承内圈的内径尺寸，具体规定见表 13-3。

表 13-3　轴承内径代号

内径代号	00	01	02	03	04 ~ 99
轴承内径尺寸 d / mm	10	12	15	17	数字 ×5

注：内径小于 10mm 和大于 495mm 的轴承内径代号见 GB/T 272—1993 规定。

（2）直径系列代号　由基本代号右起第三位数字表示。为了适应不同的承载能力，对结构、内径相同的轴承可使用大小不同的滚动体，而使轴承外径也随之变化，这种内径相同而外径不同的变化称为直径系列，直径系列代号有 7、8、9、0、1、2、3、4 和 5，对应相同内径轴承的外径尺寸依次递增，如图 13-3 所示。

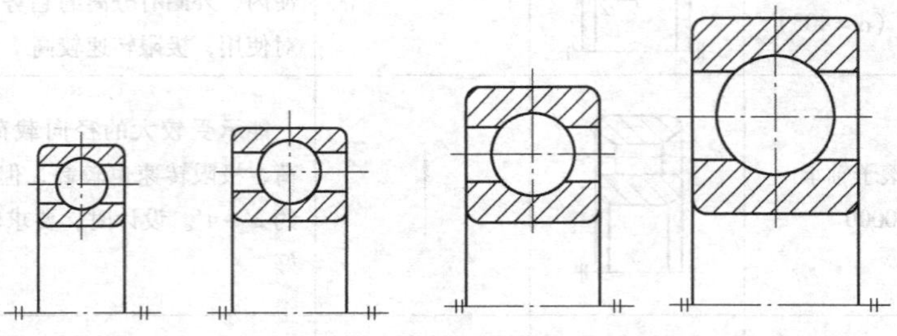

直径系列代号：1　直径系列代号：2　直径系列代号：3　直径系列代号：4

图 13-3　直径系列的对比

（3）宽度系列代号　由基本代号右起第四位数字表示。宽度系列是指结构、内径和直径系列都相同的轴承，在宽度方面的变化系列。宽度系列代号有 8、0、1、2、3、4、5 和 6，对应同一直径系列的轴承，其宽度依次递增。当宽度系列为 0 系列时，除调心轴承和圆锥滚子轴承外，其余的均可不标出。

直径系列代号和宽度系列代号统称为尺寸系列代号。

（4）轴承类型代号　用基本代号右起第五位数字或字母表示，其表示方法见表 13-1。

2. 后置代号

轴承的后置代号是用字母和数字等表示轴承的结构、公差及材料的特殊要求等，内容很多，下面介绍几个常用的代号。

（1）内部结构代号　表示同一类型轴承的不同内部结构，用字母紧跟着基本代号表示。如：接触角为 15°，25°和 40°的角接触球轴承分别用 C，AC 和 B 表示内部结构的不同。

（2）轴承的公差等级　分为 2 级、4 级、5 级、6 级、6x 级和 0 级，共 6 个级别，依次由高级到低级，其代号分别为/P2、/P4、/P5、/P6、/P6x 和/P0。其中 6x 级仅适用于圆锥滚子轴承；0 级为普通级，是最常用的轴承公差等级，在轴承代号中不标出。

（3）常用的轴承径向游隙系列　分为 1 组、2 组、0 组、3 组、4 组和 5 组共 6 个组别，径向游隙依次由小到大。0 组游隙是常用的游隙组别，在轴承代号中不标出，其余的游隙组别在轴承代号中分别用/C1、/C2、/C3、/C4、/C5 表示。

3. 前置代号

前置代号用于表示轴承的分部件，用字母表示，如用 L 表示可分离轴承的可分离套圈等。

实际应用的滚动轴承类型很多，其代号也比较复杂。以上介绍的代号是最基本、最常用的部分，熟悉了这部分代号，就可以识别和查选常用的轴承。

4. 代号举例

试说明 6308/P6 和 7202AC 轴承代号的含义。

6308/P6 轴承代号的含义为：内径 40mm，直径系列为 3 系列，宽度系列为 0 系列（0 在代号中省略），深沟球轴承，公差等级为 6 级，游隙系列为 0 组。

7202AC 轴承代号的含义为：公称接触角 $\alpha=25°$，内径 15mm，直径系列为 2 系列，宽度系列为 0 系列（0 在代号中省略），角接触球轴承，公差等级为 0 级，游隙系列为 0 组。

13.3　滚动轴承类型的选择

选用轴承时，首先是选择轴承类型，常用标准轴承的性能特点在表 13-1 中已经说明，在了解了标准轴承性能特点的基础上，应考虑以下主要因素进行选择。

1. 轴承的载荷

轴承所受载荷的大小、方向和性质，是选择轴承类型的主要依据。

根据载荷的方向选择轴承类型时，对于受纯径向载荷时应选用向心轴承，受纯轴向载荷应选用推力轴承。对于同时承受径向载荷 F_r 和轴向载荷 F_a 的轴承，应根据两者的比值来确定：若 F_a 相对于 F_r 较小时，可选用深沟球轴承或接触角不大的角接触球轴承及圆锥滚子轴承；当 F_a 比较大时，可选用接触角较大的角接触球轴承；当 F_a 比 F_r 大很多时，则应考虑采用向心轴承和推力轴承的组合结构，以分别承受径向载荷和轴向载荷。

根据载荷的大小选择轴承类型时，在同样外廓尺寸的条件下，滚子轴承比球轴承的承载能力和抗冲击能力要大，故载荷较大、有振动和冲击时，应优先选用滚子轴承。反之，轻载和要求旋转精度较高的场合应选择球轴承。

同一轴上两处支承的径向载荷相差较大时，也可以选用不同类型的轴承。

2. 轴承的转速

在一般转速下，转速的高低对类型的选择不产生什么影响，只有在转速较高时才会有比较显著的影响。轴承样本中列出了各种类型、各种尺寸轴承的极限转速 $n_{\lim}$ 值。这个转速是指载荷不太大，冷却条件正常，且为 0 级公差时的最大允许转速。但是，由于极限转速主要受工作时温升的限制，因此，不必认为上述的极限转速是不可超越的界限。

1）球轴承比滚子轴承的极限转速高，所以在高速情况下应考虑选择球轴承。

2）当轴承内径相同，外径越小则滚动体越小，产生的离心力越小，对外径滚道的作用也小。所以，外径越大极限转速越低。

3）实体保持架比冲压保持架允许有较高的转速。

4）推力轴承的极限转速低，所以当工作转速较高而轴向载荷较小时，可以采用角接触球轴承或深沟球轴承。

3. 轴承的调心性能

对于因支点跨距大而使轴刚性较差或因轴承座孔的同轴度低等原因而使轴挠曲时，为了适应轴的变形，应选用允许内外圈有较大相对偏斜的调心轴承。

在使用调心轴承的轴上，一般不宜使用其他类型的轴承，以免受其影响而失去了调心作用。

4. 轴承的安装与拆卸

在轴承座没有剖分面而必须沿轴向安装和拆卸时，应优先选择内、外圈可分离的轴承（如 N0000、NA0000、30000 等）。

5. 轴承使用的经济性

一般球轴承比滚子轴承价廉，有特殊结构的轴承比普通结构的轴承价格较高。同型号的轴承，精度越高，价格也越高。低精度轴承能满足要求时，就不选用高精度的轴承，一般机械传动宜选用普通级（P0）精度。

13.4 滚动轴承的主要失效形式和设计准则

13.4.1 滚动轴承的受载情况分析

一般转速时，轴承受径向载荷 F_r 作用，由于各元件的弹性变形，轴承上半圈的滚动体将不受力，而下半圈各滚动体受力的大小则与其所处的位置有关。故轴承运转时，轴承套圈滚道和滚动体受脉动循环的交变应力作用，如图 13-4 所示。

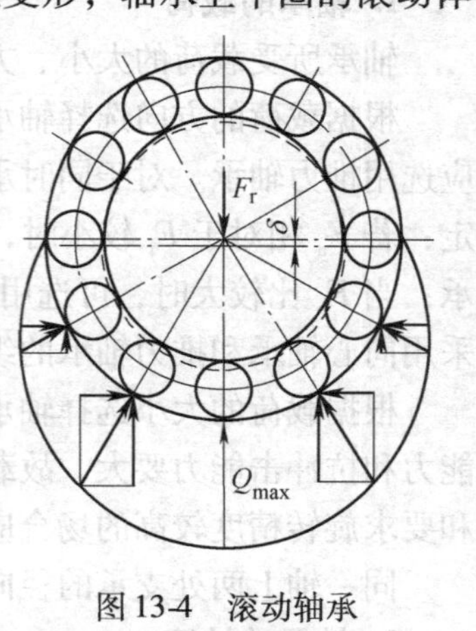

图 13-4 滚动轴承上的载荷分布

13.4.2 滚动轴承的主要失效形式

1. 疲劳点蚀

如图 13-5a 所示，滚动轴承在工作过程中，滚动体和内圈（或外圈）不断地转动，滚动体与滚道接触表面会在交变接触应力的反复作用下产生疲劳点蚀，致使轴承不能正常工作，出现比较强烈的振动、噪声和发热现象。实践表明，在正常使用条件下，只要选择、安装、润滑、维护等方面都考虑周到，绝大多数轴承的失效是疲劳点蚀。为了防止疲劳点蚀，需要进行疲劳寿命计算。

2. 磨损

如图 13-5b 所示，轴承润滑不良、密封效果差或装配不当而使滚动体和滚道过度磨损。

3. 胶合

如图13-5c所示，高速轴承润滑不良、密封效果差或装配不当，使轴承烧伤。

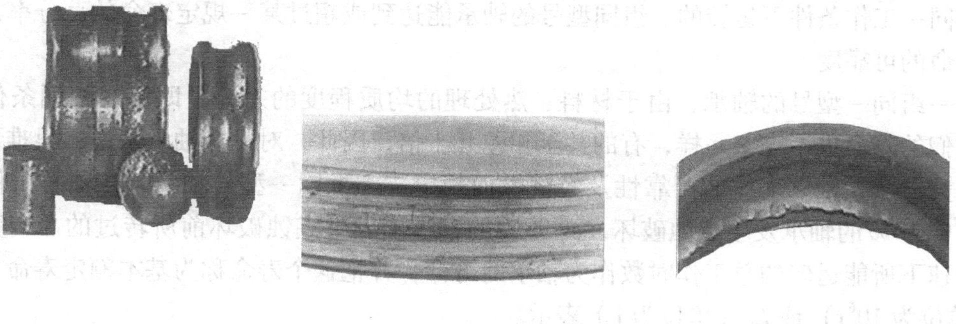

a)　b)　c)

图13-5　滚动轴承的失效

a）疲劳点蚀　b）磨损　c）胶合

虽然滚动轴承的其他失效形式（如套圈断裂、滚动体破碎、保持架磨损、锈蚀等）在工程实际中也时有发生，但只要制造合格、设计合理、安装维护正常，都是可以防止的。所以在工程上，主要以疲劳点蚀进行计算。此外，当轴承在高速运转时还会产生胶合失效。因此，除进行寿命计算外，还要校核极限转速。

13.4.3　滚动轴承设计准则

对于高速轴承，除疲劳点蚀外，其工作表面的过热还可能导致轴承失效，因此除进行寿命计算外，还要校核其极限转速；对于一般转速的轴承，由于其正常失效形式是疲劳点蚀破坏，所以设计准则就是以疲劳强度计算为依据进行轴承的寿命计算；对于不转动、摆动或低转速的轴承，可近似认为轴承各元件在静应力下工作，其失效形式主要是塑性变形，应进行以不发生塑性变形为准则的静强度计算；而以磨损、胶合为主要失效形式的轴承，由于影响因素复杂，目前还没有相应的计算方法，只能采取适当的预防措施。

13.5　滚动轴承的设计计算

滚动轴承设计计算要解决的问题可以分为两类：

1）对于已选定具体型号的轴承，计算在给定载荷下不发生点蚀的使用期限，即寿命计算。

2）在规定的寿命期限内和给定载荷情况下，选取某一具体轴承的型号，即选型设计。

在一般条件下工作的轴承，只要轴承类型选择合适，能正常安装与维护，绝大多数轴承是因疲劳点蚀而报废，因此滚动轴承的型号选择主要取决于疲劳强度的要求。

13.5.1　滚动轴承的基本额定寿命

轴承的寿命与所受载荷的大小有关，工作载荷越大引起的接触应力也就越大，因而在发生点蚀破坏前所能经受的应力变化次数也就越少，亦即轴承的寿命越短。所谓轴承的寿命是指单个滚动轴承中任一套圈或滚动体材料首次出现疲劳点蚀之前，内外圈的相对转数或在一定转速下的工作小时数。

在同一工作条件下运转的一组同型号的轴承能达到或超过某一规定寿命的百分率，称为轴承寿命的可靠度。

对一组同一型号的轴承，由于材料、热处理的均质程度的差异，即使在相同条件下工作，它们的寿命也不完全一样，有的甚至相差几十倍，因此，对一个轴承来说，很难预知其寿命。为了兼顾轴承工作的可靠性及经济性而规定：一批同一型号轴承，在同一条件下运转，其中 10% 的轴承发生点蚀破坏，而 90% 的轴承不发生点蚀破坏前所转过的总转数或在一定转速下所能运转的总工作时数作为轴承的寿命，并把这个寿命称为基本额定寿命，并用 L_{10}（单位为 10^6r）或 L_h（单位为 h）表示。

由于轴承基本额定寿命与破坏率有关，对于每一个轴承来说，在实际工作过程中，它能顺利地在基本额定寿命期内正常工作的概率为 90%，而在基本额定寿命达到之前发生点蚀破坏的概率为 10%，因此，在作轴承的寿命计算时，必须先根据机器的类型、使用条件和对可靠性的要求，确定一个恰当的预期计算寿命（即设计机器时所要求的轴承寿命，通常可以参照机器的大修期限取定）。表 13-4 中给出了根据对机器的使用经验推荐的滚动轴承预期计算寿命推荐值，可以供参考采用。

表 13-4　滚动轴承预期计算寿命推荐值

机器种类		预期寿命/h
不常使用的仪器和设备		500
航空发动机		500 ~ 2000
间断使用的机器	中断使用不引起严重后果，如手动机械、农业机械等	4000 ~ 8000
	中断使用会引起严重后果，如升降机、运输机等	8000 ~ 12000
每天工作 8 小时的机器	利用率不高的齿轮传动、电动机等	12000 ~ 20000
	利用率较高的通信设备、机床等	20000 ~ 30000
连续工作 24 小时的机器	一般可靠性的空气压缩机、电动机、水泵等	50000 ~ 60000
	高可靠性的电站设备、给排水装置等	> 100000

13.5.2　滚动轴承的基本额定动载荷

轴承的寿命与所受载荷的大小有关，工作载荷越大，引起的接触应力也就越大，因此轴承的寿命越短。当轴承的寿命恰好为 10^6r 时，轴承所承受的最大载荷称之为基本额定动载荷，用 C 表示。对于向心轴承，由于它是在纯径向载荷下进行寿命试验的，所以其基本额定动载荷通称为径向基本额定动载荷，记作 C_r；对于推力轴承，它是在纯轴向载荷下进行试验的，故称之为轴向基本额定动载荷，记作 C_a。各种类型、各种型号轴承的基本额定动载荷值可以在轴承标准中查得。

13.5.3　滚动轴承的当量动载荷

滚动轴承的基本额定动载荷 C 是在特定试验条件下得出的，就受载条件来说，向心轴承是承受纯径向载荷，推力轴承是承受纯轴向载荷。而在实际工作中，轴承可能承受轴向载荷也可能承受径向载荷，往往与试验条件不同。为了计算轴承寿命时能与基本额定动载荷在相同条件下进行比较，需要将实际载荷转换为一假定的等效载荷，此假定的等效载荷称为当量动载荷，用P表示。当量动载荷一般计算公式为

$$P = f_p(XF_r + YF_a) \tag{13-1}$$

式中，f_p为载荷系数，是考虑机器工作时的振动、冲击对轴承寿命影响的系数，见表13-5；F_r为轴承所承受的径向载荷（N）；F_a为轴承所承受的轴向载荷（N）；X、Y分别为径向动载荷系数和轴向动载荷系数，见表13-6。

表13-5 载荷系数f_p

载荷性质	f_p	应用举例
无冲击或轻微冲击	1.0~1.2	电动机、汽轮机、通风机、水泵等
中等冲击或中等惯性力	1.2~1.8	车辆、起重机、冶金机械、选矿机、木材加工机、机床等
强大冲击	1.8~3.0	破碎机、轧钢机、石油钻机、振动筛等

对于只承受纯径向载荷F_r的向心轴承，其当量动载荷为

$$P = f_pF_r \tag{13-2}$$

对于只承受纯轴向载荷F_a的推力轴承，其当量动载荷为

$$P = f_pF_a \tag{13-3}$$

表13-6 单列轴承的径向动载荷系数X和轴向动载荷系数Y

轴承类型（类型代号）		$F_a/C_0$①	e②	$F_a/F_r>e$		$F_a/F_r\leq e$	
				X	Y	X	Y
深沟球轴承（60000）		0.025 0.040 0.070 0.130 0.250 0.500	0.22 0.24 0.27 0.31 0.37 0.44	0.56	2.0 1.8 1.6 1.4 1.2 1.0	1	0
角接触球轴承	70000C（$\alpha=15°$）	0.0150 0.0290 0.0580 0.0870 0.120 0.170 0.290 0.440 0.580	0.38 0.40 0.43 0.46 0.47 0.50 0.55 0.56 0.56	0.44	1.47 1.40 1.30 1.23 1.19 1.12 1.02 1.00 1.00	1	0
角接触球轴承	70000AC（$\alpha=25°$）	—	0.68	0.41	0.87	1	0
角接触球轴承	70000B（$\alpha=40°$）	—	1.14	0.35	0.57	1	0
圆锥滚子轴承（30000）		—	1.5tanα③	0.4	0.4cotα③	1	0

① C_0为基本额定静载荷，由轴承手册查得。
② e为判断轴向载荷F_a对当量动载荷P影响程度的参数，称为判断系数。
③ 具体数值可查轴承型号有关手册；α为公称接触角。

13.5.4　滚动轴承的寿命计算公式

对于具有基本额定动载荷 C 的轴承，当它所受的载荷 P（当量动载荷）等于 C 时，其基本额定寿命就是 10^6r。但轴承工作条件千变万化各不相同，当 $P \neq C$ 时，轴承的寿命是多少？下面就讨论解决上述问题的办法。

图 13-6 所示为在大量试验基础上得出的轴承的载荷-寿命曲线（P-L 曲线），称为轴承的疲劳曲线，曲线上相应于寿命 $L_{10}=1\times10^6$r 的载荷为轴承的基本额定动载荷 C。

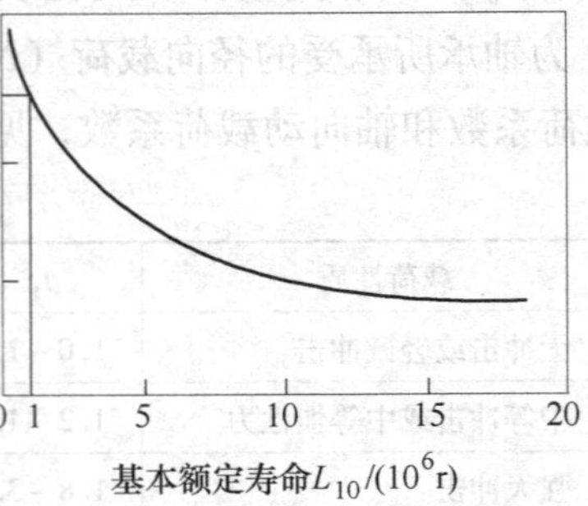

图 13-6　轴承的寿命-载荷曲线

P-L 曲线的公式表示为

$$L_{10}=\left(\frac{C}{P}\right)^{\varepsilon} \tag{13-4}$$

式中，L_{10}为寿命（10^6r）；P 为当量动载荷（N）；ε 为寿命指数，对于球轴承 $\varepsilon=3$，对于滚子轴承 $\varepsilon=10/3$。

实际计算时，用给定转速下的工作小时数表示轴承的基本额定寿命较方便，则以小时数表示轴承的基本额定寿命 L_h 为

$$L_h=\frac{10^6}{60n}\left(\frac{C}{P}\right)^{\varepsilon}=\frac{16667}{n}\left(\frac{C}{P}\right)^{\varepsilon} \tag{13-5}$$

如果载荷 P 和转速 n 为已知，预期计算寿命 L_h'已经给定，则轴承应具有的基本额定动载荷 C 的计算公式为

$$C=P\sqrt[\varepsilon]{\frac{60nL_h'}{10^6}}=P\sqrt[\varepsilon]{\frac{nL_h'}{16667}} \tag{13-6}$$

在较高温度（例如高于 120℃）下工作的轴承，基本额定动载荷 C 有所降低，故引进温度系数 f_t 对 C 值予以修正，f_t 可查表 13-7。

表 13-7　温度系数 f_t

轴承工作温度/℃	≤120	125	150	175	200	225	250	300	350
温度系数 f_t	1.00	0.95	0.90	0.85	0.80	0.75	0.70	0.60	0.50

这时式（13-4）、式（13-5）、式（13-6）变为

$$L_{10}=\left(\frac{f_tC}{P}\right)^{\varepsilon} \tag{13-7}$$

$$L_h=\frac{10^6}{60n}\left(\frac{f_tC}{P}\right)^{\varepsilon} \tag{13-8}$$

$$C=\frac{P}{f_t}\sqrt[\varepsilon]{\frac{60nL_h'}{10^6}} \tag{13-9}$$

13.5.5　角接触球轴承和圆锥滚子轴承的径向载荷 F_r 和轴向载荷 F_a 的计算

角接触球轴承和圆锥滚子轴承的结构特点是在滚动体和滚道接触处存在着接触角 α。当

它承受径向载荷时，要产生派生的轴向力，为了保证这类轴承正常工作，防止轴窜动，通常是成对的使用，如图 13-7 所示，图中表示了两种不同的安装方式。

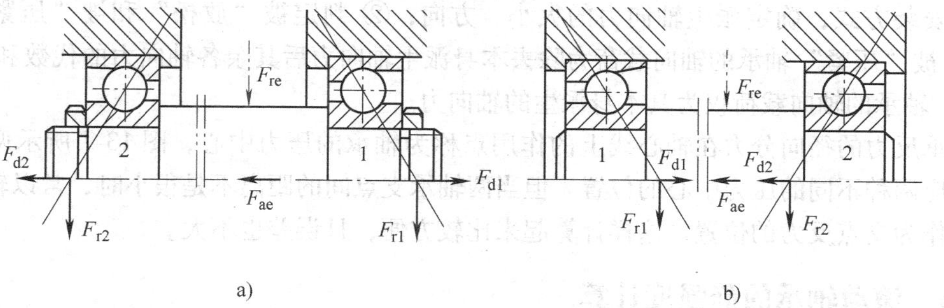

图 13-7　角接触球轴承轴向载荷的分析

a）反装（O 型安装，外圈窄边相背）　b）正装（X 型安装，外圈窄边相对）

在计算各轴承的当量动载荷 P 时，F_r 为由外界作用到轴上的径向力 F_{re} 在各轴承上产生的径向载荷；但轴向载荷 F_a 并不完全由外界的轴向作用力 F_{ae} 产生，而应该根据整个轴上的轴向载荷（包括因径向载荷 F_r 产生的派生轴向力 F_d）之间的平衡条件进行计算。

根据力的径向平衡条件，很容易由径向力 F_{re} 计算出两个轴承上的径向载荷 F_{r1} 和 F_{r2}，当 F_{re} 的大小及作用位置固定时，F_{r1} 和 F_{r2} 也就固定。由 F_{r1} 和 F_{r2} 派生的轴向力 F_{d1} 和 F_{d2} 的大小可按照表 13-8 中的公式计算，派生的轴向力 F_{d1} 和 F_{d2} 的方向由安装方式确定，如图 13-7 所示，正装轴承派生轴向力的方向相对，反装轴承的派生轴向力方向相背。

表 13-8　派生轴向力 F_d 的计算公式

角接触球轴承			圆锥滚子轴承
70000C（$\alpha=15°$）	70000AC（$\alpha=25°$）	70000B（$\alpha=40°$）	
$F_d=eF_r$	$F_d=0.68F_r$	$F_d=1.14F_r$	$F_d=F_r/(2Y)$

注：1. e 值由表 13-6 查取。

2. Y 是表 13-6 中 $F_a/F_r>e$ 时对应的 Y 值。

如图 13-7 所示，把派生轴向力的方向与外加轴向载荷 F_{ae} 的方向一致的轴承标记为 2，另一端标记为轴承 1，取轴和与其相配合的轴承内圈为分离体，如达到轴向平衡时，应满足

$$F_{ae}+F_{d2}=F_{d1} \tag{13-10}$$

如果按表 13-8 中的公式求得的 F_{d1} 和 F_{d2} 不满足上面的关系式时，会出现下面两种情况：

1）若 $F_{ae}+F_{d2}>F_{d1}$，则轴有向左移动的趋势，由于轴承 1 的左端已固定，轴不能向左移动，即轴承 1 被压紧，而轴承 2 被放松，此时轴处在平衡位置，由力的平衡条件可知，被压紧的轴承 1 所受的实际轴向载荷 F_{a1} 必须与 $F_{ae}+F_{d2}$ 相平衡，即

$$F_{a1}=F_{ae}+F_{d2} \tag{13-11}$$

而被放松的轴承 2 承受的实际轴向载荷 F_{a2} 仅仅是其派生轴向力 F_{d2}，即

$$F_{a2}=F_{d2} \tag{13-12}$$

2）若 $F_{ae}+F_{d2}<F_{d1}$，同理被压紧的轴承 2 所受的实际轴向载荷 F_{a2} 为

$$F_{a2}=F_{d1}-F_{ae} \tag{13-13}$$

而被放松的轴承 1 承受的实际轴向载荷 F_{a1} 仅仅是其派生轴向力 F_{d1}，即

$$F_{a1}=F_{d1} \tag{13-14}$$

综上可知，计算角接触球轴承和圆锥滚子轴承所受轴向力的方法可以归结为：① 判断轴承的安装方式，确定派生轴向力的大小、方向；② 判定被“放松”和被“压紧”的轴承；③ 被“压紧”轴承的轴向载荷为除去本身派生轴向力后其余各轴向力的代数和；④ 被“放松”轴承的轴向载荷仅为其本身派生的轴向力。

轴承反力的径向分力在轴心线上的作用点称为轴承的压力中心，图 13-7 所示两种安装方式对应两种不同的压力中心的位置。但当两轴承支点间的距离不是很小时，常以轴承宽度的中点作为支点反力的位置，这样计算起来比较方便，且误差也不大。

13.5.6　滚动轴承的静强度计算

对于转速很低（$n \leqslant 10\text{r/min}$）或在缓慢摆动条件下工作的滚动轴承，由于主要失效形式是塑性变形，这时滚动轴承应按静强度进行计算。

限制轴承产生过大塑性变形的静强度计算公式为

$$\frac{C_0}{P_0} \geqslant S_0 \tag{13-15}$$

式中，C_0 为基本额定静载荷（N），由轴承产品样本或轴承手册中查出；P_0 为当量静载荷（N），可按国标给定的公式计算；S_0 为静强度安全系数，可查有关设计手册。

13.6　滚动轴承装置设计

为了保证轴承的正常工作，除了合理选择轴承的类型和型号外，还必须正确地解决轴承安装、配合、紧固、调整、润滑和密封等问题，即正确合理地设计轴承装置，在具体进行设计时应主要考虑下面几个方面的问题。

13.6.1　滚动轴承的轴向固定

滚动轴承轴向紧固的方法很多，内圈常用的轴向固定方法有：①轴肩定位（见图 13-8a），用于高转速下承受大的轴向力，为了便于轴承拆卸，轴肩的高度应低于轴承内圈的厚度；②用轴用弹性挡圈嵌在轴的沟槽内（见图 13-8b），主要用于轴向力不大及转速不高时；③用螺钉固定的轴端挡圈固定（见图 13-8c），可用于在高转速下承受大的轴向力；④用圆螺母和止动垫圈固定（见图 13-8d），主要用于轴承转速高、承受较大的轴向力情况。

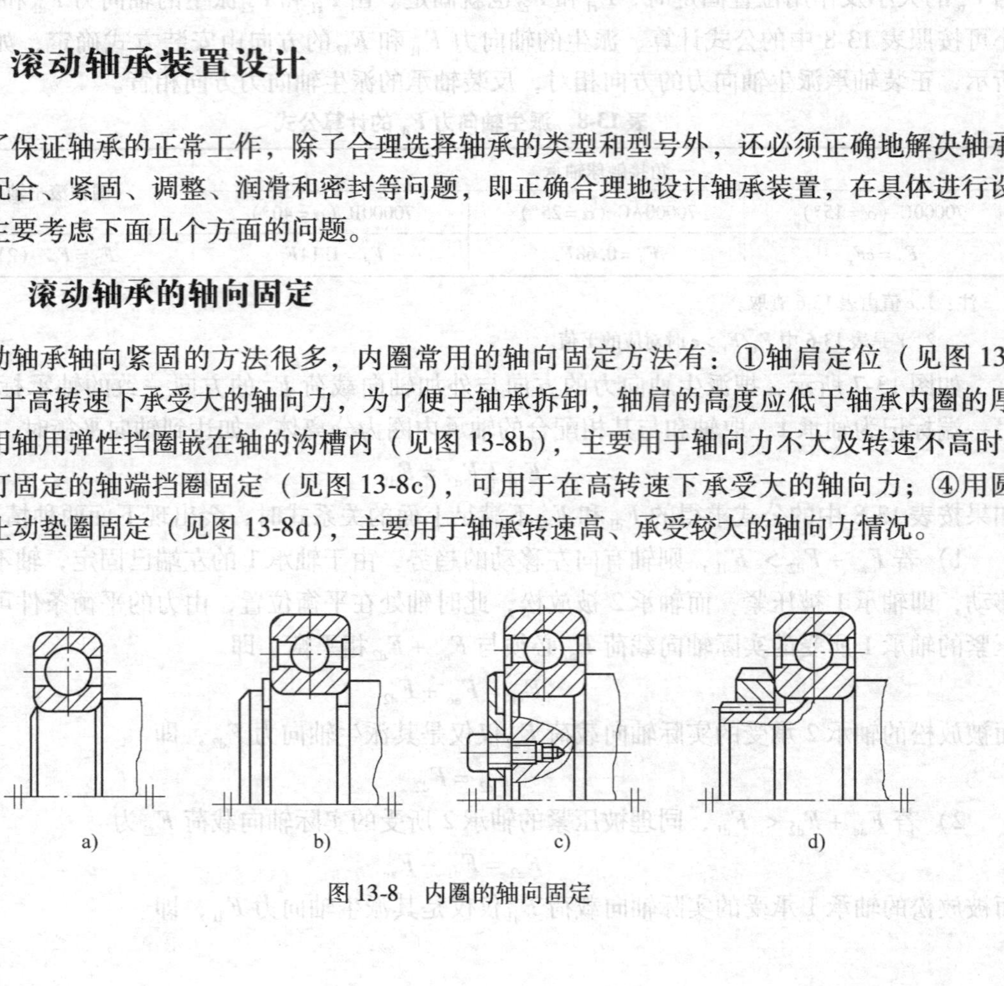

图 13-8　内圈的轴向固定

外圈常用的轴向固定方式有：①用轴承端盖固定（见图13-9a），用于高转速及很大轴向力时的各类向心、推力和向心推力轴承；②用嵌入外壳沟槽内的孔用弹性挡圈固定（见图13-9b），用于轴向力不大且需减小轴承装置的尺寸时；③用壳体上的凸肩进行定位（见图13-9c）。

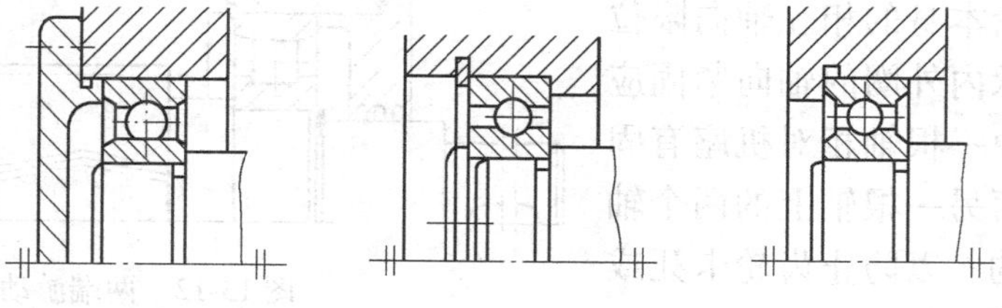

图13-9　外圈的轴向固定

13.6.2　滚动轴承的配置

轴的位置是靠轴承来定位的，轴工作时，既要防止发生轴向窜动，又要保证滚动体不因轴受热膨胀而卡住。轴的轴向定位，根据其两端轴承的不同结构，可分为以下三类：

1. 双支点各单向固定

对于工作温度变化不大和支承跨距较小（$l<300$mm）的短轴，常采用如图13-10所示的两端固定的安装方式，这种固定方式是在轴的两个支承点上，分别利用轴肩、轴承端盖固定轴承内圈、外圈，两个支承各限制轴系的一个方向的轴向移动，对整个轴系而言，两个方向都受到了定位。为补偿轴的受热伸长，对于内部间隙不可调的轴承（如深沟球轴承），在轴承外圈与端盖间应留有轴向间隙Δ，但间隙不能太大，否则轴会出现过大的轴向窜动，一般$\Delta=0.2\sim0.3$mm。对于内部间隙可以调整的轴承（如角接触球轴承、圆锥滚子轴承）不必在外部留间隙，而在装配时，将温升补偿间隙留在轴承内部。

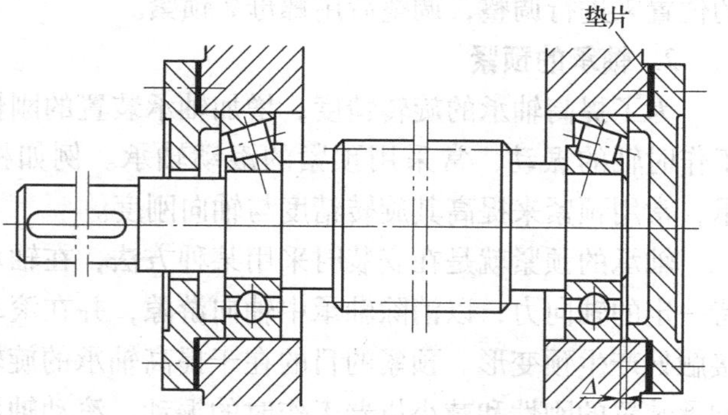

图13-10　双支点各单向固定支承

2. 一端双向固定、一端游动

当轴的跨距较大（$l>350$mm）、工作温度较高（$t>70$℃）和温差较大时，采用如图13-11所示的安装方式，左端轴承的内、外圈两侧均固定，使轴双向轴向定位，而右端采用深沟球轴承作为游动端，在轴承外圈

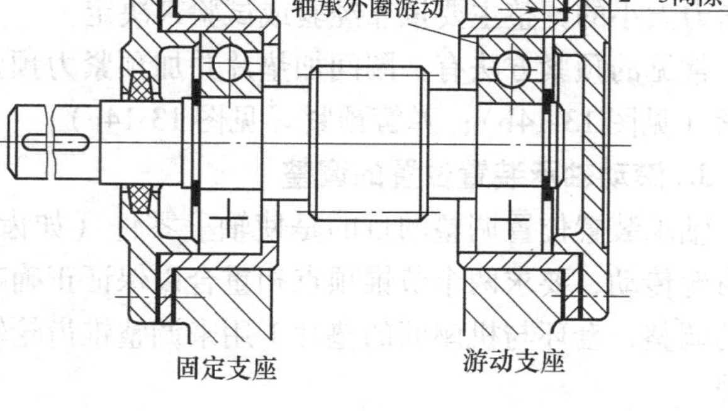

图13-11　一端双向固定、一端游动

与端盖间留适当间隙（2～3mm）。为防止轴承从轴上脱落，轴承内圈两侧应固定，而其外圈两侧均不固定，且与机座孔之间是间隙配合。

3. 两端游动

如图 13-12 所示，在人字齿轮传动中，由于人字齿轮本身的相互轴向限位作用，它们的轴承内外圈的轴向紧固应设计成只保证其中一根轴相对机座有固定的轴向位置，而另一根轴上的两个轴承都必须是游动的，以防止齿轮卡死或人字齿的轮齿两侧受力不均匀。

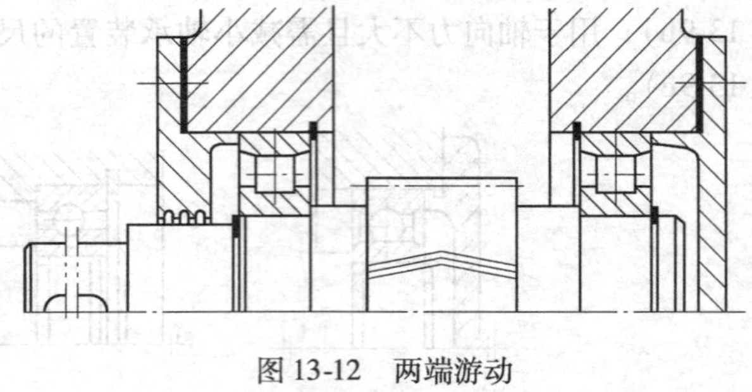

图 13-12　两端游动

13.6.3　滚动轴承装置的调整

1. 轴承间隙的调整

轴承在装配时，一般要留有适当间隙，以利轴承正常运转。常用的间隙调整方法有以下几种：

1）靠加减轴承盖与机座之间的垫片厚度来调整轴承间隙，如图 13-10 所示。

2）如图 13-13 所示。用螺钉 1 通过轴承外圈压盖 3 移动外圈的位置来进行调整，调整后用螺母 2 锁紧。

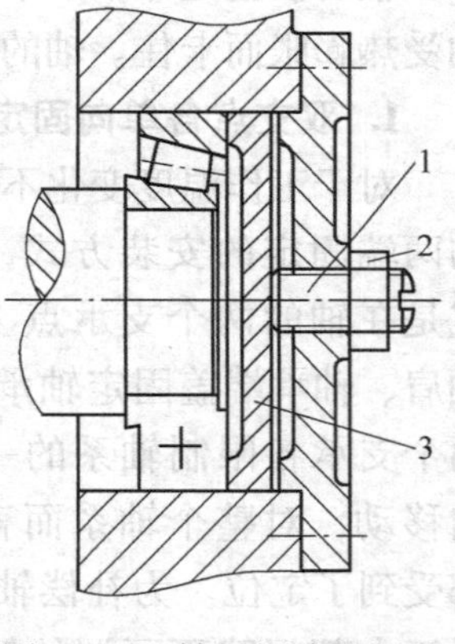

图 13-13　轴承间隙的调整

1—螺钉　2—螺母

3—轴承外圈压盖

2. 轴承的预紧

为了提高轴承的旋转精度，增加轴承装置的刚性，减小机器工作时轴的振动，常采用预紧的滚动轴承。例如机床的主轴轴承，常用预紧来提高其旋转精度与轴向刚度。

轴承的预紧就是在安装时采用某种方法，在轴承中产生并保持一定的轴向力，以消除轴承中轴向游隙，并在滚动体与内外圈接触处产生预变形。预紧的目的在于提高轴承的旋转精度、增加轴承装置的刚性和减小机器工作时的振动，滚动轴承一般都要有预紧措施。

预紧力的大小要根据轴承的载荷、使用要求来决定。预紧力过小，会达不到增加轴承刚性的目的；预紧力过大，又将使轴承中摩擦增加，温度升高，影响轴承寿命。在实际工作中预紧力大小的调整主要依靠经验或试验来决定。

常见的预紧方法有：圈间加垫片并加预紧力预紧（见图 13-14a）；磨窄套圈并加预紧力预紧（见图 13-14b）；弹簧预紧（见图 13-14c）。

3. 滚动轴承装置位置的调整

轴承装置位置调整的目的是使轴上零件（如齿轮、带轮等）具有准确的工作位置。如锥齿轮传动，要求两个节锥顶点相重合以保证正确啮合。图 13-15 所示为锥齿轮轴承装置位置的调整，套环与机座间的垫片 1 用来调整锥齿轮轴的轴向位置，而垫片 2 则用来调整轴承游隙。

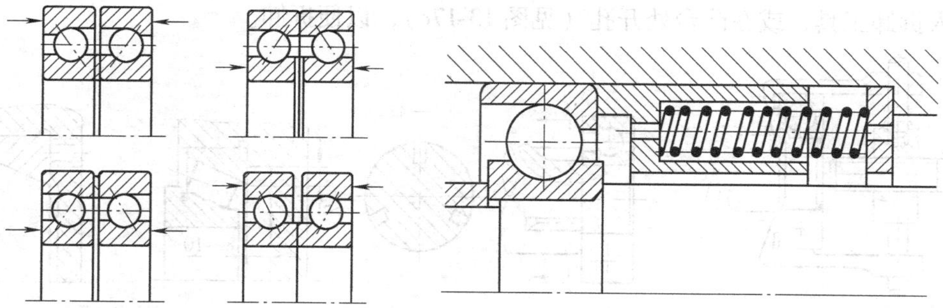

图 13-14 轴承的预紧

13.6.4 滚动轴承的配合与装拆

1. 轴承的配合

轴承的内圈和轴的配合及外圈和轴承孔座的配合，应考虑载荷的大小、方向和性质，并根据轴承的类型、尺寸、转速和使用条件决定。滚动轴承是标准组件，它与轴的配合采用基孔制，与轴承座的配合采用基轴制。

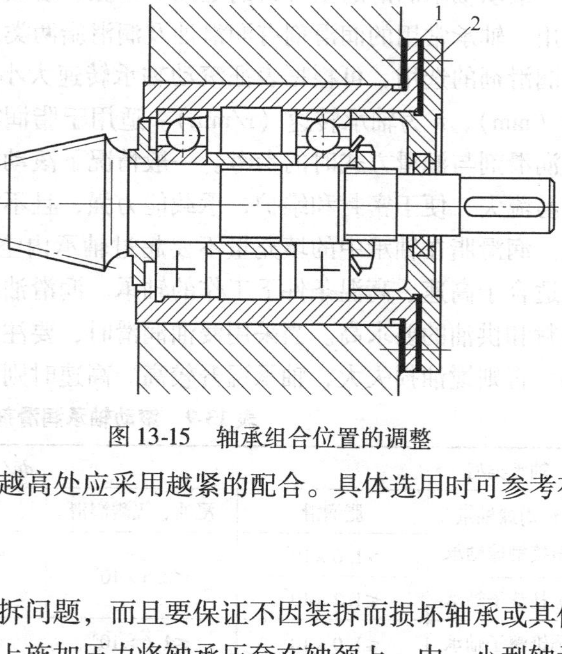

图 13-15 轴承组合位置的调整

当外载荷方向保持不变时，转动套圈应比固定套圈的配合紧。一般轴承是内圈随轴一起转动，外圈固定不转，因此内圈与轴常取过渡配合，如轴的公差采用 k5、m5、m6、n6、p6 或 r6 等；外圈与孔座常取较松的过渡配合，如孔座的公差采用 H7、G7、J7 或 Js7 等。一般转速越高、载荷越大、振动越大或工作温度越高处应采用越紧的配合。具体选用时可参考有关手册。

2. 轴承的拆装

在轴承装置设计中，必须考虑轴承的装拆问题，而且要保证不因装拆而损坏轴承或其他零件。配合较紧的，可以采用压力机在内圈上施加压力将轴承压套在轴颈上，中、小型轴承可以使用软锤直接敲入或用另一段管子压住内圈敲入，如图 13-16 所示。对于大尺寸轴承，可用温差法，即用热油（不超过 80～100℃）加热轴承，或用干冰冷却轴颈。

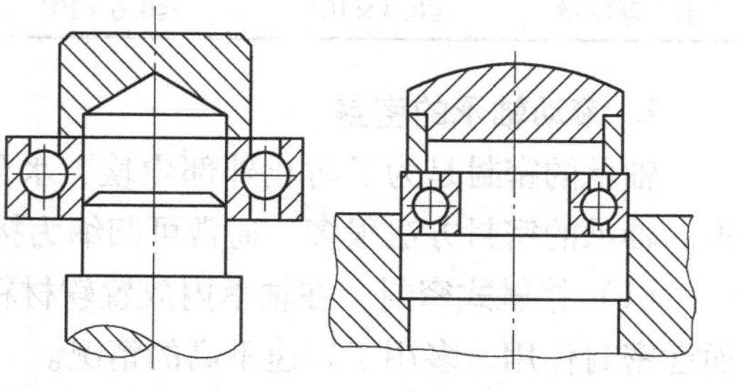

图 13-16 冷压法装滚动轴承

在设计时要考虑便于使用拆卸工具而留出足够的高度，否则拆卸时拆卸工具的钩头无法钩住内圈端面（见图 13-17a），如轴肩高度无法降低，则应在轴肩处开沟槽（见图 13-17b），以便放入拆卸工具，或在凸台处开孔（见图 13-17c），以便拆卸。

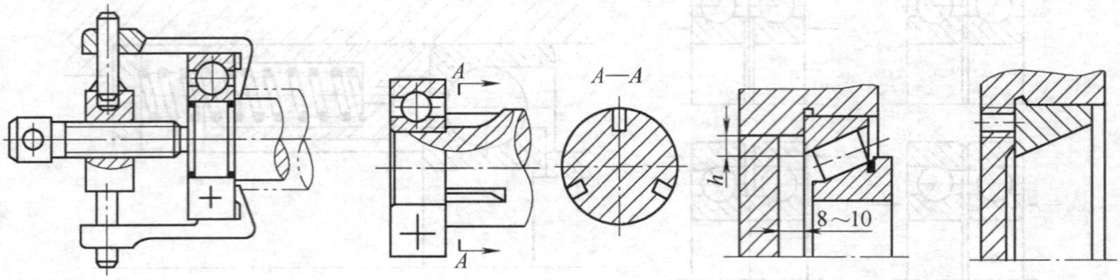

a)　　b)　　c)

图 13-17　滚动轴承的拆卸

13.6.5　滚动轴承的润滑与密封

1. 滚动轴承的润滑

滚动轴承润滑的主要目的是减少摩擦、磨损，同时也有冷却、吸振、防锈和减小噪声的作用。轴承常用的润滑剂有润滑油及润滑脂两类。此外，也有使用固体润滑剂的。润滑方式和润滑剂的选用，可根据表征滚动轴承转速大小的速度因素 dn 值来确定，d 为滚动轴承内径（mm）；n 为轴承转速（r/min）。适用于脂润滑和油润滑的 dn 值，见表 13-9，可作为选择润滑剂与润滑方式时的参考。一般情况下滚动轴承多采用润滑脂润滑，其特点是粘度大，不易流失，便于密封和维护，承载能力强，且不需经常加油；但是转速较高时，功率损失较大。润滑脂在轴承中的填充量不要超过轴承内空隙的 1/3～1/2，否则轴承容易过热。油润滑适合于高速、高温条件下工作的轴承。润滑油的优点是摩擦阻力小，润滑可靠；缺点是对密封和供油的要求高。当采用浸油润滑时，要注意油面高度不要超过轴承中最低滚动体的中心，否则搅油损失大，轴承温升较高。高速时则应采用滴油或油雾润滑。

表 13-9　滚动轴承润滑剂与润滑方式的选择

轴承类型	dn/（mm · r/min）				
	脂润滑	浸油、飞溅润滑	滴油润滑	喷油润滑	油雾润滑
深沟球轴承 角接触球轴承	$>1.6\times10^5$	$\leqslant2.5\times10^5$	$\leqslant4\times10^5$	$\leqslant6\times10^5$	$>6\times10^5$
圆柱滚子轴承	$\leqslant1.2\times10^5$				
圆锥滚子轴承	$\leqslant1.0\times10^5$	$\leqslant1.6\times10^5$	$\leqslant2.3\times10^5$	$\leqslant3\times10^5$	—
推力球轴承	$\leqslant0.4\times10^5$	$\leqslant0.6\times10^5$	$\leqslant1.2\times10^5$	$\leqslant1.5\times10^5$	—

2. 滚动轴承的密封

轴承的密封是为了防止外部尘埃、水分及其他杂物进入轴承，并防止轴承内润滑剂流失。轴承的密封方法很多，通常可归纳为接触式密封、非接触式密封及组合式密封三大类。

（1）接触式密封　在轴承内放置软材料（毛毡、橡胶圈或皮碗等），与转动轴直接接触而起密封作用，多用于转速不高的情况。

1）毡圈密封。如图 13-15 中右端轴承所示，将毡圈安装在轴承端盖的梯形槽内，利用毡圈与轴接触而起密封作用。用于 $v<5$m/s 的脂润滑和低速油润滑，工作温度 $t<60$℃。轴

颈工作表面需抛光，密封作用小。

2）密封圈式密封。密封圈是由耐油橡胶、皮革或塑料制成。安装时用螺旋弹簧把密封唇口箍紧在轴上，有较好的密封效果。用于 $v<10\mathrm{m/s}$ 的油润滑或脂润滑，工作温度 $-40\sim100℃$，工作可靠。图 13-18 所示密封的唇口朝外，防尘的性能好。若密封圈的唇口朝里，则封油的效果好。

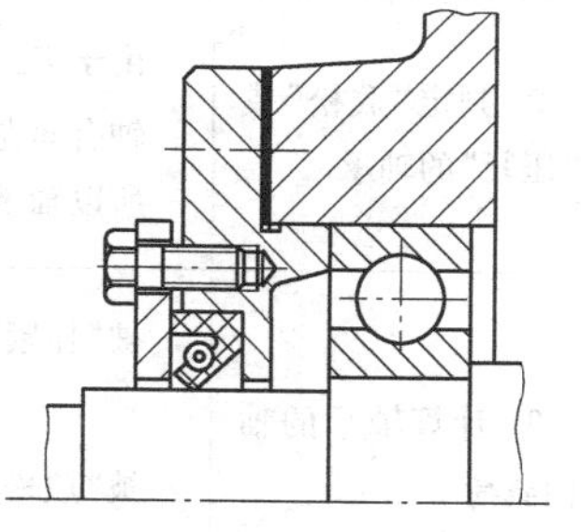

图 13-18　密封圈式密封

（2）非接触式密封　利用间隙密封，转动件与固定件之间不接触，所以不发生直接摩擦，多用于速度较高的情况。

1）间隙密封。如图 13-10 所示，利用轴与轴承端盖之间小的径向间隙（0.1～0.3mm）而获得密封。间隙越小，轴向宽度越宽，密封的效果越好。若在端盖的内孔上再制出几个环形槽，如图 13-12 所示，并填充润滑脂，可提高其密封效果。用于脂润滑或低速油润滑。

2）迷宫式密封。当环境比较脏或比较潮湿的环境，采用如图 13-19 所示的迷宫式密封，它是将旋转的和固定的密封零件间的隙缝制成迷宫（曲路）形式，隙缝一般为 0.2～0.5mm，隙缝中填入润滑脂，可提高密封性效果，这种密封可靠，适用于 $v<30\mathrm{m/s}$ 的油润滑或脂润滑。

联合采用以上两种密封形式的组合，密封效果较好，多适用于密封要求较高的场合。

例 13-1　如图 13-20 所示某工程机械轴承安装和受力状况，根据工作条件，确定采用两个反装的角接触球轴承支承，支点处的径向反力 $F_{r1}=875\mathrm{N}$，$F_{r2}=1520\mathrm{N}$，轴向外载荷 $F_{ae}=400\mathrm{N}$，轴的转速 $n=520\mathrm{r/min}$，运转中有中等冲击，预期计算寿命 L_h' 为 30000h，初选轴承型号为 7207C。试验算其寿命是否合适。

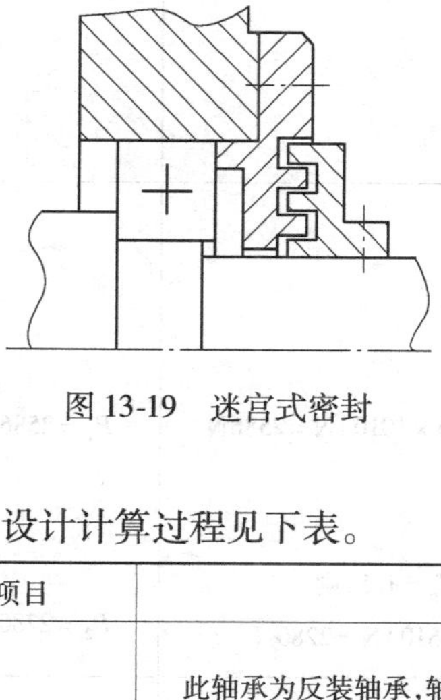

图 13-19　迷宫式密封

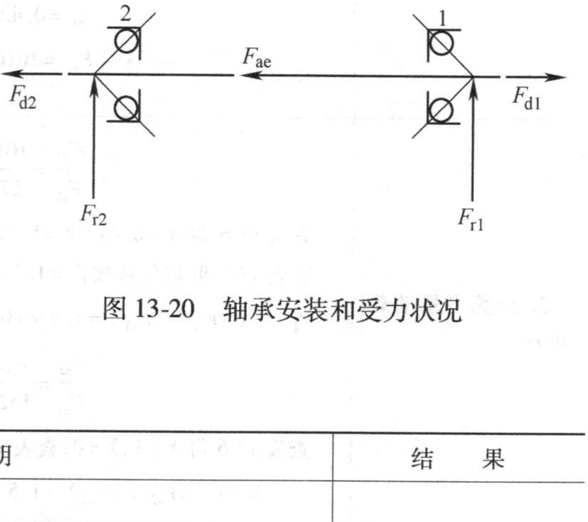

图 13-20　轴承安装和受力状况

解　设计计算过程见下表。

计算项目	计算与说明	结　果
1. 计算派生轴向力	此轴承为反装轴承，轴承派生轴向力方向如图 13-20 所示 由表 13-6 和表 13-8 可知，对于所选轴承 $F_d=eF_r$，而 e 值取决于 F_a/C_0，但 F_a 待求，故用试算法。先试取 $e=0.4$，则 $F_{d1}=eF_{r1}=0.4\times875\mathrm{N}=350\mathrm{N}$ $F_{d2}=eF_{r2}=0.4\times1520\mathrm{N}=608\mathrm{N}$	$F_{d1}=350\mathrm{N}$ $F_{d2}=608\mathrm{N}$

（续）

计算项目	计算与说明	结　果
2. 判定“放松”或“压紧”的轴承	由于 $F_{ae}+F_{d2}=(400+608)\,N=1008N>F_{d1}=350N$ 轴有向左移动的趋势 所以轴承 1 被“压紧”，轴承 2 被“放松”	轴承 1 被“压紧” 轴承 2 被“放松”
3. 计算轴承的轴向载荷	被“压紧”的轴承 1 的轴向载荷 F_{a1} 为 $F_{a1}=F_{ae}+F_{d2}=(400+608)\,N=1008N$ 被“放松”的轴承 2 的轴向载荷 F_{a2} 为 $F_{a2}=F_{d2}=608N$	$F_{a1}=1008N$ $F_{a2}=608N$
4. 修正 e、F_{a1} 和 F_{a2}	由轴承样本或轴承手册得：7207C 轴承的 $C_0=20000N$ $\frac{F_{a1}}{C_0}=\frac{1008}{20000}=0.0504$ $\frac{F_{a2}}{C_0}=\frac{608}{20000}=0.0304$ 由表 13-6 经插值计算得 $e_1=0.422$，$e_2=0.401$。再计算： $F_{d1}=eF_{r1}=0.422\times875N=369N$ $F_{d2}=eF_{r1}=0.401\times1520N=610N$ $F_{a1}=F_{ae}+F_{d2}=(400+610)\,N=1010N$ $F_{a2}=F_{d2}=610N$ $\frac{F_{a1}}{C_0}=\frac{1010}{20000}=0.0505$；$\frac{F_{a2}}{C_0}=\frac{610}{20000}=0.0305$ 两次计算的 F_a/C_0 值相差不大，故可取 $e_1=0.422$，$e_2=0.401$ $F_{a1}=1010N$，$F_{a2}=610N$	$e_1=0.422$ $e_2=0.401$ $F_{a1}=1010N$ $F_{a2}=610N$
5. 计算当量动载荷 P	$\frac{F_{a1}}{F_{r1}}=\frac{1010}{875}=1.15>e_1$ 查表 13-6 得 $X=0.44$，$Y=1.326$ 查表 13-5 取载荷系数 $f_p=1.5$，则 $P_1=f_p(XF_{r1}+YF_{a1})=1.5\times(0.44\times875+1.326\times1010)\,N=2586N$ $\frac{F_{a2}}{F_{r2}}=\frac{610}{1520}=0.401=e_2$ 查表 13-6 得 $X=1$，$Y=0$；查表 13-5 取载荷系数 $f_p=1.5$，则 $P_2=f_p(XF_{r2}+YF_{a2})=1.5\times(1\times1520+0\times610)\,N=2280N$	$P_1=2586N$ $P_2=2280N$
6. 验算轴承寿命	因 $P_2<P_1$，故按 P_1 计算轴承寿命 $L_h=\frac{10^6}{60n}\left(\frac{C}{P}\right)^{\varepsilon}=\frac{10^6}{60\times520}\times\left(\frac{30500}{2586}\right)^3 h=52585h>L_h'=30000h$	$L_h=52585h$
7. 结论	所选用轴承的寿命合适	

例 13-2　某工程机械传动中轴承组合形式及受力状况如图 13-21 所示。已知：轴向力 $F_{ae}=2000\text{N}$，径向力 $F_{r1}=4000\text{N}$、$F_{r2}=5000\text{N}$，转速 $n=1500\text{r/min}$；中等冲击，工作温度低于 100℃，要求轴承使用寿命 $L_h=5000\text{h}$。问 30310 轴承是否适用。

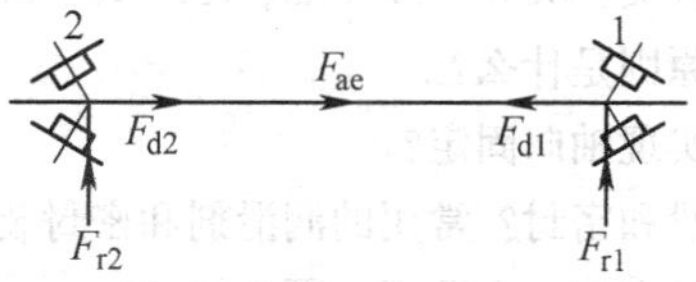

图 13-21　轴承组合形式及受力状况

解　计算过程见下表。

计算项目	计算与说明	结　果
1. 计算轴承所受轴向载荷 F_a	查手册得 30310 轴承： $C=130000\text{N}; Y=1.7; e=0.35$ 查表 13-8 得 $F_{d1}=F_{r1}/2Y=4000/(2\times1.7)\text{N}=1176.5\text{N}$ $F_{d2}=F_{r2}/2Y=5000/(2\times1.7)\text{N}=1470.6\text{N}$ 方向如图 13-21 所示，则 $F_{d2}+F_{ae}=(1470.6+2000)\text{N}=3470.6\text{N}>F_{d1}$ 所以轴有向右移动的趋势 则轴承 1 被“压紧”，轴承 2 被“放松”，故 $F_{a1}=F_{d2}+F_{ae}=1470.6+2000\text{N}=3470.6\text{N}$ $F_{a2}=F_{d2}=1470.6\text{N}$	$F_{a1}=3470.6\text{N}$ $F_{a2}=1470.6\text{N}$
2. 计算当量动载荷 P	轴承 1：$F_{a1}/F_{r1}=3470.6/4000=0.8677>e$ 查表 13-6 得 $X=0.4$ 由载荷中等冲击，查表 13-5 得 $f_p=1.6$ $P_1=f_p(XF_{r1}+YF_{a1})=1.6\times(0.4\times4000+1.7\times3470.6)\text{N}=12000\text{N}$ 轴承 2：$F_{a2}/F_{r2}=1470.6/5000=0.294<e$ 查表 13-6 得 $X=1, Y=0$，故 $P_2=f_p(XF_{r2}+YF_{a2})=1.6\times(1\times5000+0\times1470.6)\text{N}=8000\text{N}$	$P_1=12000\text{N}$ $P_2=8000\text{N}$
3. 验算基本额定动载荷 C	按公式得所需的基本额定动载荷 $C'=P\times\sqrt[\varepsilon]{\dfrac{60n\times L_h}{10^6}}$ 因 $P_1>P_2$，所以按 P_1 计算 $C'=12000\times\sqrt[\frac{10}{3}]{\dfrac{60\times1500\times5000}{10^6}}=75014\text{N}$ $C'<C=130000\text{N}$	$C'=75014\text{N}<C$
4. 结论	采用一对 30310 圆锥滚子轴承寿命是足够的	

思考题和习题

13-1　选择滚动轴承时，应考虑哪些因素？

13-2　说明下列滚动轴承代号的含义：6201、71311C、7308AC、30308/P6X。

13-3　选择滚动轴承配合的一般原则是什么？

13-4　滚动轴承的内、外圈如何实现轴向固定？

13-5　滚动轴承为什么要进行润滑和密封？常用的润滑剂和密封装置有哪些？

13-6　轴承组合的轴向固定有哪些方式？主要用于哪些场合？

13-7　什么是轴承的接触角？接触角的大小对其受载有何影响？

13-8　有一7208AC轴承，受径向载荷 $F_r=7500\text{N}$，轴向载荷 $F_a=1450\text{N}$，工作转速 $n=120\text{r/min}$，载荷轻度冲击。试计算该轴承的工作寿命。

13-9　某传动装置中的一深沟球轴承，其径向载荷 $F_r=1500\text{N}$，轴向载荷 $F_a=550\text{N}$，转速 $n=1400\text{r/min}$，轴颈 $d=50\text{mm}$，要求寿命 $L_h=8000\text{h}$，载荷有中等冲击。试选择此轴承的型号。

13-10　一齿轮轴上装有一对型号为30209的轴承（正装），已知轴向力 $F_{ae}=5000\text{N}$，方向向右，$F_{r1}=8000\text{N}$，$F_{r2}=6000\text{N}$。试计算两轴承上的轴向载荷。

13-11　某矿山机械轴承组合形式如图13-22所示。已知轴向力 $F_{ae}=2000\text{N}$，径向力 $F_{r1}=3000\text{N}$，$F_{r2}=4000\text{N}$，转速 $n=1450\text{r/min}$，中等冲击，工作温度不超过100℃，要求轴承使用寿命 $L_h=5000\text{h}$。问采用30310轴承是否适用。

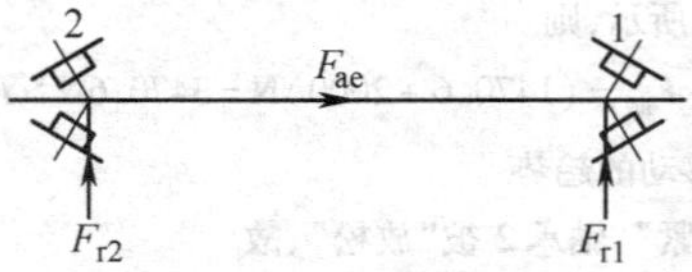

图13-22　题13-11图

13-12　一常温下工作的蜗杆，轴颈 $d=40\text{mm}$，转速 $n=220\text{r/min}$，径向载荷 $F_{r1}=2000\text{N}$，$F_{r2}=2550\text{N}$，蜗杆的轴向力 $F_{ae}=800\text{N}$，方向向右，轴承对称布置，要求两班制工作5年，有轻微冲击。拟从角接触球轴承、圆锥滚子轴承中选择，试确定轴承型号，并判定哪种方案最佳。

第14章　轴的设计

学习目标

1. 能对不同类型的轴进行强度计算。
2. 重点掌握轴的结构设计方法。

14.1　概述

轴是机械设备中的重要零件之一，它的主要功能是直接支承回转零件，如齿轮、车轮和带轮等，以实现回转运动并传递动力和转矩，轴要由轴承支承以承受作用在轴上的载荷，这种起支持作用的零部件称为支承零部件。而且有很多的轴上零件需要彼此连接，它们的性能互相影响，所以将轴及轴上零部件统称为轴系零部件。如图14-1所示，减速器的输出轴系由轴1、轴承2、齿轮3、联轴器4、键5等组成。

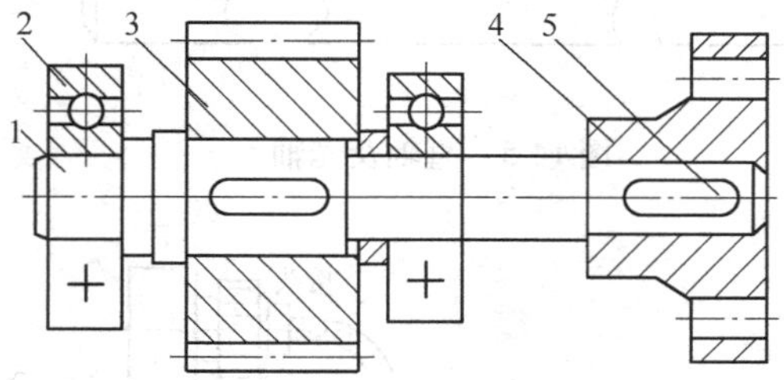

图14-1　减速器的输出轴系
1—轴　2—轴承　3—齿轮　4—联轴器　5—键

14.1.1　轴的分类

根据受载情况的不同，轴可分为转轴、传动轴和心轴三类。转轴既传递转矩（T），又承受弯矩（M），如图14-2所示的减速器中的轴；传动轴以传递转矩为主，不承受弯矩或承受很小弯矩，如图14-3所示汽车的传动轴；心轴承受弯矩，不传递转矩，如图14-4a所示的火车车轮轴（转动心轴）和图14-4b所示的自行车前轮轴（固定心轴）。

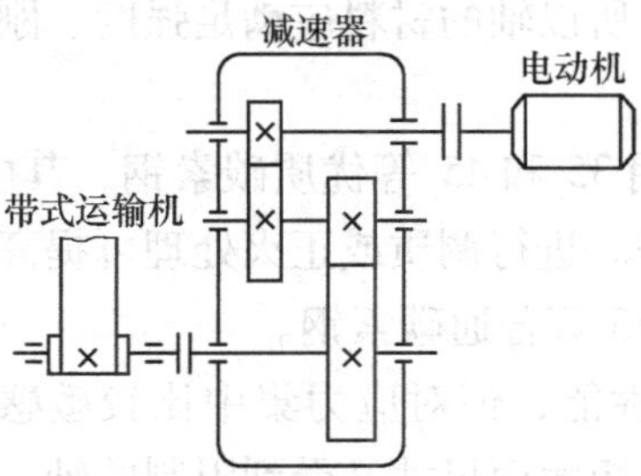

图14-2　转轴

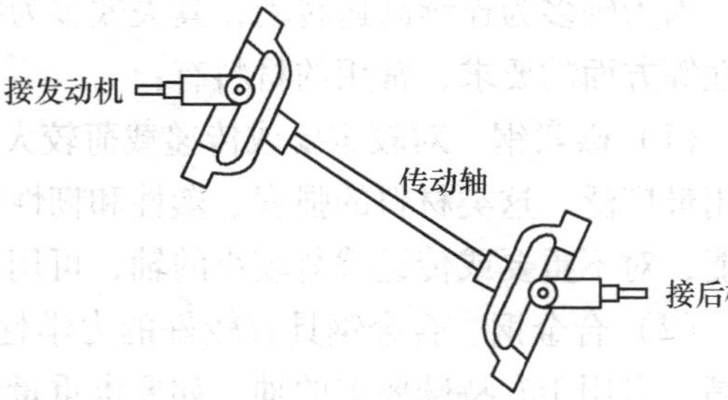

图14-3　汽车的传动轴

根据轴线的几何形状，轴还可分为直轴（见图14-5）、曲轴（见图14-6）和挠性钢丝轴（见图14-7）。直轴又可根据其外形不同分为光轴（见图14-5）和阶梯轴（见图14-8）。

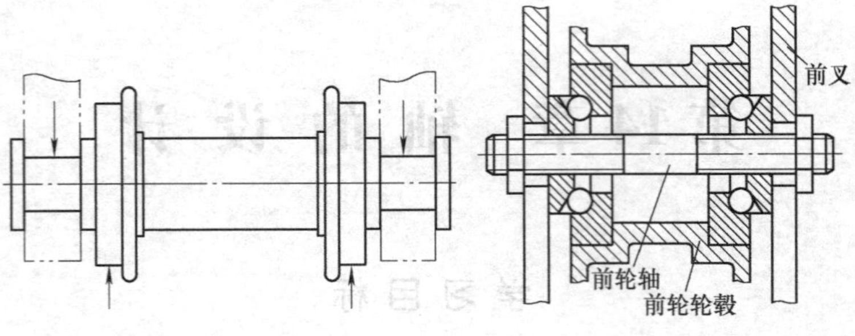

a)　　b)

图 14-4　心轴

a）转动心轴　b）固定心轴

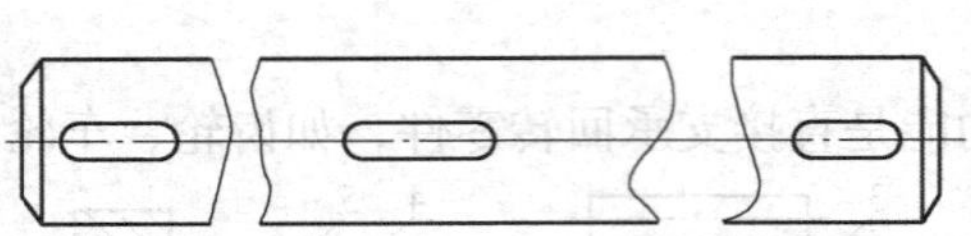

图 14-5　直轴及光轴

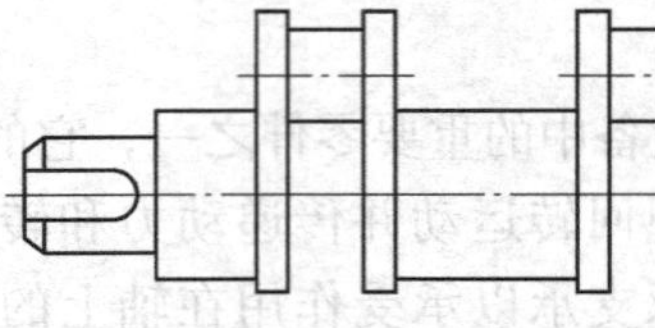

图 14-6　曲轴

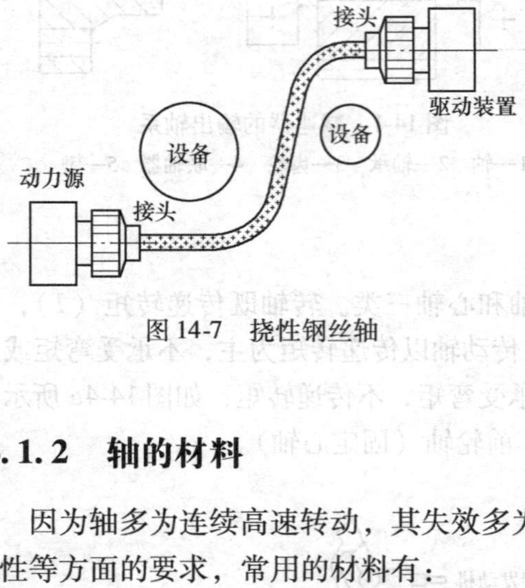

图 14-7　挠性钢丝轴

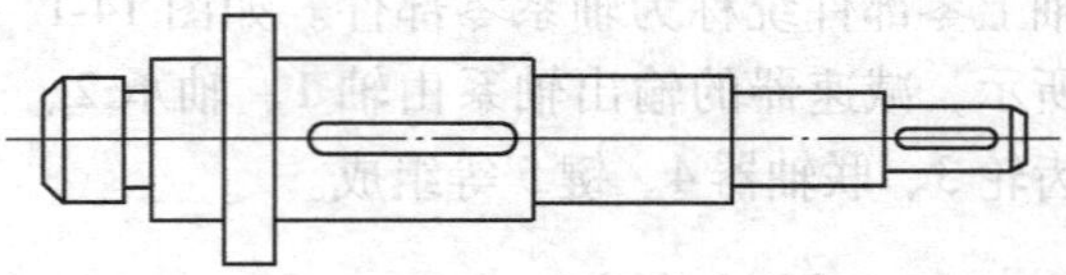

图 14-8　阶梯轴

14.1.2　轴的材料

因为轴多为连续高速转动，其失效多为疲劳破坏，所以轴的材料应满足强度、刚度、耐磨性等方面的要求，常用的材料有：

（1）碳素钢　对较重要或传递载荷较大的轴，常用 35 和 45 等优质碳素钢，其中 45 钢应用最广泛。这类材料的强度、塑性和韧性等都比较好。进行调质或正火处理可提高其力学性能，对不重要或传递载荷较小的轴，可用 Q235、Q275 等普通碳素钢。

（2）合金钢　合金钢具有较好的力学性能和淬火性能，但对应力集中比较敏感，价格较高，多用于有特殊要求的轴，如要求重量轻或传递转矩大而尺寸又受到限制的轴。常用的合金钢有 40Cr、38SiMnMo 等，一般采用渗碳淬火处理，使表面耐磨性和心部韧性都较好。合金钢与碳素钢的弹性模量相差不多，故不宜用合金钢来提高轴的刚度。

（3）球墨铸铁　球墨铸铁具有价廉、吸振性好、耐磨、对应力集中不敏感、容易制成复杂形状的轴等特点，但品质不易控制，可靠性差。

轴常用的金属材料及力学性能见表14-1。

表14-1 轴常用的金属材料及力学性能

材料牌号	热处理类型	毛坯直径/mm	硬度/HBW	抗拉强度 σ_b/MPa	屈服强度 σ_s/MPa	应用说明
Q235-A		≤100		400~420	225	用于不重要的轴
35	正火	≤100	149~187	520	270	用于一般轴
	调质	≤100	156~207	560	300	
45	正火	≤100	170~217	590	295	用于强度高、韧性中等的较重要的轴
	调质	≤200	217~255	640	355	
40Cr	调质	≤100	241~286	735	540	用于强度要求高、有强烈磨损而无很大冲击的重要轴
		>100~300		685	490	
38SiMnMo	调质	≤100	229~286	735	590	可代替40Cr，用于重要轴
		>100~300	217~269	685	540	
40CrNi	调质	≤100	270~300	900	735	用于很重要的轴
		>100~300	240~270	785	570	
40MnB	调质	≤200	241~286	750	500	可代替40Cr
38CrMoAlA	调质	≤60	293~321	935	785	用于重载的轴
		>60~100	277~302	835	685	
		>100~160	241~277	785	590	
20Cr	渗碳淬火回火	≤60	渗碳 56~62HRC	640	390	用于要求强度及韧性均较高的轴

14.1.3 轴设计的主要内容

轴的设计主要包括结构设计和工作能力计算两方面的内容。

轴的结构设计是根据轴上零件的安装、定位以及轴的制造工艺等方面的要求，合理地确定轴的结构形式和尺寸。轴的结构设计不合理，会影响轴的工作能力和轴上零件的工作可靠性，还会增加轴的制造成本和轴上零件的装配。因此轴的结构设计是轴设计中的重要内容。

轴的工作能力计算指的是轴的强度、刚度和振动稳定性等方面的计算。多数情况下，轴的工作能力主要取决于轴的强度。这时只需对轴进行强度计算，以防止断裂或塑性变形。而对刚度要求高的轴（如车床主轴）和受力大的细长轴，还应进行刚度计算，以防止工作时产生大的弹性变形。对高速运转的轴，还应进行振动稳定性计算，以防止发生共振而破坏。

14.2 轴的初步估算

轴的初步估算常用以下两种方法：

1. 按扭转强度估算轴径

开始设计轴时，由于轴上零件的位置和两轴承间的距离通常尚未确定，故对轴所承受的

弯矩就无法进行计算，只能先按扭转强度估算轴的最小直径，再进行轴的结构设计。由材料力学可知，圆轴受扭转时的强度条件为

$$\tau=\frac{T}{W_{\mathrm{T}}}=\frac{9550\times10^{3}\times\frac{P}{n}}{0.2d^{3}}\leqslant[\tau] \tag{14-1}$$

式中，τ 为轴的扭转切应力（MPa）；T 为转矩（N · mm）；W_{T} 为抗扭截面系数（mm^3），对圆截面轴，$W_{\mathrm{T}}=\pi d^3/16\approx0.2d^3$；$P$ 为轴传递的功率（kW）；n 为轴的转速（r/min）；d 为轴的直径（mm）；$[\tau]$ 为许用扭转切应力（MPa），见表 14-2。

表 14-2　轴常用材料的 A 值和 $[\tau]$

轴的材料	Q235，20	Q275，35	45	40Cr，38SiMnMo，35SiMn
A	149 ~ 126	135 ~ 112	126 ~ 103	112 ~ 97
$[\tau]$ /MPa	15 ~ 25	20 ~ 35	25 ~ 45	35 ~ 55

注：1. 当弯矩作用相对于转矩很小或只传递转矩时，$[\tau]_{\mathrm{T}}$ 取较大值，A 取较小值；反之，$[\tau]_{\mathrm{T}}$ 取较小值，A 取较大值。

2. 当用 Q235、35SiMn 钢时，$[\tau]_{\mathrm{T}}$ 取较小值，A 取较大值。

将上式改写为轴径的计算公式

$$d\geqslant\sqrt[3]{\frac{9550\times10^{3}}{0.2\tau}}\cdot\sqrt[3]{\frac{P}{n}}=A\cdot\sqrt[3]{\frac{P}{n}} \tag{14-2}$$

式中，A 是由轴的材料并考虑弯曲影响的系数，见表 14-2。

按式（14-2）计算出的轴径，一般作为轴的最小处直径。如果在该处有键槽，则应考虑它对轴的强度削弱。因此，若有一个键槽，d 值应增大 3% ~5%；若有两个键槽，d 值应增大 7% ~10%，最后需将轴径圆整为标准值。

2. 按经验公式估算

对于一般减速装置中的轴，也可用经验公式来估算轴的最小轴径。对于高速级输入轴的最小轴径可按与其相连的电动机轴径 D 估算，$d=(0.8\sim1.2)D$；相应各级低速轴的最小轴径可按同级齿轮中心距 a 估算，$d=(0.3\sim0.4)a$。

14.3　轴的结构设计

轴的结构设计包括确定轴的合理外形和全部结构尺寸。

轴的结构主要取决于以下因素：轴在机器中的安装形式；轴上安装的零件的类型、尺寸、数量以及和轴连接的方法；载荷的性质、大小、方向及分布情况；轴的加工工艺等。由于影响轴的因素较多，所以轴没有标准的结构形式。设计时，必须针对不同情况进行具体分析。但是不论何种具体条件，轴结构设计都应满足：①轴上零件定位准确，固定可靠；②轴上零件便于装拆和调整；③具有良好的制造工艺性；④尽量减少应力集中。

14.3.1　轴上零件的轴向固定

轴上零件的轴向固定的目的是为了使零件能够在轴线方向定位和承受轴向载荷，常用的

轴向固定的方式有轴肩、轴环、锁紧挡圈、套筒、圆螺母和止动垫圈、弹性挡圈、轴端挡圈等。其特点和应用见表 14-3。

表 14-3　轴上零件的轴向定位和固定方法

固定方式	结构图形	应用说明
轴肩、轴环	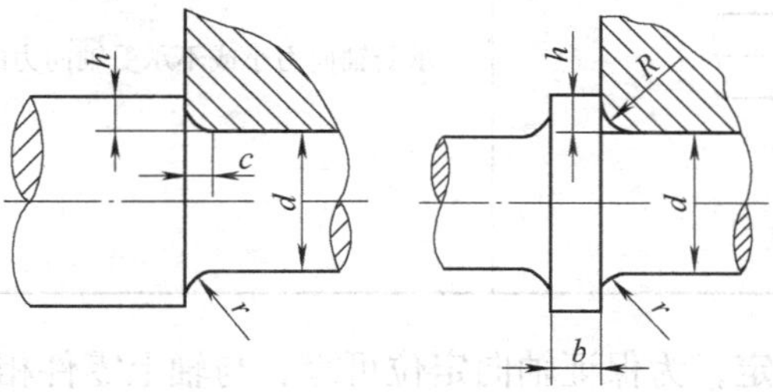	固定可靠，承受轴向力大，轴肩、轴环高度 h 应大于轴的圆角半径 R 和倒角高度 C，一般取 $h_{min} \geqslant (0.07 \sim 0.1)d$；但安装滚动轴承的轴肩、轴环高度 h 必须小于轴承内圈高度 h_1（由轴承标准查取）以便轴承的拆卸。轴环宽度 $b \approx 1.4h$
套筒	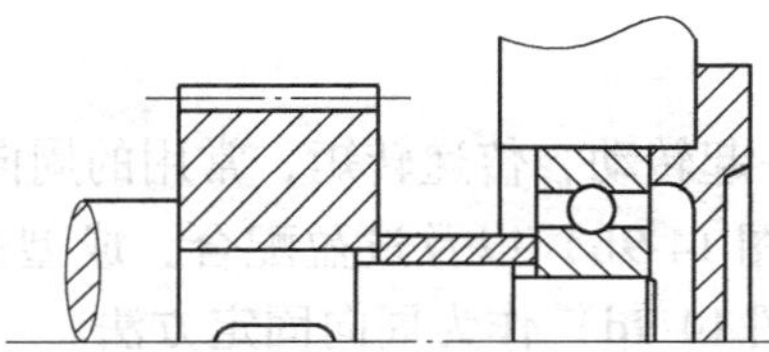	同上，多用于两个相距不远的零件之间
圆螺母	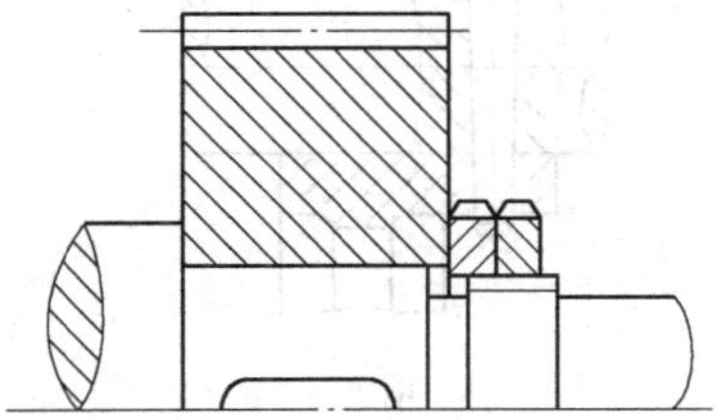	常用于轴承之间距离较大且轴上允许车制螺纹的场合
弹性挡圈	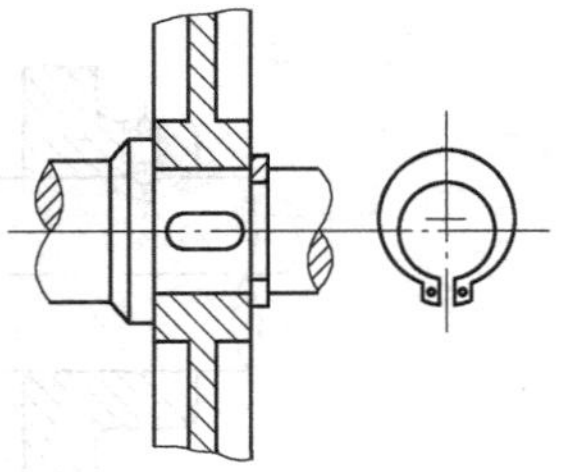	承受轴向力小或不承受轴向力的场合
轴端挡圈	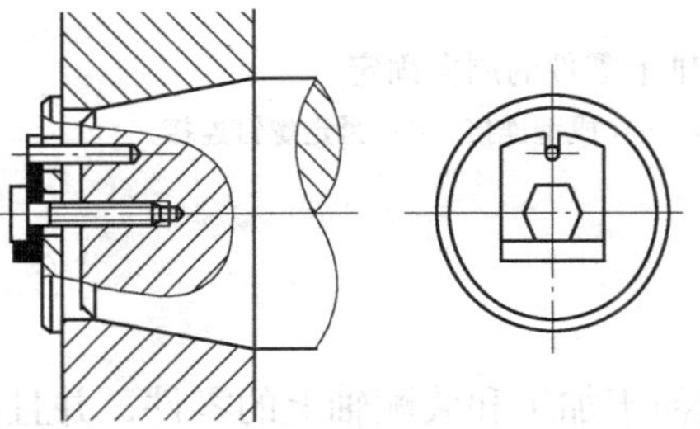	用于轴端要求固定可靠或承受较大轴向力的场合

（续）

固定方式	结构图形	应用说明
紧定螺钉	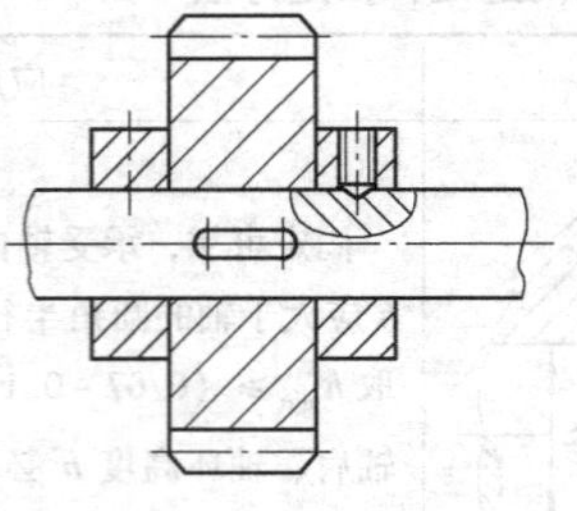	承受轴向力小或不承受轴向力的场合

注意：轴上零件一般均应做双向固定，为保证轴向定位可靠，与轴上零件相配合的轴段长一般比轮毂宽小 1 ~3mm。

14.3.2　轴上零件的周向固定

轴上零件周向固定的目的是使其能同轴一起转动，传递转矩，常用的周向固定方法有键连接（见图 14-9a）、花键连接、销连接（见图 14-9b）以及过盈配合、成型连接（见图 14-9c）等，力不大时，也可采用紧定螺钉（见图 14-9d）作为周向固定方法。

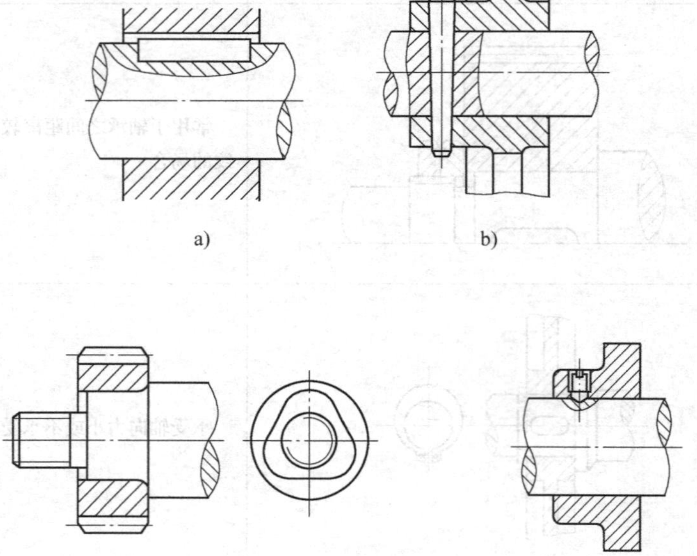

图 14-9　轴上零件的周向固定
a）键连接　b）销连接　c）成型连接　d）紧定螺钉连接

14.3.3　轴的结构工艺性

轴的结构工艺性是指轴的结构形状应便于加工和装配轴上的零件，并且生产率高，成本低。一般情况下，轴的结构越简单，工艺性越好。因此，在满足使用要求的前提下，轴的结构形式应尽量简化。

为了便于轴上零件的装拆，常将轴设计成阶梯形。它的直径从轴端逐渐向中间增大。

为了便于切削加工，一根轴上的圆角应尽可能取相同半径；退刀槽或砂轮越程槽尽可能取相同宽度；一根轴的各轴段上的键槽应开在同一母线上；需要磨削的轴段，应留有砂轮的越程槽；需切削螺纹的轴段，应留有退刀槽，以保证螺纹牙均能达到预期的高度；为了便于装配，轴端应加工倒角。

为了便于加工和检验，轴的直径应取圆整值；与滚动轴承相配合的轴颈直径应符合滚动轴承内径标准；有螺纹的轴段直径应符合螺纹的标准直径。

14.3.4　提高轴的强度和刚度

轴的结构对其强度和刚度有很大影响。由于大多数轴工作时承受变应力，因此，从结构方面采取措施来提高轴的疲劳强度，尤为重要。

1. 减小应力集中

轴上的应力集中会严重削弱轴的疲劳强度，因此，轴的结构应尽量避免或减小应力集中。应力集中多出现在轴截面尺寸发生急剧变化的位置，所以就要尽量减缓截面尺寸的变化，直径变化处应平滑过渡，或制成半径尽可能大的圆角；轴上尽可能不开槽、孔及切制螺纹，以免产生应力集中，削弱轴的强度；为了减小过盈配合处的应力集中，可采用卸（载）荷槽（见图14-10a、b）；由于轴上零件的端面应与轴肩定位面靠紧，使得轴的圆角半径常常受到限制，这时可采用凹切圆槽（见图14-10c）或过渡肩环（见图14-10d）等结构。

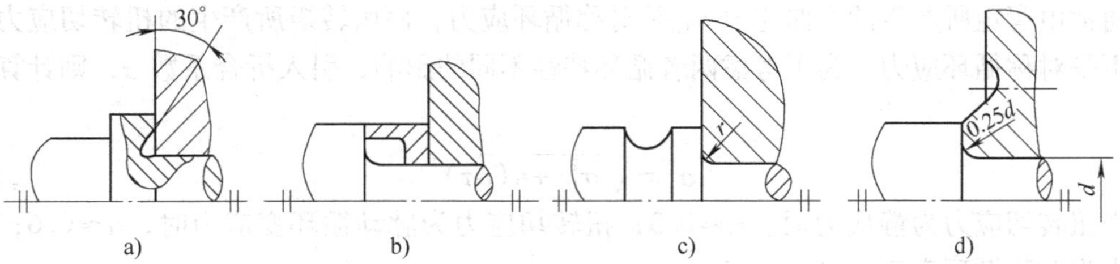

图14-10　卸（载）荷槽

a）轴上设卸载槽　b）轮毂上设卸载槽　c）采用凹切圆槽　d）采用过渡肩环

2. 改善轴的表面质量

表面粗糙度对轴的疲劳强度有显著影响。实践表明，疲劳裂纹常发生在轴表面质量差的地方，故提高轴的表面质量有利于提高轴的强度。除控制轴的表面质量外，还可采用表面强化处理，如渗碳、碾压、喷丸等方法。

3. 改善轴的受力状况

改善轴上零件的布置，减小轴上载荷或改善其应力特征，也可以提高轴的强度和刚度。如图14-11a所示，轴上转矩需由三轮输出，输入轮宜置于输出轮中间，此时轴的最大转矩为 T_1 相对会较小。

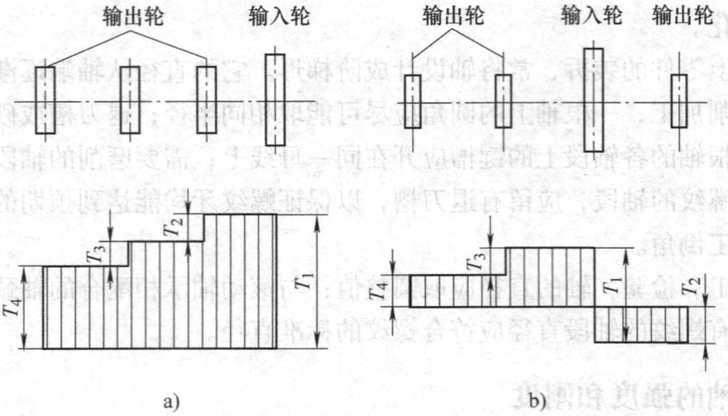

图 14-11　轴上零件的合理布置

a）不合理的布置方案　b）合理的布置方案

14.4　轴的强度验算

在轴的结构设计完成后，外载荷和轴的支点位置就可确定，轴各截面的弯矩即可算出。已知轴的弯矩和转矩后，可针对某些危险截面作弯扭合成强度校核计算。按第三强度理论计算应力

$$\sigma_e = \sqrt{\sigma_{bb}{}^2 + 4\tau^2}$$

通常由弯矩所产生的弯曲应力 σ_{bb}是对称循环应力，而由转矩所产生的扭转切应力 τ 则常常不是对称循环应力。为了考虑两者循环特性不同的影响，引入折合系数 α，则计算应力为

$$\sigma_e = \sqrt{\sigma_{bb}^2 + 4(\alpha\tau)^2} \tag{14-3}$$

当扭转切应力为静应力时，$\alpha \approx 0.3$；扭转切应力为脉动循环变应力时，$\alpha \approx 0.6$；扭转切应力为对称循环变应力时，$\alpha = 1$。

对于直径为 d 的钢制圆轴，弯曲应力 $\sigma_{bb} = \dfrac{M}{W}$，扭转切应力 $\tau = \dfrac{T}{W_T} = \dfrac{T}{2W}$，轴的抗弯截面系数 $W = 0.1d^3$，则轴的弯扭合成强度条件为

$$\sigma_e = \sqrt{\left(\frac{M}{W}\right)^2 + 4\left(\frac{\alpha T}{2W}\right)^2} = \frac{\sqrt{M^2 + (\alpha T)^2}}{0.1d^3} \leqslant [\sigma_{bb}] \tag{14-4}$$

式中，σ_e 为轴的计算应力（MPa）；T 为转矩（N · mm）；M 为合成弯矩（N · mm），$M = \sqrt{M_H^2 + M_V^2}$，M_H 和 M_V 分别为水平面和垂直面的弯矩；［σ_{bb}］为许用弯曲应力（MPa），见表 14-4；W 为轴的抗弯截面系数（mm^3），可查设计手册。

设计时应注意：

1）要合理选择危险截面。由于轴的各断面的当量弯矩和直径不同，因此，轴的危险截面在当量弯矩较大或轴的直径较小处。一般选一个或两个危险截面核算。

表 14-4　轴的许用弯曲应力　　（单位：MPa）

材料	σ_{bb}	$[\sigma_{+1bb}]$	$[\sigma_{0bb}]$	$[\sigma_{-1bb}]$
碳素钢	400	130	70	40
	500	170	75	45
	600	200	95	55
	700	230	110	65
合金钢	800	270	130	75
	900	300	140	80
	1000	330	150	90
铸钢	400	100	50	30
	500	120	70	40

注：$[\sigma_{+1bb}]$、$[\sigma_{0bb}]$、$[\sigma_{-1bb}]$ 分别为材料在静应力、脉动循环应力和对称循环应力作用下的许用应力。

2）若验算轴的强度不够，则可用增大轴的直径、改用强度较高的材料或改变热处理方法等措施来提高轴的强度。

按弯扭组合强度校核轴的步骤：

1）作出轴的计算简图（即力学模型）。

2）作出弯矩图，包括水平面 M_H、垂直面弯矩 M_V 和计算合成弯矩 M。

3）作出转矩图 T。

4）计算危险截面的当量弯矩。

5）校核轴的强度。

14.5　轴的刚度计算简介

受载后轴会产生弹性变形，若轴的刚度不足，则将产生过大的变形，从而影响轴上零件的正常工作，如齿轮偏载、轴承磨损等，使机床精度降低，所以对重要的和精度要求高的轴，通常还要进行刚度校核计算。

轴的弯曲刚度校核计算就是用材料力学中的公式和方法算出轴的挠度 y 或偏转角 θ，并应满足下式

$$y \leqslant [y] \quad 或 \quad \theta \leqslant [\theta] \tag{14-5}$$

式中，$[y]$ 为许用挠度（mm）；$[\theta]$ 为许用偏转角（rad），可查相关设计手册。

14.6　轴的设计实例分析

设计如图 14-12 所示减速器的从动轴，已知：传递功率 $P=13\text{kW}$，从动轮转速 $n_2=220\text{r/min}$，齿轮分度圆直径 $d_2=269.1\text{mm}$，螺旋角 $\beta=9°59'12''$，齿轮宽度 $b=90\text{mm}$，采用 6211 深沟球轴承，单向传动。

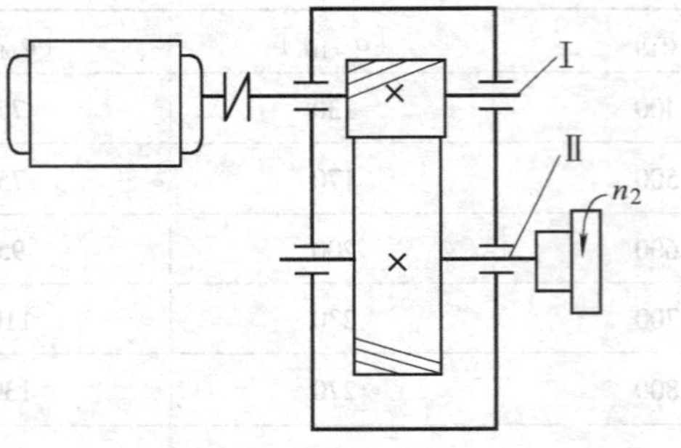

图　14-12

解　设计计算过程与结果见下表。

计算项目	计算与说明	结　　果
1. 选择轴的材料，确定许用应力	因减速器为一般机械，无特殊要求，故选用45钢，正火处理，查表14-1，取 $\sigma_b = 600\text{MPa}$；查表14-4得 $[\sigma_{-1bb}] = 55\text{MPa}$	$\sigma_b = 600\text{MPa}$ $[\sigma_{-1bb}] = 55\text{MPa}$
2. 按扭转强度初估轴的最小直径	查表14-2得 $A = 115$，代入式(14-2)得 $$d \geqslant A\sqrt[3]{\frac{p}{n}} = 115\sqrt[3]{\frac{13}{220}}\text{mm} = 44.8\text{mm}$$ 轴端装联轴器开有键槽，故应将轴径增大5%，即 $d = 44.8 \times 1.05\text{mm} = 47.04\text{mm}$。考虑补偿轴的位移，选用弹性柱销联轴器。由 n 和转矩 $T_c = KT = 1.5 \times 9550 \times 10^3 \times 13/220\text{N}\cdot\text{mm} = 846477.3\text{N}\cdot\text{mm}$，查GB/T 50114—2001选用HL4弹性柱销联轴器，标准孔径 $d = 48\text{mm}$（查相应表得工况系数 $K = 1.5$）	联轴器规格：HL4 48×84GB/T5014—85 $d = 48\text{mm}$ $K = 1.5$
3. 轴的结构设计	进行轴的结构设计时，首先绘制轴的结构草图（见图14-13）和确定各部分尺寸应交替进行 （1）确定轴上零件的位置和固定方式。半联轴器左端用轴肩定位，依靠A型普通平键连接和过渡配合（H7/k6）实现周向固定。齿轮布置在两轴承中间，左侧用轴环定位，右侧用套筒与轴承隔开并作轴向定位；齿轮和轴选用A型平键和过盈配合（H7/r6）作周向固定；两端轴承选用过渡配合（H7/k6）作周向固定；左轴承靠轴肩和轴承盖、右轴承靠套筒和轴承盖作轴向定位	
	（2）径向尺寸确定。从轴段 $d_1 = 48\text{mm}$ 开始，逐段选取相邻轴段的直径，如图14-13所示。d_2 起定位作用，定位轴肩高度 h_{min} 可在 $(0.07 \sim 0.1)d_1$ 范围内选取，故 $d_2 = d_1 + 2h \geqslant 48 \times (1 + 2 \times 0.07)\text{mm} = 54.72\text{mm}$，取 $d_2 = 54\text{mm}$，右轴颈直径按滚动轴承的标准取 $d_3 = 55\text{mm}$；装齿轮的轴头直径取 $d_4 = 60\text{mm}$；轴环高度 $h_{min} \geqslant (0.07 \sim 0.1)d_4$，取 $h = 4\text{mm}$，故直径 $d_5 = 68\text{mm}$，宽度 $b \approx 1.4h = 5.6\text{mm}$，取 $b = 7\text{mm}$；左轴颈直径 d_7 与右轴颈直径 d_3 相同，即 $d_7 = d_3 = 55\text{mm}$；根据题意轴承型号为6211，考虑到轴承的装拆，左轴颈与轴环间的轴段直径 $d_6 = 64\text{mm}$	$d_1 = 48\text{mm}$ $d_2 = 54\text{mm}$ $d_3 = 55\text{mm}$ 轴承6211 $d_4 = 64\text{mm}$ $d_5 = 68\text{mm}$ $d_6 = 64\text{mm}$ $d_7 = 55\text{mm}$

（续）

计算项目	计算与说明	结　果
3. 轴的结构设计	（3）轴向尺寸的确定。与传动零件（如齿轮、带轮、联轴器等）相配合的轴段长度，一般略小于传动零件的轮毂宽度。根据齿轮宽度为90mm，取轴头长为88mm，以保证套筒与轮毂端面贴紧；6211 轴承宽度由机械设计手册查得为21mm，故左轴颈长亦取21mm，为使齿轮端面、轴承端面与箱体内壁均保持一定距离，（图14-13中分别取为18mm和5mm），取套筒宽为23mm；轴穿过轴承盖部分的长度，根据箱体结构取52mm；轴外伸端长度根据联轴器尺寸取70mm。可得出两轴承的跨距为 $L=157\text{mm}$ 输出轴的装配结构设计结果如图14-13所示	
4. 按弯扭组合校核轴的强度	（1）计算齿轮受力 转矩 $T=9550\dfrac{P}{n_2}=9550\times\dfrac{13}{220}\text{N}\cdot\text{mm}=564\text{N}\cdot\text{mm}$ 齿轮圆周力 $F_t=\dfrac{2000T}{d_2}=\dfrac{2000\times564}{269.1}\text{N}=4192\text{N}$ 齿轮径向力 $F_r=F_t\dfrac{\tan\alpha_n}{\cos\beta}=4192\times\dfrac{\tan20°}{\cos9°59'12''}\text{N}=1557\text{N}$ 齿轮轴向力 $F_a=F_t\tan\beta=4192\times\tan9°59'12''\text{N}=739\text{N}$ （2）绘制轴的受力简图，如图14-14a所示 （3）计算支承反力如图14-14b、c所示 水平平面支承反力为 $R_{HA}=R_{HB}=\dfrac{F_t}{2}=\dfrac{4192}{2}\text{N}=2096\text{N}$ 垂直平面支承反力 $R_{VA}=\dfrac{F_r\dfrac{L}{2}-F_a d_2}{L}=\dfrac{1557\times\dfrac{157}{2}-739\times\dfrac{269.1}{2}}{157}\text{N}=145\text{N}$ $R_{VB}=F_r-R_{VA}=(1557-145)\text{N}=1412\text{N}$ （4）绘制弯矩图 水平平面弯矩图绘制如图14-14b所示 C 截面处的弯矩为 $M_{HC}=R_{HA}\times\dfrac{L}{2}=2096\times\dfrac{0.157}{2}\text{N}\cdot\text{mm}=164.5\text{N}\cdot\text{mm}$ 垂直平面弯矩图绘制如图14-14c所示 C 截面偏左处的弯矩为 $M'_{VC}=R_{VA}\times\dfrac{L}{2}=145\times\dfrac{0.157}{2}\text{N}\cdot\text{mm}=11\text{N}\cdot\text{mm}$ C 截面偏右处的弯矩为 $M''_{VC}=R_{VB}\times\dfrac{L}{2}=1412\times\dfrac{0.157}{2}\text{N}\cdot\text{mm}=110.8\text{N}\cdot\text{mm}$ 作合成弯矩图如图14-14d所示。C 截面偏左的合成弯矩为 $M_C'=\sqrt{M_{HC}{}^2+M'^2_{VC}}=\sqrt{164.5^2+11^2}\text{N}\cdot\text{mm}=165\text{N}\cdot\text{mm}$	$T=564\text{N}\cdot\text{m}$ $F_t=4192\text{N}$ $F_r=1557\text{N}$ $F_a=739\text{N}$ $R_{HA}=2096\text{N}$ $R_{VA}=145\text{N}$ $R_{VB}=1412\text{N}$ $M_{HC}=164.5\text{N}\cdot\text{m}$ $M'_{VC}=11\text{N}\cdot\text{mm}$ $M''_{VC}=110.8\text{N}\cdot\text{mm}$ $M_C'=165\text{N}\cdot\text{mm}$

（续）

计算项目	计算与说明	结　果
4. 按弯扭组合校核轴的强度	C 截面偏右的合成弯矩为 $M_C'' = \sqrt{M_{HC}{}^2 + M_{VC}''^2} = \sqrt{164.5^2 + 110.8^2}\,N\cdot mm = 198N\cdot mm$ （5）作转矩图。如图 14-14e 所示 由图可知转矩为 $T = 564N\cdot m$ （6）校核轴的强度 轴在截面 C 处偏右的弯矩和转矩最大，故为轴的危险截面，校核该截面处轴的强度。因是单向传动，转矩可认为按脉动循环变化，故取 $\alpha = 0.6$，代入式(14-4)校核轴的强度 $\sigma_e = \frac{\sqrt{M^2 + (\alpha T)^2}}{0.1d^3} = \frac{\sqrt{198000^2 + (0.6\times 564000)^2}}{0.1\times 64^3}MPa$ $= 14.95MPa \leqslant [\sigma_{-1bb}]$ 结论：该轴强度足够。如所选轴承和键连接等经计算后确认寿命和强度均能满足，则该轴的结构无须修改	$M_C'' = 198N\cdot mm$ $T = 564N\cdot m$ $\sigma_b = 14.95MPa$ 该轴的强度足够
5. 绘制轴的零件工作图	如图 14-15 所示	

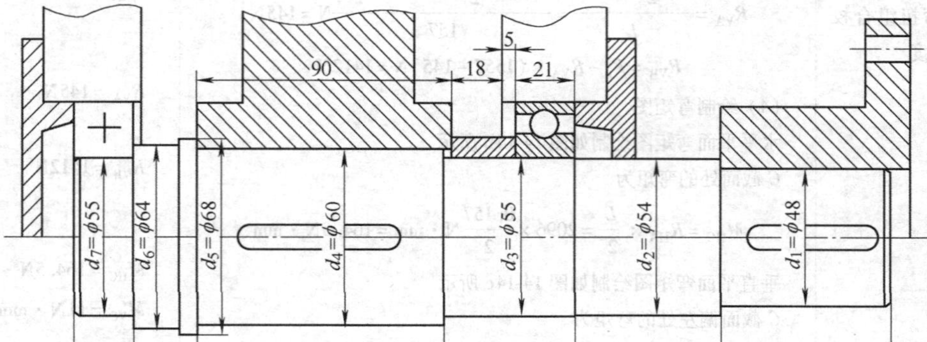

图 14-13　减速器输出轴设计草图

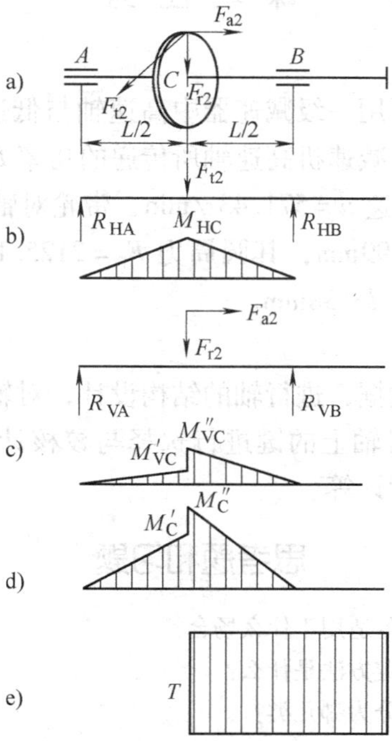

图 14-14 轴的受力分析

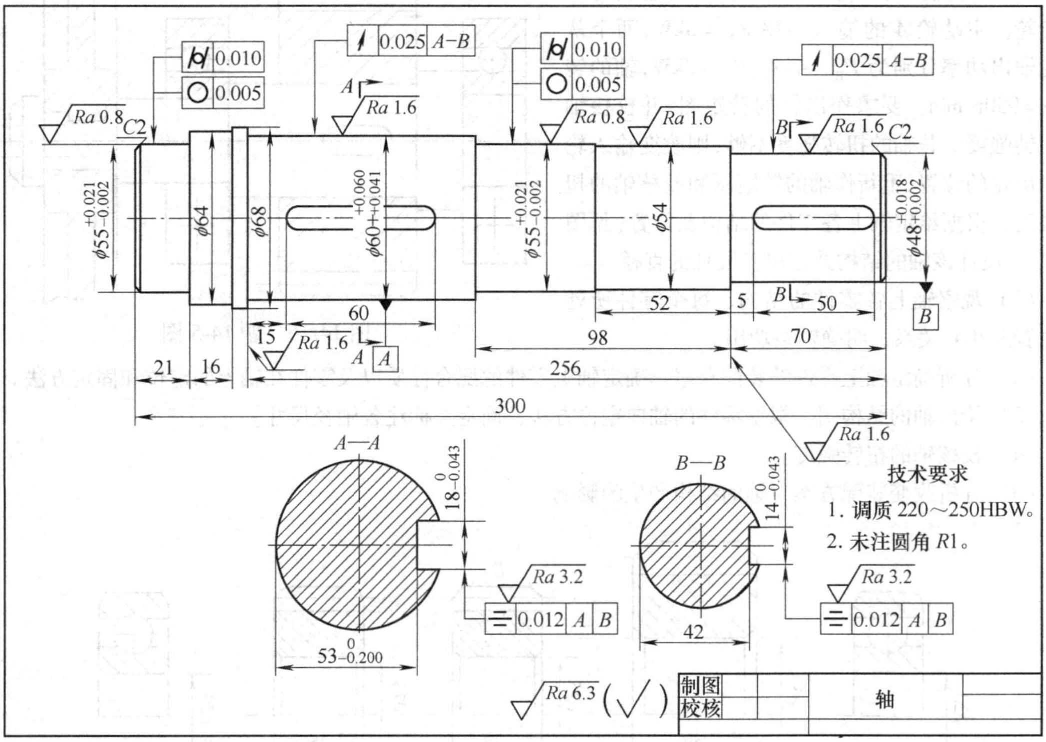

图 14-15 轴工作图

课 堂 任 务

【任务描述】

完成精压机主体工作单元所用一级减速器中高速轴与低速轴的轴系零部件的设计计算。已知数据：由前面的任务可知，减速机高速轴所传递的功率 $P=7.125\text{kW}$，所传递的转矩 $T_1=119076.23\text{N}\cdot\text{m}$。高速轴的转速 $n=571.43\text{r/min}$，带轮对轴的压轴力 $Q=1538.57\text{N}$，高速轴上的齿轮分度圆直径 $d=111.99\text{mm}$，其圆周力 $F_t=2125.19\text{N}$，径向力 $F_r=802.08\text{N}$，轴向力 $F_a=773.76\text{N}$，电动机轴径 $d=38\text{mm}$。

【任务要求】

依据上述数据和前述有关数据，进行轴的结构设计，对轴的强度进行校核计算，对轴上的轴承进行选择与设计计算，对轴上的键进行选择与校核计算，对轴上其他零部件进行设计，对轴系的润滑与密封进行设计等。

思考题和习题

14-1 轴系的固定方式有几种？各适用于什么场合？

14-2 轴上零件最常用的轴向固定方法是什么？

14-3 按照轴的承载情况，轴可分为哪几类？

14-4 如何确定轴段的最小直径？如何确定各轴段的长度？

14-5 指出图 14-16 中轴的结构错误，并画出改正后的结构图。

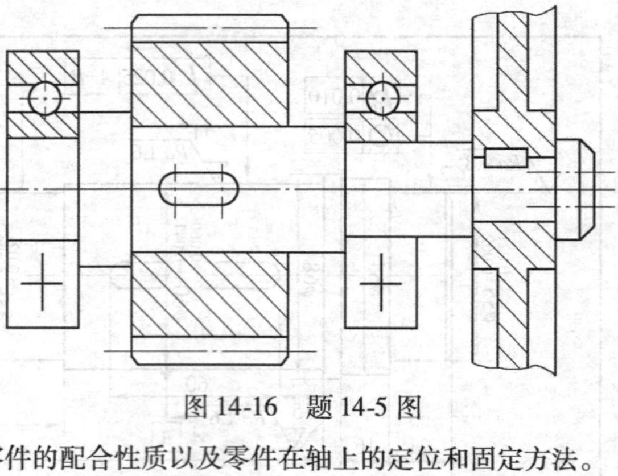

图 14-16 题 14-5 图

14-6 设轴的材料为 45 钢调质，轴上装有三个齿轮。主动轮 A 的输入功率 $P_A=6\text{kW}$，两个从动轮输出功率分别为 $P_B=4\text{kW}$，$P_C=2\text{kW}$，轴的转速 $n=950\text{r/min}$。要求作出轴的转矩图，并校核轴的扭转强度。若轴的扭转强度不够，则改变输入轮与输出轮的位置，重新作轴的转矩图和校核轴的扭转强度。根据给定轴上各零件的结构及位置（见图 14-17），设计该轴的结构并定出各段轴的直径。

（1）观察轴上各零件的结构、每个零件所处的位置及相互关系，明确轴系功用。

（2）分析确定轴上零件的装配顺序，确定轴上零件的配合性质以及零件在轴上的定位和固定方法。

（3）绘出轴的结构图，根据零件的轴向定位方法，确定并标注各轴径尺寸。

（4）校核轴的扭转强度。

（5）分析改变装配方案对轴的结构产生的影响。

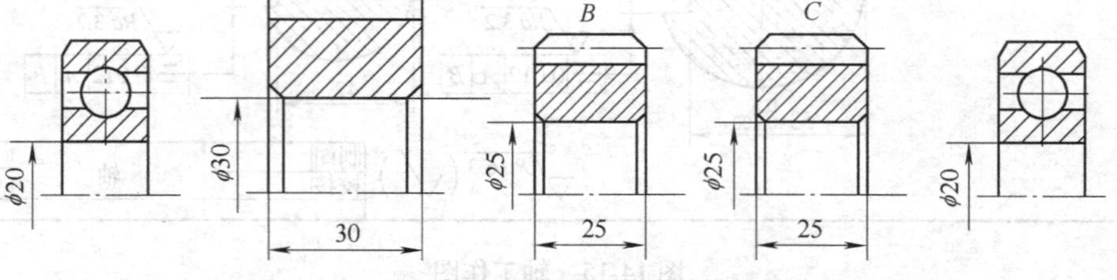

图 14-17 题 14-6 图轴上各零件的结构及位置

第 15 章　联轴器和离合器

学习目标

1. 了解联轴器和离合器在机器中的地位和作用。
2. 掌握常用联轴器和离合器的结构特点、应用和选择计算。

15.1　概述

联轴器、离合器和制动器是机械中常用的部件，如图 15-1 所示卷扬机就有联轴器、离合器和制动器的使用。在机器中使用联轴器和离合器的目的就是为了实现两轴的连接，以便于共同回转并传递动力，使用制动器的目的是降低机器的转速或者使机器停止转动。其中，用联轴器连接的两轴，必须在机器停止运转后才能拆卸分离，图 15-1 中电动机与减速器之间用联轴器连接；而离合器连接的两轴，则在机器运转过程中可随时结合和分离，从而达到操纵机器传动系统的断续，以便进行变速和换向等；图 15-1 中减速器与卷筒之间用离合器连接。制动器主要用来使机器停止运转，也可以用来减低或调整机器的速度，图 15-1 中电动机轴安装制动器，它在关闭电动机后可使卷筒迅速停转。

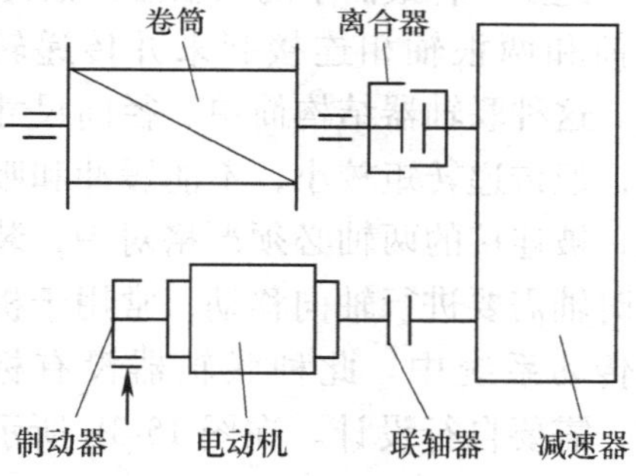

图 15-1　卷扬机示意图

联轴器、离合器和制动器的类型很多，其中有些已经标准化。在选择时可根据工作使用要求，选定合适的类型，再按被连接轴的直径、转矩和转速从有关手册中查取适用的型号和尺寸，必要时再作进一步的强度验算。

15.2　联轴器

根据被连接两轴的相对位置关系，联轴器可分为固定式和可移式两类。固定式联轴器用在两轴能严格对中、工作时不发生相对移动的场合；可移式联轴器则用在两轴有偏斜或工作中有相对位移的场合。

由于制造及安装误差、承载后变形、工作温度变化等影响，联轴器所连接的两轴轴线往往不能共线（对中），且在工作时两轴之间可能还会产生一定范围的相对位移，如图 15-2 所示。如果联轴器不具备适应这些情况的补偿能力，就会在联轴器、轴和轴承中产生附加载荷，甚至引起强烈振动。

根据有无补偿相对位移的能力，联轴器分为刚性联轴器和挠性联轴器，挠性联轴器又分为无弹性元件挠性联轴器和有弹性元件挠性联轴器（金属或非金属弹性元件）。挠性联轴器能在一定范围内补偿两轴间的相对位移，有弹性元件的挠性联轴器还具有缓冲、减振的作用。

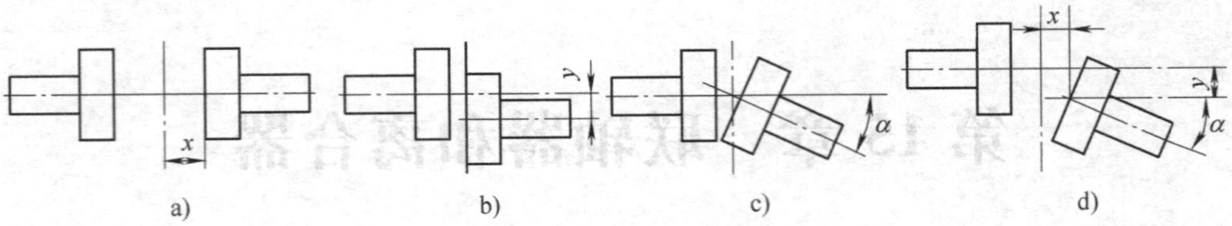

图 15-2　两轴间的相对位移

a）轴向位移 x　b）径向位移 y　c）角位移 α　d）综合位移 x、y、α

15.2.1　刚性联轴器

刚性联轴器具有结构简单、成本低的优点。组成刚性联轴器的各元件，连接后成为一个刚性的整体，工作中没有相对运动，但对被连接的两轴间的相对位移缺乏补偿能力，故要求被连接的两轴要严格对中。刚性联轴器常用于无冲击、无位移补偿要求的场合。这类联轴器常见的有套筒联轴器和凸缘联轴器。

1. 套筒联轴器

这是一种最简单的联轴器，如图 15-3 所示，套筒联轴器用圆锥销、键或螺钉将圆柱形套筒和两根轴相连接起来并传递转矩。这种联轴器结构简单、径向尺寸小，但传递转矩较小，不能缓冲和吸振，被连接的两轴必须严格对中，装拆时轴需要进行轴向移动，常用于机床传动系统中。此种联轴器没有标准，需要自行设计。在图 15-3b 所示的联轴器中，如果销的尺寸设计得当，过载时销会被剪断，可以防止损坏机器的其他零件。这种能起安全保护作用的联轴器称为安全联轴器。

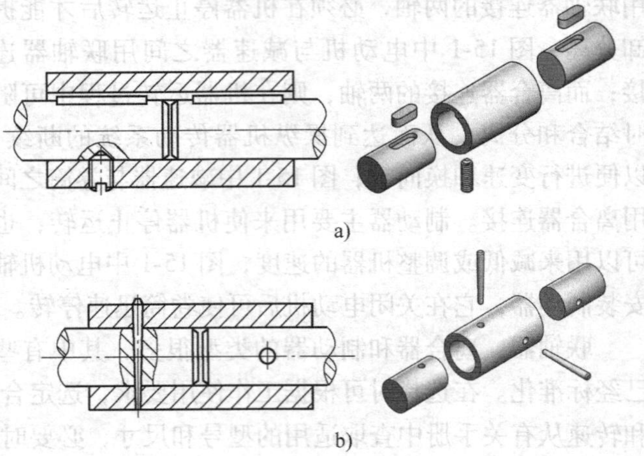

图 15-3　套筒联轴器

a）键连接　b）销连接

2. 凸缘联轴器

凸缘联轴器是应用较为广泛的一种刚性联轴器。它由两个带凸缘的半联轴器组成，两个半联轴器通过键分别与两轴相连接，并用螺栓将两个半联轴器联成一体，如图 15-4 所示。

按对中方式的不同，凸缘联轴器有 YLD 型和 YL 型两种。YLD 型凸缘联轴器如图 15-4a 所示，利用半联轴器的凸肩与凹槽（D_1）对中，并用普通螺栓连接，工作时靠两半联轴器接触面间的摩擦力传递转矩，装拆时轴需进行轴向移动，多用于不常拆卸的场合。YL 型凸缘联轴器如图 15-4b 所示，利用铰制孔螺栓对中，螺栓与孔为紧配合，工作时靠螺栓受剪切与挤压来传递转矩。装拆时轴不需要进行轴向移动，但要配铰螺栓孔。常用于经常装拆的场合。

凸缘联轴器结构简单，对中精度高，传递转矩较大，但不能缓冲和吸振，要求被连接的两轴必须安装准确，对中性好，它适用于工作平稳、刚性好和速度较低的场合。凸缘联轴器的尺寸可以按照标准 GB/T 5843—2003 选用。

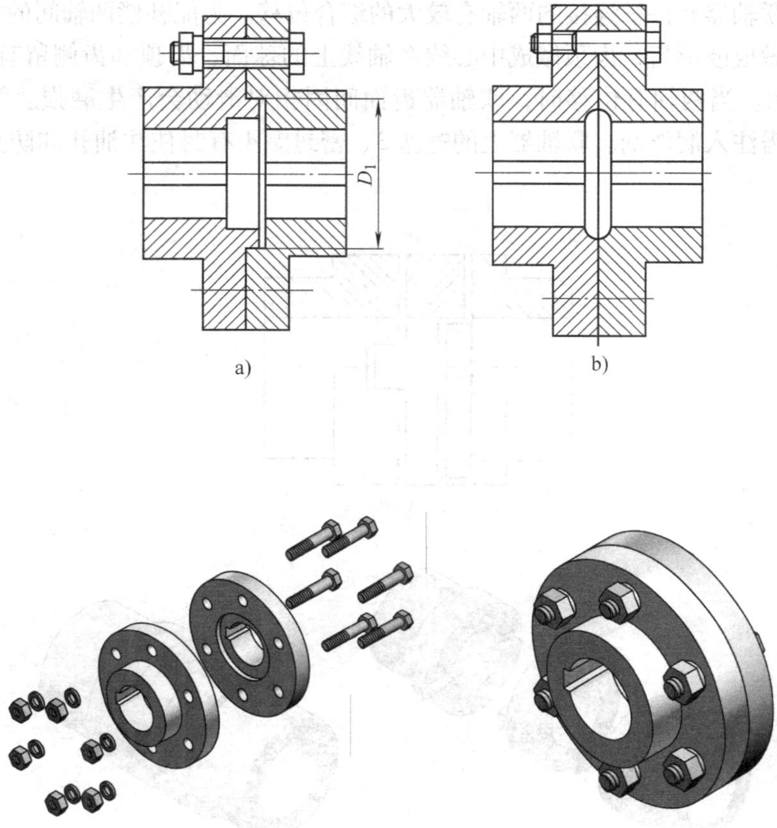

图 15-4　凸缘联轴器
a）YLD 型　b）YL 型

15.2.2　无弹性元件挠性联轴器

由于这类联轴器无弹性元件，位移的补偿是利用联轴器中各零件间的相对移动来实现的，所以通常不能缓冲和减振。

1. 十字滑块联轴器

如图 15-5 所示，联轴器由两个带有凹槽的半联轴器 1 和 3 及一个两端面都有凸榫的中间圆盘 2 组成。半联轴器固装在两根轴端，中间圆盘两端面的凸榫相互垂直，且分别嵌在两个半联轴器的凹槽中。中间圆盘的凸榫可在两个半联轴器的凹槽中往返滑动，可补偿两轴间的径向位移和轻微角位移。

这种联轴器结构简单、径向尺寸小，但中间圆盘的偏心将会引起很大的离心力，从而增大动载荷及磨损，故一般用于径向位移较大、转矩较大、低速（最高转速 $n_{max} \leqslant 250$r/min）、无冲击的场合。如将中间圆盘制成空心的，可减轻其质量，从而减小上述不利影响。

2. 齿式联轴器

如图 15-6 所示，齿式联轴器是由两个带外齿环的套筒 1 和两个带内齿环的套筒 2 所组成。套筒 1 分别装在被连接的两轴端，套筒 1 与由螺栓 5 联成一体的套筒 2 通过齿环相啮合。内外齿环的齿数、模数都相等，齿数一般为 30～80 个齿，齿廓为齿形压力角为 20°的渐开线。齿式联轴器允许被连接的两轴有较大的综合位移。为能补偿两轴间的相对位移，将外齿环的轮齿做成鼓形齿，齿顶做成中心线在轴线上的球面，齿顶和齿侧留有较大的间隙，如图 15-6b 所示。当两轴有位移时，联轴器齿面间因相对滑动会产生磨损。为减少齿面磨损，联轴器内需注入润滑剂。联轴器上的螺塞 3、密封圈 4 有封住注油孔和防止润滑剂外泄的作用。

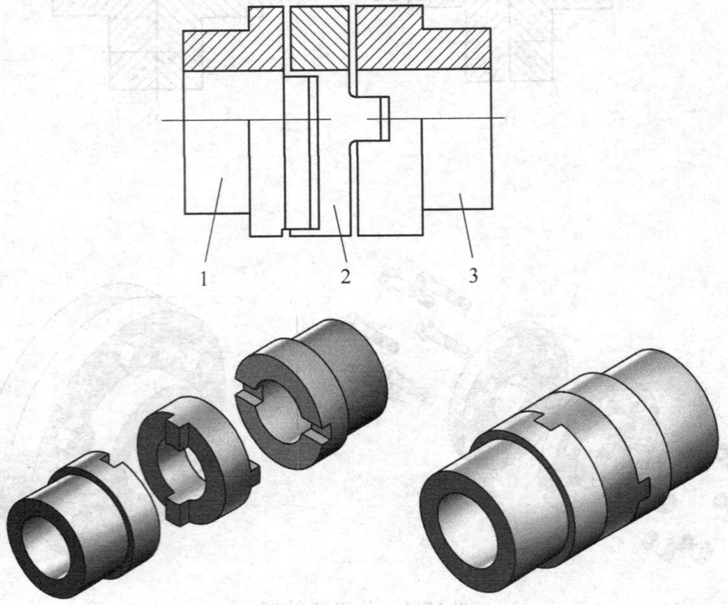

图 15-5　十字滑块联轴器

1、2—半联轴器　3—中间圆盘

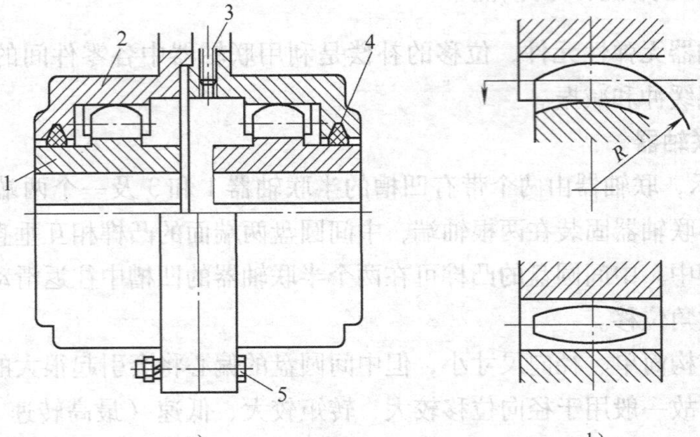

a)　　b)

图 15-6　齿式联轴器

a）结构图　b）齿顶制成球面和齿形制成鼓形

1—带外齿环的套筒　2—带内齿形的套筒　3—螺塞　4—密封圈　5—螺栓

齿式联轴器同时啮合的齿多，承载能力大，可靠性高，但结构复杂，制造成本高，通常在高速重载的重型机械中应用较广。

3. 万向联轴器

万向联轴器用以传递两相交轴之间的运动，如图 15-7 所示。万向联轴器由两个叉形半联轴器 1、2 和十字轴 3 组成。适用于两轴有较大偏斜角的场合，两轴线所夹的锐角为 α，一般取 $\alpha \leqslant 45°$。

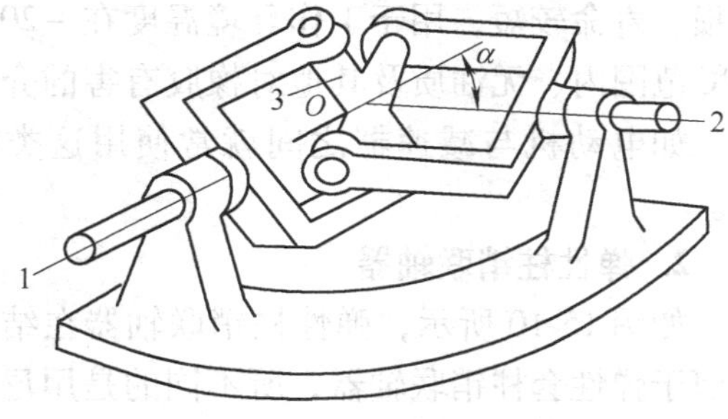

图 15-7　万向联轴器示意图
1、2—叉形半联轴器　3—十字轴

由于 α 的存在，当主动轴以等角速度 ω_1 匀速转动时，从动轴的角速度 ω_2 每一转内将在 $\omega_1\cos\alpha$ 至 $\omega_1/\cos\alpha$ 范围内周期性变化，因而产生附加动载荷，α 越大，产生的动载荷越大，这是万向联轴器的运动特点。为了消除这一缺点，万向联轴器常成对使用，组成双万向联轴器，如图 15-8 所示。

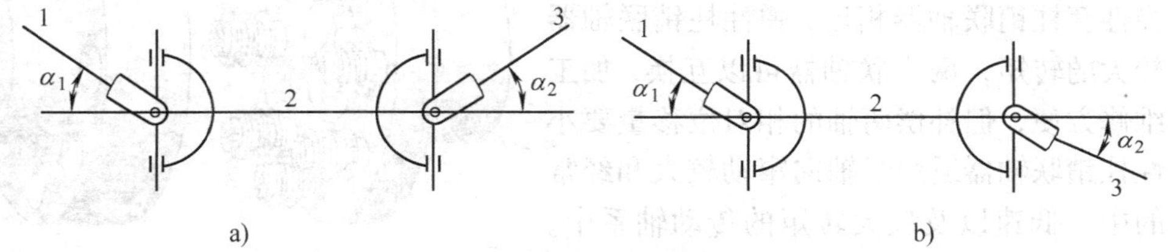

图 15-8　双万向联轴器的安装

为了保证从动轴与主动轴以同步的角速度运转，机构要满足如下三个条件：

1）主动轴、从动轴、中间轴的三根轴线应位于同一平面内。

2）主动轴、从动轴与中间轴的轴间夹角应相等，$\alpha_1=\alpha_2$。

3）中间轴两端的叉面应位于同一平面内。

万向联轴器结构紧凑、维修方便，能补偿较大的角位移，广泛应用于汽车、拖拉机、轧钢机和金属切削机床等机械设备中。

15.2.3　有弹性元件的挠性联轴器

有弹性元件的挠性联轴器简称弹性联轴器，是利用弹性元件的弹性变形来补偿两轴间相对位移的，具有缓冲和吸振功能。常用于频繁起动、变载荷、高速运转、经常正反转工作和两轴不便于严格对中的场合。制造弹性元件的材料有非金属和金属材料两类，非金属弹性元件与金属弹性元件相比，储存能量较多、弹性滞后性能较好，其缓冲能力和消振能力较强，且非金属弹性元件联轴器结构简单、价格便宜，故应用广泛；其缺点是尺寸较大，而且寿命较短。非金属弹性元件可以用橡胶、尼龙和塑料等材料制作，金属弹性元件主要是各种弹簧。

1. 弹性套柱销联轴器

弹性套柱销联轴器的结构与凸缘式联轴器相似，所不同的是用装有弹性套的柱销代替连接螺栓，如图 15-9 所示，因此可以缓冲和减振。安装时，两半联轴器之间要留有一定的间隙 C，以便补偿两轴间的轴向位移。为了更换易损元件弹性套而不必拆移机器，应留出一定的空间距离 A。

弹性套柱销联轴器结构简单、容易制造、装拆方便、成本较低，可传递中小转矩。它适用于经常正反转、启动频繁的场合。弹性套容易磨损、寿命较短，用于工作环境温度在 -20℃ ~ 70℃范围内、无油质及其他对橡胶有害的介质场合。如电动机与减速器之间就常使用这类联轴器。

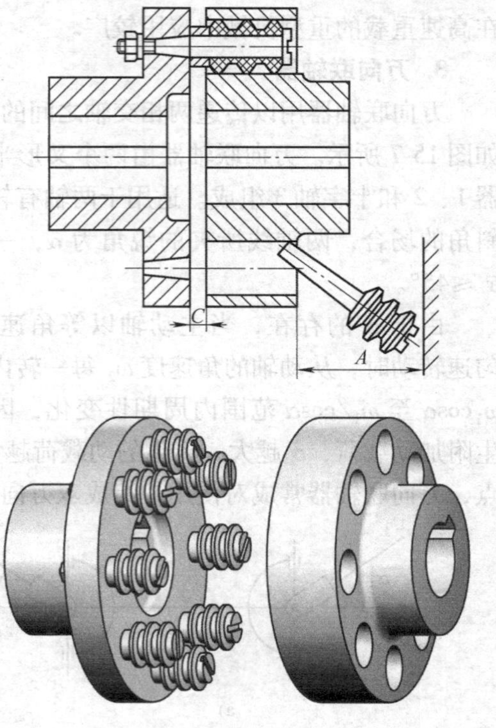

图 15-9　弹性套柱销联轴器

2. 弹性柱销联轴器

如图 15-10 所示，弹性柱销联轴器在结构上类似于弹性套柱销联轴器，所不同的是用尼龙柱销代替弹性套柱销作为中间连接件。为了增加补偿量，常将柱销的一端制成鼓形。为了防止柱销从半联轴器的孔中滑出，在两端安装有固定挡圈。

与弹性套柱销联轴器相比，弹性柱销联轴器能传递较大的转矩，两半联轴器可以互换，加工容易，维修方便，但补偿两轴的相对位移量要小些。弹性柱销联轴器适用于轴向窜动较大和经常正反转的中、低速以及较大转矩的传动轴系中。由于尼龙柱销对温度比较敏感，故使用温度限制在 -20℃ ~70℃的范围内。

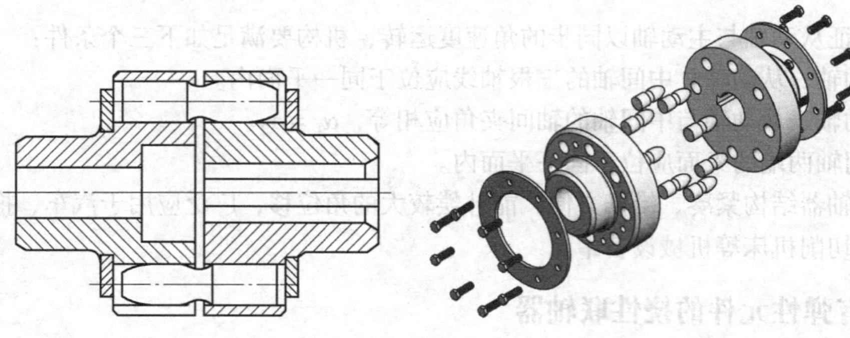
图 15-10　弹性柱销联轴器

3. 滑块联轴器

滑块联轴器与十字滑块联轴器相似，所不同的是两半联轴器 1、3 上的沟槽很宽，用夹布胶木或尼龙制成的方形滑块 2 嵌合在两半联轴器的凹槽内代替中间圆盘，如图 15-11 所示。由于中间滑块的质量减小，又有弹性，故具有较高的极限转速。

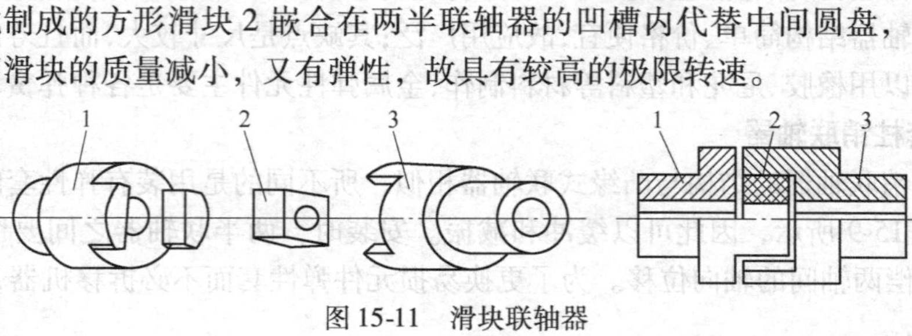

图 15-11　滑块联轴器

这种联轴器结构简单、尺寸紧凑，适用于小功率、中等转速且无剧烈冲击的场合。在一般油泵中常用这种联轴器，使用时可以按照 JB/ZQ 4384—2006 选用。

15.2.4　联轴器类型的选择

绝大多数联轴器都已经标准化，设计者的主要任务是合理选用。一般选择步骤为：

1）根据机器的工作条件和使用要求选择合适的类型。

2）按轴的直径、工作转矩（或制动力矩）和转速选定型号。

3）必要时对其易损件进行强度校核。

选择联轴器的类型时应考虑以下几点：

1）所需传递转矩的大小和性质以及对缓冲减振功能的要求。

2）两轴相对位移的大小和方向。

3）联轴器的可靠性和工作环境。

4）联轴器的制造、安装、维护和成本。

选择联轴器的型号时，要先计算联轴器的计算转矩 T_c，由于起动时的动载荷和运转中可能出现过载现象，计算转矩按下式进行

$$T_c = KT \tag{15-1}$$

式中，T_c 为轴的计算转矩（N · mm）；K 为工作情况系数，见表 15-1；T 为轴的名义转矩（N · mm）。

根据计算转矩 T_c 及所选的联轴器类型，按照计算转矩 T_c 不超过联轴器的公称转矩 T_n，即 $T_c \leqslant T_n$ 的条件，由联轴器标准中选定联轴器型号。

表 15-1　工作情况系数 k

工作机器	原动机			
	电动机燃汽轮机	多缸内燃机	双缸内燃机	单缸内燃机
转矩变化很小，	1.3	1.5	1.8	2.2
转矩变化小	1.5	1.7	2.0	2.4
转矩变化中等	1.7	1.9	2.2	2.6
转矩变化和冲击载荷中等	1.9	2.1	2.4	2.8
转矩变化和冲击载荷大	2.3	2.5	2.8	3.2
转矩变化大并有极强烈冲击载荷	3.1	3.3	3.6	4.0

15.3　离合器

用离合器接合的两轴可在机器运转的过程中随时分离或接合，如汽车临时停车而不熄火。对离合器的基本要求是：离合平稳、迅速，操纵省力、方便，质量和外廓尺寸小，维护和调节方便，耐磨性好，散热能力好。离合器种类繁多，可分为操纵离合器和自动离合器。常用的操纵离合器又可分牙嵌式与摩擦式两大类，常用的自动离合器有定向离合器。

1. 牙嵌离合器

牙嵌离合器由两个端面带牙的半离合器所组成，如图 15-12 所示。其中半离合器 1 固联

在主动轴上，半离合器 2 用导向键（或花键）与从动轴连接。通过操纵机构 4 可使半离合器 2 沿导向键作轴向运动，两轴靠两个半离合器端面上的牙相互嵌合来连接。为了使两轴对中，在半离合器 1 上固定有对中环 3，而从动轴可以在对中环中自由地转动。

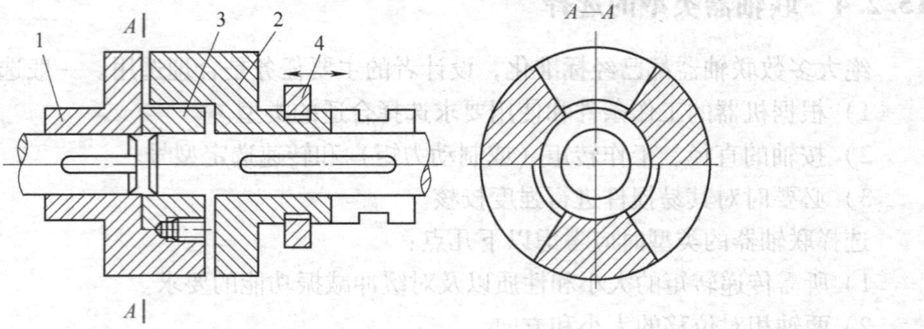

图 15-12　牙嵌离合器

1、2—半离合器　3—对中环　4—操纵机构

牙嵌离合器常用的牙型有三角形、矩形、梯形、锯齿形等，如图 15-13 所示。三角形牙便于接合与分离，但强度较弱，只适用于传递小转矩的低速离合器；矩形牙不便于接合，分离也困难，仅用于静止时手动接合；梯形牙的侧面制成 $\alpha = 2° \sim 8°$ 的斜角，梯形牙强度较高，能传递较大转矩，且又能自行补偿牙磨损后出现的牙侧间隙，从而避免由于间隙产生的冲击，故应用较广；锯齿形牙比梯形牙的强度还高，传递的转矩也更大，但只能单向工作，且反转时齿面间会产生很大轴向分力，迫使离合器自动分离，因此仅在特定的工作条件下采用。三角形、矩形、梯形牙都可以作双向工作，而锯齿形牙只能单向工作。

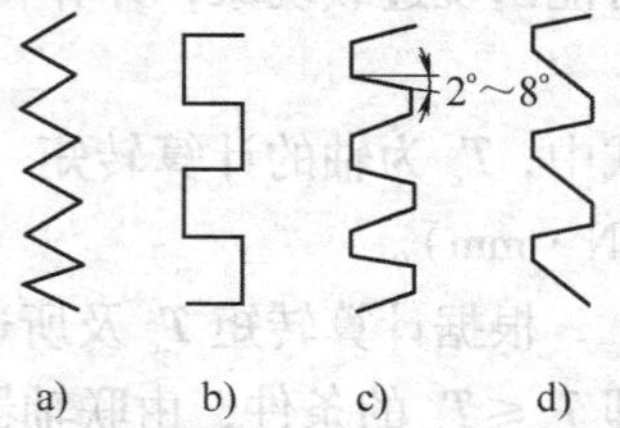

图 15-13　牙嵌离合器常用的牙型

a) 三角形　b) 矩形　c) 梯形　d) 锯齿形

牙嵌离合器结构简单、外廓尺寸小，接合后所连接的两轴不会发生相对转动，宜用于主、从动轴要求完全同步的轴系。但接合应在两轴不转动或转速差很小时进行，以免因受冲击载荷而使凸牙断裂。

2. 摩擦离合器

摩擦离合器是靠工作面上的摩擦力矩来传递力矩的，在接合过程中由于接合面的压力是逐渐增加的，故能在主、从动轴有较大的转速差的情况下平稳地进行接合。过载时，摩擦面间将发生打滑，从而避免其他零件的损坏。

（1）单片式摩擦离合器　单片式摩擦离合器如图 15-14 所示，主动盘 1 固定在主动轴上，从动盘 2 通过导向键与从动轴连接，它可以沿轴向

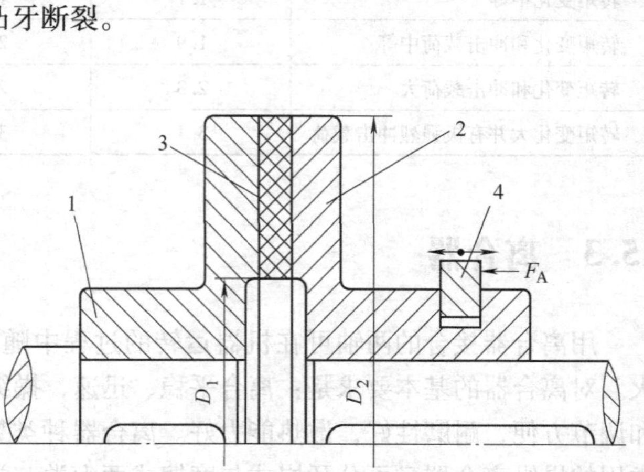

图 15-14　单片式摩擦离合器

1—主动盘　2—从动盘　3—摩擦片　4—操纵机构

滑动。为了增加摩擦因数，在一个盘的表面上装有摩擦片 3。工作时利用操纵机构 4 在可移动的从动盘上施加轴向压力 F_A（可由弹簧、液压缸或电磁吸力等产生），使两盘压紧，圆盘间便产生圆周方向的摩擦力，从而实现转矩的传递。

单片式摩擦离合器结构简单、散热性好，但传递的转矩小，多用于轻型机械。

（2）多片式摩擦离合器　在传递大转矩的情况下，因受摩擦盘尺寸的限制不宜应用单片摩擦离合器，这时要采用多片摩擦离合器，用增加结合面对数的方法来增大传动能力。

图 15-15a 所示为多片式摩擦离合器。主动轴 1 与外壳 3 相连接，从动轴 2 与套筒 9 相连接。外壳 3 又通过花键与一组外摩擦片 5（见图 15-15b）连接在一起；套筒 9 也通过花键与另一组内摩擦片 6（见图 15-15c）连接在一起。工作时，向左移动滑环 8，通过杠杆 7、压板 4 使两组摩擦片 5、6 压紧，离合器处于接合状态。若向右移动滑环 8 时，摩擦片 5、6 被松开，离合器实现分离。这种离合器常用于车床主轴箱内。

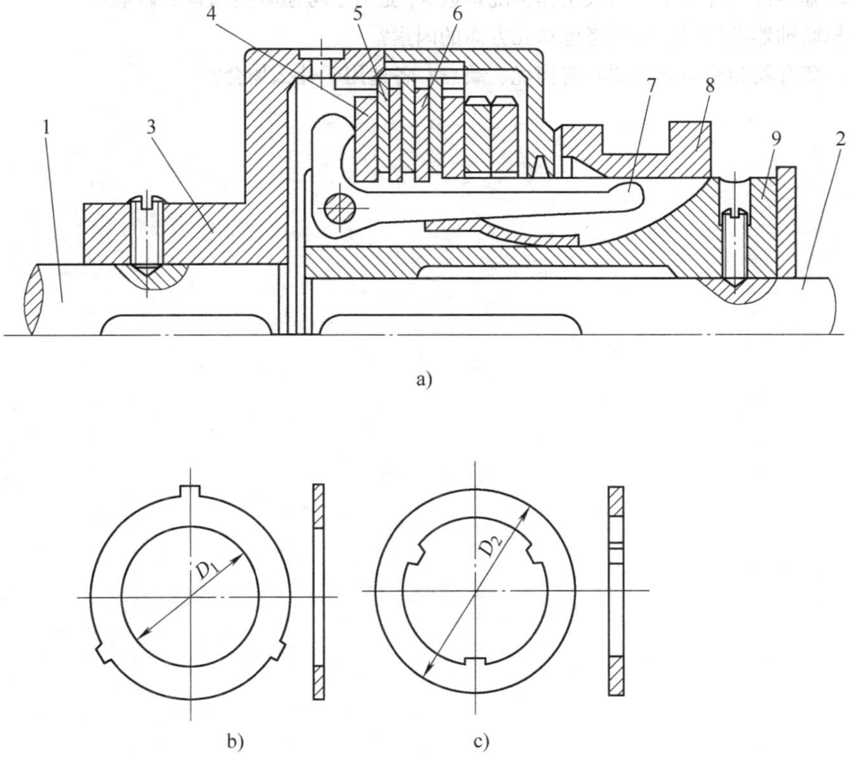

图 15-15　多片式摩擦离合器

a）多片式摩擦离合器结构图　b）外摩擦片　c）内摩擦片

1—主动轴　2—从动轴　3—外壳　4—压板　5—外摩擦片

6—内摩擦片　7—杠杆　8—滑环　9—套筒

摩擦离合器传递的转矩随摩擦片数目 z 的增加成正比增大。但摩擦片数目 z 过多，将影响离合器分离的灵活性，所以限制 $z \leqslant 25 \sim 30$。对于湿式摩擦离合器取 $z = 5 \sim 15$；对于干式摩擦离合器取 $z = 1 \sim 6$。

和单片式摩擦离合器相比，多片式摩擦离合器可以在不增加轴向压力和径向尺寸的情况下，通过增加摩擦片的数目，来增加所传递的转矩，所以有利于降低离合器的转动惯量，宜用于高速传动中。

和牙嵌离合器相比，圆盘摩擦离合器应用较广，并具有下列优点：

1）被连接的两轴能在任何转速下进行接合，且接合平稳。

2）改变摩擦面间的压力能调节从动轴的加速时间和所传递的最大转矩。

3）过载时将产生打滑现象，可避免其他零件受到损坏。

思考题和习题

15-1　试比较刚性联轴器、无弹性元件挠性联轴器和有弹性元件挠性联轴器各有何优缺点？各适用于什么场合？

15-2　万向联轴器适用于什么场合？为何常成对使用？在成对使用时如何布置才能使主、从动轴的角速度随时相等？

15-3　在联轴器设计计算中，引入工作情况系数 K_A 是为了考虑哪些因素的影响？

15-4　选择联轴器类型时，应当考虑哪几方面的因素？

15-5　牙嵌离合器和摩擦离合器各有何优、缺点？各适用于什么场合？

第五篇　其他零部件设计

弹簧是一种很重要的、很常见的机械零件，广泛应用于各种机械设备中，弹簧的工作质量影响系统的工作质量和性能。

机械设备动态设计充分体现了机械设备系统的实际动态性能，系统地反映了振动和响应的全过程。在设计阶段较精确地进行动态预测，解决机械设备系统的强度、刚度、振动、噪声和可靠性等问题，可以较显著地提高机械设备系统的设计水平。

本篇主要讨论弹簧的类型、特点和圆柱螺旋弹簧的设计，以及机械系统的动力学分析和设计的有关知识。

第16章 弹簧的设计

学习目标

1. 常用弹簧的类型、特点、应用、材料及制造工艺。
2. 圆柱螺旋弹簧的设计计算方法。

弹簧是靠弹性变形来实现其功能的零件，它可以在载荷的作用下产生较大的弹性变形。弹簧在各类机械中的应用十分广泛，是一种常用的弹性零件。

16.1 弹簧的功用和类型

弹簧的主要功能有：

(1) 缓冲、吸振　这类弹簧具有较大的弹性变形，以便吸收较多的冲击能量。例如，汽车中的缓冲弹簧、铁路机车车辆的缓冲器、弹性联轴器中的弹簧等。

(2) 控制运动　这类弹簧常要求在某变形范围内作用力变化不大。例如，内燃机的阀门弹簧，离合器、制动器和凸轮机构中的弹簧等。

(3) 储存和释放能量　这类弹簧既要求有较大的弹性，又要求有稳定的作用力。例如，自动机床的刀架自动返回装置中的弹簧，经常开闭的容器中的弹簧，仪表和仪器中的发条等。

(4) 测量力和力矩的大小　这类弹簧要求有稳定的载荷-变形性能。例如，测力器、弹簧秤中的弹簧等。弹簧的载荷-变形曲线称为弹簧特性曲线，特性曲线的形式与弹簧的结构有关。

按照所承受载荷的不同，弹簧可以分为拉伸弹簧、压缩弹簧、扭转弹簧和弯曲弹簧等四种。按照弹簧的形状不同又可以分为螺旋弹簧、环形弹簧、碟形弹簧、板簧和平面涡卷弹簧等。

常用金属弹簧的类型、特性曲线、特点和应用见表16-1。

表16-1　常用金属弹簧的类型、特性曲线、特点和应用

类型		弹簧的结构简图和特性曲线	特点和应用
圆柱螺旋弹簧	1 等节距	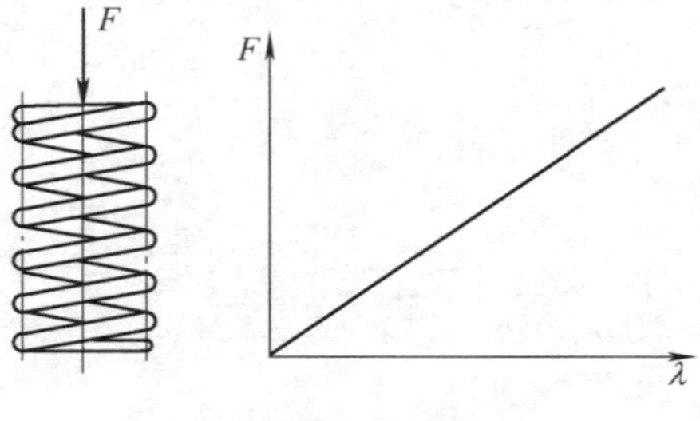 F—工作载荷　λ—弹簧的变形量	此种圆截面簧丝的圆柱形弹簧结构简单、制造方便。特性曲线呈线性，刚度稳定，应用最为广泛

（续）

类　型		弹簧的结构简图和特性曲线	特点和应用
圆柱螺旋弹簧	2 扭矩	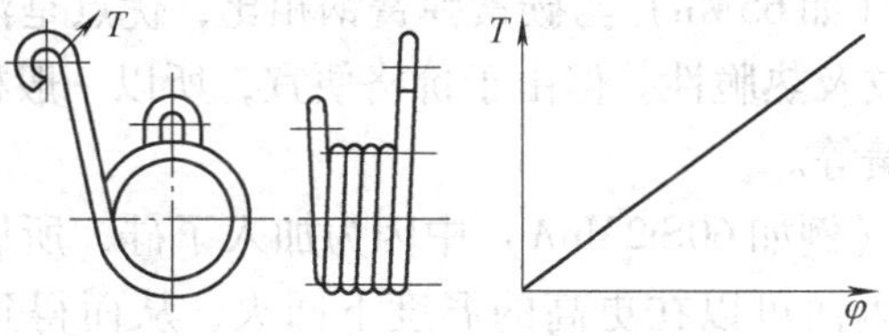	此种弹簧主要用于各种装置中的压紧和蓄能
圆锥螺旋弹簧	3	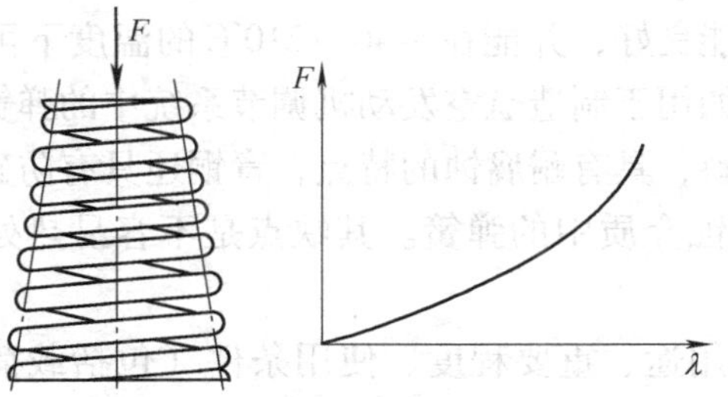	圆锥螺旋弹簧结构紧凑、稳定性好，多用于承受较大载荷和减振，其防共振能力比不等节距圆柱螺旋弹簧好
碟形弹簧	4	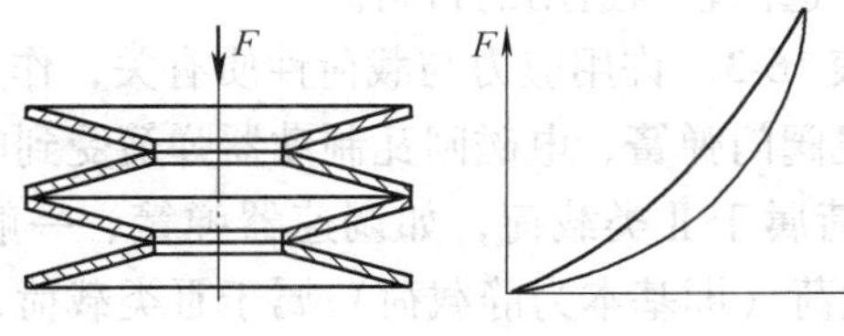	碟形弹簧缓冲及减振能力强。采用不同的组合可得到不同的特性曲线。常用于重型机械的缓冲及减振装置
环形弹簧	5	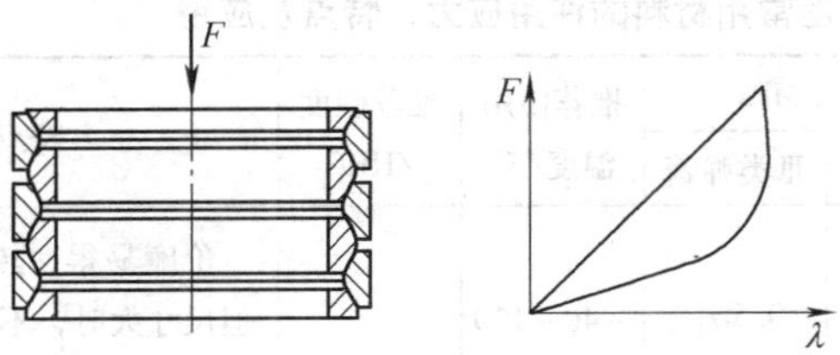	环形弹簧具有很高的消振能力，是最强力的缓冲弹簧。常用在铁路车辆、飞机着陆装置的缓冲装置中

16.2　弹簧的材料和制造

16.2.1　弹簧的材料

弹簧在工作时常受到变载荷或冲击载荷的作用，为了保证弹簧能够持久、可靠地工作，其材料必须具有高的弹性极限和疲劳极限，同时应具有足够的韧性和塑性，以及良好的热处理性能。

常用的弹簧钢主要有：

（1）碳素弹簧钢　这种弹簧钢（例如 65、70 钢）的优点是价格便宜，原材料来源广泛；缺点是弹性极限低，多次重复变形后易失去弹性，并且不能在高于 130℃ 的温度下正常工作。

（2）低锰弹簧钢　这种弹簧钢（如 65Mn）与碳素弹簧钢相比，优点是淬透性较好和强度较高；缺点是淬火后容易产生裂纹及热脆性。但由于价格便宜，所以一般机械上常用于制造尺寸不大的弹簧，例如离合器弹簧等。

（3）硅锰弹簧钢　这种弹簧钢（例如 60Si2MnA）中因为加入了硅，所以可以显著提高弹性极限，并提高了回火稳定性，因而可以在更高的温度下回火，从而得到良好的力学性能。硅锰弹簧钢在工业上得到了广泛的应用，一般用于制造汽车、拖拉机的螺旋弹簧。

（4）铬钒钢　这种钢（例如 50CrVA）中加入钒的目的是细化组织，提高钢的强度和韧性。这种材料的耐疲劳和抗冲击性能良好，并能在 -40 ~ 210℃ 的温度下可靠地工作，但价格较贵。多用于要求较高的场合，如用于制造航空发动机调节系统中的弹簧。

此外，某些不锈钢和青铜等材料，具有耐腐蚀的特点，青铜还具有防磁性和导电性，故常用于制造化工设备中或工作于腐蚀介质中的弹簧。其缺点是不容易热处理，力学性能较差，所以在一般机械中很少采用。

选择材料时，应考虑到弹簧的用途、重要程度、使用条件（包括载荷性质、大小及循环特性，工作持续时间，工作温度和周围介质情况等）、加工、热处理和经济性等因素。同时，也要参照现有设备中使用的弹簧，选出较为适用的材料。

弹簧丝常用材料性能见表 16-2、表 16-3。许用应力与载荷性质有关，作用次数在 10^6 次以上的变载荷属于Ⅰ类载荷，如内燃机阀门弹簧、电磁闸瓦制动器弹簧受到的载荷；作用次数在 $10^3 \sim 10^5$ 次的变载荷以及冲击载荷属于Ⅱ类载荷，如调速器弹簧、一般车辆弹簧受到的载荷；作用次数在 10^3 次以下的变载荷（即基本为静载荷）属于Ⅲ类载荷，如一般溢流阀弹簧、摩托车摩擦式安全离合器弹簧等受到的载荷。

表 16-2　弹簧丝常用材料的许用应力、特点及应用

材料		许用切应力 [τ] /MPa			推荐使用温度/℃	推荐硬度/HRC	特点及应用
类别	牌　号	Ⅰ类弹簧	Ⅱ类弹簧	Ⅲ类弹簧			
碳素弹簧钢丝	B、C、D 级	$0.3\sigma_b$	$0.4\sigma_b$	$0.5\sigma_b$	-40 ~ 120		价廉易得，热处理后强度较高，但尺寸大时，不易淬透。多用于制作小弹簧
合金钢丝	60Si2Mn	480	640	800	-40 ~ 200	45 ~ 50	弹性和回火稳定性好，但易脱碳。用于制造受重载的大弹簧
	50CrVA	450	600	750			有高的疲劳极限，弹性、淬透性和回火稳定性好。常用于制造受变载荷的弹簧
	60Si2CrVA	570	760	950	40 ~ 250	47 ~ 52	强度高，弹性好，耐高温。适用于承受重载荷的弹簧
不锈钢丝	1Cr18Ni9 1Cr18Ni9Ti	330	440	550	40 ~ 300	48 ~ 53	耐腐蚀，耐高温。适用于受腐蚀介质影响的弹簧

表 16-3 碳素弹簧钢丝的抗拉强度极限 σ_b （单位：MPa）

钢丝直径 d/mm	0.9	1.0	1.2	1.4	1.6	1.8	2.0	2.2	2.5	2.8	3.0
B 级	1710	1660	1620	1620	1570	1520	1470	1420	1420	1370	1370
C 级	2010	1960	1910	1860	1810	1760	1710	1660	1660	1620	1570
D 级	2350	2300	2250	2150	2110	2010	1910	1810	1760	1710	1710

16.2.2 圆柱螺旋弹簧的制造

为了便于使用，弹簧的端部一般会根据需要做成各种各样的形式。圆柱螺旋弹簧的端部结构形式及代号可以查阅相关标准。

螺旋弹簧的制造工艺包括：①卷制；②挂钩的制作或端面圈的精加工；③热处理；④工艺试验及强压或喷丸处理。

卷制分冷卷及热卷两种。冷卷用于经预先热处理后拉成的直径小于 8~10mm 的弹簧丝，冷卷成弹簧后不再进行淬火处理，只进行回火处理以消除在卷制时产生的内应力；直径较大的弹簧丝制作的强力弹簧则用热卷法，热卷时的温度依据弹簧钢丝直径的大小在 800~1000℃的范围内选择，卷制完成后需要再进行淬火和回火处理，热处理后的弹簧表面不应该出现显著的脱碳层。对于重要的压缩弹簧，为了保证两端面的承压面与其轴线垂直，应将端面圈在磨床上磨平。

此外，弹簧还须进行工艺试验和根据弹簧的技术条件的规定进行精度、冲击、疲劳等试验，以检验弹簧是否符合技术要求。弹簧的持久强度和抗冲击强度取决于弹簧丝的表面状况（如光洁度、裂纹、伤痕等），表面脱碳会严重影响材料的性能。

为了提高承载能力，还可以在弹簧制成后进行强压处理或喷丸处理。强压处理是使弹簧在超过极限载荷的作用下持续 6~8h，以便在弹簧丝表层产生高应力区，产生塑变和有益的与工作应力反向的残余应力，使弹簧在工作时的最大应力下降，从而提高弹簧的承载能力。强压处理后的弹簧不允许再进行热处理，也不宜在较高温度（150~450℃）、交变载荷及腐蚀介质中使用。

喷丸处理是在弹簧热处理后，用钢丸或砂子高速喷射弹簧表面，使其表面受到冷作硬化，产生有益的残余应力，改善弹簧表面质量、提高疲劳强度和冲击韧度的有效措施。实践证明：如果使用适当，弹簧经喷丸处理后，可提高疲劳强度达 50%。

16.3 圆柱螺旋压缩（拉伸）弹簧的设计计算

16.3.1 特性曲线

弹簧应具有经久不变的弹性，且不允许产生永久变形。因此，在设计弹簧时，务必使其工作应力在弹性极限范围之内。在这个范围内工作的弹簧，当承受轴向载荷 F 时，弹簧将产生相应的弹性变形。为了表示弹簧的载荷与变形的关系，取纵坐标表示弹簧承受的载荷，横坐标表示弹簧的变形，这种形成的表示载荷与变形关系的曲线称为特性曲线，它是弹簧设计和制造过程中检验或试验的重要依据。

等节距圆柱螺旋压缩（拉伸）弹簧，F 与 λ 呈线性变化，其特性曲线为一直线。压缩弹簧的特性曲线如图 16-1 所示，F_1 为最小工作载荷，它是弹簧安装时所预加的初始载荷。在 F_1 的作用下，弹簧产生最小变形 λ_1，其高度由自由高度 H_0 压缩到 H_1。F_2 为最大工作载荷，在 F_2 的作用下，弹簧变形增加到 λ_2，此时高度为 H_2。F_{lim} 是弹簧的极限工作载荷，在 F_{lim} 的作用下，弹簧变形增加到 λ_{lim}，这时其高度为 H_{lim}，弹簧丝的应力达到材料的屈服强度。令 $h=\lambda_2-\lambda_1$，h 称为弹簧的工作行程。

弹簧的最大工作载荷由工作条件所确定。

一般情况下，最小工作载荷可取 $F_1=(0.3\sim0.5)F_2$，而工作极限载荷 F_{lim} 可按极限工作应力 τ_{lim} 求出。τ_{lim} 不应超过材料的剪切屈服强度。为了使弹簧能在屈服强度内工作，通常取 $F\leqslant F_{lim}$。

拉伸弹簧的特性曲线如图 16-2 所示。由于卷绕方法不同，可以分为无初应力和有初应力两种情况。前者在卷绕时，弹簧仅并拢，弹簧没有初应力，其特性曲线与压缩弹簧的特性曲线类似。后者在卷绕时，边卷绕边使弹簧绕本身轴线产生扭转，各圈相互间即具有一定的压紧力，弹簧丝中也产生一定的初拉力。弹簧工作时，必须以载荷的一部分 F_0 克服弹簧圈之间的压紧力，弹簧才开始伸长。

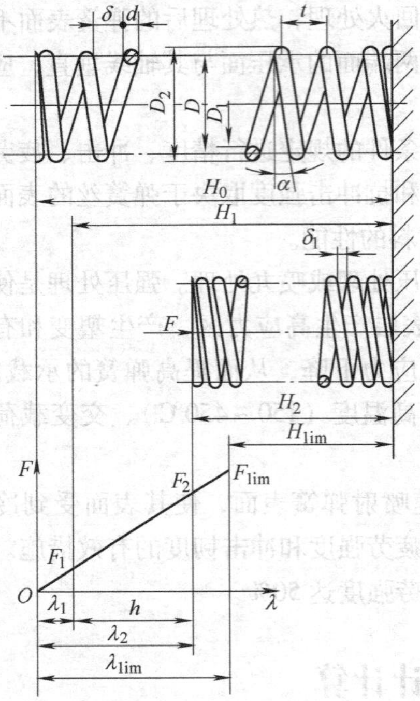

图 16-1　压缩弹簧的特性曲线

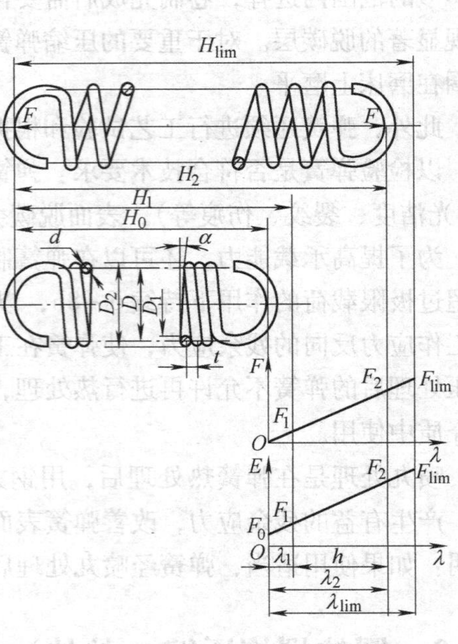

图 16-2　拉伸弹簧的特性曲线

16.3.2　几何参数

普通圆柱螺旋弹簧的主要几何参数有：外径 D、内径 D_1、中径 D_2、弹簧丝直径 d、节距 p、螺旋升角 α、自由高度（压缩弹簧）或长度（拉伸弹簧）H_0 等，如图 16-1、图 16-2 所示。

其结构尺寸的计算可以参照有关设计手册和规范进行，同时必须遵循弹簧尺寸系列。

16.3.3 弹簧强度和刚度计算

在设计圆柱螺旋弹簧时，通常根据强度准则确定弹簧的直径 D 和弹簧丝的直径 d，根据刚度准则确定弹簧的工作圈数 n。由于圆柱螺旋压缩（拉伸）弹簧的额定工作载荷均沿弹簧的轴线作用，因此它们的应力和变形计算是相同的。下面就以螺旋圆柱压缩弹簧为例进行分析。

1. 弹簧中的应力

图16-3a所示为圆柱螺旋压缩弹簧，其中径为 D_2。在通过其轴线的剖面上，直径为 d 的弹簧丝剖面是椭圆形的。由于螺旋升角很小（$\alpha \leqslant 9°$），工程上可以近似地看做是圆剖面。把弹簧的轴向载荷 F 移到这个剖面，剖面上作用有转矩 $T = FD_2/2$ 和剪切力 F。剪切力 F 所引起的切应力和转矩 T 所引起的最大扭转切应力分别为

$$\tau_1 = \frac{4F}{\pi d^2} \tag{16-1}$$

$$\tau_2 = \frac{F\dfrac{D_2}{2}}{\dfrac{\pi d^3}{16}} = \frac{8FD_2}{\pi d^3} \tag{16-2}$$

所以，弹簧丝剖面上的最大剪切应力为

$$\tau = \tau_1 + \tau_2 = \frac{8FD_2}{\pi d^3}\left(1 + \frac{d}{2D_2}\right) \tag{16-3}$$

令

$$C = \frac{D_2}{d}$$

C 称为弹簧指数（又称为旋绕比）（查表16-4），所以

$$\tau = \frac{8FD_2}{\pi d^3}\left(1 + \frac{0.5}{C}\right) \tag{16-4}$$

最大切应力发生在弹簧丝的内侧处，如图16-3b所示。

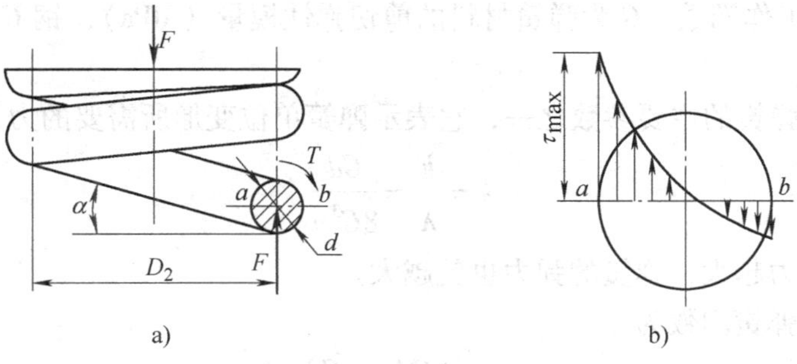

图16-3 圆柱螺旋压缩弹簧的应力

如果考虑螺旋升角和弹簧丝曲率等的影响，应对上式进行修正，可以得到比较精确的计

算公式

$$\tau = K\frac{8FC}{\pi d^2} \tag{16-5}$$

式中，K 为应力修正系数（又称为曲度系数），其值为 $K=\frac{4C-1}{4C-4}+\frac{0.615}{C}$。

2. 强度条件

弹簧的强度条件为

$$\tau = K\frac{8FC}{\pi d^2} \leqslant [\tau] \tag{16-6}$$

式中，$[\tau]$ 为许用切应力（MPa），查表 16-2；F 为弹簧的最大工作载荷（N）；d 为弹簧丝直径（mm）。

所以可以得到设计公式为

$$d \geqslant 1.6\sqrt{\frac{KFC}{[\tau]}} \tag{16-7}$$

在应用上式时，一般弹簧指数 $C \geqslant 4$，不同弹簧丝直径推荐使用的弹簧指数见表 16-4。

表 16-4　圆柱螺旋弹簧常用的弹簧指数 C

弹簧丝直径/mm	0.2 ~ 0.4	0.5 ~ 1	1.1 ~ 2.2	2.5 ~ 6	7 ~ 16	18 ~ 42
C	7 ~ 14	5 ~ 12	5 ~ 10	4 ~ 10	4 ~ 8	4 ~ 6

弹簧指数 C 是弹簧设计的重要参数。C 值太大，弹簧过软（刚度小），易颤动；C 值太小，弹簧过硬（刚度大），卷绕时弹簧丝弯曲剧烈。C 值范围为 4 ~ 16，常用值为 5 ~ 8，设计时可以根据簧丝直径从表 16-4 中选取。

弹簧指数 C 和许用切应力 $[\tau]$ 均与簧丝直径 d 有关，所以必须通过试算才能选择合适的簧丝直径。

3. 刚度条件

根据材料力学中的有关公式求得圆柱螺旋压缩（拉伸）弹簧的轴向变形 λ 为

$$\lambda = \frac{8FC^3 n}{Gd} \tag{16-8}$$

式中，n 为弹簧的工作圈数；G 为弹簧材料的剪切弹性模量（MPa），钢 $G=8\times10^4$，铜 $G=4\times10^4$。

弹簧刚度 k 是弹簧的主要参数之一，它表示弹簧单位变形所需要的力。

$$k = \frac{F}{\lambda} = \frac{Gd}{8C^3 n} \tag{16-9}$$

刚度越大，需要的力越大，弹簧的弹力也就越大。

从而可以得到弹簧圈数为

$$n = \frac{\lambda Gd}{8FC^3} = \frac{Gd}{8C^3 k} \tag{16-10}$$

对于拉伸弹簧总圈数大于 20 圈时，一般圆整为整圈数，小于 20 圈时可以圆整为 0.5 圈。对于压缩弹簧，总圈数的尾数宜取 0.25、0.5 或整数。有效圈数通常圆整为 0.5 的整倍数，并且大于2才能保证弹簧具有稳定的性能。若计算的 n 与0.5的倍数相差较大时，应在圆整后再计算弹簧的实际长度。

思考题和习题

16-1　弹簧的特性曲线有何意义？等节距圆柱螺旋弹簧的特性曲线是否为直线？

16-2　弹簧指数 C（又称为弹簧的旋绕比）对弹簧的性能有什么影响？C 过大或者过小会产生什么问题？

16-3　某车辆用圆柱螺旋压缩弹簧，材料为60Si2MnA，弹簧丝的直径 $d=6\text{mm}$，弹簧中径 $D_2=32\text{mm}$，自由高度 $H_0=140\text{mm}$，装配后弹簧高度 $H_1=120\text{mm}$，承载后弹簧高度 $H_2=112\text{mm}$，有效圈数 $n=13$，两端固定支座。试验算弹簧丝强度是否足够？并校核弹簧的稳定性。

16-4　设计某机器的压板复位螺旋压缩弹簧，已知：最大载荷 $F_2=1800\text{N}$，最小载荷 $F_1=700\text{N}$，要求弹簧外径 $D<45\text{mm}$，工作行程 $h=15\text{mm}$。

第 17 章　机械系统的动力学分析与设计

学 习 目 标

1. 掌握机械产生周期性速度波动的原因及调节。
2. 掌握飞轮调速的基本原理及飞轮的设计。
3. 掌握回转件的动平衡和静平衡的原理。

17.1　机械系统速度的波动与调节

17.1.1　机械运转过程中的力和功

当忽略机械中各构件的重力以及运动副中的摩擦力时，作用在机械上的力可分为工作阻力和驱动力两大类。力（或力矩）与运动参数（位移、速度、时间等）之间的关系通常称为机械特性。

1. 驱动力

驱动力是驱使机械产生运动的力。其特征是力与其作用点的速度方向相同或者夹角是锐角，因而做正功。由原动机提供的作用力为驱动力，其变化规律取决于原动机的机械特性。如内燃机、蒸汽机和弹簧产生的驱动力可以认为是机构位置的函数。

2. 工作阻力

凡是阻止机械运动的力称为阻力。其特征为力与其作用点的速度方向相反或者成钝角，因而做负功。如球磨机、揉面机、碎石机以及某些食品加工机械的工作阻力。

前面单元对机构进行运动分析时，总是假定原动件的运动是已知的，且一般是作等速运动。这对研究轻载、低速和运动精度不高的机械来说是可行的。事实上，原动件的真实运动规律是作用在机械上的所有外力（驱动力和工作阻力）、原动件的位置以及机械中各构件的质量、转动惯量等参数的函数。只有根据外力求得原动件的真实运动规律后，才能分析机械中构件的真实运动状况。因此，研究机械在外力作用下的真实运转状况，对于分析现有机器和设计新机器，特别是高速、重载、高精度以及高自动化的机械都是必不可少的。

17.1.2　机械运转过程及其特点

机械从开始运动到停止运动的全过程，都要经历起动、稳定运转和停车三个阶段，如图 17-1 所示。

（1）机械的起动阶段　机械的起动阶段指机械主轴由零转速逐渐上升到正常工作转速的过程。

（2）机械的稳定运转阶段　当机械的驱动力所做的功与阻抗力的功达到平衡时，其动能不再增加，机械由起动阶段进入了稳定运转阶段。在这一阶段中，能量输入和输出达到了

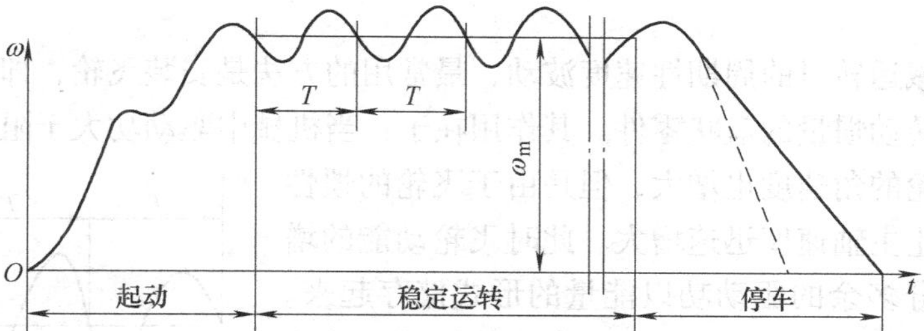

图 17-1　机械的运转过程

相等，即原动件速度将恒定不变，称为等速稳定运转。

（3）机械的停车阶段　停车阶段是指机械从稳定运转到完全停止运动的过程。

以上介绍的是常见机械系统的一般运动过程，大多数机械是工作在稳定运转阶段，在该阶段完成其工作任务，但是有些机械，例如：挖土机、起重机等的很大一部分工作是在起动和制动阶段完成的。

17.1.3　机械速度波动产生的原因及危害

机械系统在外力作用下运转时，若每一瞬时都保证驱动力所做驱动功 W_d 与各种阻力所做的阻抗功 W_r 相等，机械系统就能保持匀速运转。多数机械系统在工作时，并不能保证任一瞬时驱动功 W_d 与各阻抗功 W_r 相等。当 W_d 大于 W_r 时，驱动力做功有盈余，出现盈功，机械系统增速运转。当 W_d 小于 W_r 时，驱动力做功有不足，出现亏功，机械系统减速运转。盈功与亏功统称为盈亏功。盈亏功引起机械系统运转速度的波动。

机械稳定运转过程中，如果主轴在外力的影响下出现机械系统运转速度的波动，一方面将在运动副中产生附加动压力，增加机械的能量消耗和运动副元素的磨损，不仅使机械工作可靠性下降，而且降低机械的效率。另一方面，容易引起机械的振动，影响机械的强度，降低产品质量和工具的寿命。为此，必须采取措施将机械主轴的速度波动限制在许可范围内，因此，了解机械运转中的速度波动产生的原因并掌握其调节方法，是机械设计人员应具备的基本能力。

17.2　机械系统速度波动的调节方法

机械系统速度波动调节的方法分为周期性速度波动调节和非周期性速度波动调节两种。

1. 周期性速度波动调节

当外力作周期性变化时，机械主轴的角速度也作周期性的变化，如图 17-2 所示。机械的这种有规律、周期性的速度变化称为周期性速度波动。由图 17-2 可见，主轴的角速度 ω 在经过一个运动周期 T 之后又变回到初始状态，其动能没有增减。在整个运动周期中，驱动力所做的功与阻力所做的功相等，但在一个运动周期中的任意瞬时却不一定相等。运动周

期 T 通常对应于机械主轴回转一转（如机床）、两转（如内燃机）或数转（如轧钢机）的时间。

为了减少机械运转时的周期性速度波动，最常用的方法是安装飞轮，即在机械系统中安装一个具有较大转动惯量的盘状零件。其作用在于：当机械中驱动功大于阻抗功时，机械主轴速度增大，飞轮的角速度也增大，但是由于飞轮的惯性作用总是力图阻止主轴速度迅速增大。此时飞轮动能的增大相当于将一部分多余的驱动功以能量的形式储存起来。由于飞轮的转动惯量很大，因此吸收多余的能量后主轴速度只是略增而不至于过大。反之，当阻抗功大于驱动功时，机械主轴速度下降，飞轮的速度也下降，飞轮的角速度也下降，由于惯性作用，飞轮又力图阻止主轴速度的迅速下降。此时飞轮就将高速时储存的能量释放出来以弥补驱动功的不足。同样，由于飞轮的转动惯量很大，释放所需的能量后主轴速度只是略降而不至于过大。由此可见，采用具有很大转动惯量的飞轮储存和释放能量就可达到减小周期性机械主轴运转速度波动幅度的目的。

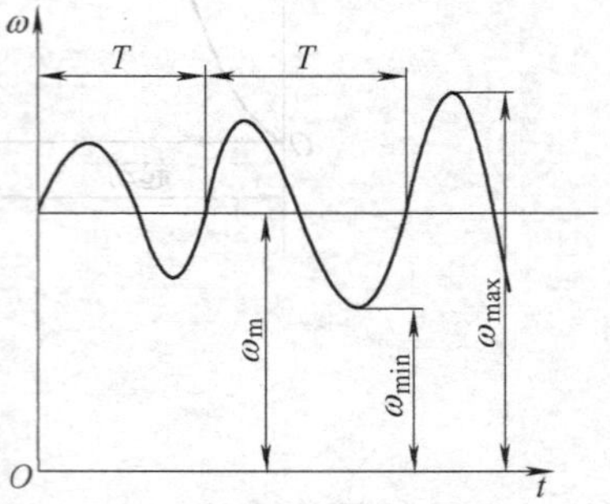

图 17-2　周期性速度波动调节

2. 非周期性速度波动调节

如果机械系统在运转过程中，机械系统驱动力或阻力不规则的变化造成随机波动的现象，称为非周期性速度波动，这种波动是随机的、不规则的、没有一定的周期。

若长时间内 $W_d > W_r$，则机械系统将越转越快，因此可能会出现所谓的"飞车"现象，从而使机械系统遭到破坏；反之，若 $W_r > W_d$，则机械系统就会越转越慢，最后将停止不动。为了避免以上两种情况的发生，必须对这种非周期性的速度波动进行调节，以使机械系统重新恢复稳定运转。

这种速度波动不能依靠飞轮来进行调节，只能采用特殊的装置使输入功与输出功趋于平衡，以达到新的稳定运转，这种特殊装置称为调速器。调速器的种类很多，它可以是纯机械式的，也可以是包含了电气或电子元件的。最简单的机械式调速器是离心调速器。机械式离心调速器结构简单，成本低廉，常用于电唱机、录音机等调速系统中，但它的体积庞大，灵敏度低，近代机器多采用电子调速装置实现自动控制。

图 17-3 所示为内燃机驱动的发电机机组中的机械式调速器示意图。通过套筒 6 把调速器安装在机械主轴 1 上，当主轴 1 的速度增加时，安装在连杆 5 末端的重球 4 所产生的离心惯性力 F 使构件 3 张开，并带动套筒 2 往上移动。再通过杆件 8、9、10，减少油路的流通面积。从而减少了内燃机的驱动力，套筒经过多次的振荡后，停留在固定位置，从而建立起新的平衡关系。

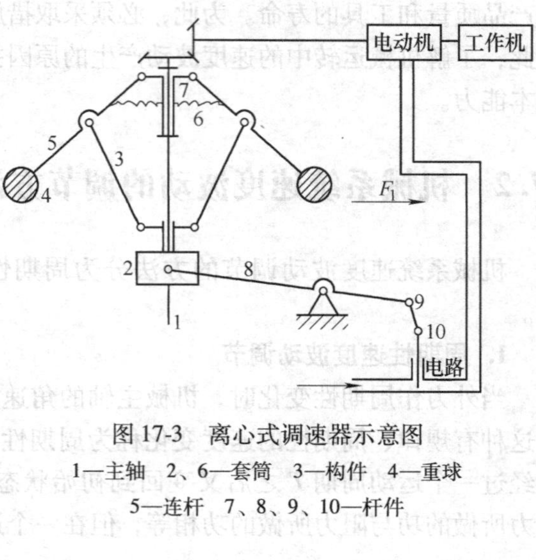

图 17-3　离心式调速器示意图

1—主轴　2、6—套筒　3—构件　4—重球
5—连杆　7、8、9、10—杆件

反之，由于外载荷的突然增加而造成机械主轴转速下降时，调速器中的重球所受的

离心惯性力也随之减小，重球往里靠近，套筒 2 下移，油路开口增加。进油量的增加导致内燃机的驱动力矩增加。当与外载荷平衡时，套筒经过几次振荡后停留在固定位置，被打破的平衡关系重新建立起来。

17.3　飞轮的设计

1. 机械运转的平均速度和不均匀系数

机械系统运转发生速度波动时，由于速度的变化规律不易获得，工程上常用平均角速度 ω_m 近似代替实际的平均角速度。

$$\omega_m = \frac{\omega_{max} + \omega_{min}}{2} \tag{17-1}$$

式中，ω_{max}、ω_{min} 分别为主轴的最大角速度和最小角速度。ω_{max} 和 ω_{min} 之差越大，机械系统运转越不均匀。为了正确描述机械系统运转的不均匀程度，引入机械系统运转速度不均匀系数 δ，如果 δ 过大，将影响机械系统正常工作。

$$\delta = \frac{\omega_{max} - \omega_{min}}{\omega_m} \tag{17-2}$$

工程上对各种机械系统的运转不均匀系数规定了许用值 [δ]，见表 17-1。

表 17-1　机械运转许用不均匀系数 [δ]

机械名称	[δ]	机械名称	[δ]
交流发电机	0.002 ~ 0.003	农业机械	0.02 ~ 0.20
直流发电机	0.005 ~ 0.01	轧钢机	0.04 ~ 0.10
内燃机	0.007 ~ 0.0125	破碎机	0.10 ~ 0.20
一般发电机	0.007 ~ 0.05	冲、剪、锻床	0.05 ~ 0.15
纺纱机	0.01 ~ 0.017	金属切削机床	0.02 ~ 0.05
减速器	0.015 ~ 0.020	压缩机和水泵	0.03 ~ 0.05

2. 飞轮设计的基本原理

飞轮设计的基本问题：已知作用在主轴上的驱动力矩和阻力矩的变化规律，要求在机械运转速度不均匀系数的允许范围内，确定安装在主轴上飞轮的转动惯量。

在一般机械中，其他构件所具有的动能与飞轮相比，其值很小，因此，近似设计中可以认为飞轮的动能就是整个机械的动能。当主轴处于最大角速度 ω_{max} 时，飞轮具有动能最大值 E_{max}；反之，当主轴处于最小角速度 ω_{min} 时，飞轮具有动能最小值 E_{min}。E_{max} 与 E_{min} 之差表示一个周期内动能的最大变化量，它是由最大盈亏功转化而来的，即

$$A_{max} = E_{max} - E_{min} = \frac{1}{2}J(\omega_{max}^2 - \omega_{min}^2) = J\omega_m^2\delta \tag{17-3}$$

由此得到安装飞轮的转动惯量

$$J=\frac{A_{max}}{\omega_m^2\delta} \tag{17-4}$$

式中，A_{max}为最大盈亏功，用绝对值表示。

由上式可知：

1）当A_{max}与ω_m一定时，飞轮转动惯量J与机械运转速度不均匀系数δ之间的关系为一等边双曲线，如图17-4所示。当δ很小时，略微减小δ的数值就会使飞轮转动惯量激增。因此，过分追求机械运转速度均匀会使飞轮笨重，增加成本。

2）当J与ω_m一定时，A_{max}与δ成正比，即最大盈亏功越大，机械运转速度越不均匀。

3）J与ω_m的平方成反比，即主轴的平均转速越高，所需安装在主轴上的飞轮转动惯量越小。

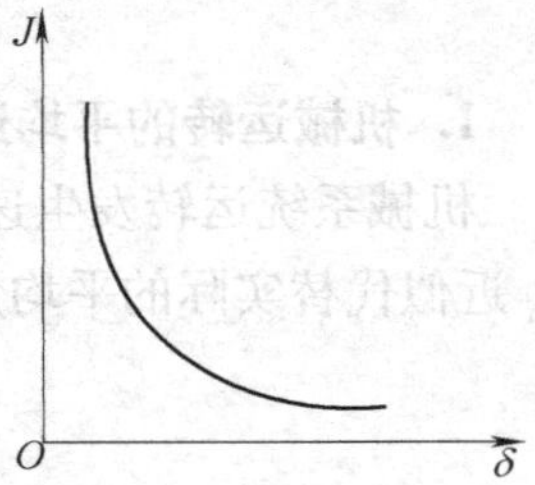

图17-4　J-δ变化曲线

3. 最大盈亏功的确定

计算飞轮的转动惯量必须首先确定最大盈亏功。作用在机械上的驱动力矩和阻抗力矩往往是原动件转角φ的周期性函数。其等效力矩M_d与M_r必然也是等效构件转角的周期性函数。

图17-5所示为某一机械在稳定运转过程中，其等效构件在一个周期T中所受等效驱动力矩M_d与等效阻抗力矩M_r的变化曲线。确定最大盈亏功需先确定机械最大动能E_{max}和最小动能E_{min}出现的位置，对一些比较简单的情况，可直接由M-φ图（见图17-5a）、E-φ（见图17-5b）中看出，对于较复杂的情况则可借助于能量指示图（见图17-5c）来确定。

现以图17-5为例加以说明，如图17-5c所示，取任意点作为位置a的起点，并标上字母a，按一定比例用向量线段依次表示相应位置M_d与M_r之间所包围的面积A_{ab}、A_{bc}、A_{cd}、A_{de}、$A_{ea'}$的大小和正负，盈功为正箭头向上，亏功为负箭头向下。由于在一个循环的起始位置与终了位置处的动能相等，所以能量指示图的首尾应在同一水平线上，即形成封闭的台阶形折线。由图17-5可明显看出位置点b处动能最小，位置点c处动能最大，而图中折线的最高点和最低点的距离A_{max}就代表了最大盈亏功ΔW_{max}的大小。

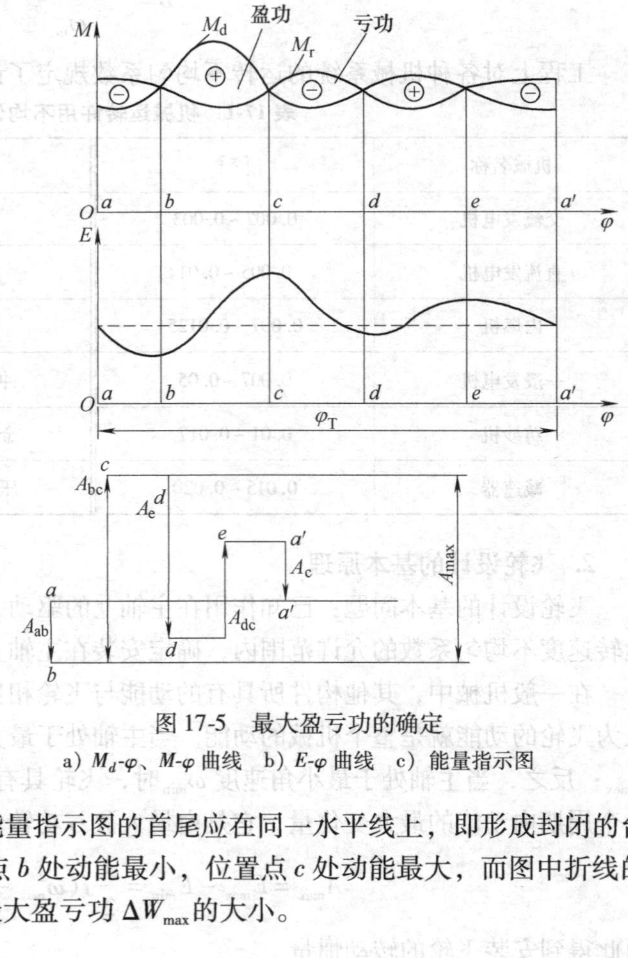

图17-5　最大盈亏功的确定

a）M_d-φ、M-φ曲线　b）E-φ曲线　c）能量指示图

4. 飞轮主要尺寸的确定

飞轮的转动惯量确定后，就可以确定其各部分的尺寸了。需要注意的是，在上述讨论飞轮转动惯量的求法时，假定飞轮安装在机械的等效构件上。实际设计时，若希望将飞轮安装在其他构件上，则在确定其各部分尺寸时，需要先将计算所得的飞轮转动惯量折算到其安装的构件上。工程中常把飞轮制成轮形和盘形。

（1）盘形飞轮　当飞轮的转动惯量不大时，可采用形状简单的盘形飞轮（见图 17-6a）。设 d、b、m 分别为其直径、宽度、质量。则整个飞轮的转动惯量为

$$J=\frac{md^2}{8} \tag{17-5}$$

根据安装空间选定飞轮直径 d 后，可由式（17-5）式计算出飞轮质量 m，故根据所选飞轮材料，即可求出飞轮的宽度 B，即

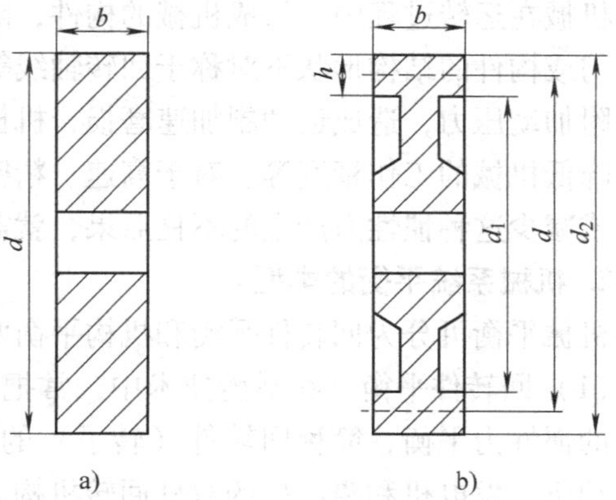

图 17-6　飞轮的形状
a）盘形飞轮　b）轮形飞轮

$$B=\frac{4m}{\pi d^2\rho} \tag{17-6}$$

（2）轮形飞轮　如图 17-6b 所示，这种飞轮的轮毂和轮辐的质量很小，回转半径也较小，近似计算时可以将它们的转动惯量略去，而认为飞轮质量 m 集中于轮缘。设轮缘的平均直径为 D_m，则

$$J=m\left(\frac{D_m}{2}\right)^2=\frac{mD_m^2}{4} \tag{17-7}$$

对于外径为 D 的实心盘形飞轮，其转动惯量为

$$J=m\left(\frac{D}{2}\right)^2=\frac{mD^2}{4} \tag{17-8}$$

选定圆盘的直径 D 后，便可求出飞轮的质量 m，若飞轮宽度为 B，轮缘厚度为 H，平均直径为 D_m，材料密度为 ρ，则

$$m=\frac{1}{4}\pi(D_1^2-D_2^2)B\rho=\pi\rho BHD_m \tag{17-9}$$

在选定了 D 并由式（17-9）计算出 m 后，便可根据飞轮的材料和选定的比值 H/B 再由式（17-6）求出飞轮的剖面尺寸 H 和 B。

由式（17-8）及式（17-9）可知，飞轮转动惯量一定时，飞轮直径越大，则飞轮的质量 m 越小。但是直径过大不仅占据空间大，而且轮缘圆周速度增加，可能导致飞轮因过大的离心力作用而发生破裂。因此，确定飞轮尺寸时，应当校验飞轮的最大圆周速度，使其不超过允许值。对于铸铁飞轮，轮缘极限圆周速度为 35m/s；对于铸钢飞轮，极限圆周速度为 40 ~ 60m/s；对于盘形钢制飞轮，极限圆周速度则取 80 ~ 100m/s。

17.4 机械系统平衡的目的及类型

1. 机械平衡的目的

机械在运转过程中，组成机械的构件，除了机架外，都要运动。不少构件由于质量分布不均匀或构件的结构形状不对称于回转轴线等原因，在运动时将产生惯性力，从而使运动副产生附加动压力，造成运动副加速磨损，机械效率降低，引起机械振动，影响构件的疲劳强度、降低机械的工作精度等。对于高速、精密机械，惯性力产生的不良后果更为严重。为了消除或减少这种惯性力产生的不良后果，就需要研究机械的平衡问题。

2. 机械系统平衡的类型

机械平衡可分为回转件平衡和机构平衡两类。

（1）回转件平衡　在平衡技术中，常把作定轴转动的构件称为转子。绕固定轴回转的构件的惯性力平衡，简称回转件（转子）的平衡。这类问题主要发生在回转机构中，如构成电动机、发电机和离心机的双杆回转机构。因这类机构只有一个作回转运动的活动构件，运动副中动压力的产生主要是由于回转件上质量分布不均匀所致，故可用重新调整其质量大小和分布的方法使回转件上所有质量的惯性力形成一个平衡力系，从而消除运动副中的动压力及机架的振动。

（2）机构平衡　机构各构件的惯性力和惯性力偶矩在机架上的平衡，简称机架上的平衡。在一般机构中，存在着作往复运动和平面复合运动的构件，不论其质量如何分布，构件的质心总是随着机械的运转各沿一条封闭曲线而循环变化的，因此不可能在各个构件的内部消除运动副中的动压力。但就整个机构而言，其所有运动构件的惯性力和惯性力偶矩可以合成为一个通过运动构件总质心的总惯性力和一个总惯性力偶矩，它们全部作用于机架。为了消除或降低机架的振动，可针对作用于机架的总惯性力和总惯性力偶矩加以平衡。其中总惯性力一般可以通过重新调整各运动构件的质量等方法在机架上予以平衡；而总惯性力偶矩还必须与机构的驱动力矩与生产阻力矩一起加以考虑。

17.5 刚性回转构件的平衡计算

1. 回转构件的静平衡计算

对于轴向宽度较小的回转件，如砂轮、盘状凸轮等，其质量可近似认为在垂直于回转轴的同一平面内分布。这种回转构件的平衡，只需利用在刚性转子上加减配重的方法使其质心落到回转轴线上，故称为静平衡。

结构上对其回转轴线不对称的盘状转子，设计时，应先根据结构定出其偏心质量的大小及位置，然后再计算出为平衡其偏心质量所产生的惯性力而应加平衡质量的大小及配置方位，并将该平衡质量加于转子上，使转子达到静平衡的目的。通常，不平衡质量产生的离心惯性力用质量来表达。其具体计算方法如下。

如图 17-7a 所示，在平面上有不平衡质量 m_1、m_2、m_3 和 m_4，其质心矢径为 $\boldsymbol{r}_1$、$\boldsymbol{r}_2$、$\boldsymbol{r}_3$ 和 $\boldsymbol{r}_4$，当该构件以等角速度 ω 回转时，不平衡质量所产生的惯性力分别为

$$\boldsymbol{F}_1 = m_1\boldsymbol{r}_1\omega^2,\ \boldsymbol{F}_2 = m_2\boldsymbol{r}_2\omega^2,\ \boldsymbol{F}_3 = m_3\boldsymbol{r}_3\omega^2,\ \boldsymbol{F}_4 = m_4\boldsymbol{r}_4\omega^2$$

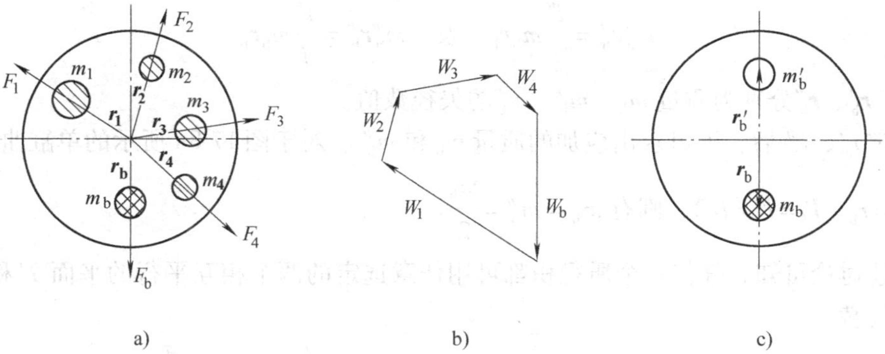

图17-7　回转构件的静平衡

由于惯性力汇交于回转中心 O，故其合力 $\boldsymbol{F}_R$ 可由如图17-7b所示的力多边形求得。图17-7b的作图为：选定质径积比例尺 m_W（kg×cm/mm），用 $\boldsymbol{W}_i$ 表示各质径积的图长，按 $\boldsymbol{r}_1$、$\boldsymbol{r}_2$、$\boldsymbol{r}_3$ 和 $\boldsymbol{r}_4$ 方向作向量 $\boldsymbol{W}_1$、$\boldsymbol{W}_2$、$\boldsymbol{W}_3$ 和 $\boldsymbol{W}_4$，以代表质径积 $m_1\boldsymbol{r}_1$、$m_2\boldsymbol{r}_2$、$m_3\boldsymbol{r}_3$ 和 $m_4\boldsymbol{r}_4$，则封闭向量 $\boldsymbol{W}_b$ 就代表平衡质径积 $m_b\boldsymbol{r}_b$，其方向沿着 $\boldsymbol{W}_b$，大小为 $m_b\boldsymbol{r}_b = m_W \times W_b$（kg×cm）。

合力 $\boldsymbol{F}_R$ 使轴承承受附加压力，引起机械振动。为了平衡 $\boldsymbol{F}_R$，可在回转平面内，沿 $\boldsymbol{F}_R$ 作用线并与 $\boldsymbol{F}_R$ 相反的方向，加一个平衡质量 m_b（或在 $\boldsymbol{F}_R$ 方向去掉一质量）。设 m_b 的质心矢径为 $\boldsymbol{r}_b$，则 m_b 所产生的惯性力为 $\boldsymbol{F}_b = m_b\boldsymbol{r}_b\omega^2$。由力学平衡原理

$$m_b\boldsymbol{r}_b\omega^2 + m_1\boldsymbol{r}_1\omega^2 + m_2\boldsymbol{r}_2\omega^2 + m_3\boldsymbol{r}_3\omega^2 + m_4\boldsymbol{r}_4\omega^2 = 0 \tag{17-10}$$

将式（17-10）中的公因子 ω 消去，则可得

$$m_b\boldsymbol{r}_b + m_1\boldsymbol{r}_1 + m_2\boldsymbol{r}_2 + m_3\boldsymbol{r}_3 + m_4\boldsymbol{r}_4 = 0 \tag{17-11}$$

式（17-11）中质量与矢径的乘积称为质径积，它相对地表达了惯性力的大小和方向。实际计算时，为了简便，常根据式（17-11）用图17-7c所示的质径积矢量图，求得平衡质量的质径积 $m_b\boldsymbol{r}_b$，然后选定 $\boldsymbol{r}_b$ 的大小，再求出 m_b 之值。

上述平衡计算法可推广到有 n 个不平衡质量的场合，可得惯性力的平衡条件为

$$m_b\boldsymbol{r}_b + \sum_{i=1}^{n} m_i\boldsymbol{r}_i = 0 \tag{17-12}$$

式中，m_i、$\boldsymbol{r}_i$ 分别为各不平衡质量的大小和矢径。当各不平衡质量和矢径已知时，可用图解法求得平衡质量的质径积 $m_b\boldsymbol{r}_b$，然后再确定平衡质量矢径 $\boldsymbol{r}_b$ 的大小及 m_b 的数值。

式（17-12）表明，同一平面回转质量的平衡条件是：分布在同一平面上各质量的质径积的矢量和等于零，回转件的不平衡量与其转速无关。回转件经平衡后，其上质量的总质心便与回转轴线重合（$e=0$），故构件可在任意位置保持静止不动。

在实际应用中，有时因结构等原因使在同一平面上安装平衡质量十分不便或不可能，如图17-8a所示单缸发动机曲轴就是一例。此时，为使该件平衡，可在所需平衡面的两侧任意选择两个与轴线垂直的平面 T' 和 T''，并在此两平面上分别安装平衡质量 m_b' 和 m_b'' 来代替原来所需的平衡质量 m_b，如图17-8b所示，必须使 m_b'、m_b'' 和 m_b 三力的质心在通过回转轴线的同一平面内。此时平衡条件为

$$m_b' \boldsymbol{r}_b' = \frac{l''}{l} m_b \boldsymbol{r}_b \quad 及 \quad m_b'' \boldsymbol{r}_b'' = \frac{l'}{l} m_b \boldsymbol{r}_b \tag{17-13}$$

式中，$\boldsymbol{r}_b$、$\boldsymbol{r}_b'$、$\boldsymbol{r}_b''$分别为质量 m_b、m_b'、m_b''的矢径数值。

当选定r_b'、r_b''后，即可求出应加的质量m_b'和m_b''。对于图 17-8a 所示的单缸曲轴，可选取 $r_b' = r_b'' = r_b$、$l' = l'' = l/2$，则有 $m_b' = m_b'' = \frac{m_b}{2}$。

由上述讨论可知，任何一个质径积都可用任意选定的两个相互平行的平面 T'和 T''内的质径积来代替。

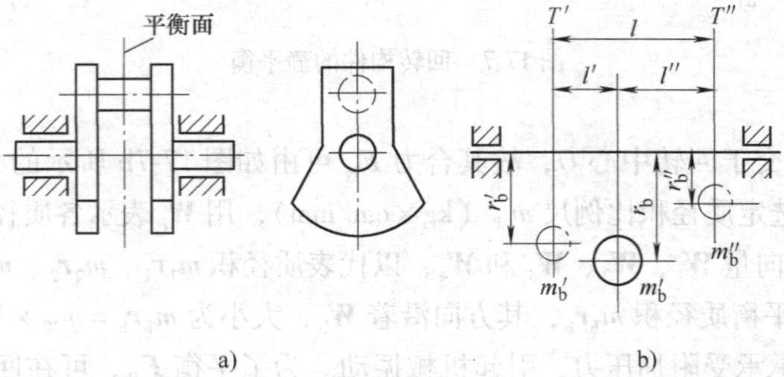

图 17-8　曲轴的静平衡

2. 回转构件的动平衡计算

对于轴向尺寸较大的回转构件，如多缸发动机的曲轴、多个凸轮的凸轮轴等，其质量不能近似地认为分布在垂直于回转轴线的同一平面内，这时如有不平衡质量存在，则应看作分布在垂直于回转轴线的各个平面内。这种回转构件产生的各离心惯性力不是一个平面汇交力系，因此，通常不能在垂直于回转轴线的一个平面内安装配重使其平衡，而要在选定的垂直于回转轴线的两个平面内，安装适当的配重才能使其达到平衡。这种回转构件的平衡称为动平衡。

平行平面内不平衡质量的惯性力，在一般情况下构成一个空间力系。如图 17-9 所示，在垂直于构件回转轴线的平面 1、2 和 3 上，分布有不平衡质量 m_1、m_2 和 m_3，其质心矢径分别为 $\boldsymbol{r}_1$、$\boldsymbol{r}_2$ 和 $\boldsymbol{r}_3$。构件回转时，由于惯性力 P_1、P_2 和 P_3 不是平面汇交力系，所以不可能在某一单个平面上安装平衡质量使其达到平衡。要使惯性力平衡，可在任意选定的两个垂直于回转轴线的平面 T' 及 T'' 上安装平衡质量。由前述单缸曲轴的平衡原理可知，任何一个不平衡质量 m_1、m_2 或 m_3 均可用分布在 T' 和 T'' 面上的 m_1'和 m_1''、m_2'和 m_2''及 m_3'和 m_3''（见图 17-9a）来代替。若代替时矢径不变，根据式（17-13）各代替质量应为

$$\begin{cases} m_1' = \frac{l_1''}{l} m_1 \\ m_2' = \frac{l_2''}{l} m_2 \\ m_3' = \frac{l_3''}{l} m_3 \end{cases} \quad 和 \quad \begin{cases} m_1'' = \frac{l_1'}{l} m_1 \\ m_2'' = \frac{l_2'}{l} m_2 \\ m_3'' = \frac{l_3'}{l} m_3 \end{cases} \tag{17-14}$$

由于分布在 1、2、3 三个平面上的不平衡质量可以用分布在 T' 及 T'' 面上的不平衡质量来代替，因此，当 T'、T'' 面上的代替质量分别得到平衡时，构件也就平衡了。

为了平衡 T' 面上的代替质量，根据式（17-12），T' 面上所应安装的平衡质量 m_b' 及其矢径 r_b' 应满足的条件是

$$m_b'\boldsymbol{r}_b + m_1'\boldsymbol{r}_1 + m_2'\boldsymbol{r}_2 + m_3'\boldsymbol{r}_3 = 0 \tag{17-15}$$

根据上式作质径积矢量图（见图 17-9b），即可求得平衡质量的质径积 $m_b'\boldsymbol{r}_b'$。当选定 $\boldsymbol{r}_b'$ 的大小后，便可求得 m_b'。

同理，T'' 平面上的平衡质量 m_b'' 及其矢径 $\boldsymbol{r}_b''$ 所应满足的条件是

$$m_b''\boldsymbol{r}_b + m_1''\boldsymbol{r}_1 + m_2''\boldsymbol{r}_2 + m_3''\boldsymbol{r}_3 = 0 \tag{17-16}$$

根据上式作质径积矢量图（见图 17-9c），即可求得 $\boldsymbol{r}_b''$ 和 m_b''。

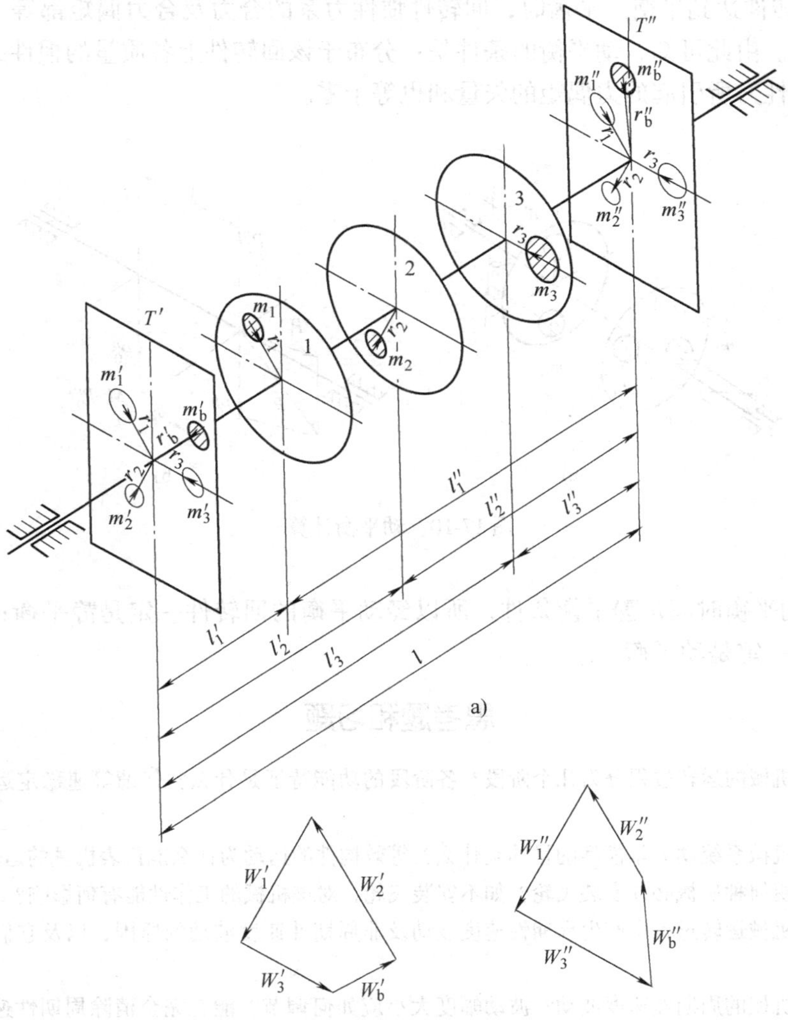

图 17-9　平行平面内不平衡质量的惯性力

综上所述可知：

1）分布在任意个平行平面上的不平衡质量 m_1、m_2、m_3、…、m_i，总是可以分别用分布在任选的两个平面 T' 及 T'' 上的代替质量来代替。若在 T' 和 T'' 面上加装平衡质量 m_b' 和 m_b''，使 T' 和 T'' 面的代替质量得到平衡，则构件即可平衡。

2）如图 17-10a 所示，若在 T' 和 T'' 面分别有质量 m_0' 和 m_0''，其矢径为 $\boldsymbol{r}_0'$ 和 $\boldsymbol{r}_0''$，并且

$$m_0'\boldsymbol{r}_0' = -m_b'\boldsymbol{r}_b'$$

$$m_0''\boldsymbol{r}_0'' = -m_b''\boldsymbol{r}_b''$$

则 m_0' 和 m_0'' 就是构件上不平衡质量 m_1、m_2、m_3、…、m_i 的总代替质量。

3）如图 17-10b 所示，m_0' 和 m_0'' 的惯性力 $\boldsymbol{P}_0'$ 和 $\boldsymbol{P}_0''$ 合成后是一个力 $\boldsymbol{P}$（惯性力的主矢）和一个力偶 M（惯性力的主矩），因此，要使回转件平衡，必须同时平衡力 $\boldsymbol{P}$ 和力偶 M。正是由于需要同时平衡力 $\boldsymbol{P}$ 及力偶 M，所以需要在两个平面 T' 及 T'' 上分别安装平衡质量 m_b' 和 m_b''，才能使回转件达到平衡。平衡时，回转件惯性力系的合力及合力偶矩都等于零，这类平衡称为动平衡。由此可知，动平衡的条件是：分布于该回转件上各质量的惯性力的矢量和等于零，同时惯性力所引起的力偶矩的矢量和也等于零。

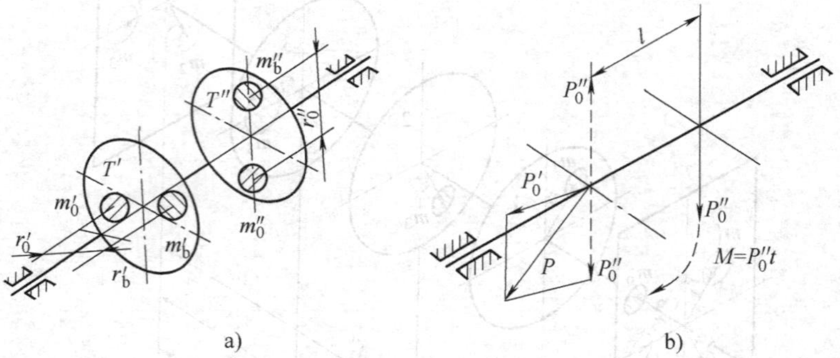

图 17-10　动平衡计算

4）由于动平衡时满足静平衡条件，所以经动平衡的回转件一定是静平衡；但是，静平衡的回转件不一定是动平衡。

思考题和习题

17-1　通常机械的运转过程分为几个阶段？各阶段的功能特征是什么？何谓等速稳定运转和周期变速稳定运转？

17-2　建立机械系统动力学模型的目的是什么？等效构件的运动为什么能代表机械的运动？

17-3　试说明何种机械必须安装飞轮？如不安装飞轮，对该机械的工作性能有何影响？

17-4　试述机械运转过程中产生周期性速度波动及非周期性速度波动的原因，以及它们各自的调节方法。

17-5　何谓机械的周期性速度波动？波动幅度大小应如何调节？能否完全消除周期性速度波动？为什么？

17-6　试比较内燃机、曲柄压力机、插齿机、家用缝纫机以及软盘驱动器中的飞轮功用有何不同？

17-7　从减小飞轮尺寸的观点出发，应把飞轮安装在高速构件上还是安装在低速构件上？

17-8　刚性回转件静平衡的充要条件是什么？

17-9　刚性回转件动平衡的充要条件是什么?

17-10　图 17-11 所示盘形回转件上存在三个偏置质量，已知 $m_1=10\text{kg}$，$m_2=15\text{kg}$，$m_3=10\text{kg}$，$r_1=50\text{mm}$，$r_2=100\text{mm}$，$r_3=70\text{mm}$，设所有不平衡质量分布在同一回转平面内。问应在什么方位上加多大的平衡质径积才能达到平衡?

17-11　图 17-12 所示为单缸卧式煤气机，在曲柄轴的两端装有两个飞轮 A 和 B。已知曲柄半径 $R=250\text{mm}$ 及换算到曲柄销 S 的不平衡质量为 50kg。欲在两飞轮上各装一平衡质量 m_A 和 m_B，其回转半径 $r=600\text{mm}$。试求 m_A 和 m_B 的大小和位置。

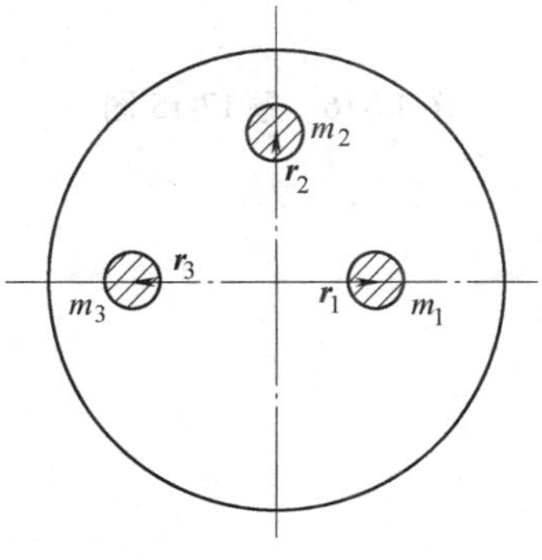

图 17-11　题 17-10 图

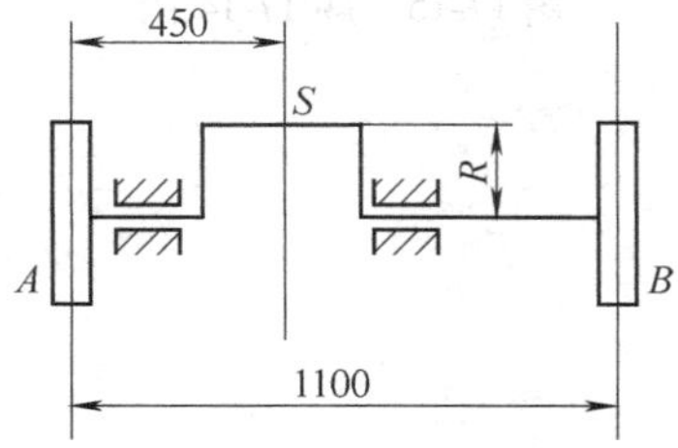

图 17-12　题 17-11 图

17-12　在车床上加工质量为 100N 的工件 A 上的孔。工件质心 S 偏离圆孔中心 O 为 120mm。今将工件用压板 B、C 压在床头花盘 D 上，设两压板各重 20N，回转半径 $r_B=120\text{mm}$、$r_C=160\text{mm}$，位置如图 17-13 所示。若花盘回转半径 100mm 处可装平衡质，求达到静平衡需加的质量及其位置。

17-13　一薄壁转盘质量 m，经静平衡实验测定其质心偏距为 r，方向垂直向下。因该回转面不允许安装平衡质，只能在Ⅰ、Ⅱ平面上调整，如图 17-14 所示。试求应加的平衡质径积及其方向。

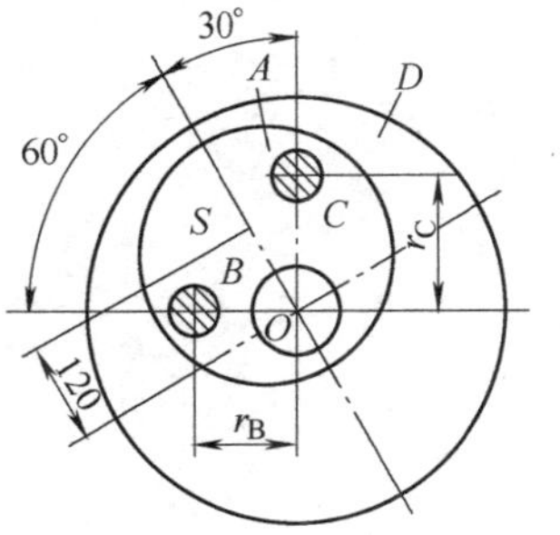

图 17-13　题 17-12 图

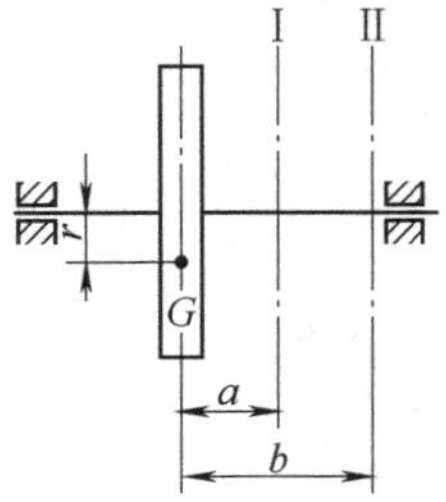

图 17-14　题 17-13 图

17-14　在制造螺栓、螺钉及其他制件的双击冷压自动墩头机中，仅考虑有效阻力功时，主动轴上的有效阻力的等效力矩按图 17-15 所示的三角形规律变化。自动机所有构件的等效转动惯量 $J_e=1\text{kg/m}^2$，主动件上的等效驱动力矩为常数。自动机的运动可认为是稳定运转。轴的平均转速 $n=160\text{r/min}$，许用运转不均匀系数 $[\delta]=0.1$。试确定飞轮的转动惯量。

17-15　某机组发电机的输出力矩为 $M_d=\dfrac{1000}{\omega}\text{N}\cdot\text{m}$，工作机的阻抗力矩为 M_r，如图 17-16 所示，$t_1=0.1\text{s}$，$t_2=0.9\text{s}$，若忽略其他构件的转动惯量。试求：在 $\omega_{max}=200\text{rad/s}$、$\omega_{min}=100\text{rad/s}$ 的情况下，飞轮的转动惯量为多少。

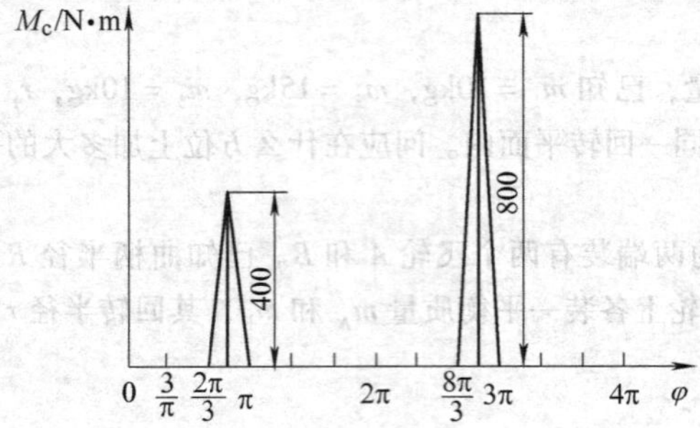

图 17-15　题 17-14 图

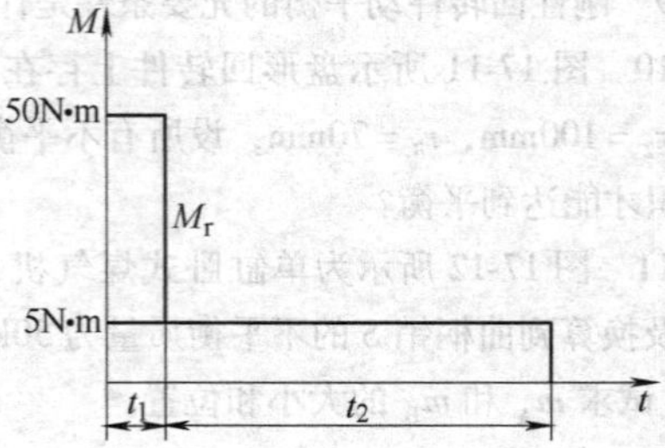

图 17-16　题 17-15 图

参 考 文 献

[1] 孙恒，陈作模. 机械原理［M］. 6版. 北京：高等教育出版社，2003.
[2] 郑文纬，吴克坚. 机械原理［M］. 7版. 北京：高等教育出版社，1997.
[3] 黄华梁，彭文生. 机械设计基础［M］. 3版. 北京：高等教育出版社，2001.
[4] 濮良贵，纪名刚. 机械设计［M］. 8版. 北京：高等教育出版社，2007.
[5] 杨可桢，程光蕴. 机械设计基础［M］. 5版. 北京：高等教育出版社，2006.
[6] 陈立德. 机械设计基础［M］. 北京：高等教育出版社，2004.
[7] 吴宗泽. 机械设计［M］. 北京：高等教育出版社，2006.
[8] 王云，潘玉安. 机械设计基础案例教程（上、下）［M］. 北京：北京航空航天大学出版社，2006.
[9] 朱风芹，周志平. 机械设计基础［M］. 北京：北京大学出版社，2008.
[10] 陈国华. 机械机构及应用［M］. 北京：机械工业出版社，2008.
[11] 董海军. 机械原理典型题解析及自测试题［M］. 西安：西北工业大学出版社，2001.
[12] 孟宪源，姜琪. 机构构型与应用［M］. 北京：机械工业出版社，2004.
[13] 陈立德. 机械设计基础课程设计指导书［M］. 北京：高等教育出版社，2004.
[14] 龚溎义. 机械设计基础课程设计指导书［M］. 2版. 北京：高等教育出版社，1990.
[15] 徐灏. 机械设计手册［M］. 第3卷. 2版. 北京：机械工业出版社，2000.
[16] 吴宗泽. 机械零件设计手册［M］. 北京：机械工业出版社，2003.
[17] 赵松年，佟杰新等. 现代设计方法［M］. 北京：机械工业出版社，2007.
[18] 叶玉驹，焦永和. 机械制图手册［M］. 4版. 北京：机械工业出版社，2008.
[19] 杨老记，李俊武. 简明机械制图手册［M］. 北京：机械工业出版社，2008.
[20] 成大元. 机械设计手册［M］. 北京：化学工业出版社，2004.
[21] 张莹. 机械设计基础［M］. 北京：机械工业出版社，1997.